| Airliner and Fighter Turbofan Engine |

대한민국은 항공기 제작국이다.

터보팬 엔진은 고효율, 청정연료, 그리고 소형화로

미래 항공기의 다양한 동력장치로 진화를 거듭할 것이다

—저자—

비행연구원

| Turbofan Engine |

이강희

청주대학교 영문과, (학점제) 심리학, 육군3사관학교, 장교영어반, (미)항공고등군사반 수료, 육군항공학교 헬리콥터 이론 및 비행교관, FAA 이론 및 비행교관(비행기), 비행연구원 설립 및 집필활동(1996~현재). 저서 및 역서로는『운항학 개론』,『계기비행』,『계기절차 지침서』,『항공우주용어사전』,『제트엔진』,『항공기 I』,『항법개론』,『항공상식』,『항공교육』,『항공기상』,『항공정보지침서(AIM)』,『조종사 입문서』,『헬리콥터 비행과 역학』,『항공무선통신』,『가스터빈엔진(제트엔진)에 도전하다』,『드론기술 Q&A와 전문용어』,『VFR 항공도 범례집』,『IFR 항로도와 계기접근차트 범례집』『비행착각』『무게와 균형』 기타 문제집

여객기와 전투기 터보팬 엔진(Airliner and fighter turbofan engine)

발행 일자 2023년 5월 9일

저자 이강희

펴낸 곳 비행연구원

정가 22,000원

등록번호 1996년 6월 12일 제17-174호

홈페이지/e-mail www.flightin.com / flight-in@hanmail.net

YouTube 비행연구원

ISBN 978-89-87015-93-4 93550

전 세계적으로 환경과 에너지 문제가 이슈화되면서 운송 분야에서도 큰 변화가 예상된다. 전기 자동차는 이미 실용단계에 진입했고, 항공산업 역시 새로운 동력장치 개발에 많은 투자와 연구가 진행되고 있다. 전기 항공기에 관한 관심이 분명히 높지만, 6~10인승 소형 항공기 개발에 집중되어 있고, 회전날개 항공기에서는 도심항공교통(UAM)의 대표 기종으로 배터리와 회전날개를 결합한 형태의 소형 항공기가 주력 기종이 될 것이다.

왜, 가스터빈엔진(제트엔진)일까?

현대 운송용과 전투기는 음속에 가까운 속도나 초음속 비행이 일반화되었고, 대륙을 횡단하면서 고고도 비행을 해야 하는 현대 항공기에 전기 동력을 사용하기 위한 기술적 수준에 도달하는 데는 아직 몇 세대가 더 걸릴 수 있다. 따라서 항공의 미래는 현재로서는 가스터빈엔진(제트엔진)이다. 엔진 제작업체들이 엔진을 더 효율적으로 제작하기 위해서 노력하고 있는 동시에 화석 연료를 대체하기 위한 새로운 연료를 개발하기 시작했다. 이러한 노력의 결과로 엔진의 크기는 점점 작아지고 저소음에 유해 배출가스를 최소화하기 위한 노력이 계속되고 있다.

이 책은 "가스터빈엔진(제트엔진)에 도전하다"에 이어 현대 가스터빈엔진의 기본인 터보팬 엔진에 대해서 집중적으로 다루었다. 가스터빈엔진(제트엔진)이 공학적 공식을 다루는 것으로 인식되었지만, 기본 원리와 구조와 관련한 많은 그림을 통해서 설명함으로써 내용을 이해할 수 있도록 구성하였다.

대한민국은 항공기 제작국이다.

항공기 제작국의 항공인으로 글로벌 항공지식은 필수가 되었지만, 고급 항공지식을 쉽게 그리고 체계적으로 볼 수 있도록 집필된 책은 많지 않다. 이 책이 글로벌 항공지식 향상에 이바지할 것으로 기대해 본다.

이 강 희

Table of Contents

제4장 터보축 엔진

제5장 수직이착륙 항공기 엔진

제6장 성능과 추력

Chapter 1

운송용 항공기
터보팬 엔진

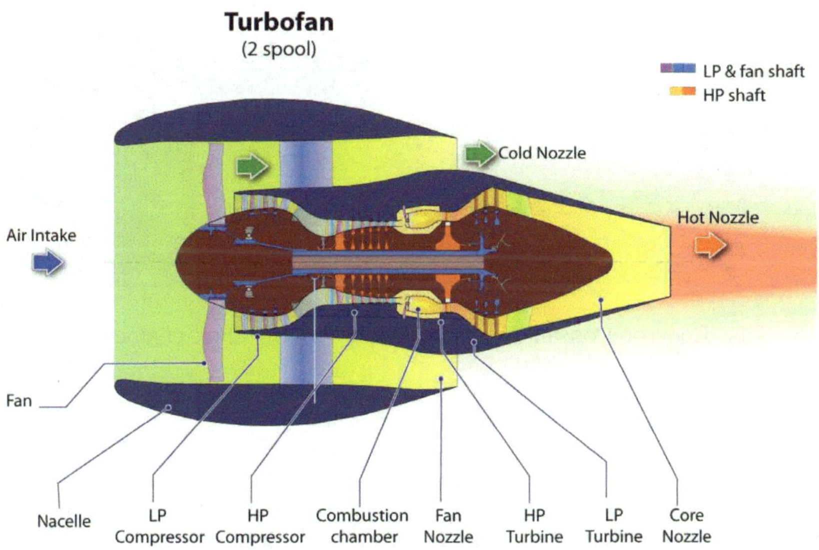

Chevrons on an Air India Boeing 787 GE GEnx engine

• 운송용 항공기 터보팬 엔진 •

1.1 개 요

✈ 인천국제공항은 동북아의 허브 공항으로 확고히 자리를 잡아가고 있고 동남부지방을 대표하는 또 다른 국제공항의 건설을 추진하고 있을 만큼 항공수요는 증대하고 있다. 글로벌 경제에서 항공산업의 중요성을 예견할 수 있었던 안목이 없었다면 인접 국가에 주도권을 넘겨주었을지도 모른다. 제트추진 장치의 기본은 터보제트엔진(turbojet engine)이다.

제트엔진의 추력을 향상하는 방법으로 공기흐름의 양(mass airflow)을 증가시키거나 제트속도를 증가시키는 것이다. 터보제트엔진에서 추력은 전적으로 제트속도(jet velocity)를 최대화하기 위한 설계에 초점을 맞추고 있다면 고바이패스비 터보팬 엔진에서는 제트속도를 낮추고 공기흐름의 양을 증가하여 추력을 달성하는 방법이다. 이들 두 엔진이 달성할 수 있는 추진속도(propulsive velocity)를 기준으로 비교했을 때 단연 터보제트엔진이 높은 추진 효율(propulsive efficiency)이 있지만, 연료 효율을 우선으로 하는 민간항공에서는 고바이패스비 터보팬 엔진이 연료 효율(fuel efficiency)이 우수하다.

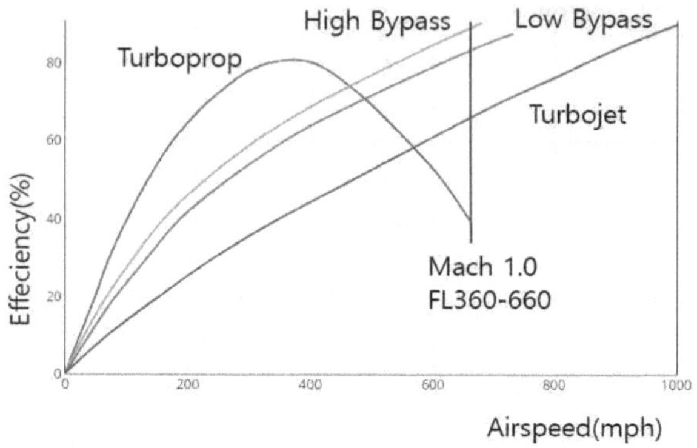

【그림1-1】 가스터빈엔진의 추진효율 비교. 터보프롭 엔진은 400(mph) 영역에서 추진효율이 가장 높지만, 600(mph) 영역에서는 터보팬 엔진의 추진효율이 가장 높다.

터보팬 엔진의 중요한 특징 중 하나가 바이패스 원리의 적용이다. 현대 대부분의 고성능 운송용 항공기의 엔진이 고바이패스비 터보팬 엔진을 탑재하고 있고 터빈엔진의 추진효율(propulsive efficiency)을 높이는 데 크게 기여하고 있다. [그림1-1]과 같이 터보팬 엔진의 우수성이 입증되면서 최신 전투기들 역시 터보팬 엔진을 탑재하고 있다. 이외에도 터보팬 엔진은 전면면적(front area)을 작게 설계한 소형 엔진으로 개발되어 일부 헬리콥터에 장착하여 부가 추력을 얻는 데 활용되고 있다. 엔진의 크기가 더 작아진 고성능 터보팬 엔진의 활용성이 매우 높아지는 추세이기 때문에 여기서는 고바이패스비(high bypass ratio) 터보팬 엔진에 대해서 상세하게 다룬다.

❖ 세계 최초의 터보팬 엔진

최초의 터보팬 엔진은 테스트 베드에서만 작동되었던 독일 다임러-벤츠 DB 670으로, 1943년 4월 1일 전기모터를 사용하여 터보 기계를 테스트한 후 1943년 5월 27일에 최초 가동되었다.

❖ 엔진 효율(engine efficiency)

열 엔진(thermal engines)의 엔진 효율은 연료에 포함된 총 에너지(total energy)와 유용한 일(useful work)을 수행하는 데 사용되는 에너지의 양(amount of energy) 사이의 관계이다.

① 추진효율(propulsive efficiency)
② 열효율(thermal efficiency)
③ 전체효율(overall efficiency)

추진효율은 항공기와 로켓 설계에서 비행체의 추진체에 포함된 에너지가 비행체의 운동 에너지(kinetic energy)로 변환되어 가속되거나 공기역학적 항력 또는 중력에 의한 손실을 대체하는 효율이다. 열효율은 내연기관과 같은 열 엔진에서 열 입력(에너지)에 대한 엔진의 일 출력(에너지)의 비율이다. 전체효율은 항공기에서 수행한 일을 연료가 제공하는 에너지의 비율이다.

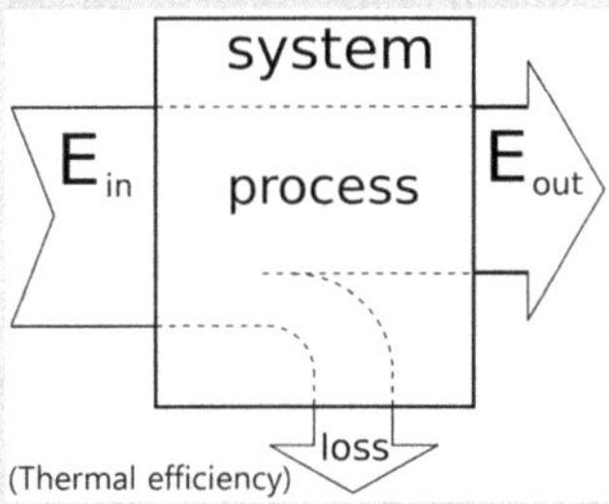

❖ 터보프롭(turboprop)과 터보팬(turbofan) 엔진 성능 비교

이들 두 엔진 기술 모두 안전하고 신뢰할 수 있으며, 터보프롭의 설치 효과가 안전 고려사항을 향상한다. 터보프롭은 저고도 및 최대 마하 0.6의 대기속도에서 효율이 가장 높다. 터보팬은 고고도에서 더 효율적이며 흡입구 설계에 따라 속도가 제한된다. 터보프롭과 터보팬을 비교할 때 두 엔진의 공기역학적 한계로 인해 두 가지 성능 영역선도가 나타난다. 저고도에서는 공기밀도가 더 높아 터보프롭의 프로펠러를 최대 효율로 작동시켜 항공기 성능을 극대화한다. 따라서 터보프롭 엔진의 성능 제한은 프로펠러 지름과 프로펠러 항력의 함수관계이다. 그러나 터보팬은 엔진의 기계적 회전 및 열 한계에 의해 제한된다. 결과적으로 이들 두 엔진은 특정 작동 환경, 즉 저고도와 속도에서 터보프롭, 고고도와 속도에서 터보팬의 성능을 극대화할 수 있다.

1.2 터보팬 엔진의 발달

✈ 터보팬 엔진의 작동원리를 적용한 최초의 시도는 1943년 4월 독일의 Daimler-Benz DB 670F 엔진이다. 당시의 기술로는 여러 문제점을 해결하지 못했기 때문에 더 이상 개발되지 못하고 중단되었다. Rolls-Royce Viper 엔진은 1951년도에 개발되어 초기 무인 표적기(target drone)의 추진 장치로 사용되었다가 그 후 성능개량을 통해서 항공기 추진장치로 활용되었다. 영국에서는 [그림1 - 2]와 같이 전시 Metropolitan-Vickers F.2 축류 제트엔진에 팬(fan)을 장착한 것이 영국의 첫 터보팬 엔진으로 기록되었다.

제트엔진의 고온부(hot section)에 사용되는 새로운 금속재료들이 개발되면서 Pratt & Whitney JT3C 엔진과 같은 2개의 압축기를 사용함으로써 전체압력비와 열역학 효율(thermodynamic efficiency)을 높일 수 있었다. 그러나 순수 터보제트엔진이 초음속에 적합한 높은 비추력(높은 제트속도)을 갖는 것에 비해 추진효율은 여전히 매우 낮다. 당시의 가용한 기술로는 전체압력비(overall pressure ratio)와 터빈인렛온도(turbine inlet temperature; TIT)가 크게 제한되었기 때문에 연료 효율이 매우 낮은 주원인으로 지적되었다. 실제 이것이 엔진 성능개량의 주요 핵심 과제로 제기되었다.

❖ 표적 드론(target drone)
원격 조종되는 무인항공기로 대공포 요원의 훈련에 사용되었다. 최초의 무인기 중 하나는 1935년부터 운용된 Tiger Moth 훈련기의 변형인 영국의 DH.82 Queen Bee였다. 그 명칭은 현재 "드론"이라는 용어로 이어졌다.

【그림1-2】 Metropolitan-Vickers F.2(turbojet)

[General characteristics] (Metrovick F.2/2)

- Type: axial flow **turbojet**
- Length: 159 in (4,039 mm)
- Diameter: 34.9 in (886.5 mm)
- Dry weight: ~1,500 lb (680 kg)

[Components]

- Compressor: 9-stage axial flow compressor
- Combustors: one annular stainless steel combustion chamber
- Turbine: two stage axial flow turbine
- Fuel type: kerosene

[Performance]

- Maximum thrust: 2,400 lbf **(11 kN)** at sea level static, take-off
- **Overall pressure ratio: 3.5:1**
- Air mass flow: ~50.23lb/s (~22.78kg/s)
- Turbine inlet temperature: 1,382°F (750°C)

【그림1-3】 Rolls-Royce Conway low bypass turbofan from a Boeing 707.
이 엔진은 세계 최초로 실용에 사용된 바이패스 터보팬 엔진이다. 이 엔진은 50~60년대 단기간 사용되었다. 이후 개량된 터보팬 엔진으로 대체되면서 Vickers VC10, Boeing 707-420 그리고 Douglas DC-8-40 항공기들의 동력장치로 사용되었다. 이 엔진은 전형적인 2축 엔진으로 압축기는 7단 LP, 9단 HP 그리고 2단 HP, 1단 LP 터빈으로 구성되어 있다. 초기 저바이패스비 엔진은 흡입구에 고정 가이드 베인들이 장착되어 있어 현대 고바이패스비 터보팬 엔진과 다른 점이다.

- Specific fuel consumption: 1.07 lb/(lbf • h) (30 g/(kN • s))
- Thrust-to-weight ratio: ~1.6

Specifications(Conway RCo.12)

[General characteristics]

- Type: **Turbofan**
- Length: 132.4 in (3,360 mm)
- Diameter: 42 in (1,100 mm)
- Dry weight: 4,544 lb (2,061 kg)

[Components]

- Compressor: dual axial flow; 7-stage LP, 9-stage HP

- Combustors: cannular steel with 10 Nimonic flames tubes
- Turbine: axial flow; 1-stage HP, 2-stage LP
- Oil system: Wet sump type

[Performance]

- Maximum thrust: 17,500 lb **(77.8 kN)** at 9,980rpm (100%)
- **Overall pressure ratio: 14.1:1**
- **Bypass ratio: 0.30:1**
- Air mass flow: 280 lb (127 kg) per sec
- SFC: 0.725 at sea level rating; typical cruise sfc=0.874
- Thrust-to-weight ratio: 3.85

[그림1 - 3]의 Rolls-Royce Conway는 바이패스비 0.3의 터보팬 엔진을 처음으로 생산하였다. 이 엔진은 현대의 General Electric F404 전투기 엔진과 유사하다. Pratt & Whitney JT8D 그리고 Rolls-Royce Spey와 같은 엔진은 1960년대 민간 터보팬 엔진의 바이패스비가 거의 "1"에 근접했지만, 동급 군용 엔진과 크게 다르지 않았다. GE CF700 터보팬 엔진은 일반적인 개념과는 달리 후방 팬(aft-fan) 엔진의 형태로 개발되어 바이패스비는 2.0 정도로 증가하였다.

CF700 엔진은 FAA로부터 세계에서 가장 작은 터보팬으로 인증되었다. 미국에서는 60년대 초부터 고바이패스비 엔진 개발에 착수하였다. P&W에서는 경량 가스발생기(gas generator) 그리고 GE에서는 완전히 새로운 동력장치의 기본인 "Building block"을 제공하였다. P&W는 첨단기술엔진(advanced technology engine; ATE) 개발에 착수하여 1964년 STF 200 실험용 터보팬(experimental turbofan)을 개발하였다. 바이패스비 2:1 엔진으로 추력 140 kN(현대 엔진은 340 kN-410 kN 비해서 크게 낮은 수준이지만)을 생산하였다.

【그림1-4】 Pratt & Whitney JT9D high-bypass turbofan engine (Boeing 747)

[General characteristics(JT9D-7R4)]

- Type: High bypass **turbofan**
- Length: 132.7 in (3.37 m) (flange to flange)
- Diameter: 93.4 in (2.37 m) (fan tip)
- Dry weight: 8,915 lb (4.044 t)

[Components]

- Compressor: Axial, 1-stage fan, 3-stage LP, 11-stage HP
- Turbine: Axial, 2-stage HP turbine, 4-stage LP turbine

[Performance]

- Maximum thrust: 48,000–56,000 lbf **(214–249 kN)** takeoff
- **Overall pressure ratio: overall 26.7 (fan 1.67:1)**
- **Bypass ratio: 4.8:1**
- Power-to-weight ratio: 5.61

미 공군의 후원을 받는 또 다른 항공기 엔진 제작사인 Lycoming의 경우 바이패스비 6:1의 엔진 개발에 성공하였다. 여기서 축적된 기술들을 조합하여 USAF에서 요구하는 자이언트 C-5A Galaxy 수송기의 탑재 엔진을 제작하였다. C-5A 수주 경쟁에서 GE와 P&W는 더 높은 바이패스비의 엔진 개발을 요청받았다. P&W에서는 바이패스비 3.4:1과 추력 180 kN (40,000 lb) 엔진을 그리고 GE에서는 바이패스비 8:1 엔진을 개발하였다. 1965년 8월 GE의 TF 39 엔진이 최대 USAF의 군 수송기 엔진을 수주하는 데 성공했다. 이 엔진의 바이패스비는 8:1 그리고 추력은 183 kN (41,000 lb)이다.

P&W는 C-5 수주 경쟁에서 실패한 후 자사의 비용을 투입하여 지속적인 엔진 성능개량에 주력하여 마침내 대형 민간 터보팬 엔진인 JT9D 엔진을 개발하였다. 이 엔진은 바이패스비 5:1에 추력 183 kN(41,000 lb)이다. JT9D 엔진은 Boeing 747 항공기에 탑재되면서 민간항공 시장을 주도하였다. GE에서는 CTF 39(C-5A의 TF39 엔진의 민간항공 개량 엔진)로 거대 민간항공 시장에 진출하였으나 바이패스비 8:1의 TF39는 민간 운송용 항공기에는 적합하지 않았다.

유럽에서는 Rolls-Royce가 유일한 고바이패스비 터보팬 엔진을 제작하는 데 성공하였다. 1961년 영국의 항공기 엔진 제작사들은 정부의 지원 아래 대형 2축 민간 터보팬 엔진 개발에 착수하여 1966년 7월 바이패스비 2.3:1과 추력 125 kN(28,000 lb)의 RB 178 엔진을 개발하였다. Rolls-Royce는 경쟁국과 기술력 우위를 위해서 더 높은 추력과 바이패스비를 달성하기 위해서 3축 엔진 개발에 착수하였다. 1971년 GE는 프랑스 엔진 제작사 Snecma와 함께 “10-ton” 추력 엔진 개발에 착수했다. 1974년 CFM56 엔진이 개발되었고 이 엔진의 개량형이 CFM56-2(추력 107 kN=24,000 lb) 엔진이 McDonnell Douglas DC-8 항공기에 탑재되었다. 이 엔진은 초기 저바이패스비 엔진보다 연료 효율이 더 우수하다. 이후

CFM56-2 엔진은 USAF의 KC-135 탱커 항공전대(tanker fleet)의 엔진으로 채택되었다. 1985년 CFM56-3 개량형 엔진(추력 89 kN=20,000 lb)이 구형 B-737의 대체 기종으로 B-737-300 중거리 에어라인 항공기에 탑재되었다. CFM56 엔진을 탑재한 가장 성공적인 기종은 1988년 취항한 150석 규모의 중거리(medium - range) 에어라인 A320 항공기이다.

Airbus를 위한 CFM56 터보팬 엔진과 경쟁하기 위해서 다국적 항공기 엔진 컨소시엄(R&R, P&W, 독일, 이탈리아 그리고 일본 항공엔진 제작사)을 구성하여 IAE v.2500 터보팬 엔진(추력 117 kN = 25,000 lb)을 개발하였다. v.2500 터보팬 엔진은 완전히 새로운 설계로 초기 CFM56 엔진과 비교하면 연료 소모가 낮은 최신 기술로 개발되었다. 최근에 제작된 대형 고바이패스비 터보팬 엔진들은 Pratt & Whiney PW4000, 3축 Rolls-Royce Trent, General Electric GE90/GEnx 그리고 General Electric과 Pratt & Whitney가 합작하여 생산된 GP7000 엔진 등이다.

❖ kN=pound-force(lbf)

kilonewton과 pound-force 둘 다 힘(force)을 측정하는 데 사용되는 단위이다. 1kN은 1kg의 질량을 제곱 초당(s^2) 1m의 속도로 이동하는데 필요한 힘의 단위이고, Pound-force는 1파운드의 질량을 제곱 초당(s^2) 32.174049피트 속도로 이동하는데 필요한 힘의 단위이다. 1kN은 1,000N이다. Kilonewton을 pound-force로 환산하는 공식은 다음과 같다.

※ pound-force(lbf) = kilonewtons(kN) × 224.80894

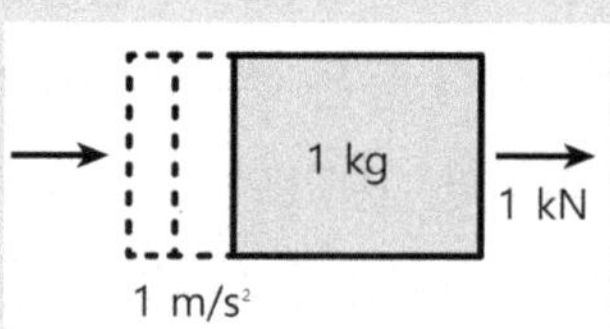

【그림1-5】 CFM56 터보팬 엔진 절개도면

❖ CFM International

미국 제너럴 일렉트릭(GE)의 사업부인 GE Aviation과 프랑스 Safran의 사업부인 Safran Aircraft Engines(구 Snecma)가 50대 50으로 합작한 회사이다. CFM56 시리즈 터보팬 엔진을 제작하고 지원하기 위해 설립되었다. 이 회사는 세계 최고의 상용 항공기 엔진 공급업체로, 현재까지 570개 이상의 사업자에게 37,500개 이상의 엔진을 공급하고 있다. CFM International 및 CFM56 제품 라인의 이름은 GE의 CF6와 Snecma의 M56(56번째 프로젝트)이라는 두 모기업의 상용 엔진 명칭에서 유래했다.

Variant	-2	-5C	-7B
Type	Dual rotor, axial flow, high bypass ratio turbofan		
Compressor	1 fan, 3 LP, 9 HP		1 fan, 3 LP, 9 HP
Combustor	Annular (double annular for -5B/2 and -7B/2 "DAC")		
Turbine	1 HP, 4 LP	1 HP, 5 LP	1 HP, 4 LP
Control	Hydro-mechanical + limited electronic		
Length	243 cm (96 in)	262.2 cm (103.2 in)	250.8 cm (98.7 in)
Width	183-200 cm (72-79 in)	194.6 cm (76.6 in)	211.8 cm (83.4 in)
Height	214-216 cm (84-85 in)	225 cm (89 in)	182.9 cm (72.0 in)
Dry weight	2,139-2,200 kg 4,716-4,850 lb	2,644.4 kg 5,830 lb	2,386-2,431 kg 5,260-5,359 lb
Takeoff thrust	106.76-95.99 kN 24,000-21,580 lbf	138.78-151.24 kN 31,200-34,000 lbf	91.63-121.43 kN 20,600-27,300 lbf
Thrust/weight	4.49-4.9	5.25-5.72	3.84-5
100% RPM	LP 5176, HP 14460	LP 4784, HP 14460	LP 5175, HP 14460
Air flow/sec	784-817 lb 356-371 kg	1,027-1,065 lb 466-483 kg	677-782 lb 307-355 kg
Bypass ratio	**5.9-6.0**	**6.4-6.5**	**5.1-5.5**
Max OPR	30.5-31.8	37.4-38.3	32.8
Fan diameter	68.3 in (173 cm)	72.3 in (184 cm)	61 in (155 cm)
Application	Boeing KC-135 Boeing 707 Douglas DC-8-70	Airbus A340-200/300	Boeing 737 Next Generation
Takeoff TSFC	0.366-0.376 lb/(lbf • h) 10.4-10.7 g/(kN • s)	0.326-0.336 lb/(lbf • h) 9.2-9.5 g/(kN • s)	0.356-0.386 lb/(lbf • h) 10.1-10.9 g/(kN • s)
Cruise TSFC	0.65 lb/(lbf • h) 18 g/(kN • s) (-2B1)	0.545 lb/(lbf • h) 15.4 g/(kN • s) (-5C2)	

【그림1-6】 CFM International CFM56 Specifications

1.3 터보팬 엔진 성능개량

✈ 현대의 대부분 대형 운송용 항공기는 고바이패스비 터보팬 엔진을 탑재하고 있다. 고바이패스비(저비추력) 터보팬 엔진은 1960년대 저바이패스비(고비추력) 터보팬 엔진으로부터 발전하였다. 기존의 터보팬이 단지 몇 개의 팬(혹은 부스터 압축기)들로 구성되었으나 고바이패스비 터보팬에서는 팬의 지름이 순추력(net thrust)을 결정한다. 고바이패스비 엔진에서 사용된 1단 팬(single stage fan)은 비추력(specific thrust)을 크게 낮추어 제트속도(jet velocity)를 감소시킨다. 터보팬의 전체압력비와 터빈인렛온도(TIT)를 개선하여 열효율(thermal efficiency)을 향상시킴으로써 추진효율은 높아지고 비연료소모를 더 낮추는 효과를 얻는다.

1.3.1 압력비 개선

초기 터보제트엔진은 원심압축기를 사용하였기 때문에 얻을 수 있는 압력비는 지극히 낮았다. 그러나 축류압축기가 개발되면서 압력비는 크게 향상되었다. 1940년 이후 2축 터보제트가 개발되면서 전반적인 설계 압력비(design pressure ratio)가 향상되었다. 이로 인해서 스로틀 백 압축계통(throttle back compression system) 성능이 향상되었다. 2축 엔진에서 저압 압축기에서 고압 압축기에 과급작용(supercharging)을 할 수 있도록 압축계통이 분리되었다.

저압과 고압 압축기는 동일 축(coaxial)에 장착되어 있지만 2개의 축으로 분리되어 있어 저압 압축기는 저압터빈으로 구동되고 고압 압축기는 고압 터빈으로 구동된다. 대부분의 현대 터보팬 엔진은 2축 또는 3축으로 설계되고 공기흐름도 2개로 분리되어 흐른다. 하나는 코어엔진을 통과하는 공기흐름이 있고 또 다른 공기흐름은 코어엔진(core engine)을 우회하여 흐른다. 이 설계 방식은 바이패스 흐름(bypass stream)이 커질수록 이를 구동시키기는 저압 압축기의 크기가 필연적으로 커져야 한다. 터보팬 엔진에서 흐름이 둘로 분리되듯이 배출과정에서도 다음과 같은 두 방식으로 대기로 배출된다.

첫째, 바이패스 덕트 입구에서부터 코어엔진 주변을 우회하여 추진노즐을 통해서 대기로 배출된다.
둘째, 코어엔진을 통과한 최종 저압터빈에서 배출된 고온 가스흐름과 바이패스 공기흐름이 추진노즐을 통해서 배출되기 전에 혼합되어 대기로 배출된다.

❖ 비추력(specific thrust)
비추력은 제트엔진(예: 터보제트, 터보팬 등)의 단위 공기질량 흐름 당(per unit air mass flow rate) 추력이며 순추력/총 흡입 공기량 비율로 계산할 수 있다. 낮은 비추력 엔진(아음속)은 추진효율이 더 높지만, 유효 제트속도가 낮고 최고 대기속도 역시 낮다. 높은 비추력 엔진은 초음속 항공기에 주로 사용되며, 매우 높은 비추력 엔진은 극초음속 항공기에서 달성할 수 있다.

1.3.2 코어엔진의 성능 향상

현대 민간항공에서 연료의 경제성(economic)과 소음(noise)은 항공기 운용에서 중요한 설계 요소로 고려된다. 고바이패스비 터보팬 엔진은 이 같은 목적에 가장 잘 부합되는 엔진이다. 전투기 엔진들은 연료 효율과 엔진소음보다는 기동성(maneuverability)을 우선시하기 때문에 저바이패스 터보팬을 사용하고 있지만, 주요 군용 수송기들 역시 고바이패스비 터보팬 엔진을 사용한다. 코어엔진을 더 작고 가볍게 제작함으로써 코어엔진의 열

효율(thermal efficiency)을 높일 수 있도록 개량되어야 한다. 코어엔진으로 더 많은 공기흐름을 유도하기 위해서 전체압력비(압축기 흡입구 압력/흡입구 공급압력)를 상승시키거나 터빈인렛온도(TIT)를 증가시키는 방법으로 달성할 수 있다.

① 블레이드의 효율적 공기역학적 설계는 압축기 단을 줄일 수 있다.

② 다축 압축기(LPC, IPC, HPC)는 전체압력비를 크게 높일 수 있다.

③ 가변인렛가이드베인(IGV) 또는 일부 전방 단들을 가변 스테터로 설계하여 전체 스로틀 세팅에서 압축기 실속 또는 서지 없이 높은 압력비에서 작동할 수 있다.

(1) 터빈인렛온도와 열효율

제트추진 엔진에서 순추력(net thrust)은 중요한 변수이다. 예를 들어 파이프 속에 전기모터로 구동되는 팬이 추진 노즐에 연결되어 있다고 가정하자. 이 장치에서 팬 압력비(팬 방출 압력 대비 팬 입구 압력)가 높을수록 제트속도와 이에 상응하는 비추력이 높다는 것은 명백하다. 이 장치를 터보팬 엔진이라고 가정하고 등가의 동일 공기흐름과 팬 압력비가 적용되고 있다고 했을 때 터보팬의 코어엔진은 LP 터빈을 통해서 팬을 구동시키는데 충분한 동력을 생산하여야 한다. 만약 코어엔진 작동을 위한 HP 터빈인렛온도(TIT)가 낮게 지정되었다면 코어엔진 공기흐름은 이를 보상하기 위해서 상대적으로 높아야 할 필요가 있다. 이에 상응하는 바이패스비는 상대적으로 낮아야 한다.

반면에 동일 조건에서 터빈인렛온도(TIT)가 높게 지정되었다면 코어엔진 공기흐름은 그만큼 낮아질 수 있으므로 바이패스비는 상대적으로 증가할 수 있다. 결론적으로 터빈인렛온도(TIT)를 상승시키는 것은 열효율(thermal efficiency)을 높이는 결과를 얻을 수 있고 이는 연료 효율의 향상을 의미한다.

(2) 공기밀도 변화와 추력감소율의 관계

민간 운송용 항공기들의 순항고도는 대부분 30,000피트 이상이다. 고도가 증가함에 따라 공기밀도(air density)는 감소한다. 이로 인해서 터빈 엔진의 순추력은 떨어지는 경향이 발생하지만 엔진 유형에 따른 비행속도의 효과는 다르게 나타난다. 추력감소율(thrust lapse rate)이란 정추력(static thrust; Mach=0, 항공기가 지상에 정지에 있을 때 엔진에서 생산되는 추력)까지 감소해야 하는 비율이다. 순추력 방정식에 따르면 고비추력(high specific thrust) 엔진의 경우 제트속도가 상대적으로 높기 때문에 비행속도 효과(flight speed effect)로 인해서 추력감소율이 상대적으로 낮다. 반면 저비추력 엔진(예를 들어 운송용 제트엔진 항공기)에서 추력감소율은 더 크게 나타난다.

터보팬의 추력은 터보제트의 제트속도에 의존하기보다는 바이패스 흐름의 양에 따라 달라지기 때문에 고바이패스비(저비추력) 터보팬은 비행속도가 높아질수록 추력이 정지추력(static thrust; Mach=0)까지 감소해야 하는 비율이 그만큼 커진다. 이 같은 이유로 터보팬 엔진을 탑재한 항공기는 상승정점(top of climb)까지 상승하고 Mach=0.85로 순항 비행하기 위한 충분한 추력을 제공할 수 있을 정도로 엔진 크기가 커야 하고, 높은 추력감소율 때문에 정지 추력이 상대적으로 높다. 이 같은 특징은 최대이륙중량 자체가 높고 광폭동체(wide body) 항공기를 이륙 중 신속하게 가속할 수 있게 함으로써(최단 가속시간) 지정된 활주로 길이(runway length) 내에서 부양을 가능하게 한다. 또한, 쌍발 터빈엔진 항공기의 터보팬은 이륙 중 어느 한 엔진의 고장으로 인하여 동력의 50%를 상실했을 때를 대비해서 더 크게 제작되어야 한다.

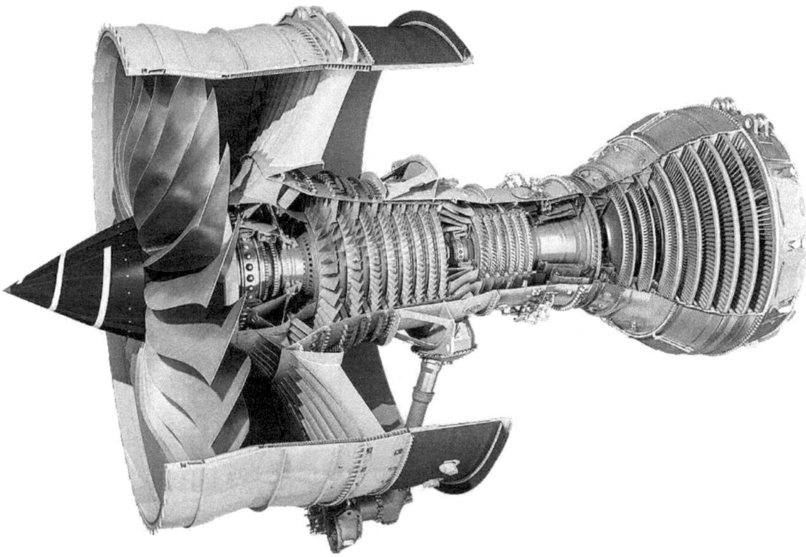

【그림1-7】 A-380 항공기 엔진 중 하나인 Rolls Royce's Trent 900은 3축 고바이패스비(8.7~8.5) 터보팬(팬 지름 2.94 m)이다. 엔진은 1단 팬, 8단 IP, 6단 HP 압축기 그리고 1단 HP, 1단 IP, 5단 LP 터빈으로 구성되어 있다. 이 엔진이 생산할 수 있는 전체압력비는 37~39이다. 초대형 터보팬 엔진의 경쟁 기종으로 B-787 dreamliner에 탑재된 GEnx 엔진은 기존의 GE90으로부터 복합 터보팬 블레이드와 더 작고 강력한 코어엔진으로 개량된 2축 고바이패스비(41:1) 터보팬 엔진이다. 이 엔진은 1단 팬(2.8 m)과 4단 LP, 10단 HP 압축기 그리고 2단 HP, 7단 LP 터빈으로 구성되어 있다.

1.3.3 터빈계통 기능 조정

고바이패스비 터보팬 엔진의 특징 중 하나가 [그림1 - 7]과 같이 저압 터빈부가 크게 발달해 있음을 알 수 있다. 바이패스비가 증가함에 따라 코어엔진의 공기 유동률(mass airflow)이 감소하는 것은 저압터빈(LP turbine)의 하중을 증가시키는 경향이 있다. 대부분의 운송용 터보팬 엔진에서 고압터빈(high pressure turbine)은 효율이 높은 2단 HP 터빈을 사용하여 HP 압축기를 구동시킨다. 그러나 1단(single stage) 터빈을 사용한

CFM56 터보팬 엔진의 터빈은 상대적으로 높은 터빈 하중의 일(high work)을 수행하기 때문에 효율이 다소 떨어질 수 있지만, 냉각 공기, 무게와 비용 등을 절약할 수 있는 장점이 있다.

반면에 RB211과 Trent 계열, Rolls-Royce는 2단 터빈으로 구성된 2개의 독립된 장치로 분리된다. 이 엔진에서 HP 축에 있는 HP 터빈은 HP 압축기를 구동시키고, IP(intermediate pressure turbine) 축에 있는 다른 터빈은 IP 압축기를 구동시킨다. 일부 군용 터보팬(military turbofan) 엔진에서는 1단 HP 터빈을 사용하는 경향이 있지만, 저압터빈(low pressure turbine)은 다단(예를 들어 3, 4, 5, 6, 7..)으로 구성된다. LP 터빈의 수는 바이패스비, 팬 후방에 있는 IP 압축기가 HP 압축기에 공급해야 하는 과급작용(supercharging) 그리고 LP 터빈 블레이드 속도에 따라 결정된다. 이 같은 방법으로 평균 단 하중(mean stage load)을 감소시키고 LP 터빈 효율을 유지함으로써 코어엔진에 흐르는 공기흐름의 감소는 상대적으로 바이패스비를 통상 5:1 이상으로 증가시킨다. 반면 전투 항공기 터보팬에서는 바이패스비가 아주 낮게 적용되기 때문에 대부분 1단 또는 2단 LP 터빈만 사용된다.

1.3.4 엔진 사이클 개선

고바이패스비 터보팬 엔진에서 필수 팬 압력비(fan pressure ratio)를 생산하기 위해서 오직 1단 팬만을 사용한다. 터보팬 엔진의 주어진 엔진 사이클(cycle)에서 원하는 전체압력비(overall pressure ratio)는 코어엔진의 다단축류를 통해서 얻을 수 있다. Rolls-Royce는 HP 압축기에 과급작용(supercharging)을 하는 IP 압축기와 함께 코어엔진 압축계통이 2개로 분리되어 있다. 이들 두 장치는 1단 터빈으로 구동되고 각각 분리된 축에 장착되어 있다. 결과적으로 HP 압축기만이 최적의 압력비를 생산하게 된다.

엔진 사이클 개선의 핵심 요소는 전체압력비를 높이는 것이다. 압축계통을 통해서 전체압력비를 높이는 것은 연소기 공급온도를 상승시키고 이는 HP 터빈인렛온도를 상승시키는 결과를 초래한다. 비록 압축계통을 통해서 더 높은 온도로 높아졌지만, 터빈계통에서 더 많은 온도 강하(temperature drop)가 발생해야 한다. 그러나 혼합노즐(mixed nozzle)에서의 온도에는 영향을 주지 않는다. 왜냐하면, 동일한 양의 열이 계통에 추가되었기 때문이다. 그러나 노즐압력(nozzle pressure)은 상승한다. 이것은 전체압력비 상승이 터빈에서 팽창비보다 빠르기 때문에 고온 혼합기(hot mixer) 입구 압력의 상승을 초래하기 때문이다. 결과적으로 순추력(net thrust)은 증가했지만 비연료소모는 감소한다.

비혼합 터보팬(unmixed turbofan)에서도 유사한 경향이 발생한다. 결론적으로 터보팬의 연료 효율은 전체압력비의 상승과 터빈인렛온도를 일정하게 유지함으로써 달성할 수 있다. 그러나 터빈인렛온도와 압축기 공급온도 모두 높아짐에 따라 고열에 견딜 수 있는 터빈 금속재료와 고효율 냉각장치(colling system)가 필수이다. 이외에도 압축기 공급온도(compressor delivery)를 높이는 것은 압축기에 사용되는 재료들 역시 우수한 내열성을 갖추어야 한다.

1.3.5 팬 작동선 제어

일부 고바이패스비 운송용 터보팬 엔진의 팬 작동선(fan working line)을 제어하기 위해서 바이패스 공기흐름(bypass airflow) 또는 혼합배기(mixed exhaust)에 있는 수축-확산 노즐이 극히 낮은 면적비(area ratio; 1.0 이하)를 갖도록 설계된다. 노즐은 마치 외형이 변화하는 것 같은 가변 기하학적 외형과 같이 작용한다. 저속비행에서 노즐은 초크(chocked) 현상이 발생하지 않기 때문에(평균 마하수 1.0 이하) 배기가스는 스로트(throat)에 접근함에 따라 속도가 증가한 후 확산부에 도달했을 때 속도가 약간 더 감소한다. 결과적으로 노즐 출구 면적은 팬과 매칭시키기 위해서 스로트 면적보다 더 크게 제어함으로써 팬 작동선을 서지(surge)로부터 약간 멀어지게 당긴다. 반면에 고속비행에서는 흡입구(intake)에서 램 상승(ram rise)은 스로트에서 초크가 발생하는(M=1.0 이상) 지점에서 노즐압력(nozzle pressure)을 증가시킨다. 이 같은 환경하에서 스로트는 팬 매치(fan match)를 위해서 출구보다 더 작게 제어함으로써 팬 작동선을 서지(surge)를 향해서 약간 밀어내는 경향이 있다. 이것은 고속비행에서 팬 서지 마진(fan surge margin)이 매우 양호하므로 문제가 되지 않는다.

❖ 엔진 사이클(engine cycle)

엔진 사이클은 내연기관 또는 외연기관에서 반복되는 일련의 프로세스로 기관의 작동을 제어한다. 화학에너지를 기계적 에너지로 변환하기 위해 달성해야 할 이벤트의 순환으로 왕복 엔진의 이벤트를 설명하는 오토 사이클(Otto cycle) 그리고 가스터빈 엔진에서 일어나는 변환을 설명하는 브레이튼 사이클(Brayton cycle)이 있다.

❖ 딥 실속(deep stall)

딥 실속은 특히 T-형 꼬리날개 구조에서 위험한 실속의 한 형태이다. 받음각이 증가하여 주날개의 난기류 흐름 영역에 들어가면서 승강타의 공기 흐름에 영향을 주어 급격한 기능을 상실할 수 있다.

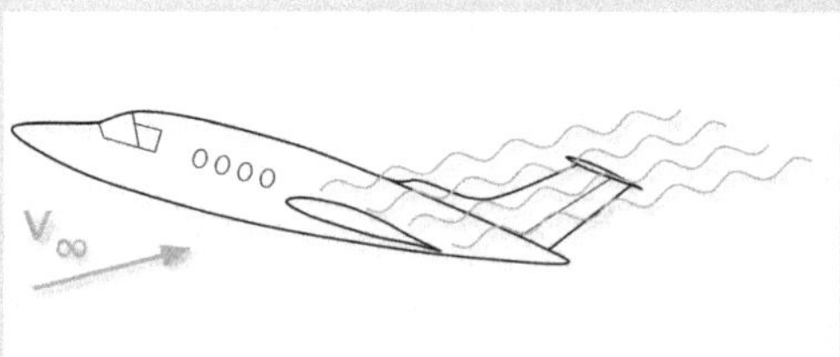

1.4 터보팬 엔진의 장점

✈ 터빈엔진의 높은 열효율은 높은 속도의 추진효율을 달성할 수 있지만 터보기계장치의 재료(metal materials)들이 열에 견딜 수 있는 한계에 의해서 제한된다. 터빈엔진의 내부 구성품들은 열에 강한 재료들이 사용되지만, 재료의 내열성 못지않게 이들 고열 구성품들을 효과적으로 냉각시킬 수 있는 기술 역시 매우 중요하다. 터보팬 엔진에서는 팬에서 발생한 대량의 공기흐름을 코어엔진 주변을 통과시킴으로써 상당한 냉각 효과를 거두면서 동시에 추력을 얻는 원리이기 때문에 높은 연료 효율성을 달성할 수 있다.

터보팬 엔진의 팬(fan)은 일반 프로펠러 항공기와 달리 많은 블레이드의 장착이 가능하여 상대적으로 더 많은 양의 공기흐름을 처리할 수 있다. 또한, 팬을 통과한 흐름을 바이패스 덕트(bypass duct)를 통해서 흐름으로써 공기의 누출이 없고 외부의 영향을 받지 않으면서 직선으로 흘려보낼 수 있다. 이외에도 코어엔진으로부터 열을 흡수함으로써 부가적인 추력증대 효과를 얻을 수 있다. 항공기 소음(noise)은 심각한 환경문제로 인식되고 있으며 국제민간항공기구뿐만 아니라 국가별로 혹은 지역별(주요 공항)로 소음에 대한 규제가 강화되는 추세이다. 항공기 소음을 낮추기 위한 많은 연구와 노력의 결과 현재 항공기 소음은 상당히 낮아졌다.

제트엔진에서 발생하는 주요 소음원(source of noise)은 배기제트(exhaust jet)의 속도에 달려 있다. 특히 초음속 항공기들의 배기가스의 속도는 음속을 크게 초과하기 때문에 여기서 발생하는 소음은 일반의 상상을 초월할 정도이다. 전투 항공기 엔진은 추진효율에 우선하기 때문에 소음에 관한 문제는 후순위이다. 그러나 고바이패스비 터보팬 엔진은 소형이면서 강력한 동력을 생산할 수 있는 코어엔진으로 대형 팬을 회전시킴으로써 엔진소음을 크게 낮출 수 있다. 또한, 추진 노즐에서 코어엔진 흐름과 바이패스 흐름을 혼합시켜 배기 소음(exhaust noise)을 상당히 감소시키는 역할을 한다. 다음은 터보팬 엔진의 주요 장점들을 요약한 내용이다.

① 연료 효율이 높다.

② 바이패스 흐름은 부가적인 냉각 효과를 제공한다.

③ 공기흐름의 효율이 높다.

④ 엔진소음이 낮다.

⑤ 혼합 흐름에 의한 부가 추력을 생산한다.

❖ 램 상승(ram rise)

램 상승(ram rise; RR)은 TAT와 SAT의 차이다. 고속비행에서 공기의 압축성과 마찰로 인해 발생한다. 실무에서 램 상승은 Mach 0.2 미만에서는 무시된다. Mach 0.2 이상에서 진대기속도(TAS)가 증가함에 따라 온도는 정적 공기(still air) 온도를 초과한다. 이것은 마찰열과 단열 압축 때문이다. 항공에서 다루는 온도는 다음과 같다.

① 총공기온도(total air temperature; TAT)는 항공기 표면에 장착된 온도 탐침으로 측정된다.

= Stagnation temperature(정체점 온도)

= Indicated air temperature(IAT)

= Ram air temperature(RAT)

② 정적공기온도(static air temperature; SAT)는 외부 공기의 온도이다.

= Outside air temperature

= True air temperature

1.5 터보팬 엔진의 유형

✈ 터보팬 엔진의 상용화와 함께 다양한 종류의 엔진들이 제작되었다. 터보팬 엔진의 유형은 전체 구성품들의 성능이 유지되는 한 주어진 엔진 사이클(예를 들어 동일 공기흐름, 바이패스비, 팬 압력비, 전체압력비와 HP 터빈로터인렛온도 등...)을 위한 설계 성능(예를 들어 순추력, 비연료소모)에 미치는 영향은 그리 크지 않다. 그러나 비설계점(off - design point) 성능과 안정성은 엔진 유형에 따라 크게 달라질 수 있다. 다음은 현재까지 개발되었거나 개발 예정에 있는 주요 터보팬 엔진의 유형이다.

1.5.1 1축 터보팬

1축 터보팬 엔진은 팬(fan)과 HP 압축기 그리고 이들을 구동시키는 터빈이 하나의 축으로 연결된 가장 단순한 유형이다. 이 엔진이 많이 사용되는 것은 아니지만 [그림1 - 8]과 같은 Mirage 전투기에 동력을 제공하는 SNECMA M53은 전형적인 1축(1스풀) 터보팬 엔진이다. SNECMA M53 엔진은 가변 스테터가 없고 가동 부품들이 비교적 적기 때문에 전투 상황을 제한하는 요소들로부터 그만큼 자유로울 수 있다. 비록 터보기계장치가 단순하기는 하지만 스로틀 작동의 융통성을 위해서 가변면적 혼합기(variable area mixer)가 사용된다.

1.5.2 기본 2축 터보팬

대부분의 터보팬 엔진들은 2축 엔진으로 설계되어 있다. 일반적으로 팬과 LP 터빈이 한 쌍이 되어 LP-스풀을 구성하고 HP 압축기와 HP 터빈이 HP-스풀을 구성한다. BR710은 전형적인 2축 터보팬 엔진이다. 추력이 상

【그림1-8】 SNECMA M53 엔진은 전형적인 1축 터보팬 엔진(재연소기)으로 8단 축류압축기와 2단 터빈으로 구성되어 있다. 이 엔진의 바이패스비는 0.36:1이고 전체 압력비는 9.8:1이다. 이 엔진은 Mirage 2000 전투기에 탑재되었다.

대적으로 작은 2축 엔진에서는 HP 압축기 유형으로 축류-원심압축기의 혼합한 형태가 있다. 예를 들어 General Electric CFE738은 1단 팬, 5단 HP 축류와 원심압축기 그리고 2단 HP 터빈, 3단 LP 터빈으로 구성된다. 전체압력비는 35:1이고, 원심압축기 때문에 엔진은 매우 크고 바이패스비는 5.3이다. 이 엔진은 중소형 비즈니스/커뮤터(business/commuter) 항공기에 적합한 동력장치로 개발되어 [그림1 - 9]와 같이 Dassault Falcon 2000 항공기에 탑재되었다.

1.5.3 개량 2축 터보팬

기본 2축 터보팬 엔진보다 더 높은 전체압력비(overall pressure ratio)를 얻는 방법은 HP 압축기의 압력비를 높이거나 팬과 HP 압축기 사이에 중압(Intermediate pressure; IP) 압축기를 추가하여 달성할 수 있다. IP 압축기는 HP 압축기에 공기흐름의 과급작용을 하기 때문에 엔진 사이클의 전체압력비를 최신 항공기에서 얻을 수 있는 40:1 이상의 압력비 수준까지

【그림1-9】 Falcon 2000 비즈니스 항공기에 탑재된 저바이패스비 2축 터보팬 엔진이다. 현대의 고바이패스비 엔진의 외형과 비교했을 때 엔진 지름이 그리 크지 않다는 것을 관찰할 수 있다. 그러나 전체압력비는 35:1로 매우 높다.

높이는 데 도움이 된다. 예를 들어 General Electric CF6, GE90 그리고 GEnx plus P&W JT91과 PW4000과 같은 모든 대형 터보팬 엔진들은 LP-축에 IP 압축기가 장착되어 있고 LP 터빈에 의해서 팬과 함께 블레이드 끝단 속도(blade tip speed)와 팬의 지름으로 결정된 기계적 속도로 구동된다. 현대 민간 터보팬에서 사용하고 있는 고바이패스비(예를 들어 팬 덕트/코어 흐름)는 IP 압축기 블레이드의 지름을 감소시킴으로써 팁 속도(tip speed)를 감소시킬 수 있다. 이 같은 이유로 필수 IPC 압력상승(pressure rise)에 필요한 더 많은 IPC 단(stages)들이 요구된다.

❖ 과급작용(supercharging)과 과급기

내연기관(왕복엔진 또는 터빈엔진)의 공기 흡입 압력을 강제로 높여 성능을 높이는 것으로 이 같은 기능을 하는 기계를 과급기(슈퍼과급기 또는 터보과급기)라 한다.

1.5.4 3축 터보팬

Rolls-Royce에서 개발한 대형 민간 터보팬(예를 들어 RB211과 Trent 계열) 엔진은 [그림1 - 7]과 같이 3축(3 - 스풀) 유형으로 설계되었다. LP 압축기와 HP 압축기 사이에 IP 압축기를 장착하였고, IP 압축기는 LP와 HP 축과 동일한 축에 연결되어 있지만, IP 터빈으로 독립적으로 구동된다. 이 같은 설계는 IP 압축기의 평균 팁 속도(tip speed)를 높일 수 있고 팬(fan)보다 더 빠르게 회전시킬 수 있어 주어진 IPC 압력상승(pressure rise)에 필수적인 IP 단(stage)의 수를 감소시킨다. RB211/Trent 계열 엔진의 설계는 길이가 짧고 더 경량의 엔진으로 인해서 HPC 압력상승이 상대적으로 작은 미국제 엔진보다 IPC 압력상승이 더 높다.

1.5.5 후방 팬 엔진

터보팬 엔진에 있는 대부분 팬은 압축기와 함께 한 스풀(spool)을 구성하거나 단일 팬(single fan) 압축기의 형태이지만 일부 엔진에서는 팬이 배기제트 파이프(exhaust jet pipe)가 있는 후방에 장착되기도 한다. 이를 후방 팬 엔진(aft fan engine)이라 한다. 후방 팬 엔진의 또 다른 유형은 [그림1 - 10]과 같이 대형 팬들이 외부로 노출되도록 설계된 유형이다. 이를 프롭 팬 엔진(propfan)이라 한다. 이 엔진이 처음으로 제작된 것은 1980년 초 General Electric GE-36 UDF (propfan) 시제기이다. 프롭 팬이 엔진 외부에 장착되지만, 후방 팬은 엔진 케이싱 내부에 장착된다. 이 후방 팬은 General Electric J79 터보제트엔진을 개량한 GE CJ805-23 터보팬 엔진으로 Convair 990 운송용 항공기에 탑재하였다. 후방 팬은 터보제트 제트파이프가 있는 저압터빈(LP) 장치와 함께 장착된다. 코어엔진의 터빈 배기가스로부터 나온 고온 배기가스는 LP 터빈을 통해서 팽창되고 팬 블레이드들은 방사적 확장(radial extension) 터빈 블레이드로 구동된다. 후방 팬 터보팬 엔진의 주요 문제점 중 하나는 LP 터빈에서부터 후방

【그림1-10】 터보팬 엔진의 변형으로 전방 팬과 유사하지만, 후방 외부에 노출되어 장착된 점이 다르다. 프롭 팬을 초고바이패스(UHB; ultra-high bypass) 엔진이라고도 한다. 이 엔진은 터보팬의 속도와 성능을 달성할 수 있고 연료 효율은 터보프롭과 유사하다. 이 엔진은 기존의 터보팬 엔진과 비교하면 비연료소모가 약 20~30% 향상되는 것으로 알려져 있다.

팬(aft fan)까지 전달되는 과정에서 발생하는 고온 가스의 누출(leakage)을 방지할 수 없는 점이다.

1.5.6 기어 터보팬

[그림1 - 11]은 기어 터보팬 엔진이다. 터보팬 엔진에서 바이패스비가 증가함에 따라 팬과 LP 터빈 블레이드의 평균 반경(radius) 비율이 증가해야 한다. 만약 팬이 최적 블레이드 속도에서 회전하게 된다면 LP 터빈의 블레이드는 상대적으로 낮은 속도에서 회전하게 될 것이다. 따라서 팬을 구동시키는데 충분한 에너지를 얻기 위해서 추가로 LP 터빈 단(stage)이 필요하다. [그림1 - 11]과 같이 LP 축(shaft)과 팬 사이에 적절한 기어비(gear

【그림1-11】 이 엔진의 1단 팬은 기어로 구동되고 3단 LP, 8단 HP 압축기 그리고 2단 HP와 3단 LP 터빈으로 구성되어 있다. 동급 엔진과 비교하면 연료를 10~15% 절약할 수 있으며 가변면적 노즐을 갖추고 있다. 이 엔진은 Pratt & Whitney PW1000G 고바이패스비 기어 터보팬 엔진이다. Bombardier CSeries와 Airbus A320neo에 탑재되었다.

ratio)를 갖춘 감속기어(reduction gear)를 장착함으로써 팬과 LP 터빈 모두를 최적 속도에서 구동시킬 수 있다. 전형적인 기어 터보팬(geared turbofan; GTF) 엔진은 Honey TFE731로 주로 비즈니스 제트 항공기(CASA C-101, Cessna Citation III, Learjet 31)에 탑재되었다.

❖ 비설계점 작동(off-design operation)

엔진은 설계(on-design)에서 벗어난 상태(off-design)의 작동으로 볼 수 있다.

• 스로틀 세팅 변경
• 고도 변경
• 비행속도 변경
• 환경 변화
• 장치의 설치 변경

비록 모든 비설계점이 설계점(design point) 한계 내에서 효율적으로 계산되지만, 이로 인해서 초래되는 사이클은 엔진 설계점과 같은 터빈과 노즐 형상이다. 이로 인한 최종 노즐에서 공기흐름이 초과하거나 완전히 채울 수 없다. 아래 그림은 단순한 비설계점 계산을 사용하여 생성된 전형적인 압축기 작동선(compressor operating line)이다.

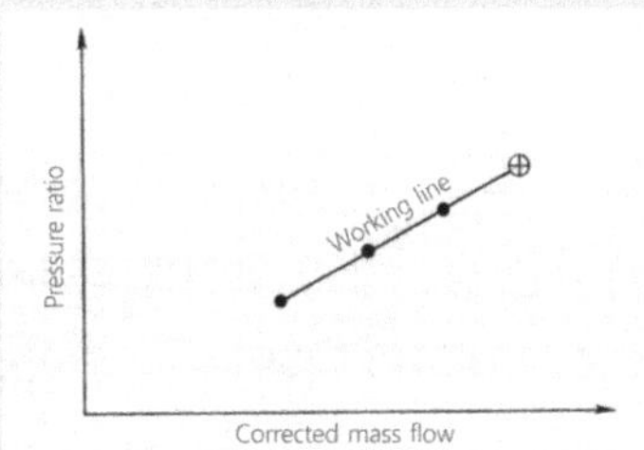

❖ A380 생산 중단

2019년 2월, 에어버스는 주요 고객사인 에미레이트 항공이 40대의 A330-900과 30대의 A350-900으로 대체하면서 A380의 생산을 2021년까지 종료할 것이라고 발표했다. A380이 에어버스의 상업적 생존 가능성을 달성하지 못한 이유 중 하나는 허브 앤 스포크(hub-and-spoke) 시스템에 최적화되어 있는 매우 큰 용량 때문에 기인한다. 그러나 항공사들은 고객이 두세 번이 아닌 한 번의 비행으로 목적지에 도착하는 지점 대 지점(point to point) 시스템으로의 근본적인 전환을 겪었다. A380의 대규모 설계는 승객 좌석 거리에 대한 매우 낮은 비용을 달성할 수 있었지만, 허브 앤 스포크 시스템 내 효율은 지점 대 지점 시스템에서 요구되는 더 적은 비행의 효율을 극복할 수 없었다.

1.6 바이패스비

✈ 민간 터보팬 엔진의 성능(performance)을 평가하는 기준 중 하나는 연료 효율(fuel efficiency)이다. 현대 터보팬의 중요한 특징은 바이패스비(bypass ratio; bpr)이고 코어엔진 외측(outside)으로 흐르는 질량유동율 대비 코어엔진을 통과하는 질량유동율의 비율이다.

$$bpr = \frac{\dot{m}_b}{\dot{m}_c}$$

예를 들어 바이패스비가 약 0.2:1(bpr=0.2) 또는 1:1(bpr=1.0)이라고 했을 때 코어를 통과하지 않고 외측으로 통과하는 공기량과 코어를 통과하는 공기량이 각각 20%와 100%가 된다는 것을 의미한다. 흡입구로 유입되는 전체 공기량을 기준으로 했을 때 각각 5%와 50%의 공기가 코어엔진 주변으로 우회하여 흐른다는 것을 의미하기도 한다.

바이패스비는 코어엔진의 제트속도(jet velocity)를 결정한다. 엔진의 유형에 따라 [그림1-12]와 같이 전투기와 같은 높은 제트속도가 필요한 엔진의 바이패스비는 1.0 이하지만 운송용 엔진의 바이패스비는 5.0 이상이다. 또한, 바이패스비는 엔진의 외형(appearance), 크기 그리고 무게에 영향을 주는 변수이기도 하다. 일반적으로 순수 터보제트엔진은 길이와 비교하면 지름이 작다. 그러나 고바이패스비 엔진은 길이만큼 지름도 크다는 것을 알 수 있다. 예를 들어 Trent 884 엔진의 팬 지름은 2.79m, P&W 4084 엔진의 팬 지름은 2.84m 그리고 GE90 엔진의 팬 지름은 3.12m이다. 초기 엔진의 바이패스비는 대부분 5.0 이하(RB211, CF6 그리고 JT9D...)였지만 현대 대형 운송용 터보팬 엔진의 바이패스비는 5.0 이상으로 설계된다.

엔 진	탑재 항공기	바이패스비
Rolls-Royce/ Snecma Olympus 593	Concorde (turbojet)	0
Rolls-Royce Tay	Gulfstream IV, Fokker 70, Fokker 100	3.1:1
SNECMA M88	Dassault Rafale	0.30:1
Pratt &Whitney JT8D	DC-9, MD-80, Boeing 727, Boeing 737-100, 200	0.96:1
Pratt &Whitney F100	F-16, F-15	0.34:1
General Electric F404	F/A-18, T-50, F-117, X-29, X-31	0.34:1
Eurojet EJ200	Eurofighter Typhoon	0.4:1
Klimov RD-33	MiG-29, Il-102	0.49:1
Saturn AL-31F	Su-27, Su-30, Chengdu J-10	0.59:1
Kuznetsov NK-321	Tu-160	1.4:1
PowerJet SaM146	Sukhoi Superjet 100	4.43:1
Pratt &Whitney PW2000	Boeing 757, C-17 Globemaster III	5.9:1
Progress D-436	Yak-42M, Beriev Be-200, An-148	6.2:1
General Electric GEnx	Boeing 787	8.5:1
Rolls-Royce Trent 900	Airbus A380	8.7:1
General Electric GE90	Boeing 777	9:1
Rolls-Royce Trent 1000	Boeing 787	11:1

【그림1-12】 현대 터보팬 엔진에서 바이패스비는 중요한 설계 필수요건이 되었다. 민간 운송용 항공기 터보팬 엔진의 바이패스는 5.0 이상의 고바이패스비로 설계되었다. 특히 최신의 A380과 B-787 항공기에 탑재된 엔진의 바이패스비는 거의 10.0 정도로 높다. 그러나 대부분의 전투 항공기 엔진의 바이패스는 1.0 이하로 설계되었다.

바이패스비가 높을수록 효율이 향상되기는 하지만 동시에 이에 따른 문제점도 함께 커질 수 있으므로 실질적으로 10.0 이상은 초과하지 않는다.

가스터빈엔진의 성능을 제한하는 주요소 중 높은 열과 높은 제트 추력이 지배적이다. 따라서 높은 열은 엔진 냉각의 필요성을 요구하고 높은 제트 추력을 적절한 속도로 감속시킴으로써 아음속 운송용 엔진의 연료 효율을 높이고 소음도 감소시킬 수 있다. 이것은 운송용 가스터빈엔진의 주요 필수요건 중 하나이고 높은 전체효율(high overall efficiency)을 의미한다. 전체효율(η_0)은 추진효율과 열효율(propulsive efficiency and thermal efficiency)의 결과이다.

$$\eta_0 = \eta_p \eta_{th}$$

높은 열효율을 얻기 위해서는 높은 터빈인렛온도(TIT)와 높은 압력비를 필요하다는 것은 주지의 사실이다. 만약 모든 가용동력(available power)이 코어 흐름을 가속하는 데 사용된다면 높은 온도와 압력 조건은 높은 제트속도(jet velocity)를 생산하게 될 것이다. 이것은 전투기 엔진의 필수요건이다. 그러나 높은 제트속도는 상대적으로 추진효율이 낮다. 따라서 추진효율을 높이기 위해서는 프로펠러 원리와 같이 소량의 질량 유동률을 끌어들여 이를 블레이드에 통과시켜 대량의 질량 유동률을 얻을 수 있도록 가속하는 방법으로 추력을 생산하는 것이다. 결론적으로 터보제트엔진의 높은 열효율(η_{th})과 추진효율(η_p)에서의 제한요소들이 아음속 추진을 위한 고바이패스비 엔진의 장점으로 활용되었다.

바이패스 흐름의 특징 중 하나는 냉각 효과이다. 순수 제트엔진과 달리 바이패스 흐름을 허용함으로써 터빈인렛온도(TIT)를 상승시킬 수 있는 효과를 얻을 수 있다. 이는 같은 양의 공기흐름으로 상대적으로 적은 양의 코어엔진 공기흐름과 더 높은 바이패스 흐름을 허용할 수 있다. 물론 터빈 냉각기술과 새로운 금속재료의 발달로 냉각 공기의 온도가 증가하지만, 더 높은 터빈인렛온도(TIT)가 가용하였고 그 결과 전체압력비(overall pressure ratio)를 높일 수 있는 효과를 얻을 수 있었다. 이 같은 결과로 얻은 터보팬 엔진은 터보제트엔진보다 더 높은 노즐 압력비(nozzle pressure ratio)에서 운용될 수 있으나 순추력(net thrust)을 유지하기 위한 배기가스 온도는 더 낮게 운용되었다. 엔진 전체로 보았을 때(흡입에서 노즐까지) 온도 상승이 더 낮아졌기 때문에 건식추력(dry thrust) 연료흐름은 감소하고 더욱 양호한 비연료소모를 얻는 결과가 되었다.

❖ 추력

추력(thrust)은 뉴턴의 제3법칙에 의해 양적(quantitatively)으로 기술된 반작용 힘(reaction force)이다. 시스템이 한 방향으로 질량을 방출하거나 가속할 때 가속 질량(accelerated mass)은 그 시스템에 동일 크기지만 반대 방향의 힘을 발생시킨다. 추력(힘)은 뉴턴(기호: N-newtons)으로 국제단위계(SI)를 사용하여 측정하며, 제곱 초당 1m의 속도로 질량 1kg을 가속하는 데 필요한 양을 나타낸다.

❖ 순추력(net thrust)

제트엔진의 총추력(gross thrust)에서 유입 공기의 모멘텀으로 인한 항력을 뺀 추력이다.

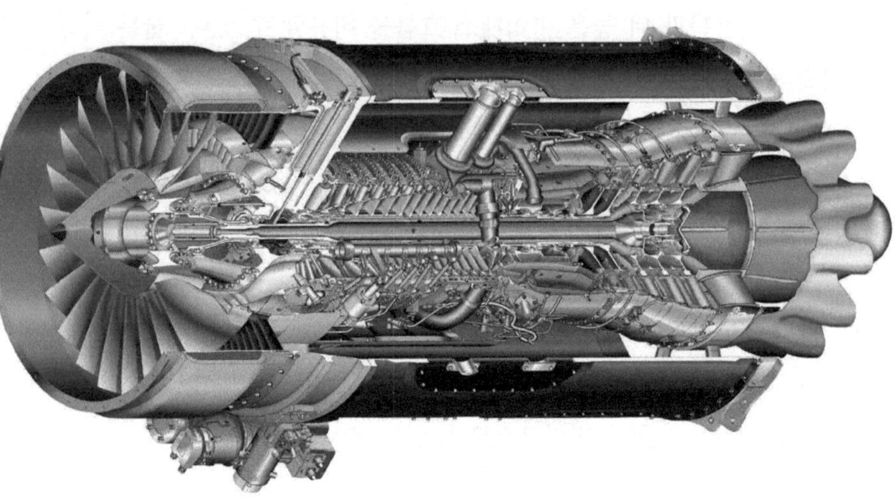

【그림1-13】 저바이패스비 터보팬 엔진은 통상 2축으로 구성된다. 팬과 함께 2~3개의 단이 LP 스풀을 구성한다. 저바이패스비이기 때문에 팬의 지름이 그리 크지 않아 외형상 동일 지름의 원통 모양이다. 민간항공에서 저바이패스비 터보팬 엔진은 현대의 고바이패스비 터보팬 엔진과 비교하여 추진효율이 낮고 소음 및 배출가스와 같은 문제점 등으로 인하여 거의 사용되지 않는다. 그러나 전투기 엔진에서는 상당한 운용상의 장점이 있다. 그림은 AE3007 터보팬 엔진이다.

1.6.1 저바이패스비 터보팬

1960년대 Boeing 727 항공기는 [그림1 - 13]과 같이 바이패스비가 약 0.96인 P&W JT8D 터보팬 엔진을 탑재하였다. 민간 상업용 터보팬 엔진으로 제트속도(jet velocity)를 낮추고 소음을 크게 낮추는 기술의 진보를 이루었지만, 현대의 바이패스 기술과 소음 기준에 크게 못 미치기 때문에 오늘날의 민간항공에서는 더 이상 저바이패스비 터보팬 엔진이 사용되지 않는다. 그러나 전투 항공기들은 전투지대(combat zone)로 이동하거나 공중대기(loitering) 또는 순항비행 중 높은 아음속에서 양호한 연료 효율이 필요하므로 저바이패스비 터보팬 엔진을 채택하고 있다.

바이패스비와 비추력(specific thrust)을 상호 연관시켰을 때 저비추력/고바이패스 엔진과 고비추력/저바이패스 터보팬 엔진으로 구분할 수 있다. 먼저 고비추력/저바이패스비 터보팬 엔진은 통상 다단 팬(multi - stage fan)으로 설계되어 높은 압력비(high pressure ratio)를 생산할 수 있어 제트속도 역시 매우 높아 전투기 유형에 적합하다. 코어엔진은 팬을 구동시키는데 필요한 코어엔진 동력(core power)을 생산할 수 있을 정도의 충분한 코어 흐름(core stream)을 공급할 수 있어야 한다. 터보제트엔진에서 터빈인렛온도(TIT)를 높일 수 있도록 성능이 개량된다면 코어엔진에서 상대적으로 적은 양의 공기흐름으로 동일 성능을 얻을 수 있고 그 만큼 더 높은 바이패스비를 얻을 수 있다.

일부 저바이패스비 군용 터보팬(예를 들어 F404 엔진)의 경우는 공기흐름을 첫 로터 단으로 향하게 하는 피아노 스타일 힌지(piano - style hinge)가 달린 가변 인렛 가이드 베인(variable inlet guide vanes)을 갖추고 있다. 이것은 중간흐름영역(mid - flow range)에서 서지마진을 향상시킨다. 이 엔진은 F-111과 같은 가변날개 항공기에서 처음으로 사용하여 매우 높은 항속거리/페이로드(range/payload)를 달성하였다. 또한, 효율적인 순항비행과 Mach=2.0 속도를 달성할 수 있도록 크기는 더 작아지고 더욱 날렵한 기체(airframe)로 개량되어 F-14 Tomcat 전투기의 코어엔진으로 사용되고 있다.

❖ 페이로드(payload)
페이로드는 항공기가 운송할 수 있는 탑재량(무게)이다. 탑재 품목은 승객, 승무원, 화물, 미사일, 폭탄, 무기, 기타 장비를 포함할 수 있고, 때로는 여분의 연료도 포함된다. 민간항공에서 페이로드는 용어가 의미하는 것과 같이 운송 비용을 지불해야 하는 품목들이고 이를 유상하중이라 한다.

1.6.2 고바이패스 터보팬

현대 운송용 항공기 엔진은 바이패스비(high bypass ratio)가 5.0 이상의 고바이패스비 터보팬 엔진을 탑재하고 있다. 이들 엔진 중 Trent와 P&W 4084 엔진은 바이패스비가 약 6.0 정도지만 GE90 엔진의 바이패스비는 약 9.0 정도이다. Trent는 3축 엔진(LP, IP, HP)이고, P&W 4084와 GE90 엔진은 개량 2축 엔진이다. 이들 엔진 중 유일하게 Rolls-Royce 엔진 만이 3축 엔진 방식을 채택하고 있다.

고바이패스비 엔진의 전면에는 [그림1 - 14]와 같이 저바이패스비 엔진에서는 볼 수 없는 대형 1단 팬(fan)이 장착되어 있다. 바이패스 엔진에서는 팬을 통과한 흐름은 바이패스 흐름(bypass flow)과 코어 흐름(core flow)으로 분리되어 흐른다. 2축 엔진에서 팬은 LP 축에 연결되어 있고 LP 터빈으로 구동된다. 그러나 여기서 단순한 팬으로 다루지 않는 것은 대부분의 2축 엔진은 팬 후방에 여러 개의 단(stages)들이 함께 장착되어 있어 코어에 유입되기 전에 일부 압축 효과를 얻을 수 있도록 설계되어 있기 때문이다. 이 같은 배열은 순항비행 중 LP 스풀(팬을 포함한 다단 압축기)에서 압력비를 2.5까지 높인 후 HP 압축기에서 다시 압력비(pressure ratio)를 16.0까지 상승시킴으로써 전체압력비(overall pressure ratio)는 약 40.0을 달성할 수 있다. Trent 884는 전형적인 3축 엔진으로 코어 공기는 팬(허브 근처)에서 압력비를 약 1.6을 상승시키고 IP와 HP 압축기에서 압력비는 약 5.0을 약간 넘게 상승시킴으로써 전체압력비 40.0까지 상승시킨다. 앞으로 전개되는 과정에서 유의해야 할 사항 중 하나는 구성품들의 효율에 관한 것이다.

예를 들어 HP 터빈에서 생산된 동력이 100% HP 압축기 동력으로 전달되는 것은 아니다. HP 터빈동력은 연료펌프, 발전기, 유압 그리고 기내여압, 제빙 및 방빙(de - icing and anti - icing) 등 다양한 목적을 위해서 추출되고 이외에도 기계적 마찰(mechanical friction)에 의한 손실 등도

【그림1-14】 Lockheed C-5A 항공기의 엔진으로 개발된 GE TF39 고바이패스비 터보팬 엔진이다. 이 엔진은 처음으로 8:1의 고바이패스비를 적용하여 개발된 엔진으로 알려져 있다. 2축 엔진으로 1단 팬과 5단 저압 압축기는 6단 저압터빈이 구동시키고, 16단 고압 압축기 그리고 2단 고압 터빈으로 구성되어 있다. 위 그림에서 보는 것과 같이 엔진의 지름이 길이만큼 큰 것을 알 수 있다. 고바이패스비의 전형적인 특징인 대형 팬의 지름 때문에 엔진 나셀의 지름이 크다.

고려해야 한다. 그러나 이들 손실이 차지하는 비율이 매우 낮으므로 HP 터빈 동력과 HP 압축기 구동 동력은 거의 동등한 것으로 가정하여 모든 계산을 단순화한다. LP 터빈 동력의 대부분은 바이패스 흐름을 압축하는 데 사용되고 일부만이 코어 흐름의 압축에 기여한다. 3축 엔진의 장점 중 하나는 시동(starting)과 같은 비설계점 운용(off - design operation)에서 매우 유용한 융통성을 갖는다.

민간항공에서 고바이패스비 엔진 개발의 강력한 동기는 경제성이다. 민간항공에서 추구하고 있는 것은 높은 효율보다는 이윤을 극대화할 수 있는 엔진 개발에 초점을 맞춘다. 최초로 고바이패스비 엔진을 탑재한 항공기는 Lockheed C-5A 군수송기이고 우수한 연료 효율과 제트소음(fuel efficiency and jet noise)을 크게 낮추는데 기여하였다. 민간항공에서도 60년대 후반부터 광폭동체(wide - body) 항공기(Boeing 747, Lockheed L-1011 Tristar 그리고 McDonnell Douglas DC-10 등)들이 고바이패스비 터보팬 엔진을 탑재하고 취항하기 시작했다.

고바이패스비 터보팬의 코어엔진은 일반 터보제트엔진과 같이 터빈을 회전시켜 압축기를 구동시키고 아울러 팬 터빈을 구동시키기 위해서 고에너지 가스 흐름을 생산할 수 있어야 한다. 고바이패스비 엔진의 주요 장점은 이륙 조건에서 높은 추력을 생산한다. 실제 생산되는 추력을 분석했을 때 대부분의 추력(약85%)이 코어엔진을 우회하는 대량 공기질량 유동률을 가속시켜 얻은 결과이고, 코어엔진에서는 총추력의 약 15% 정도만 생산하는 것과 비교했을 때 바이패스비의 중요성이 강조되는 이유이다.

❖ 터보제트와 터보팬 엔진의 단순 비교

고바이패스비 엔진	저바이패스비 엔진
아음속	초음속
엔진 측면 높이 큼	엔진 측면 높이 작음
추력-비연료소모 낮음	추력-비연료소모 높음
압력비 낮음	압력비 높음
배기속도 느림	배기속도 빠름
민간항공	전투 항공기

1.7 팬

✈ 운송용 터보팬 엔진에서 LP 압축기를 팬(fan)이라고도 한다. 일반적으로 민간항공 터보팬 엔진은 1단 팬(single fan stage)으로 되어 있지만, 대부분의 저바이패스비 군용 터보팬 엔진(전투기 및 훈련기)은 다단팬(multi - stage fans)으로 구성된다. 이해를 돕기 위해서 터보팬 엔진과 터보프롭(turboprop) 엔진을 간단히 비교해 보자. 터보프롭 엔진은 코어엔진에서 생산된 대부분 동력을 프로펠러를 회전시키는 데 사용된다. 터보프롭은 비교적 중간 아음속 영역에서 연료 효율이 우수하기 때문에 소형 통근용 항공기(commuter)뿐만 아니라 중형 군수송기와 정찰기(C-130, P-3 Orion) 등에 선호되는 엔진이다. 또한, 터보프롭 엔진을 장착한 항공기는 높은 이륙성능(예를 들어 C-130...)과 긴 항속시간(예를 들어 P-3 Orion)이 필요한 임무에 적합하다. 터보팬 엔진과 터보프롭 엔진의 운용 속도영역은 분명한 차이가 있지만, 프로펠러 또는 팬에 유입되는 공기흐름의 속도는 반드시 아음속 이하여야 한다. 그러나 터보팬이 터보프롭의 프로펠러에 비해서 더 높은 속도에서 작동할 수 있으므로 앞서 언급한 것과 같이 효율이 더 높다.

터보팬 엔진에서 팬(fan)은 압축기의 특별한 형태로 볼 수 있다. 특히 일부 고바이패스비 엔진의 전방 팬 지름이 3m를 초과하기도 한다. 초기 저바이패스비 터보팬과 전투기 터보팬은 통상 2~3단으로 구성되어 있지만, 고바이패스비 민간 운송용 엔진의 팬은 1단(single stage)이다. 단일 대형 팬은 압력비를 약 1.6~1.8까지 생산하지만, 전투기 엔진의 팬은 압력비를 약 4.0 정도까지 생산할 수 있도록 설계된다. 팬은 단위 면적당 가능한 한 많은 양의 공기흐름을 공급할 수 있도록 팬 블레이드 길이(fan blade

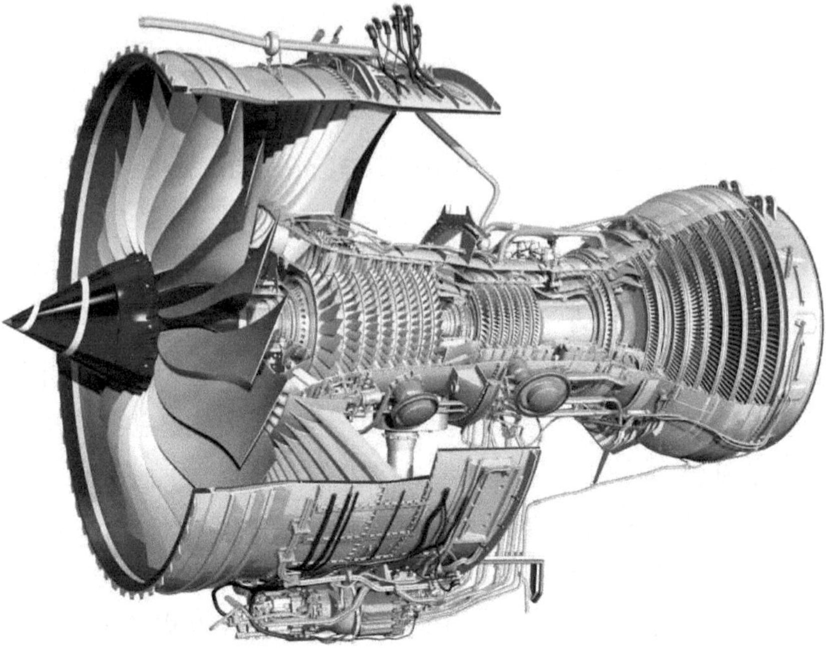

【그림1-15】 Boeing 787 Dreamliner에 탑재한 Rolls-Royce Trent 1000 엔진의 절개 단면이다. 전형적인 3축 고바이패스비(11~10.8:1) 터보팬 엔진으로 팬 지름은 2.85m이다. 엔진은 1단 팬, 8단 중압 압축기, 6단 고압 압축기 그리고 1단 고압터빈, 1단 중압터빈, 6단 저압터빈으로 구성되어 있다. 고바이패스비를 채택하고 있는 현대의 터보팬 엔진의 유형은 거의 유사하다. 다만 이 엔진과 달리 2축 개념을 채택하고 있지만, 압축 효과를 높이기 위한 설계는 유사하다. 상승정점에서 전체압력비는 52:1이고 최대로 생산할 수 있는 추력은 240~330 kN이다.

length)가 길고 케이싱 반경(casing radius) 대비 허브 반경(hub radius)의 비율은 약 0.4 이하로 매우 작다. 민간 운송용 대형 팬에는 스테터 베인(stator vanes)이 없지만, 전투기 팬에는 흡입구 가이드 베인(inlet guide vanes; IGV)이 장착되어 있다.

팬의 일정 회전속도(rotational speed)에서 압력비 대비 공기질량 유동의 상관관계는 모든 압축기에서 공통의 성질들을 갖는다. 공기질량 유동

【그림1-16】 GE90 엔진과 GEnx의 대형 팬을 관찰할 수 있다. 바이패스비가 클수록 팬의 지름이 커지는 경향이 있다. 이 엔진은 Rolls-Royce 3축 엔진과 달리 2축으로 구성되어 있다. 대형 팬과 저압 압축기 그리고 저압터빈이 저압-스풀을 구성하고 고압 압축기와 고압 터빈이 고압-스풀을 구성한다. 이들 팬은 초기의 팬 모양에 비해 공기역학적으로 잘 다듬어져 효율을 높이고 소음은 크게 낮추었다.

(mass flow)이 감소하면 압력은 상승한다. 공기질량 유동이 감소하는 것은 팬 또는 압축기에 유입되는 축 속도(axial velocity)가 등가로 감소하는 것으로 볼 수 있고, 일정 팬 회전속도에서 축 속도의 감소는 취부각(incidence)의 증가를 초래한다. 팬 흐름의 취부각 증가에 따른 영향은 다양하지만, 다음과 같은 현상들이 연관되어 나타난다.

① 블레이드에 작용하는 힘이 증가한다.

② 로터를 통과하는 흐름의 회전속도(whirl velocity)가 증가한다.

③ 로터가 통과하는 스트림튜브 면적(streamtube area)을 크게 증가시켜 상당한 속도 감소와 함께 정압이 상승한다.

위 모든 현상은 공기질량 유동이 감소함에 따라 압력비가 증가하면서 동반하는 현상들이다. 압력비와 공기질량 유동률 모두는 속도와 함께 급격히 증가하기 때문에 일정 속도선(speed lines)들은 확실하게 분리된다. 만약 취부각이 일정하게 유지된다면 공기질량 유동은 회전속도에 비례하게 될 것이고 압력상승은 회전속도의 제곱에 비례하게 될 것이다.

[그림1 - 17, 18]에서 압력비의 일정 속도 선들은 속도가 증가함에 따라 선의 모양이 달라지고 있음을 알 수 있다. 회전속도가 낮은 영역에서 속도 선들은 공기질량 유동률이 감소함에 따라 점차 수평에 가깝게 굽어지고 있지만, 속도가 더 높아짐에 따라 선들은 로터 블레이드 초킹(choking)에 상응하는 낮은 압력비에서 수직으로 변한다. 이 초킹이 발생한 공기질량 유동은 회전속도와 함께 증가한다. 왜냐하면, 속도의 증가는 로터 블레이드에 대한 정체압력(stagnation pressure)의 증가를 초래하기 때문이다. 이들 초크 속도(choked speed)에서 압력비가 감소함에 따라 효율은 급격히 떨어진다.

일반적으로 효율은 공기질량 유동과 속도에 따라 크게 달라질 수 있다. [그림1 - 17, 18]에서 일정 회전속도들 외에 실속 또는 서지선(stall or surge line)과 최대 효율을 나타내는 선들이 함께 그려져 있다. 서지선은 전체 회전속도에서 팬이 생산할 수 있는 최대 압력상승(pressure rise)을 나타낸다. 이 선 이상 또는 선의 왼쪽에서 작동을 시도했을 때 압력비 붕괴 또는 격렬한 파동 흐름(violent oscillatory flow)이 발생한다. 또 다른 선은 회전속도가 변함에 따라 최대 효율을 연결한 선으로 작동선(working line)이 있다. 작동선은 대략 서지선과 평행하게 그려지고 속도가 감소함에 따라 최대 효율선으로부터 멀어지는 경향이 있다. 정적 작동조건(static

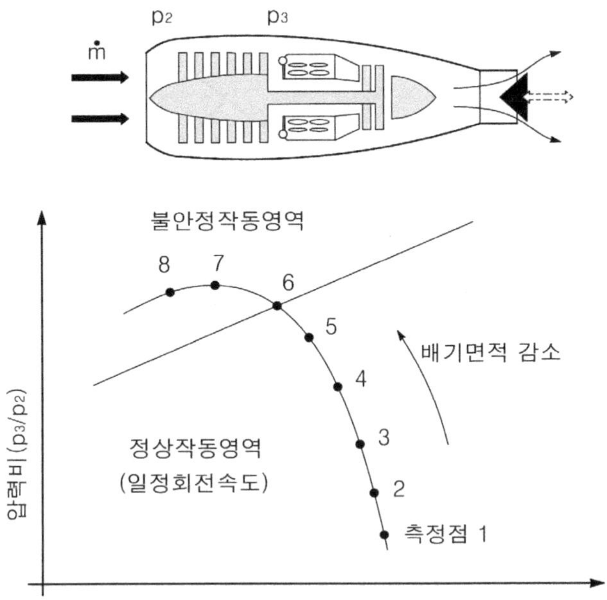

【그림1-17】 위의 그림과 같이 출구 흐름을 조절할 수 있는 장치를 이용하여 일정한 엔진 회전속도에서 압축기의 성능을 측정한다. 제트엔진의 출구 면적이 결정된 조건에서는 단지 원통만을 전후로 이동시켜 공기흐름에 따른 압축기의 상태를 관찰한다. 출구 면적이 좁아질수록 압력상승이 증가하지만, 어느 한계점에 도달한 후부터 압력은 떨어지게 된다. 다양한 엔진 회전속도에서 동일 실험을 거쳐 얻어진 곡선에서 서지점을 연결한 것이 서지선이다.

operating condition)에서 팬의 바이패스 노즐은 통상 초크가 발생하지 않는다. 그러나 순항비행 상태에서는 팬에 대한 높은 인렛 정체압력(주변 정압에 상대적인)으로 인하여 바이패스 노즐에 초크가 발생하면서 이에 상응하는 작동선은 그래프에서 가장 낮은 선으로 나타난다.

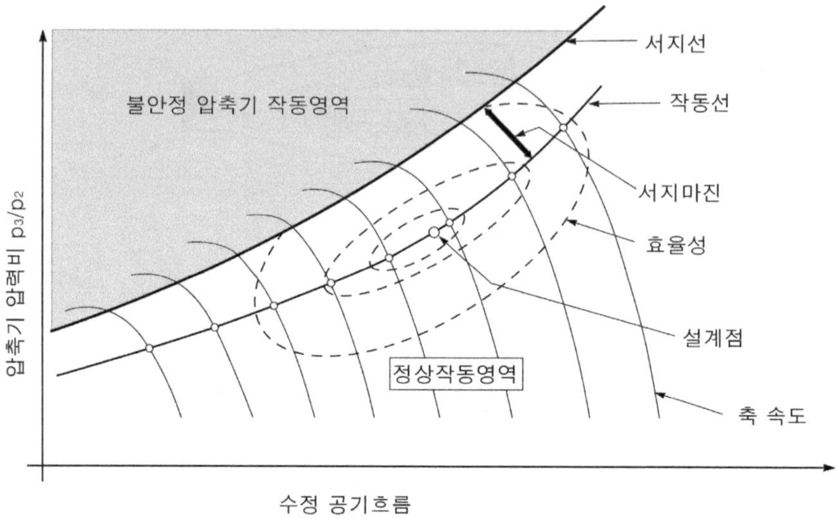

【그림1-18】 압축기의 성능지도는 각 지정된 축 속도에서 출구에 스로틀 또는 원통 모양의 물체를 이용해서 출구에서 나오는 질량 유동률을 조절한다. 출구에서 질량 유동률이 점차 감소하면서 압력상승은 점차 감소한다. 정상 작동점을 지나 계속해서 질량 유동률을 감소시키면 어느 한계에 도달해서는 압력은 더 이상 증가하지 못하고 급격한 붕괴가 발생하고 이 한계점을 실속점 또는 서지점이라 한다. 이들 점을 연결한 것을 서지선이라 한다. 축 속도를 점차 증가시켜 동일 곡선의 분포를 얻을 수 있고 각 속도 곡선들의 정상 작동점이라 한다.

❖ 조파항력(wave drag)

수직충격파의 후방 공기흐름 속도는 아음속으로 감소하는 반면, 압력, 온도, 밀도는 높아지면서 흐름 분리로 인해서 급격하고 극적으로 상승하는 항력으로 음의 장벽 개념과 연관이 있다.

1.8 엔진 추력의 결정

✈ 일반적으로 엔진 크기는 지상에 정지한 상태에서 통상 이륙을 위한 가속까지 가용한 동력으로 고려된다. 그러나 이것으로 고바이패스비 엔진 크기(engine size)를 결정하는 요소는 아니다. 엔진 크기를 결정하는 중대한 조건(critical conditions)은 상승정점(top - of - climb)이다. 이것은 항공기가 순항고도에 거의 근접해 있으면서 아직 상승 중인 상태다. 물론 상승정점에서 적정 추력을 제공하는 엔진은 정상 조건에서 이륙을 위한 충분한 추력을 제공해야 한다. 순항 중 비행조건이 지정 마하수를 위한 최대 마하수 양항비에서 비행할 수 있도록 선정되었을 때 항력은 무게에 비례하여 변하고 공기밀도와는 무관하게 된다. 엔진에서 생산되는 추력은 대략 공기밀도에 비례하기 때문에 고도 증가와 함께 추력은 급격히 떨어진다. 따라서 항공기는 최적 마하수 양항비(ML/D)로 지정된 고도에서 필요추력(required thrust)을 생산하면서 효율적으로 운용될 수 있는 엔진 크기가 필요하다. 만약 항공기가 지정된 순항고도까지 신속하게 상승한다면 운용상 여러 가지 이점들이 있다. 또한, 상승 성능의 일부 안전마진(safety margin)을 갖는 장점도 있다. 일반적으로 최저 상승률은 분당 300피트(초속 1.5m)이다. 만약 항공기가 수평으로부터 θ의 각도로 상승하고 있다면 양력(L)은 다음과 같다.

$$L = W\cos\theta$$

여기서 W는 항공기 무게(weight)이다. 순추력(F_N)과 항력(D)의 차이는 이동 방향에서 무게 분력과 동등하다.

$$F_N - D = W \sin\theta$$

통상 순항비행이 시작되는 고도는 31,000피트 이상이 되고 θ각은 그리 크지 않다. 순항비행에서 전진속도가 M=0.85이라면 초속 257m이다. 최저 상승률 초속 1.5m를 위한 θ의 크기는 약 0.33° 이다. 양력과 무게가 동등한 것으로 가정했을 때 상승정점에서 필요한 추력은 다음과 같은 공식을 적용하여 결정할 수 있다.

$$F_N / W = D / W + \sin\theta = 1/(L/D) + \sin\theta$$

대부분의 민간 운송용 항공기의 수명은 순항조건에서 소비되기 때문에 이 조건에서 비행 중 총연료소모(total fuel consumption)를 결정하는 것은 매우 중요하다. 결국, 이 성능이 긴 항속거리와 민간항공의 경제성을 보장해 주는 결정적 요소가 된다. 민간 운송용 항공기가 최대의 유상하중을 적재하고 이륙할 때 가용한 최대 동력(maximum power)을 적용하게 되겠지만 대부분 5분 이상의 지속 운용(steady operation)을 허용하지 않는다. 전체 작동 시간에서 이 시간이 차지하는 비율은 극히 짧다. 그러나 이 조건에서 엔진 온도는 장시간 운용할 때 엔진 성능이 급격하게 떨어질 수 있지만, 순항비행 조건의 온도는 상대적으로 낮아 엔진을 악화시키는 비율은 더 낮다. 또한, 이륙 조건에서 사용되는 연료는 극히 적은 양이기 때문에 이륙 과정에서 차지하는 비연료소모는 아주 미미하다. 순항비행조건의 설계점에서 연료소모가 가장 낮게 설계되어야 하고 엔진은 순항고도까지 상승하는데 필요한 초과 추력(excess thrust)을 생산할 수 있어야 한다. 이를 위해서 통상 추력 출력(thrust output)의 한계는 상승정점에서의 필수요건을 적용한다.

1.9 엔진 무게와 연료소모

✈ 상업용 항공기 엔진은 낮은 비연료소모를 지향하지만, 최저 비연료소모가 궁극적인 목표가 아니고 이윤(profit)을 극대화할 수 있는 엔진이 필요하다. 항공산업과 수요의 증대에 따라 엔진의 효율을 높이고 비연료소모를 더 낮추기 위해서 엔진 무게가 증가하고 있는 추세이기 때문에 이들 둘 사이의 적절한 절충(compromise)이 요구된다. 항공기의 전체 운용 면에서 엔진 무게와 비연료소모의 변화에 따른 경제적 효과는 다양한 요소들이 고려되어야 하므로 정확하게 판단하기는 쉽지 않다. 예를 들어 장거리 항공기의 경우 연료의 직접비용은 전체 운용비용의 약 20% 정도를 차지하지만, 지속적인 기술개발로 이 비율은 점차 낮아지게 될 것이다. 여기서 고려해야 할 사항은 연료비용 1%의 감소는 전체 비용에 미치는 영향은 미미하지만 이륙할 때 연료 무게의 1% 감소는 유상하중을 약 5% 정도를 증가시키는 효과를 얻을 수 있어 영업 이익에 크게 기여한다.

❖ 여객기 연료 소모량

일반적으로 항공기가 운항하는 데 소요되는 항공유를 부피 기준으로 이해하는 경향이 있지만, 실제 항공사에서는 이륙과 착륙할 때의 항공기 중량(예, 최대이륙중량)을 중요시하기 때문에 부피보다 무게로 계산한다. 일반에 잘 알려진 B747-400 여객기가 김포공항에서 제주공항까지 1회 비행하는 데 얼마의 연료가 필요할까? 항공우주연구원 발표에 따르면 대략 약 62드럼의 연료가 필요하다. 이를 리터로 환산했을 때 약 12,908리터가 된다. 동일 기준으로 인천국제공항에서 미국 로스앤젤레스까지 약 864드럼(179,882리터)의 연료가 소모되고, 인천국제공항에서 가장 많은 연료를 소비하는 구간으로 알려진 상파울루 공항까지 전체 노선에 약 1,700드럼(약 35만 리터)의 연료가 필요하다.

1.10 엔진 추력증대 장치

✈ 터빈엔진 자체의 성능(performance)을 향상하기 위한 열역학과 공기역학의 개선 그리고 높은 열에 견딜 수 있는 복합소재(composite materials)의 개발 등에 초점을 두고 진행되고 있다. 그러나 엔진 자체의 성능개량을 통한 추력증대 효과 외에도 대기 조건에 따라 터빈엔진의 특성을 이용하여 일시적으로 추력을 증대시킬 수 있다. 상대습도(relative humidity)가 높고 뜨거운 여름날 해수면 공항 활주로에서 대형 상업용 항공기들의 정상적인 이륙을 위해서 상당한 유상하중을 감소시켜야 하는 것은 성능 감소를 의미한다. 터빈엔진 성능 감소의 주요 원인은 공기밀도의 변화이다.

터빈엔진의 특성상 최대 출력(maximum output)은 엔진을 통과하는 공기 유동량의 밀도에 따라 달라질 수 있으므로 추력 또는 축마력(thrust or shaft horse power)은 공기밀도가 감소함에 따라 크게 떨어질 수 있다. 기온이 높고 습도가 높으면 공기밀도는 현저히 감소하고 항공기 성능과 관련된 밀도고도(density altitude)는 크게 높아지기 때문이다. 고밀도고도 조건에서 최대중량, 필수 이륙거리, 상승률, 가속정지거리, 성능과 관련된 각종 속도, 다발엔진에서 한 엔진 고장 후 상승각(climb - out gradient available) 등과 같은 항공기의 성능 요소들 모두 영향을 받는다. 고밀도고도 조건에서 필요한 추력을 얻기 위해서는 엔진에 유입되는 공기를 인위적으로 냉각시켜 공기밀도를 증가시키는 것이다.

엔진에 유입되는 공기를 냉각시키기 위해서 물 또는 물과 메탄올 혼합액(water and methanol mixture)을 분사하여 달성하고 이 과정을 "물 분사(water injection)"라 한다. 물 분사는 공기 유동량을 일시적으로 증가시켜 필요에 따라 정상 최대추력 이상으로 증가시킬 수 있다. 냉각수(cooling liquid)는 연소실 입구 또는 공기 흡입구(air inlet)에서 분사될 수 있으나 때로는 두 지점에서 동시에 분사될 수도 있다. 물 분사 장치를 사용할 때는 지정된 엔진에 적합한 정확한 물/메탄올 혼합 냉각수가 사용될 수 있도록 특별히 주의해야 한다. 실제 쌍발 터빈엔진 여객기에서 냉각수 대신에 항공 등유(aviation kerosene)를 실수로 주입하고 이륙 직후 두 엔진 모두에서 엔진과열(overheating)로 전소된 사고 사례가 있다. 혼합 냉각수 대신에 다른 가연성 액체가 사용되었을 때는 치명적 사고로 이어질 수 있다.

1.10.1 압축기 입구 분사

압축기 입구에 냉각수(coolant)를 분사하는 것은 주로 터보프롭 엔진의 흡입 공기에 적용된다. 이 장치를 작동시켰을 때 냉각수는 항공기 탱크에서부터 서보제어 계측 밸브(servo controlled metering valves)까지 흐른다. 밸브의 개방 정도는 프로펠러축 토크(shaft torque)와 주변 공기압에 따라 적절한 추력증대 효과를 얻을 수 있다. 메탄올 성분의 연소는 앞서 언급한 효과와 유사하다.

1.10.2 연소실 분사

연소실 입구에 냉각수(coolant)를 분사하는 방법은 대부분 축류 엔진에서 활용된다. 분사된 냉각수는 압축기를 통과하는 것보다 상대적으로 터빈을 통과하는 공기 유동량(mass flow; 유체가 단위 시간 동안에 흐르는 양)을 증가시킨다. 터빈 선상에서 압력과 온도 강하(temperature drop)가 감소하여 제트파이프 압력과 추력은 냉각되지 않은 값 이상으로 증가한다. 연소실 냉각수로 물만 사용되었을 때 터빈인렛온도(TIT or TET)가 감소할 수 있고 이것은 연료 흐름을 증가시켜 보상된다. 만약 혼합 냉각수 속에

메탄올 성분이 들어 있다면 연료 흐름의 조절 없이 터빈인렛온도(TIT)를 회복한다.

❖ 제트후류의 위력

Airbus A380(GP 7200 터보팬 엔진) 후방 220m(720피트) 지점에서 최대 시속 169km(초속 47m)의 배기속도를 기록하기도 했다. 풍속 테스트 자료에 따르면 시속 95마일(mph; 153km)이면 일부 고가 트럭, 트레일러, 버스 등을 쓰러트릴 수 있다. 풍속 200마일(mph; 321km)에서는 대부분 차량, 밴, 픽업트럭을 쓰러트릴 수 있다. 이 자료에 따르면 트럭과 긴 차량은 항공기 후방 약 750피트(228m)에서 쓰러질 수 있고, 경량 저속 항공기는 쉽게 뒤집힐 수 있다. 이 풍속은 허리케인 약 2등급(시속 154~177km)에 해당하고, 보퍼트 풍속 척도에 따르면 시속 119km(초속 33m)를 초과하는 풍속은 건물에 심각한 구조적 파손을 일으킨다. 강한 태풍이 동반한 강한 바람이 초속 35m면 기차가 탈선할 수도 있으며, 초속 40m 이상이면 사람은 물론 큰 바위도 날려버리고, 달리는 차도 뒤집힐 수 있다.

❖ 추력선(thrust line)과 요잉 모멘트

추력의 중심이 되는 선이다. 4발 엔진의 추력선은 한 엔진 고장으로 인한 추력선의 변화를 관찰할 수 있다. 이것은 심각한 요잉의 변화를 일으킬 수 있다.

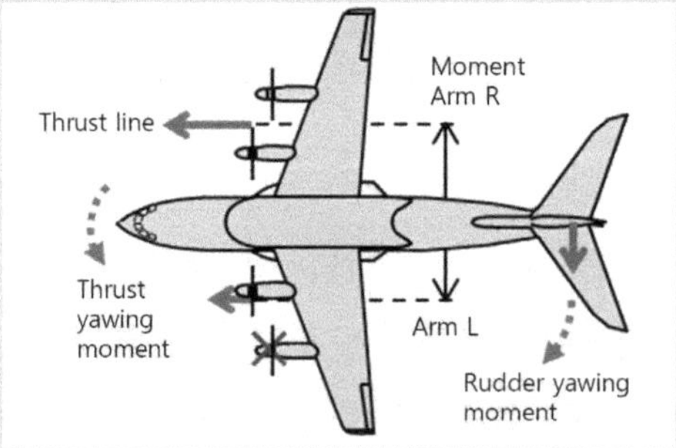

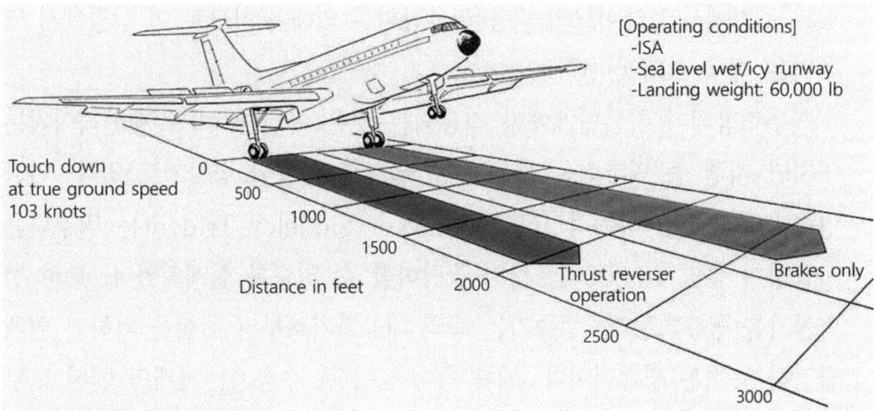

【그림1-19】 해수면 표준대기조건에서 착륙 중량 60,000파운드의 항공기가 젖어있거나 얼어 있는 미끄러운 활주로에 착륙할 때 성능을 비교하여 보여주고 있다. 바퀴 제동장치만을 사용했을 때 착륙 활주거리는 약 2,800피트가 될 수 있지만, 역추력 장치를 사용했을 때 착륙 활주거리는 약 2,100피트 정도로 감소할 수 있다. 특히 젖어있는 활주로 표면 위에서 브레이크를 적용했을 때 수막현상으로 위험한 상황에 놓일 수 있다. [Rolls & Royce, 인터넷 자료]

1.11 역추력장치

✈ 항공기의 동력장치는 프로펠러 또는 터빈엔진에서 생산된 고속 배기가스를 뒤로 밀어내면서 그 반작용(reaction)으로 항공기는 전진 추력(forward thrust)을 얻는다. 역추력(reverse thrust or thrust reversal)이란 동력장치에서 생산된 배기가스를 앞으로 밀어내 항공기는 후방추력(rearward thrust)을 얻는 원리이다. 대부분의 운송용 항공기와 군 수송기는 역추력 기능을 갖추고 있다. 착륙단계에서 역추력은 활주로에 착지 후 즉시 적용함으로써 착륙 활주거리(landing roll distance)를 크게 줄일 수 있다. [그림1 - 19]는 착지 과정에서 착륙 활주거리의 감소를 비교한 것이다. 특히 활주로가 젖어있거나(wet runway) 눈이나 얇은 얼음으로 덮여

있는 조건에서 브레이크의 적용은 상당히 주의해야 하므로 이 상황에서 역추력은 매우 효과적이다.

역추력장치가 착륙단계에만 적용되는 것은 아니다. 비록 제한적이기는 하지만 비행 중 역추력을 사용할 수 있도록 허용된 항공기도 있다. 민간 항공기로는 120~180석 규모의 Hawker Siddeley Trident는 역추력을 사용하여 분당 10,000피트까지 급강하할 수 있도록 설계되었다. 특히 전략물자를 공수하는 군 수송기는 적의 대공화기로부터 위험을 피하기 위해 급강하 능력은 필수적이다. 예를 들어 C-17A 수송기는 4개의 엔진 모두 역추력을 적용하여 분당 15,000피트로 급강하(steep dive)할 수 있어 전투 환경에서 탁월한 성능을 발휘하고 있다.

이외에도 지상 운용에서 역추력장치를 사용하여 항공기를 후진시킬 수 있다. 이처럼 엔진 자체의 동력에 의한 후진을 파워백(powerback)이라 한다. 그러나 프로펠러 혹은 제트엔진 배기가스가 항공기 전방으로 분출되면서 게이트 시설물(gate facilities)과 운용 요원들에게 직접적인 피해를 줄 수 있다. 또한, 지표면의 먼지나 작은 이물질(foreign objects)들이 날리면서 터빈엔진에 흡입(suction)되었을 때 엔진에 치명적 손상(FOD)을 입힐 수 있어 극히 제한된 조건에서만 사용할 것으로 권장하고 있다. 따라서 지상에서 항공기의 후진은 [그림1 - 28]과 같이 푸시백(pushback)을 이용할 것을 강력히 권장한다. 역추력은 다음과 같은 운용상의 장점이 있다.

① 착륙 활주거리 감소

② 비행 중 감속 및 급강하

③ 지상 후방이동(파워백)

④ 브레이크 마모 감소

⑤ 운용영역의 증가(소규모 공항에서 착륙 가능)

⑥ 스포일러, 브레이크 등과 동시 사용으로 효과 증대

⑦ 수상 제동력 및 짧은 선회 반경

【그림1-20】 터보프롭 엔진 항공기의 가변 피치 프로펠러다. 이 프로펠러는 평 피치 상태로 조정되어 있다. 이 상태에서는 어떠한 추력도 발생하지 못한다. 만약 비행 중이라면 상당한 공기의 항력을 유발하여 속도를 낮추거나 급강하할 때 급격한 충격냉각으로 인한 손상을 방지할 수 있다. 평 피치에서 좀 더 각도를 증가시켰을 때 역피치가 되어 공기 흐름을 항공기 앞쪽으로 전환하여 후진 추력을 얻을 수 있다.

항공기에서 역추력의 개념이 도입되기 시작한 것은 1930년대부터다. 초기 프로펠러 항공기에서 역추력이 가능하게 된 것은 프로펠러 블레이드의 피치각(pitch angle)을 변경시킬 수 있는 가변피치 프로펠러(controllable pitch propeller)가 개발되면서부터이다. 이 유형의 프로펠러는 [그림1 - 20]과 같이 블레이드 각도(blade angle)를 조절하여 추력을 생산하지 못하는 피치까지 변경시킬 수 있고 이를 평 피치(flat pitch) 또는 베타 범위(beta range)라고 한다. 비행 중 블레이드의 평 피치에서 상당한 항력이 유발하기는 하지만 급강하(steep dive) 중에도 엔진 속도를 제법 높게 유지할 수 있으므로 급강하에 따른 엔진의 충격냉각(shock cooling)으로 인한 엔진의 손상을 방지할 수 있다.

【그림1-21】 C-130 터보프롭 군 수송기의 역추력장치를 작동시켰을 때 주변의 흙먼지가 항공기 앞쪽으로 퍼져나가고 있다. 왕복엔진이나 터보프롭과 같이 동력장치의 종류와 관계없이 프로펠러 블레이드의 각도를 조절할 수 있는 유형이라면 블레이드의 역피치를 적용하여 공기 흐름을 180도 전환할 수 있다. 왼쪽에 삽입된 프로펠러 블레이드는 공기 저항을 최소화하기 위한 페더링 상태다.

1.11.1. 프로펠러 역추력

프로펠러 항공기에서는 엔진 수와 관계없이 역추력의 기본은 가변피치 프로펠러다. 소형 단발엔진 항공기에서는 무게 혹은 기계적 복잡성 때문에 대부분 역추력장치를 갖추고 있지 않다. 그러나 수상기 또는 수륙양용(seaplanes or amphibious) 항공기에서 역추력장치는 매우 유용하게 활용된다. 특히 수상에서는 활주로와 같은 마찰력에 의한 제동장치가 없어 물 위에서 자유롭게 방향을 바꾸거나 저속이동 및 정지 그리고 도크(dock) 혹은 해안가에서 후진으로 이동 등 다목적으로 활용된다.

프로펠러를 이용한 역추력은 동급의 터빈엔진 역추력과 비교했을 때 더욱 강력한 역추력을 발생한다. [그림1-21]은 전형적인 터보프롭 군 수송기인 C-130(Hercules) 항공기가 착륙활주(landing roll) 중 역추력을 작동시켰을 때의 모습이다. 터보프롭에서 역추력은 프로펠러 블레이드를 역추력 피치각(pitch angle)까지 변화시키는 유압 기계식 피치조정장치(pitch control unit)로 작동된다. 비행 중 부주의하게 블레이드 각이 역추력 위치로 전환되는 것을 방지하기 위한 여러 가지 안전장치들과 함께 장착되고 조종사는 이들 장치의 작동 방법에 대해서 확실하게 이해할 수 있어야 한다.

역추력이 선택되었을 때 엔진에 공급되는 연료계통은 자동 "트리밍(trimming)"이 발생한다. 이것은 블레이드 피치각이 변함에 따라 균형된 엔진 출력을 보장하고 블레이드 피치각이 제로 추력(zero thrust) 값에 가까워질 때 엔진 과속(overspeeding)을 방지한다. 최신 터보프롭 엔진은 개량형 역추력장치들을 갖추고 있어 기종 전환 훈련을 하는 조종사들은 새로 접하게 되는 엔진과 프로펠러 작동에 대해서 세부적인 지식과 연구가 필수이다.

❖ 베타 범위(beta range)
터보프롭 엔진에서 베타 범위는 비행 아이들과 최대 역추력 사이의 동력 레버 위치의 범위이다.

1.11.2 터빈엔진 역추력

터빈엔진의 역추력은 프로펠러의 역추력에 비해서 효율이 떨어지는 것은 사실이지만 매우 유용하게 활용된다. 현대의 터빈엔진 항공기들은 우수한 성능의 바퀴 제동장치(wheel brakes)를 갖추고 있지만 앞서 언급한 것과 같이 미끄럽고 젖은 활주로(wet runway)와 유도로에서 제동효율(brake effectiveness)은 현저히 떨어진다. 착륙활주 과정에서 스로틀 레버(throttle lever)를 완전히 내렸을 때 신속하게 엔진 역추력으로 전환함으로써 남아 있는 전방 추력(forward thrust)을 제거할 수 있다. 일부 터빈엔진은 스로틀 레버를 완전히 내린(full closed) 상태에서도 전방 추력이 약 1,000파운드까지 생산될 수 있다. 항공기가 지상에서 이동 중 완전히

【그림1-22】 대형 터보팬 엔진의 역추력장치를 관찰할 수 있다. 정상 작동 중 엔진의 외피이면서 내부에서는 바이패스 줄기의 흐름에 방해되지 않도록 정밀하게 설계되어야 한다. 역추력장치를 작동시켰을 때 공기압으로 2개의 역추력 도어가 개방된다.

정지할 때까지 역추력을 적용할 수 있으나 가능한 한 바퀴 제동장치(wheel brakes)를 사용할 것을 권장한다. 또한 게이트(gate)와 같은 제한된 공간에서 후진도 가능하지만 [그림1 - 28]과 같이 푸시백(pushback)을 활용할 것을 권장하고 파워백(powerback)을 적용하고자 할 때는 반드시 지상 신호 요원(ground marshaller)의 도움을 받아야 한다.

1.11.3 역추력 작동원리

기본적으로 터빈엔진의 역추력은 엔진에서 생산된 배기가스 흐름을 전방으로 방향을 전환해서 얻는다. 이 때문에 터빈엔진에서 역추력장치의 핵심은 배기가스의 방향을 어떻게 효과적으로 전환하느냐에 달려 있다. 터빈엔진의 구조적 그리고 공기역학적 특성으로 인해서 배기가스의 흐름을 완전히 반대 방향으로 전환할 수는 없다.

【그림1-23】 대형 터보팬 엔진의 역추력장치를 관찰할 수 있다. 위의 엔진은 노즐 출구에 배기가스의 흐름 방향을 전환할 수 있는 버킷이 전개된 모양이다. 혼합 배기가스(바이패스 줄기와 코어엔진 줄기)를 모두 차단하여 약 45도 방향으로 분출되면서 항공기의 이동으로 저지한다. 이 방식은 고온의 배기가스가 버킷에 그대로 전달되기 때문에 버킷이 고온에 견딜 수 있어야 한다. 아래 엔진은 팬의 바이패스 흐름 방향을 전환할 수 있도록 흐름 통로를 막으면서 동시에 캐스케이드를 덮고 있는 덮개가 개방되면서 흐름을 전방으로 흐르게 하여 항공기의 이동을 저지하는 방식이다. 이 방식은 고온에 직접 노출되지 않는 장점이 있다.

터빈엔진에서는 대략 45° 방향으로 배기가스를 배출하기 때문에 전방 추력과 같은 양의 스로틀을 적용했다 하더라도 유효 추력은 작다. 이에 비해 프로펠러는 블레이드 피치를 변경시켜 공기흐름 방향을 180°로 변경할 수 있으므로 효율이 높다. [그림1 - 22, 23]은 민간 상업용 항공기에 장착된 다양한 종류의 역추력장치들을 보여주고 있다.

전투 항공기와 같이 터보제트엔진을 장착한 항공기에서는 무게와 기계적 복잡성 때문에 사용이 제한되지만, 대부분의 바이패스 엔진을 장착한 터보팬 엔진(turbofan engine)은 다양한 종류의 역추력장치를 사용하고 있다. 터보팬 엔진에서는 코어엔진에서 생산된 고온고속 배기가스뿐만 아니라 바이패스 덕트를 통과한 공기흐름을 동시에 사용하여 역추력 효과를 증대시킨다. 특히 바이패스 공기를 활용할 때는 역추력장치에 열적 스트레스(thermal stress)를 받지 않기 때문에 상대적으로 경량의 재료로 제작되는 장점이 있다.

1.11.4 역추력 조정장치

항공기의 유형과 성능에 따라 다양한 종류의 역추력장치들이 사용되고 있다. 공통으로 역추력장치를 작동시키는 레버는 [그림1 - 24]와 같이 조종실의 스로틀 레버(throttle lever)와 함께 연결되어 있고 부주의한 조작으로 작동되는 것을 방지하기 위한 안전장치도 함께 장착된다. 조종사는 착지하는 순간 전방 상황에만 집중할 수 있다. 역추력장치의 작동 레버는 낮은 엔진 동력 세팅에서만 역추력 위치로 움직일 수 있도록 설계되어 있다. 만약 이들 장치가 완전히 역추력 위치로 전개되지 않았다면 엔진은 높은 동력 세팅(high power setting)으로 증가시킬 수 없다. 또한, 작동 압력(operating pressure)이 떨어지거나 고장이 발생했을 때 기계적 잠금장치(mechanical lock devices)가 역추력장치를 전진 추력 위치(forward thrust position)로 고정하고 있어야 한다. 이 잠금장치는 작동 압력이 완

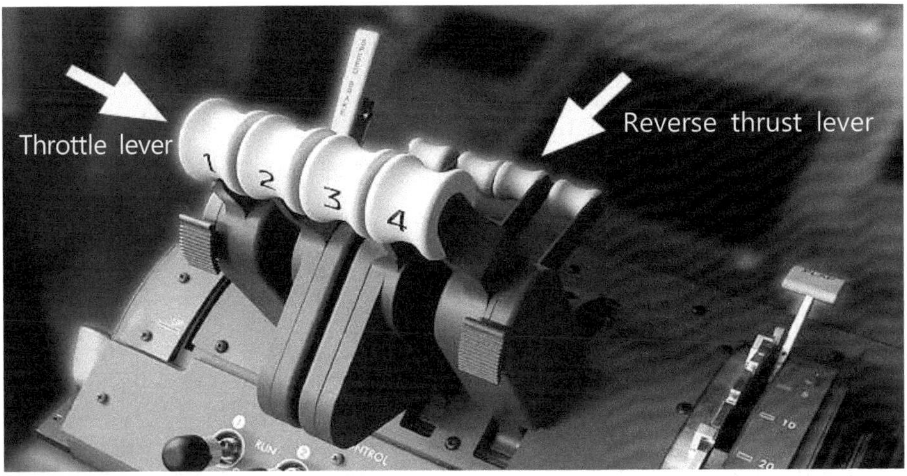

【그림1-24】 민간 운송용 4발 터보팬 엔진의 모형 동력조정 장치이다. 왼쪽의 화살표가 지시하고 있는 것이 엔진 출력을 조정하는 스로틀 레버이다. 엔진 수에 따라 4개의 레버가 있다. 오른쪽(혹은 스로틀 레버 뒤쪽) 화살표가 지시하는 것이 역추력 동력 레버이다. 이 장치는 스로틀 레버가 완전히 내려진 상태(혹은 낮은 동력 세팅)에서만 역추력을 적용할 수 있도록 설계되어 있다.

전히 회복되었을 때 잠금장치가 풀리도록 설계되어 있다. 조종실에는 역추력장치를 작동시켰을 때 이를 조종사가 인지할 수 있도록 일련의 지시등(indicator lights)에 점등된다.

(1) 크램쉘 도어 장치

크램쉘 도어 장치(clamshell door system)는 [그림1 - 25, 26]에서 보는 것과 같이 배기가스의 흐름을 내부에서 차단(blocking)함과 동시에 배기가스가 배출될 수 있는 통로를 형성해 준다. 정상 작동 중에 크램쉘 도어는 엔진 배기가스가 흐르는 덕트 일부이지만, 역추력장치를 작동시켰을 때 공기압 램(pneumatic rams)에 의해서 도어의 내측은 안쪽으로 합류하여 배기가스 흐름을 차단하고 외측은 바깥쪽으로 벌어지면서 배기가스의 흐름을 바깥쪽으로 전환한다.

캐스케이드 베인(cascade vanes)들은 가스 흐름을 앞쪽으로 향하게 함으로써 제트추력(jet thrust)은 항공기의 이동과 반대 방향이 된다. 크램쉘 도어 장치가 전개되어 있을 때 스로틀의 양을 증가시키는 것은 역추력의 양을 증가시키는 것이다. 크램쉘 도어로부터 빠져나온 배기가스 줄기는 전진 추력 위치에서는 존재하지 않는다. 크램쉘 도어는 전진 추력 위치에서 도어에 최대 하중(maximum load)을 부여할 수 있도록 압축기에서 추출된 압축공기에 의한 공기압 램으로 작동됨으로써 도어 테두리에서 밀봉(sealing) 효과를 제공하여 배기가스의 누출을 방지한다. 이 장치에서 모든 기능은 특수하게 설계된 도어 베어링(door bearing)과 작동 연결장치들이 사용되기 때문에 600℃까지는 윤활유 없이 작동할 수 있다.

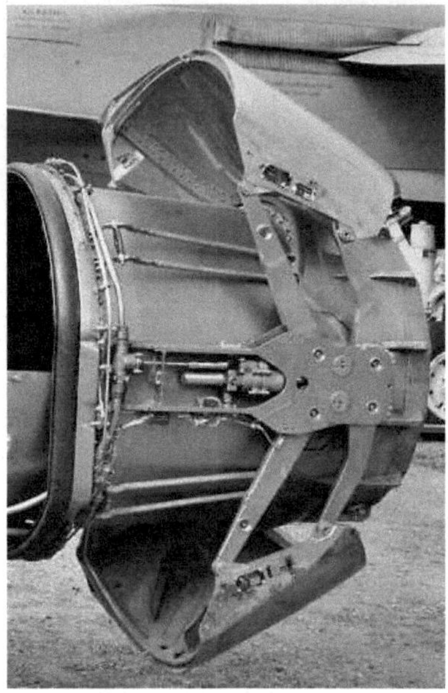

【그림1-25】 크램쉘 도어 장치

(2) 버킷-타깃 도어 장치(bucket-target door system)

[그림1 - 26]은 실제 민간 항공기에서 버킷(bucket)이 전개된 상태와 작동원리를 보여주고 있다. 이 역추력장치는 제트파이프 후방에 낙하산 모양의 버킷을 펼쳐 배기가스의 흐름을 전환한다. 버킷은 정상 작동 중에 제트파이프의 수축-확산 추진 노즐의 한 부분이지만 역추력장치가 선택되었을 때 단일 유압 램(single hydraulic ram)에 의한 한 쌍의 푸시로드(a pair of pushrods)를 통해서 전개된다.

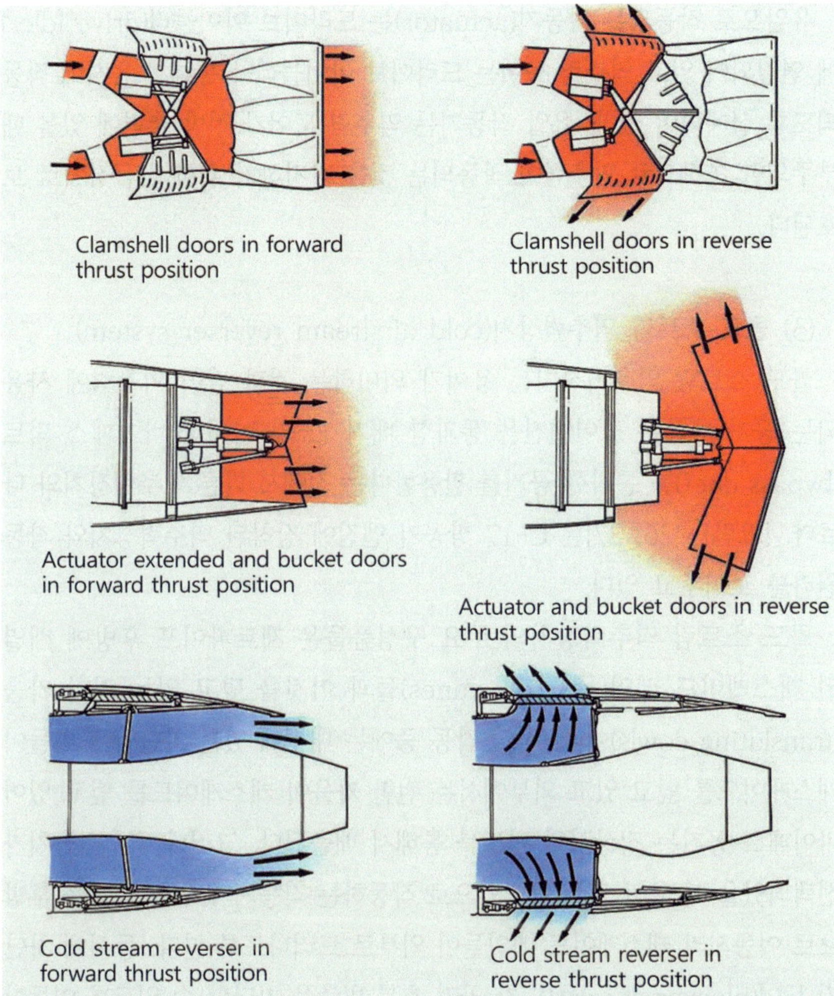

【그림1-26】 위의 그림이 크램쉘 도어 장치의 작동원리다. 내부의 공기압 램 장치가 도어를 작동시켜 배기가스의 흐름을 전환하여 역추력을 달성한다. 중간의 그림은 버킷-타깃 도어 장치이다. 크램쉘 방식과 달리 버킷이 외부에서 전개되어 배기가스의 흐름 방향으로 전환하여 역추력을 얻는다. 아래의 그림은 현대의 터보팬 엔진에서 주로 사용하고 있는 콜드 스트림 역추력 방식이다.
[Rolls & Royce, 인터넷 자료]

유압으로 작동되는 작동기(actuator)는 드라이브 아이들러(drive idler)에 연결되어 있고 역추력 도어는 드라이브 아이들러를 통해서 동시에 작동되도록 설계되어 있다. 유압 작동기는 역추력 도어가 전방 추력에 있을 때 부주의한 조작으로 역추력이 작동되는 것을 방지하기 위한 잠금장치로 보호된다.

(3) 콜드 스트림 역추력장치(cold airstream reverser system)

콜드 스트림 역추력장치는 용어가 의미하는 것과 같이 역추력에 사용되는 공기 흐름은 코어엔진을 통과한 배기가스가 아니라 바이패스 덕트(bypass duct)를 통과한 공기를 활용한다는 점에서 다른 역추력장치와 다르다. [그림1 - 26, 27]은 C-17 항공기 엔진에 장착된 역추력장치와 작동원리를 보여주고 있다.

콜드 스트림 역추력장치의 주요 구성품들은 제트파이프 후방에 배열된 캐스케이드 베인(cascade vanes)들과 이것을 덮고 있는 전환 카울(translating cowls)이다. 정상 작동 중에는 내부에 있는 차단기 도어들이 캐스케이드를 덮고 있고 외부에서는 전환 카울이 캐스케이드를 덮고 있어 바이패스 공기는 정상적인 덕트를 통해서 배출된다. 그러나 역추력장치가 선택되었을 때 유압 또는 공기압으로 작동하는 작동기가 전환 카울을 후방으로 이동시켜 캐스케이드 베인들이 외부로 드러나도록 한다. 동시에 차단기 도어(blocker door)들이 찬 공기 흐름 방출을 차단할 수 있도록 이동할 때 캐스케이드 베인들의 내부(interior)가 밖으로 드러난다. 이 같은 작용으로 바이패스 흐름은 캐스케이드 베인들을 통해서 전방으로 방향이 전환된다.

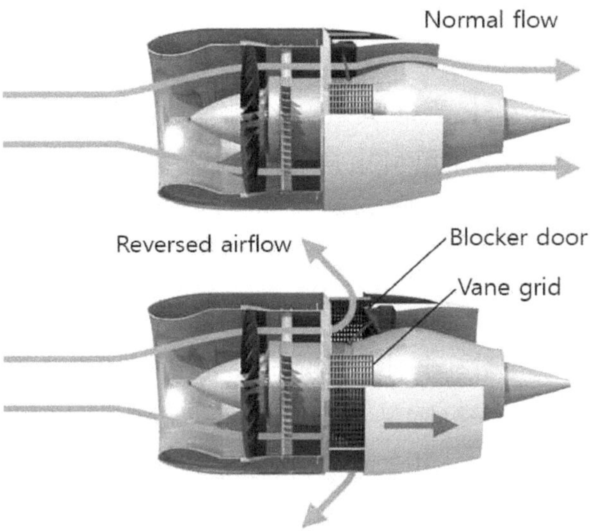

【그림1-27】
고바이패스비
터보팬의 역추력
공기흐름

1.11.5 운용상의 제한

터빈엔진에 사용되는 역추력장치들은 크기가 크고 무게가 무거워 원래 위치로 되돌리는데 약간의 시간이 소요될 수 있다. 이외에도 동력이 역추력으로 전환되고 더 높은 추력을 발생시키는 과정에서 1~2초 정도의 시간이 소요될 수 있다. 또한, 다발엔진 항공기에서 전체 엔진이 동시에 역추력 발생이 어려울 수 있다. 지상에서 역추력 지시기(reverse thrust indicator)를 점검하는 동안에는 반드시 낮은 동력을 유지하여야 한다. 모든 엔진이 역추력 상태에 있을 때만이 최적의 역추력 효과를 얻을 수 있다. 다발엔진 항공기에서는 스로틀을 완전히 내려도(full closed) 상당한 잔여추력을 갖는 엔진이 있을 수 있기 때문에 지상 운용 중에 한 엔진 또는 최소의 엔진으로 아이들 역추력으로 운용할 것을 권장한다.

역추력은 활주하는 동안에 항공기 주변의 흐름을 역류시킬 수 있어 바퀴 제동장치(wheel brake)의 열을 식혀 줄 수 있는 부가 효과를 얻을 수 있다. 역추력을 작동시키는 동력으로 공기압을 사용하는 엔진이 역추력에 선택된 상태이거나 아니면 전방 추력에 잠금(locked)이 되지 않은 상태에서 엔진 정지(engine shutdown)가 될 수 있다. 이 상태에서 부주의하게 엔진 시동을 걸 수 있고 이때 압축기 RPM이 증가함에 따라 압축기 추출 공기압은 전방 추력 위치에서 역추력 위치까지 상승할 수 있다.

(1) 구조적 고려사항

역추력장치 중 크램쉘 도어 장치와 버킷-타깃 도어 장치는 명확하게 제트파이프(jetpipe)의 한 부분을 구성하고 있다. 정상 작동 상태에서는 [그림1 - 23, 27]과 같이 역추력장치들의 존재가 외부로 드러나지 않도록 역추력장치의 케이스는 항공기 구조 혹은 엔진에 직접 연결되어 있다. 이 장치들은 공기압 혹은 유압 작동기의 기계적 힘으로 작동되고 케이스는 2개의 도어를 지지할 수 있어야 한다. 크램쉘 도어 장치의 경우는 캐스케이드 베인들이 장착된 출구 덕트(outlet duct)로 구성된다. 따라서 배기가스 흐름의 각도와 면적은 각 출구 덕트에 있는 베인들의 수로 조절된다.

또한, 정상 작동 중 이 장치들의 케이스는 엔진 외피(skin)와 평평하게 구조되어야 하고 덕트 내부의 작동장치들 역시 제트파이프의 중심선을 따라서 힌지(hinge)로 배열되어야 한다. 따라서 역추력장치의 구조물들이 배기가스 흐름과 일렬로 정렬시킴으로써 최저의 힘으로 도어를 작동시킬 수 있다. 반면에 콜드 스트림 역추력장치 케이스는 저압 압축기 케이스와 콜드 스트림의 최종 노즐 사이에 장착된다. 캐스케이드 베인 어셈블리들은 역추력장치 케이스 주변 둘레에 설치된다. 내부에는 차단기 도어(blocker doors)가 장착되고 차단기 도어는 롤러와 트랙 위에 장착된 외부 가동 전환 카울(translating cowl)에 연결 장치(linkage)를 통해서 연결되어 있다.

【그림1-28】
푸시-백

(2) 역추력장치의 재료

크램쉘 도어 장치와 버킷-타깃 도어 장치는 고온가스와 함께 혼합된 높은 가스 온도의 열응력을 받을 수 있어 견고하고 높은 내열성 재료로 제작되는 것이 필수이다. 반면에 콜드 스트림 역추력장치는 고온에 노출되지 않기 때문에 알루미늄 또는 알루미늄 합금과 같은 비교적 가벼운 재료(materials)들로 제조된다. 콜드 스트림 역추력장치는 전환 카울은 통상 두 겹의 외피로 제작되고 외피들 사이의 공간은 흡음재(noise - absorbing materials)로 채워진다.

❖ 푸시백과 파워백(pushback vs powerback)

푸시백은 항공기가 외부 동력에 의해 공항 게이트에서 뒤로 밀어내는 절차이다. 일반적으로 푸시백 트랙터 또는 예인기에 의해 제공된다. 때때로 푸시백은 로컬 절차로 항공기가 자체 동력으로 전진할 수 있는 위치까지 이동시킨다. 반면 파워백은 항공기 엔진의 힘을 역방향으로 사용한다는 것으로 역추력장치를 이용해서 원하는 위치까지 이동하는 절차이다. 이들의 주요 차이점은 푸시백은 항공기를 밀기 위해 외부 동력을 사용하지만, 파워백은 자체 동력을 사용한다.

1.12 항공기 엔진 수

✈ 현재까지 세계에서 가장 큰 민간 운송용 항공기는 A380이다. 이 항공기는 4개의 엔진을 탑재하였고 최대 853명이 탑승할 수 있으며 항속거리는 15,200km 그리고 순항속도는 약 900km/h이다. 또 다른 초대형 항공기 중 하나인 B-777은 1995년부터 취항하였고 세계 최대의 쌍발제트 항공기다. B-777-200LR는 최대 440명이 탑승할 수 있으며 항속거리는 17,370km 그리고 순항속도는 약 900km/h이다.

항공기의 발달사에서 대서양 횡단과 같은 장거리 비행에는 4발 엔진을 탑재한 항공기가 선호되었다. 이 같은 결정적인 이유는 비행 중 어느 한 엔진의 고장이 발생했을 때 안전한 착륙 장소까지 비행하는데 더 유리할 수 있다는 신뢰성(reliability) 때문이다. 그러나 한편으로는 엔진 고장(engine failure)에 대비한 예비 엔진은 순항 중에는 불필요한 무게와 항력증가의 원인이 된다는 것은 최대의 단점이다.

1970년대 취항한 B-747 계열 항공기들 역시 4발 엔진으로 대륙을 횡단하는 국제선 항공기로 높은 신뢰성을 얻었다. Airbus에서는 대형 쌍발제트(twinjet) 항공기를 개발하였고 A300 항공기는 비교적 단거리 노선에 적합한 기종으로 여겨져 왔다. 그러나 1990년대부터 대륙횡단 노선에서 B-767 또는 A300과 같은 대형 쌍발제트 항공기가 취항하기 시작하면서 런던과 로스앤젤레스까지 4,700NM(8,700km)을 논스톱으로 비행하였다.

어느 유형의 항공기가 특별히 우수한 성능을 보유하고 있다고 할 수 없을 정도로 쌍발 터빈엔진 항공기도 비행 중 한 엔진 고장에 대응할 수 있는 충분한 성능을 갖추었다. 다음은 쌍발 및 4발 제트엔진 항공기의 운용상 고려사항을 비교한 것이다.

【그림1-29】 A380 항공기는 4개의 터보팬 엔진을 탑재하였다. B-777은 최대 쌍발 터보팬 엔진을 탑재하였다. 두 항공기의 외형을 옆에서 그리고 아래에서 관찰한 사진이다. 엔진 수에 따라 장단점으로 갖는다. 단순히 무게와 정비 면에서 본다면 단연 쌍발엔진이 유리하겠지만 장거리 비행과 엔진 고장에 따른 안전성 면에서는 4발 엔진 항공기가 유리할 것이다. 쌍발 제트엔진 항공기는 비행 중 엔진 고장이 발생했을 때 한 엔진으로 계속 이륙할 수 있고 안전한 착륙 장소까지 비행 수 있는 성능을 갖추어야 한다. 이러한 면에서 본다면 쌍발엔진은 4발 엔진과 비교하면 엔진 크기가 크다. 이들 항공기 엔진의 대략적인 추력을 비교하면 A380 엔진은 311 kN (70,000 lbf)~355 kN (80,000 lbf) 그리고 B-777 엔진은 490 kN(110,100 lbf)~514 kN(115,540 lbf)을 생산한다.

(1) 운용비용

쌍발엔진과 4발 엔진 항공기의 외형에서 쉽게 관찰할 수 있는 것은 엔진 수가 많을수록 이와 관련된 직간접 비용이 증가한다. 물론 엔진 자체도 고가이지만 이를 관리하고 유지하는데 큰 비용이 소요되는 단점이 있다. 엔진 고장 요소를 배제하고 단순히 엔진 수만 고려한다면 엔진 크기가 증가함에 따라 필요로 하는 추력의 크기를 유지하기 위한 비용은 감소한다는 것을 알 수 있다. 그러나 항속거리가 4,700NM을 초과하는 장거리 비행일 때만 4발 엔진 항공기가 더욱 높은 경제성을 갖기 때문에 장거리 노선에서는 4발 엔진 항공기가 우선 투입되는 이유이다. B-747, A380 그리고 A340 항공기 등은 모두 대륙을 횡단하는 장거리 노선을 겨냥한 4발 엔진 항공기이다.

(2) 비행 안전

쌍발엔진(twin engine) 항공기는 운항 중에 한 엔진이 고장 났을 때 어떻게 대처할 수 있느냐에 관한 문제가 안전성(신뢰성)을 확보하기 위한 최대의 관건이다. 터빈엔진의 신뢰성은 매우 높다. 실제 조사에 의하면 쌍발 혹은 4발 엔진 모두가 완전히 엔진 고장이 발생하는 사례는 매우 드물다. 대부분은 부분 엔진 고장 혹은 관련 주요 부품의 고장으로 인한 사고들이다. 그러나 착빙(icing), 조류충돌(birds strike) 그리고 화산재(volcanic ash) 등과 같은 물질들이 엔진 흡입구 속으로 빨려 들어가면서 발생할 수 있는 외적 요인에 의한 엔진 고장 가능성이 항상 존재한다. 이를 이물질 손상(foreign object damage; FOD)이라 한다.

쌍발 터빈엔진 항공기에서 어느 한 엔진의 고장이 발생했을 때 동력의 50%를 상실하지만, 성능의 80%까지 상실할 수 있어 한 엔진만으로 최소한의 상승과 순항비행으로 안전한 공항까지 비행할 수 있어야 한다. 특히 쌍발엔진확장항속거리운항표준(Extended-range Twin-engine Operations

Performance Standards; ETOPS) 내에서 운용할 수 있도록 함으로써 엔진 고장으로 인한 신뢰성을 확보할 수 있다. 예를 들어 "ETOPS 180"의 운용 규칙은 쌍발 터빈엔진의 승인 조건이 어느 한 엔진의 고장이 발생했을 때 180분 이내에 착륙이 가능한 공항까지 비행할 수 있어야 한다.

❖ ETOPS 개념

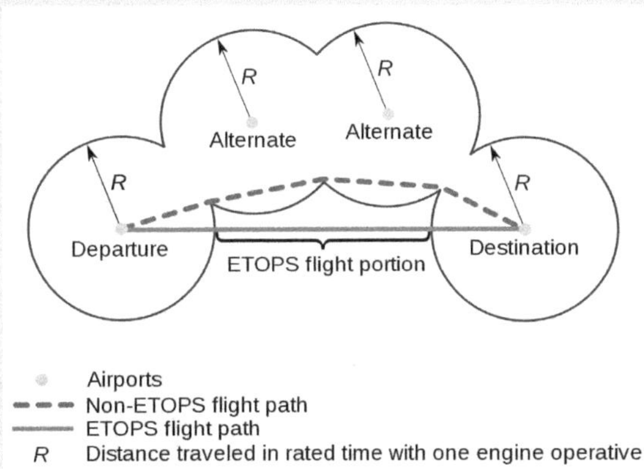

(3) 경제성과 실용성

쌍발 터빈엔진의 상승 중 약간의 추력 부족분은 온도비를 이륙 허용 값까지 증가시켜 어렵지 않게 보충할 수 있고, 안전고도에 도달해서는 스로틀을 약간 줄이는 방식(throttle backed)으로 비연료소모를 감소시킬 수 있다. 이것은 상당한 무게감소 효과를 얻을 수 있다는 것을 의미한다.

(4) 순항고도

날개 면적을 결정하기 위해서는 먼저 순항에서 필요로 하는 추력을 결정한다. 장거리 쌍발 제트엔진 항공기의 순항을 시작하는 고도는 통상 37,000피트 또는 39,000피트지만 4발 엔진 항공기가 순항을 시작하는 고도는 31,000피트이다. 쌍발 터빈엔진 항공기의 날개 면적은 4발 엔진보다 더 높은 고도에 적합한 마하수 양항비(ML/D)에 맞게 설계되기 때문에 통상 4발 엔진 항공기 날개 면적보다 더 크다. 고도에 따른 대기압을 비교했을 때 고도 39,000피트에서 주변 대기압은 19.7kPa이고, 31,000피트에서는 28.7kPa이기 때문에 동일 마하수에서 양력계수는 주변 대기압에 반비례(고고도 유리)한다.

만약 항공기 무게가 증가한다면 순항 중 주변 대기압에 비례하여 증가하여야 하지만 일정 마하수에서 엔진으로부터 순추력(net thrust)은 주변 대기압에 비례한다. 엔진은 날개가 부가 양력(additional lift)을 생산하는 것과 동일 비율로 부가 추력(additional thrust)을 생산하여야 항공기 무게가 증가함에 따라 일정하게 유지될 수 있다.

항공기가 더 무거운 유상하중(heavier payload)을 탑재할 수 있도록 개발됨에 따라 날개 역시 상당한 변화가 요구된다. 유상하중이 증가함에 따라 최적 ML/D(Mach L/D)를 유지하기 위해서 항공기는 밀도가 더 높은 낮은 고도에서 비행해야 한다. 비록 항공기의 이륙중량이 더 높게 개발됨에 따라 순항 무차원 추력 필수요건은 변화가 없을지라도 실질적인 이륙에 필요한 추력은 이 무게에 비례하여 증가해야 한다.

(5) 장착 위치와 엔진 크기

장거리 쌍발 터빈엔진 항공기가 운용비용의 이점과 실용성이 있음에도 불구하고 초대형 항공기에 4발 엔진이 선호되는 이유는 무엇인가? 이유 중 하나는 날개 하부에 장착함으로써 외측 엔진(outside engine)의 무게는 한 엔진 장착과 비교해서 굽힘 모멘트(bending moment)를 감소시키기 때문에 더 많은 연료를 적재할 수 있다. 이것은 곧 더 긴 항속거리를 비행할 수 있다는 것을 의미한다. 그러나 4발 엔진을 선택하는 또 다른 주요 이유 중 하나는 엔진 크기(engine size)다. 일반 상업용 항공기에서 엔진

【그림1-30】 A-380의 경쟁 기종으로 생산된 B-787 드림라이너(dreamliner)의 측풍 착륙 성능을 점검하기 위한 비행을 하고 있다. 비록 쌍발 제트엔진이라 할지라도 최대 유상하중을 적재하고 순항고도까지 상승하여 지구상의 어느 위치를 비행하고 있을지라도 한 엔진 고장이 발생했을 때 330분 이내에 안전한 착륙 장소까지 비행할 수 있다. 쌍발 제트엔진 항공기에서 어느 한쪽 엔진 고장은 심각한 요잉 모멘트를 발생한다. 이를 방지하기 위해서 날개는 동체에 가깝게 장착하여 한 엔진 고장으로 인한 요잉 모멘트를 최소화한다. 이외에도 순항고도 혹은 날개 면적이 4발 제트엔진 항공기와 다르게 고려되어야 한다.

의 최적 위치는 날개 하부이고 실제 엔진은 파일론(pylon)에 장착된다. 엔진이 이 위치에 장착되었을 때 엔진은 승객 칸 아래가 된다. 이것은 승객을 엔진소음으로부터 다소 보호할 수 있는 장점이 있다.

만약 A-380과 같은 항공기를 추진시키기 위해서 쌍발 제트엔진을 탑재했다면 그 크기가 너무 커지기 때문에 항공기는 지상으로부터 더 높아야 한다. 이것은 더 긴 착륙장치(landing gear)를 필요로 하고 이는 무게 증가의 한 요인이기도 하지만 공항에서 승객 탑승과 화물의 탑재와 하역을 위한 각종 시설물 역시 전면 개조되어야 한다. 이보다 더 큰 문제는 다른 항공기들과의 차별성 때문에 별도의 시설을 갖추기가 현실적으로 어렵다. 이외에도 이 같은 초대형 엔진은 오직 초대형 항공기에만 적용된다는 점이다. 그러나 대부분의 엔진 제작자들은 큰 비용을 들여 제작한 엔진이 다양한 항공기에 공동으로 활용할 수 있도록 함으로써 엔진 개발에 드는 비용을 절감할 수 있어 상업성을 인정받을 수 있기 때문이다.

❖ Airbus A380 vs Boeing 787 Dreamliner

Airbus A380(4발 터보팬 엔진)과 Boeing 787 드림라이너(쌍발 터보팬 엔진)는 에어버스(EU)와 보잉(미국)이 설계하고 제작한 최신 운송용 항공기이다. A380은 2007년 10월 싱가포르 항공과 함께 취항하였고, 보잉 787은 2011년 10월 전일본항공과 함께 첫 상업 비행을 했다. A380은 가장 큰 운송용 항공기이고 보잉 787은 세계에서 가장 연료 효율이 높은 여객기라고 주장하는 등 두 항공기 모두 항공 역사에서 중요한 이정표를 세웠다. 에어버스는 보잉 747시리즈가 장악하고 있는 대형 광폭동체 제트 여객기 시장을 추월하기 위해 A380을 개발하여 A380의 연비와 공간을 향상시켰다. 이에 보잉사는 보잉-787 드림라이너로 대응했다. 이 드림라이너는 A380보다 작지만, 매우 효율적이며 항공사에 이익이 된다. A380 동체는 무게의 20%에 불과한 복합재이며, B-787은 50%의 복합재를 사용했다. A380은 화물기로도 생산되는 반면 B-787은 여객기로만 생산하고 있는 점도 특이하다.

❖ 서비스 실링(service ceiling) vs 절대 실링(absolute ceiling)

항공기의 최대 중량, 최대 지속 동력, 클린 형상(clean configuration)에서 최대 상승률 속도가 분당 100피트가 되는 최대 밀도고도이다. 절대 실링은 더 이상 상승할 수 없는 고도이다. 따라서 절대 실링에서 지속 가능한 최대 상승률은 "0"이다.

1.13 엔진 장착 위치

✈ 항공기 기체(airframe)와 엔진의 관계에서 엔진 수와 함께 또 다른 관점은 엔진의 장착 위치다. 단발엔진이라면 에어 인렛(air inlet)이 가장 앞쪽에 있으면서 터빈엔진 기본 구조가 직선형으로 동체에 매립된(buried) 유형이기 때문에 흡입구의 위치가 바로 엔진 장착 위치이다. 항공 수요의 증가와 함께 더 높은 추력을 생산하기 위해서는 단발엔진의 한계에 부딪히면서 쌍발엔진(twin engine) 이상의 엔진을 탑재한 항공기가 등장하였고 엔진을 기체의 어느 위치에 장착하느냐에 관한 문제는 기체 설계와 공기역학적 면에서 최적의 호환성(compatibility)을 갖도록 설계되어야 한다.

현대의 대형 운송용 항공기들은 수백 명의 승객과 수백 톤의 화물을 운송할 수 있는 공간의 확보가 필수이다. 엔진의 외부장착은 공기역학적 항력(aerodynamic drag)에 관한 문제로 유체 동역학(fluid dynamic)을 이해할 수 있어야 한다. 현대의 터빈엔진은 기술과 신소재의 개발로 성능이 향상하면서 엔진 크기와 무게는 점점 감소하고 있다. 엔진과 기체의 최적 조합은 컴퓨터 시뮬레이션과 대형 풍동실험을 통해서 본격적인 양산에 들어가기 전에 충분한 실험이 가능하여 노력과 비용을 크게 절약하였다.

특히 상업용 항공기(commercial aircraft)에서 더 많은 유상하중을 적재하기 위한 기체 공간(airframe space)의 확보는 엔진을 날개 상부 및 하부, 그리고 후방동체 등과 같이 다양한 위치에 장착된다. [그림1-32]와 같이 British Comet 항공기는 엔진을 날개뿌리(wing root)에 매립 방식의 특이한 엔진 장착 방식을 적용하기도 했지만, 현재는 사용되고 있지 않다.

전투기에서는 압축기와 배기 노즐이 기체의 중앙을 관통하도록 하는 매립 방식이 되고 에어 인렛은 동체 측면 혹은 아래 등 적절한 위치에 분리된

【그림1-31】 1943년 영국에서 개발한 쌍발 제트엔진 전투기 "Gloster Meteor"이다. 엔진은 양 날개에 하나씩 특별한 장착대 없이 날개와 통합된 구조이다. 구조적으로 간단한 장점은 있지만, 엔진으로 인한 날개의 양력 발생이 제한될 수 있으며 날개 뒷전의 고양력장치를 설치하거나 작동에 영향을 줄 수 있다.

다. 대부분의 현대 민간 운송용 제트엔진 항공기들은 다음과 같은 방식으로 장착된다.

① 날개 상부 및 하부 장착

② 동체장착

③ 후방동체 장착

④ 날개와 후방동체 혼합 장착

1.13.1 날개 하부 장착

대부분의 아음속 운송용 항공기들의 엔진은 [그림1-33]과 같이 파일론(pylon; 엔진, 연료탱크, 로켓탄 등의 현수 지주)을 이용해서 날개 하부 장착(installation) 방식을 채택하고 있다. 다른 어느 방식보다도 합리적으로 고려되는 것은 양력을 발생하는 날개가 엔진 무게를 지지할 수 있고 날개

【그림1-32】 de Havilland DH 106 Comet은 세계 최초의 상업용 제트엔진 항공기이다. 1949년 첫 비행을 하였고 날개 양쪽에 각각 2개의 터보제트엔진을 장착한 4발 엔진 항공기이다. 이 항공기의 엔진은 동체 근처의 날개 구조와 통합된 유형이기 때문에 공기역학적으로 매우 매끈함이 특징이다.

무게로 인한 굽힘 모멘트(bending moment)가 상대적으로 작다. 그러나 공기 흐름 측면에서는 다소 불리한 점이 있다. [그림1-34]는 날개 하부 장착에 따른 공기 흐름의 특성을 보여주고 있다. 엔진과 날개 하부 표면 사이의 간격이 매우 좁아서 두 표면 사이를 흐르는 공기 흐름의 간섭 효과(interference effect)가 발생할 수 있다. 특히 지름이 큰 고바이패스비 터보팬의 간섭 효과는 매우 크다. 부적절한 엔진 장착 위치로 인한 간섭항력을 최소화하기 위해서 주변 다른 표면(혹은 와류발생기...)들과의 정밀한 조화가 필수이다. 이 같은 장점에도 불구하고 날개 하부에 장착할 때 고려해야 할 사항들은 다음과 같다.

① 팬 흐름으로 인한 동체 표면과 파일론 주변 공기 유동장의 변화

② 과도한 공기누출

【그림1-33】 점보 항공기들의 엔진은 파일론을 이용해서 날개 하부에 장착된다. 전형적인 4발 제트엔진 항공기에서 엔진의 위치를 잘 관찰할 수 있다. 엔진 나셀과 날개 하부 사이의 공간으로 흐르는 공기는 날개의 공기역학에 영향을 줄 수 있다. 엔진이 날개 앞전부터 거의 한 길이 정도 앞에 위치함으로써 엔진의 제트후류로 인한 플랩이라는지 고양력장치에 미치는 영향을 최소화하도록 위치되어야 한다. 엔진 나셀의 일부 표면에서 간섭 효과를 최소화하기 위한 와류발생기(화살표)가 장착되어 있다.

③ 국지음속과 나셀 항력

팬 지름이 큰 팬 카울(fan cowl)은 추력 세팅에 따라 상당한 항력이 발생할 수 있다. 예를 들어 압축기에서 필요로 하는 공기흐름이 감소한다면 흡입구에는 실제 필요한 양보다 더 많은 양이 유입되어 과도한 공기누출(air spillage)이 불가피하다. 이 과정에서 배출구 주변의 공기 유동장(flowfield)에 영향을 줄 수 있고 아울러 누출 공기가 흡입구 테두리와 분

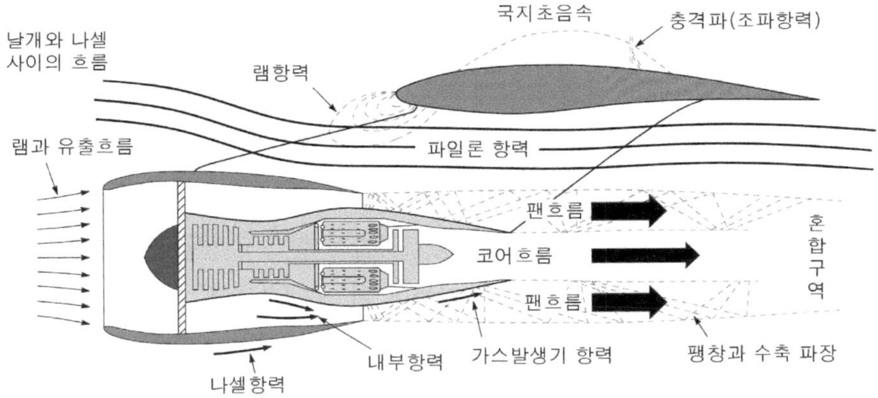

【그림1-34】 현대 대부분의 운송용 항공기 엔진은 파일론을 이용해서 날개 아래 그리고 앞쪽에 위치하도록 장착함으로써 날개 하부 표면과 엔진 나셀 사이의 간섭항력을 최소화한다. 엔진 주변으로 흐르고 있는 공기 유동장의 변화가 발생할 수 있는 구역을 관찰할 수 있다.

리될 때 누출 항력(spillage drag)이 발생하는 원인이 된다. 또한, 팬 카울의 곡선을 따라 흐르는 공기흐름이 가속되어 국지음속(local sound of speed)에 도달할 수 있으며 이로 인한 충격파(shock waves) 발생으로 인한 조파항력(wave drag)이 발생할 수 있다.

팬 방출 압력비(fan discharge pressure ratio)는 가스발생기 기계장치와 함께 추력 손실을 일으키는 요소이다. 현대 고바이패스비 엔진의 방출 압력비는 대략 2.5(정적 주변 압력 대비 팬 방출에서의 총압력) 정도이다. 이 압력비가 초임계(supercritical)일 때 팬 흐름은 코어엔진 후방부(afterbody)를 따라서 음속까지 가속될 수 있다. 코어엔진 후방동체의 원뿔 모양(cone shape) 외형은 조파항력을 발생시킬 수 있다.

일반적으로 단일 나셀의 항력은 항공기 총항력의 약 9% 정도이다. 이 항력 분포를 세부적으로 분석했을 때 팬 카울 항력 3.2 %, 팬 내부 공기흐름 항력 2.2%, 가스발생기 항력 2.1% 그리고 파일론 항력이 1.5% 정도이다. 여기서 간과할 수 없는 또 다른 항력 요소는 나셀과 날개 하부 사이의 간섭항력이다. 엔진 나셀과 날개 하부 표면이 하나의 개방된 통로를 형성한다. 공기 통로에서 과도한 공기흐름의 가속이 발생할 수 있으며 이는 날개 하부 표면에서 저압 구역(low pressure area)을 형성하게 된다. 저압 구역은 양력에 반대되는 하향 공기역학적 힘을 유발한다. 이 같은 효과를 최소화하기 위해서 엔진은 가능한 한 날개로부터 멀리 위치시켜야 한다. 항공기의 종류에 따라 다르지만 통상 날개 하부로부터 위치는 다음과 같다.

① 테두리 높이: 엔진 중심선으로부터 1-나셀 지름

② 테두리 길이: 날개 앞전으로부터 1-나셀 길이의 3/4

날개 하부에 장착할 때 고려해야 하는 또 다른 요소는 동체 중심으로부터 엔진 중심까지의 거리이다. [그림1-29]는 전형적인 쌍발 제트엔진과 4발 제트엔진의 위치를 잘 보여주고 있다. 외관상으로 쌍발 제트엔진이 4발엔진과 비교하여 동체(fuselage)에 가깝게 있음을 알 수 있다. 앞서 언급한 바와 같이 비행 중 어느 한쪽 엔진의 고장이 발생했을 때 한 엔진으로 최저의 안전비행 조건을 달성하기 위한 필수요건을 갖추어야 하기 때문이다.

쌍발엔진은 동력장치의 추력선(thrust line)이 멀리 있을수록 엔진 고장으로 인한 요잉 모멘트(yawing moment)가 커지기 때문에 어느 한 엔진 고장이 발생했을 때 심각한 방향 조종성(controllability)에 영향을 줄 수 있다. 다발엔진의 한 엔진 고장이 발생했을 때 비대칭 추력(asymmetric thrust)을 위한 승인 필수요건은 러더로 요잉 모멘트(yawing moment)를 제어할 수 있어야 한다. 만약 엔진을 더 외측으로 배열한다면 방향타(rudder)의 크기가 그만큼 증가해야 하고 이는 기체의 무게와 공기역학적 항력이 함께 증가하는 요인이 된다.

일부 항공기에서는 날개 하부 표면에 직접 엔진을 장착하는 방식을 채택하고 있다. 별도의 엔진 장착을 위한 파일론(pylon)을 사용하지 않고 날개의 주요 골격(frame)에 장착되기 때문에 착륙장치의 길이가 짧아짐으로써 무게감소의 효과는 있지만, 공기역학적 항력이 크고 때로는 플랩과 같은 고양력장치(high lift devices)의 정상 작동을 위해서 중간에 단절되어야 하는 구조적 복잡성이 따를 수 있다.

1.13.2 동체장착

엔진의 날개 하부 장착 외에 후방동체(afterbody)의 양 측면에 장착되기도 한다. 3발 엔진(tri-jet) 항공기의 경우는 2개의 엔진이 날개 혹은 후방동체에 장착되고 1개의 엔진은 후방동체 중심에 매립 형식으로 장착된다. 전체 엔진이 후방동체에 장착된 항공기는 이륙과 착륙할 때 고양력장치의 작동에 어떠한 방해도 주지 않는 이점이 있다. 모든 엔진이 후방동체에 장착되는 항공기는 수평안정판이 수직안정판 위에 있는 T-형 꼬리날개로 설계되어 엔진 배기가스 흐름이 수평안정판에 간섭을 일으키지 않도록 하기 위함이다. 그러나 T-형 꼬리날개는 항공기가 높은 받음각 자세에 있을 때 심각한 수평안정판 실속(deep stall) 문제를 초래할 수 있다.

항공기의 자세가 최대 허용 가능한 받음각을 부주의하게 초과하였다면 날개에서 분리된 흐름이 수평안정판의 실속을 일으켜 항공기 조종성을 상실하게 할 수 있다. 이 같은 높은 자세는 엔진에 유입되는 공기흐름에도 영향을 주어 회복 불가능한 추력 손실의 원인이 되기도 한다. 이를 해결할 수 있는 유일한 방법은 지정된 최저 비행속도 이하에서 특정 받음각을 초과하지 않도록 하는 것이다.

[그림1-35, 36]과 같은 Lockheed Tristar와 Boeing 727 항공기에서는 중앙 엔진은 동체에 매립하고 후방동체에 엔진을 장착하였다. 중앙 엔진의 공기흡입구는 [그림1-37]과 같이 수직안정판(핀) 하단에 S-자 모양 덕트를

【그림1-35】 쌍발 비즈니스 항공기와 A-10 전투기에서 엔진의 장착 위치를 관찰할 수 있다. 일부 항공기는 완전히 후방동체에 장착되어 있지만, 오른쪽(위) 항공기는 후방 2/3 지점에 장착되어 있다. 공통으로 수평안정판은 T-형으로 설계되어 있지만, A-10 전투기는 2개의 수직안정판 사이에 수평안정판이 있어 제트후류의 영향을 받지 않도록 설계되어 있다. 엔진이 후방동체에 장착되었을 때 비행 중 날개는 어떠한 외부 구조물의 영향을 받지 않는 매우 매끈함이 특징이다.

통해서 공급된다. 이 엔진의 추력선(thrust line)이 엔진 중심선과 일치하기 때문에 엔진 고장이 발생했을 때 어떠한 요잉 모멘트가 발생하지 않는다. 이외에도 러더는 핀 뒷전의 전체 길이를 따라서 설치할 수 있다.

동체 엔진 장착은 모든 엔진이 후방으로 집중되어 있기 때문에 후방이 상당히 무겁다. 페이로드의 적재에서 무게중심의 균형을 유지하기 위한 배열에 세심한 주의가 필요하고 페이로드가 너무 낮을 때 균형을 유지하기 위해서 샌드백을 적재하기도 한다. 초대형 항공기가 개발하면서 동체 엔진 장착 방식의 단점도 커지면서 모든 엔진을 후방동체에 장착하는 것은 상당한 문제점으로 인식되었다. 대신 일부 광폭동체 항공기(McDonnell Douglas DC-10, MD-11)에서는 [그림1-37]과 같이 날개 하부 장착과 후방동체 장착 방식을 혼합하여 동체 엔진 장착의 단점을 보완하였다. 일반적으로 후방동체 장착 방식이 다른 어느 방식에 비해서 기체에 영향을 최

【그림1-36】 B-727 항공기는 동체 후방에 3개의 엔진이 장착되어 있다. 후방동체 좌우에 한 개씩 그리고 중앙에 한 엔진은 동체에 매립된다. 수평 및 수직안정판은 엔진에서 분출되는 제트후류의 영향을 받을 수 있어 반드시 T-형 꼬리날개로 설계되어야 한다. 이 유형의 장착 방식은 모든 엔진이 후방에 집중되어 있으므로 무게가 뒤쪽으로 쏠릴 수 있다. 이를 해결하기 위해서 적절한 무게의 분배가 요구되고 때로는 앞쪽에 샌드백으로 무게와 균형을 맞추어야 한다.

소화할 수 있는 양호한 기계공학적(engineering) 해결책이기 때문에 일부 현대 항공기에서도 계속 사용되고 있다.

1.13.3 날개 상부 장착

날개 하부에 장착된 엔진으로 인한 단점 중 하나가 긴 착륙장치를 필요로 하고 후방 동체장착 엔진은 무게중심이 뒤로 향하고 있어 불리한 점이 많았다. 엔진 장착에 대한 새로운 시도가 [그림1-38]과 같이 1960년대 중거리 운송용 항공기인 VFW-Fokker 614는 날개 위에 엔진을 장착하였다. 날개 위에 파일론을 통해서 장착된 엔진은 지면으로부터 상당한 높은 위치에 있는 것을 알 수 있다. 주요 장점은 활주로 및 지면에서 날릴 수 있는 이물질 흡입으로 인한 엔진 손상의 가능성을 감소시킬 수 있다. 또 다른 장점은 엔진에서 발생한 소음이 날개와 같은 하부 구성품들로 인해서 차폐되는 효과가 있을 수 있어 소음감소에도 기여한다. 이 같은 장점들이 있음

【그림1-37】 록히드 L-1011 Tristar는 후방동체와 날개 하부 장착의 혼합 형태의 전형적인 항공기다. 이 항공기의 장점 중 하나는 중앙 엔진이 고장 났을 때 추력선에 의한 요잉 모멘트가 발생하지 않고 날개 장착 엔진의 고장으로 인한 요잉 역시 크지 않다. 동체 중앙의 엔진은 삽입된 그림에서 보는 것과 같이 에어 인렛이 동체 상부에서 엔진으로 마치 S-자형 덕트를 통해서 유입되도록 설계되어 있다.

에도 불구하고 일부 항공기 외에 더 이상 사용되지 않는 이유는 날개 윗면의 공기흐름은 양력 발생과 직접적인 연관이 있으므로 엔진 나셀과 상부 표면 그리고 파일론에 의해서 상당한 난기류 공기흐름이 발생할 수 있다. 특히 배기가스가 날개 윗면의 공기흐름을 가속함으로써 국지음속에 도달할 수 있고 이는 상당한 조파항력의 원인이 된다.

【그림1-38】 날개 상부에 장착대를 설치하여 엔진을 탑재하고 있다. 부가적으로 엔진 소음을 차단할 수 있는 효과가 있다. 비록 외형상 특이하게 보일지라도 착륙장치의 길이가 짧아 부가적인 무게감소 효과를 얻을 수 있다. 그러나 날개 윗면은 양력 발생의 중요한 역할을 하므로 공기흐름이 크게 흩어질 수 있고 엔진 후류에 의한 국지적 공기흐름의 가속은 음속까지 가속될 수 있다.

1.13.4 날개-동체 일체형 항공기

날개-동체 일체형(blended wing body; BWB) 항공기는 날개와 동체 사이에 명확한 구분 없이 일체형으로 설계된 항공기이다. 최근에 발표된 초음속 운송용 항공기(supersonic transport; SST)는 [그림1-39]와 같이 날개와 동체가 뚜렷한 구분이 없이 혼합형으로 설계되고 있다. 이 설계의 주요 장점은 기존의 항공기보다 공기에 노출되는 면적을 최소화하고 날개와 동체 사이 간섭 효과를 없애 항력을 줄이는 것이다. 또한, 날개 모양의 넓은 동체가 양력을 발생시켜 날개의 크기와 항력을 줄일 수 있다. SST 항공기의 동력장치는 전투기 엔진 장착과 유사하다는 것을 알 수 있다. 항력을 최소화해야 하는 필수요건을 충족하기 위해서 동체 후방 날게 또는 동체에 매립하는 방식을 채택하게 될 것이다.

【그림1-39】 X-59 Quiet Supersonic Transport(QueSST)

NASA의 초음속 프로젝트는 안전하고, 경제적으로 실행 가능하며, 환경 친화적인 초음속 제트항공기의 하늘로의 귀환을 가능하게 할 수 있는 새로운 세대의 기술을 연구하고 있다. 이 초음속 운송용 항공기는 소닉 붐 충격파를 발생시키지만, 그 강도는 지상에 있는 사람들에게 크게 느끼지 못할 정도로 훨씬 더 조용한 제트기 프로젝트로 설계되었다. General Electric F414 미국의 GE 항공이 개발한 터보팬 엔진이다. 보잉 F/A-18E/F 슈퍼호넷에 사용하기 위해 확장 및 개량된 GE의 F404 터보팬에서 유래했다. 이 항공기는 55,000피트 (16,800m)의 고도에서 마하 1.42 (1,510km/h; 937 mph)의 속도로 설계되었다.

Chapter 2

전투기
터보팬 엔진

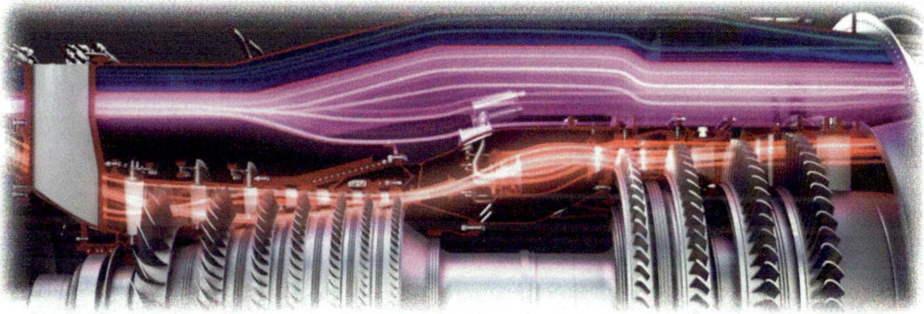

Low bypass turbofan engine

Pratt & Whitney F119, afterburning turbofan engine(F-22 Raptor)

• 전투기 터보팬 엔진 •

2.1 개 요

✈ 항공기 발달사에서 민간 항공기의 발달과 함께 전투 항공기의 개발수요 역시 중요한 역할을 해왔다. 민간 항공기는 안정성(stability)에 중점을 둔 엔진 개발에 초점을 두었다면 전투 항공기(combat aircraft) 엔진은 공중전과 지상군의 효율적 지원을 위한 높은 기동성(maneuverability)이 개발의 중점이다.

전투 항공기는 전투기 상호 간의 공중전으로 끝나는 것이 아니라 전쟁의 승패를 좌우할 정도로 그 중요성은 과거나 현재 그리고 미래에도 변함이 없을 것이다. 우리나라는 지정학적으로 주변 강대국과 인접해 있고 남북이 군사적으로 대치하고 있는 상황에서 공군력의 중요성이 어느 때보다 강조되고 있다.

국가 경제력이 발달하면서 F-4, F-5 전투기들이 시대의 흐름과 함께 퇴역하였고, 기동성이 높은 F-16, F-15, F-35 전투기들로 대체되고 있고, 국내에서 개발 중인 KF-21 전투기로 대체될 예정이다. 이들 초음속 전투기들은 초기 제트엔진 전투기와는 비교할 수 없을 정도로 높은 성능을 발

【그림2-1】 F-22는 공중전, 요격, 지상공격 등 다목적 전투 항공기로 설계되었다. 동력장치는 Pratt & Whitney F119-PW-100 터보팬 엔진 2기를 탑재하여 기동성과 조종사의 생존성을 높였다. 이 전투기는 재연소기를 작동하지 않고도 마하 1.82(1,963 km/h)로 비행할 수 있는 슈퍼크루즈 성능을 갖추고 있다.

휘하고 있지만, 기본적으로 터보제트 엔진(turbojet engine)의 원리는 변함이 없다. 여기서는 최신형 전투기 엔진에서 높은 추력과 기동성을 얻기 위한 설계의 차이점들과 전투 항공기 운용과 관련된 공기역학적 특성들에 대해서 집중적으로 다루게 될 것이다.

KF-21은 F-16 등의 소형 전투기보다 크고, F/A-18E/F, F-4, F-15, F-22 등의 대형 전투기보다는 작으며, 라팔, 유로파이터 타이푼, MiG-35, F/A-18C/D와 비슷한 체급을 갖춘 중형 전투기이다. 국산화 비율은 65%으로 시작하지만 향후 순차적으로 국산화를 진행하여 80% 이상으로 늘릴 예정이다. 기존 스텔스 전투기와 유사한 형상으로 개발이 완료되고 블록 3으로 진화적 개발 단계를 거치면서 완전 매립형 내부 무장 창을 갖춘 5세대 스텔스 전투기 혹은 그 이상의 성능을 갖춘 전투기로 탄생할 것이다.

2.2 전투기 엔진 개발 소요

✈ 전투기 엔진은 때로는 극한조건에서 비행해야 하고 그 운용범위가 매우 넓어 한 엔진을 성공적으로 개발하는데 천문학적인 비용이 소요될 수 있다. 또한, 군에서 필요로 하는 엔진의 소요제기부터 실제 제작되어 실전에 투입되기까지 10년 이상의 기간이 소요되는 것은 보통이다. 이 같은 이유로 비록 특정 전투 항공기를 위해서 개발된 엔진이라 할지라도 완전히 다른 유형의 항공기에도 사용된다. 때로는 엔진 전체를 개발하기보다 충분한 성능이 입증된 주요 코어엔진을 그대로 사용하고 LP 단(stages)을 개조하여 사용함으로써 개발비용과 기간을 최소화하기도 한다.

신형 엔진의 개발에 오랜 기간이 소요되는 것은 임무 영역에서 발생할 수 있는 각종 변수(parameters)를 최적화하고 이착륙, 고속비행(슈퍼크루즈), 기동성과 같은 항공기의 특성들과 고유의 전투 임무를 수행하기 위한 성능 그리고 생존성을 위한 다양한 필수요건들 사이에 적절한 절충(compromise)이 절대적으로 필요하기 때문이다.

전투 항공기 엔진의 또 다른 특징은 민간 항공기 시장(markets)과 달리 소요제기부터 항공기 임무 유형에 따른 엔진의 특성 그리고 설계와 제작에 이르기까지 민간이 아닌 국가 주도로 이루어지지 않으면 사실상 개발이 어렵다. 이것을 더욱 어렵게 하는 요소 중 하나는 지정학적 상황(Geo-political situation)의 변화로 인하여 소요제기 단계에 존재했던 잠재적 위협 요소가 없어지거나 변경될 수 있고 중간에 재원 부족 등으로 지연 또는 폐기될 수도 있다.

지리적 여건을 고려해야 하는 또 다른 요소는 대부분의 전투 항공기들은 높은 추력을 생산하지만 이로 인한 높은 연료 소모는 본연의 임무를 수행하는데 상당한 제한요소로 작용할 수 있다. 특히 이들 전투 항공기의 항속거리(range)가 임무를 수행하는데 주요 고려 요소라면 공중 재급유(aerial refueling)를 위한 공중급유기(tanker aircraft)의 도움이 절대적이다.

❖ 전투반경(combat radius or radius of action)
전투반경은 전투기가 기지에서 출격하여 적재된 연료량 한계에서 주어진 임무를 완수하고 최소한의 연료로 기지까지 안전하게 귀환할 수 있는 거리를 의미한다. 최대항속거리(maximum range)는 최대 페이로드와 공중급유 없이 가장 멀리 비행할 수 있는 거리이다. 페리 항속거리(ferry range)는 투하 연료탱크를 장착하고 비무장, 그리고 공중급유 없이 가장 멀리 비행할 수 있는 거리이다. 전투반경을 확장하기 위해서 외부 투하 연료탱크를 장착하거나 전투 임무의 고도, 그리고 무장 장착에 따라 달라진다. 저고도 전투 임무에 수행하는 항공기는 기압과 공기밀도가 더 높아 연료 소모량이 크기 때문에 고고도 임무를 수행하는 전투기에 비해 전투반경이 작다. 예를 들어 F-16 전투기의 전투반경은 450kg(1,000lb) 폭탄 6발을 탑재한 상태에서 약 550km(340mi)이다. 그리고 F/A-18 호넷의 전투반경은 대략 537km(330mi)이다.

❖ 슈퍼크루즈(supercruise)
슈퍼크루즈는 재연소기를 사용하지 않고 초음속으로 비행할 수 있는 항공기이다. 콩코드(Concorde)는 전형적인 상업용 슈퍼크루즈 항공기이다.

2.3 전투 항공기의 임무

✈ 전투 항공기가 수행하는 주요 임무(missions)는 적 항공기와 공중전을 수행하는 것이다. 이것은 제공권(air superiority)을 장악하고 전투기와 영공을 침범하는 항공기를 요격하기 위한 요격기(interceptor) 그리고 지상군을 지원하기 위해서 지상 목표물의 공격을 주 임무로 하는 전장 저지(battlefield interdiction)와 근접항공지원(close air support)으로 구분한다. 예를 들어 F-16 전투기는 높은 기동성을 바탕으로 공중전 수행 능력이 우수하지만 A-10 공격기(attack aircraft)는 주로 지상 목표물을 공격하기 위한 전형적인 근접항공지원을 위한 전투 항공기이다.

그러나 현대에 제작되는 대부분의 최신 전투 항공기들은 임무 영역이 명확하게 구분되지 않는다. 예를 들어 F-15 전투기는 공중전을 수행하는 제공권과 요격 임무를 수행할 수 있을 뿐만 아니라 지상 목표물을 공격할 수 있는 성능도 동시에 갖추고 있다. 임무에 따른 최적 항공기를 결정하기 위해서는 임무 전체를 놓고 고려해야 한다. 전투 임무를 부여받은 전투기의 작전 수행과정은 대략 다음과 같은 순서로 진행된다.

① 임무 하달 및 기지 이륙
② 전투지대로 이동 및 공중대기
③ 전투 임무 수행(공중전 및 지상 표적 공격)
④ 기지 복귀 및 착륙

만약 전투지대(combat zone)로 이동하는 거리가 예상을 초과한다든지 공중대기 시간이 길어진다면 본연의 임무를 수행하는 데 지장을 초래할 수 있고 성공적으로 임무를 완수했다 하더라도 기지로 복귀하는 데 문제가 발생할 수 있다. 현대전에서 공중전은 1분 혹은 수 분 이내에 승패가 결정된다. 따라서 순항(cruise)과 공중대기(loitering)에 사용되는 연료가 전투를 수행할 때 소모되는 연료에 비해서 더 중요하게 고려되어야 한다. 임무를 수행하는 과정에서 순항 혹은 공중대기 중에 추력은 전투 중 사용되는 최대 추력과 비교하면 상당히 낮으므로 그만큼 연료 소모도 적다.

대부분 전투기에서 추력 일부는 [그림2-2]와 같이 재연소기를 사용하여 증대시킨다. 예를 들어 전투지대(combat zone)까지 상당히 먼 거리를 마하 1.8의 초음속으로 비행한 후 요격 임무를 수행하는 작전 상황을 가정하자. 순항 비행을 재연소기를 사용하지 않고 비행할 수 있다면 연료를 크게 절약할 수 있을 것이다. 이처럼 재연소기를 사용하지 않고 초음속으로 비행하는 것을 "슈퍼크루즈"라 한다. 전투지대에 도착한 요격기는 미사일을 이용하여 초과가시거리(beyond visual range; BVR)에 있는 표적을 공격할 수 있다. 공대공 미사일(air to air missile)을 발사한 후 회피기동(avoidance maneuver) 목적으로 여러 차례 급선회 기동을 해야 할 필요에 직면할 수 있다. 이 과정에서도 재연소기 작동을 권장하지 않는 이유는 열 추적 미사일(heat - seeking missiles)이 재연소기 화염(afterburner flame)을 더 쉽게 추적(lock on)할 수 있기 때문이다.

❖ 락온(lock on)

표적을 획득하고 자동 추적할 수 있도록 표적에 고정된 상태이다. 이것은 미사일 발사 전 단계로 발사 후 격추까지 추적경로와 비행거리의 계산이 완료된 상태이다. 따라서 조종사는 발사 버튼만 누르면 된다. 조종사가 락온 상태를 즉각 인지할 수 있도록 초록색 십자 조준선의 색상이 적색으로 변하면서 음성 통보도 함께 제공된다.

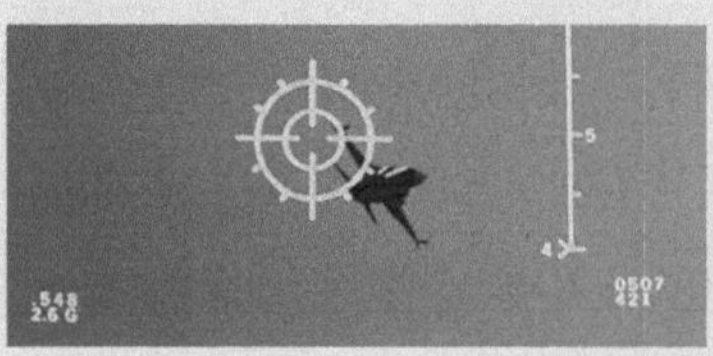

【그림2-2】 전투기의 최우선 필수요건은 높은 기동성이다. F-22 Raptor가 완전무장을 했을 때의 무게가 29,300kg이고, 최대이륙중량이 38,000kg이다. 이처럼 무거운 상태에서 전투기동을 수행하기 위해서는 필연적으로 재연소기를 사용하지 않으면 안 된다. 추력을 보조하기 위해서 재연소기를 작동시켰고 추진노즐 후방으로 화염이 분출되고 있음을 관찰할 수 있다. 급선회 중 날개 주위에 형성되는 응축구름은 강력한 와류가 발생하면서 습한 공기가 응축되어 나타나는 현상이다.

(1) 제공권

전통적으로 제공권(air superiority)은 전투기의 주요 임무이다. 특히 현대전에서 제공권의 확보는 전쟁의 승패를 좌우할 정도로 전략상 중요성이 매우 높다. 제공권 전투기들은 고속 성능보다는 우수한 기동성이 필수요건이다. 기동성이란 신속하게 가속하고 선회(acceleration and turn)할 수 있는 능력이다. 실제 공중전은 $M \approx 0.7 \sim 0.9$ 사이의 높은 아음속 영역에서 수행된다. 이들 전투기의 최대속도는 $M = 2.0$을 초과할 수 있지만, 연료 소모(fuel consumption)가 너무 크기 때문에 전투를 계속할 수 있는 시간은 그만큼 짧아진다. 또한, 유리한 공격 위치를 확보하기 위해서

【그림2-3】 Mig-25는 초음속 요격 및 정찰 전투기이다.

$M = 2.0$의 속도로 선회했다고 가정한다면 선회 반경(turn radius)이 너무 커져 공중전이 불가능할 수 있다. 전형적인 제공권 전투기들은 F-15, F-16, F-14, F/A-18, F-22, F-35, Mig-29, Su-27, T-50(러시아), Mirage 2000, Rafale, Eurofighter 등이다.

(2) 요격기

요격기(interceptor)는 레이더에 탐지된 국경 침범 항공기를 요격하기 위해서 발진하는 방공 체계(air defense system)의 일부이다. 주요 전략적 위협 요소(strategic threat)가 되는 목표를 공격할 목적으로 요격 항공기가 제작되었으나 현대의 신형 전투 항공기들은 요격 임무를 동시에 수행할 수 있는 능력을 갖추었기 때문에 별도의 요격기 개념이 모호해졌다. 이들 전투기는 장거리 표적을 요격하기보다는 높은 상승률(rate of climb)과 고속비행 성능이 중요시되고 기동성과 연료 소모의 중요성은 상대적으로 후순위가 된다. 전형적인 요격 전투기들은 British Lightning 그리고 [그림 2-3]과 같은 러시아의 Mig-25는 고고도에서 최고속도 마하 3.2까지 비행할 수 있는 주요 요격기의 한 종류이다. 이 요격기는 1964년 첫 비행을 한 후 1970년에 실전 배치되었다. 최고속도는 마하 3.2이지만 심각한 엔진 파손의 위험이 있어 실제 최고속도는 마하 2.83이다.

이 전투기는 넓은 날개 평면으로 설계되어 있어 공중전을 위한 높은 기동성을 갖추고 있다. 그러나 넓은 날개 평면으로 인한 날개가 무거운 것이 단점으로 알려졌다. 이 전투기는 2기의 터보제트 엔진(재연소기)을 장착하였고 추력은 73.5 kN(재연소기 100.1 kN)이다. 1984년 생산이 중단되었다. F-15 전투기와 European Tornado의 개량형인 F.3 역시 요격 임무를 수행하는 전투기이다. F-22 전투기 역시 요격 임무를 수행할 수 있는 성능도 갖추었다.

(3) 항공 저지

항공 저지(aerial interdiction) 임무를 수행하는 전투기들은 전장으로부터 약 50km 또는 그 이상 후방에 있는 주요 목표물(targets)들을 대상으로 공격을 수행한다. 이 전투기들이 필수적으로 갖추어야 할 성능은 저고도 천음속(transonic) 비행과 중장거리 항속거리 그리고 우수한 기동성을 갖추어야 한다. 따라서 이들 전투 항공기에서 연료 소모는 중요시된다. 주요 항공기들은 F-111, F/A-18, European Tornado, 러시아제 Mig-27은 유사한 임무를 수행하는 전투기들이다. American A7은 항공 저지 임무에 더 적합하게 개량된 전투 항공기이다.

(4) 근접항공지원

근접항공지원(close air support; CAS)은 항공 저지 작전의 한 분류로 볼 수 있지만, 공격 목표가 전선으로부터 50km 이내에서 수행된다. 임무를 수행하는 전투기가 갖추어야 할 특성은 저고도 순항비행, 높은 페이로

【그림2-4】 A-10(Thunderbolt)은 1970년대 초에 개발된 전형적인 근접항공지원 전투 항공기다. 최고속도 381노트, 순항속도 300노트이다. 항공기의 외형에서 보는 것과 같이 2기의 터보팬 엔진(TF34-GE-100A)을 탑재하였다. 엔진의 추력은 40.32 kN이다.

드 그리고 낮은 연료 소모의 장시간 체공을 수행할 수 있는 능력을 갖추어야 한다. 이 전투기들은 높은 기동성을 갖추어야 하지만 항속거리는 비교적 짧다. [그림2-4]의 A-10은 전형적인 근접항공지원 전투 항공기이다. A-10의 주요 임무는 탱크와 기갑차량을 공격하는 것이다.

이를 위해서 큰 날개 평면, 높은 가로세로비(aspect ratio) 그리고 큰 도움날개 등으로 설계되어 저고도와 저속에서 매우 우수한 기동성을 갖는다. 저속 성능이 우수하여 고도 300m에서 장시간 비행이 가능하다. 이외에도 배기가스를 수평안정판과 2개의 수직안정판 사이로 흐르게 함으로써 적외선 탐지를 회피하기 위한 설계이고 엔진을 날개 위에 장착함으로 날개로 열 추적 미사일로부터 노출을 최소화하도록 설계되었다.

2.4 전투기의 운용영역

✈ 민간 운송용 엔진은 효율이 높은 엔진을 개발하는 것이지만 근본적으로 운용자의 이윤을 극대화할 수 있는 엔진을 개발하는 것이다. 이들 항공기의 운용 방식은 비교적 단순하다. 물론 공항과 공항 사이의 거리 그리고 적재할 수 있는 최대 유상하중(payload)에 따라 최적 조건이 결정되기는 하지만 대부분 운용영역이 순항비행 구간으로 이루어졌기 때문이다.

그러나 전투기는 기본적으로 상대 항공기보다 우위에 있어야 하고 다양한 작전 환경들을 고려해야 한다. 수 세기 동안 수많은 종류의 전투 항공기들이 제작되어 임무를 수행하고 있지만, 공통으로 기동성을 높이고 비용을 최소화하기 위한 개발 목표는 변함이 없다.

[그림2-5]는 비행 마하수(flight Mach number) 대비 고도의 조건에서 전투기 유형에 따른 운용영역들을 보여주고 있다. 고속 항공기들의 운용영역을 결정하는데 고려되어야 하는 중요한 요소 중 하나가 인렛정체온도(inlet stagnation temperature; T_2)이다. 왜냐하면, 정체 온도의 변화가 제트엔진의 작동 행태와 성능에 상당한 영향을 미치기 때문이다. 예를 들어 전투기의 최대속도영역에서 T_2는 150℃ 이상으로 높아질 수 있고 극단적으로 극초음속 비행체(hypersonic vehicles) 영역에서 T_2는 1,000℃ 이상까지 높아질 수 있다.

전투기 엔진에서 또 다른 중요한 사실은 고속 비행기들은 해수면에서 M=1.2 이상의 속도로 비행할 수 없다. 이것은 해수면에서 공기밀도로 인해서 항공기에 미치는 구조적 하중(structural loads)과 조종사에게 미치는 생리학적 영향(physiological effect)이 너무 크기 때문이다. 반대로 고고도에서는 $M \approx 2.3$ 이상의 비행이 어렵다. 왜냐하면, 고고도에서는 정체

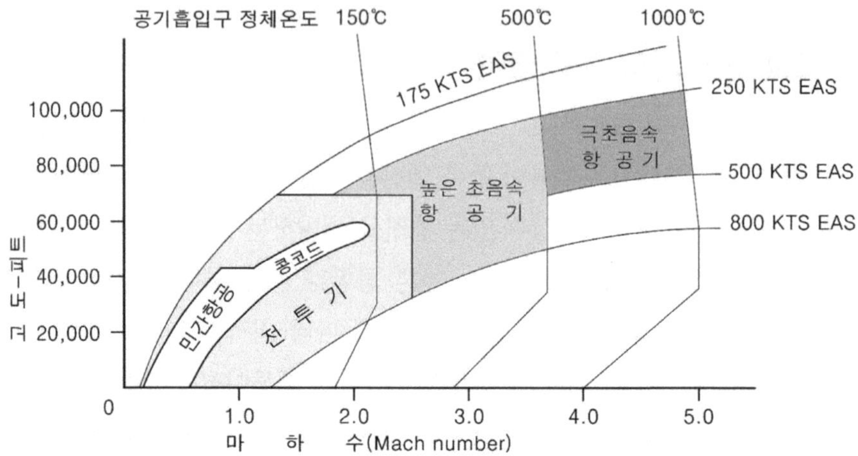

【그림2-5】 고속 항공기들의 대략적인 운용영역을 보여주고 있다. (Denning and Mitchell, 1989)

온도(stagnation temperature)가 너무 높아 특수 재료와 냉각기술이 적용되지 않는 한 알루미늄 합금(aluminium alloy)을 사용할 수 없기 때문이다. 민간 제트엔진 항공기로는 콩코드가 최대속도 M=2.04를 기록했지만, 대부분의 민간 운송용 항공기는 M=1.0 이하에서 운항하고 있다. 제트엔진 전투기들의 최대속도 한계는 대략 M=2.3 정도이다. 예를 들어 SR-71 유인 고공정찰기는 M=3.2의 속도를 기록했지만 터보램 제트엔진을 탑재하였고 500℃ 이상의 높은 인렛정체온도에 견딜 수 있는 특수 재료를 사용해서 제작되었다.

❖ 비행 마하수(flight Mach number)

마하 1.0 또는 근접한 속도이고 천음속(transonic)이라 한다.

❖ 정체 온도(stagnation temperature)

열역학 및 유체역학에서 정체 온도는 유체 흐름에서 정체점에서의 온도이다. 정체 지점에서 유체의 속도는 "0"이며 모든 운동에너지가 내부 에너지로 전환된다.

2.5 전투 항공기의 필수요건

✈ 일반적으로 전투 항공기는 이착륙, 임무 수행 그리고 기동성과 같은 필수요건 등을 적절히 갖추어야 한다. 예를 들어 우수한 기동성(기동성 필수요건)과 양호한 비연료소모(임무수행을 위한 필수요건)를 갖는 엔진을 탑재한 전투기가 최저속도를 낮출 수 있는 적절한 기술(공항에서 이착륙을 위한 필수요건)을 갖추지 못했다면 이는 필연적으로 많은 착륙사고를 유발할 수 있다.

현대의 첨단 전투기들의 특징은 공중전을 수행하면서도 지상 목표물을 공격할 수 있는 다기능 전투 항공기(multi-role combat aircraft)라는 점이다. 최신 다기능 전투 항공기들은 F-22, F-35(joint strike fighter), Eurofighter, T-50(러시아) 등이다. 특히 Lockheed Martin에서 제작한 F-35 Lightning II 전투기는 수직이착륙할 수 있어 소형 항공모함 또는 전장으로부터 근접해 있는 은밀한 장소에서 신속하게 발진할 수 있는 장점 때문에 상당한 작전의 융통성을 갖는다.

현대 전투기들의 공중 전투기동은 통상 M=1.5 이하 속도 그리고 약 11km(36,089피트) 이하의 고도에서 수행된다. 이 고도는 국제표준대기(ISA)에서 대류권계면(tropopause)에 해당한다. 그 이상 고도에서 기온은 -56.45℃로 일정하게 유지된다. 고고도(high altitude)에서 기온은 대략 표준대기와 큰 차이가 없지만, 해수면(sea level) 기온은 지리적으로 큰 차이가 있다. 해수면 표준기온(ISA)은 15℃이다. 그러나 극지방 해수면 기온은 -43℃(ISA-58℃)로 낮아지고 열대지방 해수면 기온은 47℃(ISA+32℃)로 높아진다. 이 같은 기온에 관해서 언급하는 것은 기본적으로 인렛정체온도의 차이와 직결된 문제이기 때문이다.

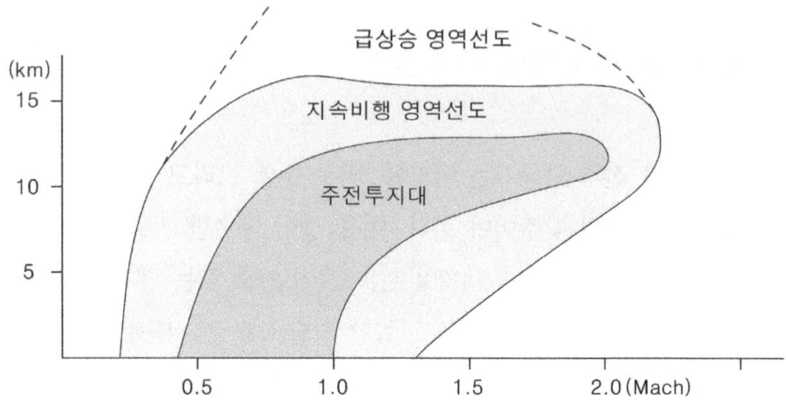

【그림2-6】 전투기의 비행고도 대비 마하수에 따른 전투지대의 영역선도이다. 전투기의 기본 성능이 거의 유사하다는 가정하에 작성된 것이다. 고고도에서 공중전을 수행할 수 있는 속도영역은 증가하고 있지만, 저고도에서 공중전을 위한 속도는 크게 낮아진다. 비록 전투기의 최대속도가 M=2.0 이상이 가능할지라도 표적을 추적하고 조준한 후 미사일을 발사하는 과정은 높은 아음속의 안정된 상태에서 수행되어야 하기 때문이다. (Denning and Mitchell, 1989)

[그림2-6]은 제공권과 요격(interception) 임무를 수행하는 특정 전투기의 전체 비행 영역선도(flight envelope)이고 음역 구역이 공중전이 수행되는 영역이다. 이를 근거로 전투기가 갖추어야 하는 필수 전투 성능들은 다음과 같이 요약해 볼 수 있다.

첫째, 저고도 전투 수행 능력과 회피 기동성을 갖추어야 한다. 특히 고도 4.1km 이하, M=0.5~0.9의 영역에서 기동성은 매우 중요하다.

둘째, 뛰어난 급선회 성능이 필요하다. 이는 양호한 전투 위치의 선점과 회피 기동성의 필수요건이다.

셋째, 해수면 근처에서 높은 가속 능력은 회피기동과 아울러 지상 표적 공격이 어렵지 않아야 한다. 해수면 근처에서 높은 공기밀도는 날개 하중을 증가시키는 요인이다. 따라서 M=0.3~1.2의 속도영역에서 우수한

【그림2-7】 재래식 전투기의 공중전은 적 전투기의 꼬리를 따라붙어 단거리에서 기관총으로 승패가 결정되었으나 현대 전투기의 공중전은 높은 기동성과 레이더의 성능 그리고 적외선 열 추적 방식 등이 적용되면서 공중전의 양상이 크게 달라졌다. F-15 전투기가 고고도에서 공대공 미사일을 발사하는 모습이다. 미사일의 사거리는 약 32~50km, 속도는 마하 2.5~4 정도이다.

가속 능력은 매우 중요하다.

넷째, 현대 전투기의 실질적인 공중전은 고도 9km~11km 그리고 마하수 M=0.7~1.6에서 수행된다는 점을 고려한다면 고고도 성능 역시 매우 중요하다.

다섯째, 고도 11km 또는 그 이상에서 전투지대로 신속한 전개와 요격 및 탈출 기동을 위한 필수 성능이다. 초음속 지속 수평비행(M=2.0 또는 그 이상)과 슈퍼크루즈($M \geq 1.5$) 성능이 요구된다.

모든 전투기가 위의 조건을 모두 갖출 수는 없으나 해당 전투기의 임무를 분석했을 때 가장 중요한 성능 부분이 무엇인지를 결정하는 판단 기준이 될 수 있다. 기본적으로 동일 설계에서 일부 성능을 높이기 위해서 약간의 변형이 있을 수 있으며 주로 해수면과 대류권계면(sea level and tropopause) 조건에 대해서 집중적으로 다루는 것은 전투 항공기에 이들 대기 조건은 대부분 임계 작동점(critical operating point)에 포함될 수 있기 때문이다.

❖ 열 추적 미사일(heat seeker missile)
항공기 엔진에서 배출되는 배기가스의 적외선을 감지하여 표적에 충돌하거나 부근을 지날 때 폭발하는 방식의 미사일이다. 미사일 자체에 적외선 방사 탐지기가 적외선을 탐지 추적하여 유도된다.

❖ 5세대 전투기(fifth-generation fighter)
5세대 전투기는 21세기 전반기에 개발된 첨단기술들을 포함하는 전투기 분류이다. 일반적으로 스텔스, 저요격 레이더(LPIR), 슈퍼크루즈 성능을 갖춘 민첩한 기체, 첨단 항전 기능, 그리고 고도로 통합된 컴퓨터 시스템을 포함한다. F-22 Raptor, F-35 Lightning II, Chengdu J-20, Sukhoi Su-57 등이 있다.

❖ Sortie(소티)
한 대의 전투기가 임무를 수행하기 위해서 출격한 횟수이다. 만약 2회 이륙했다면 2-소티가 된다. 그러나 여러 대의 전투 항공기가 한 임무를 수행하기 위해서 출격했다면 임무 수행에 참여한 항공기 대수가 소티가 된다. 예를 들어 6대의 항공기와 관련된 하나의 임무는 총 6회의 출격으로 이를 6-소티라고 한다.

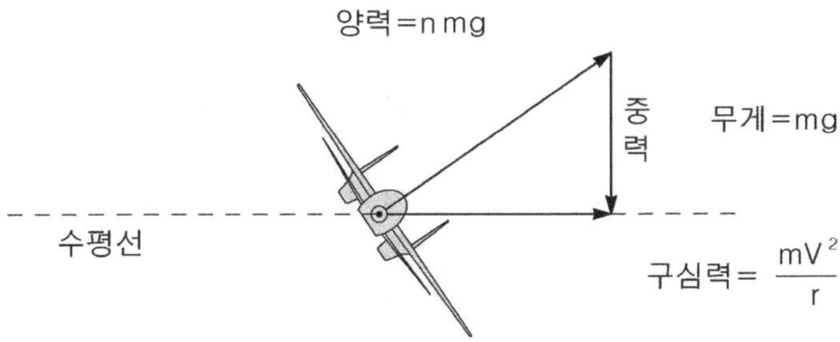

【그림2-8】 선회할 때 항공기에 작용하는 힘의 벡터이다. 지속 수평비행일 때 양력과 무게는 동등하다. 무게는 항공기 무게와 중력 가속을 곱한 값이 되고 이때 단위 날개 면적에 작용하는 하중을 날개 하중이라 한다. 낮은 날개 하중을 갖기 위해서 두께는 얇고 작은 가로세로비 특징을 갖는다.

2.6 전투 항공기의 공기역학적 특성

✈ 전투 항공기라고 해서 공기역학적(aerodynamic)으로 특별히 다르게 적용되는 것은 아니지만 민간 항공기와 달리 높은 기동성, 급상승 및 급강하, 급가속 그리고 고속비행 등은 아음속 항공기의 운용 한계점을 훨씬 초과할 수 있다. 여기서는 전투 항공기의 공기역학적 특성에 관해서 다룬다.

2.6.1 기동성과 날개 하중

초음속 비행과 급가속을 위해서는 높은 추력이 필요하지만 유리한 전투 위치를 선점하는데 필수적인 비행 방향의 급전환을 수행하는데도 상당한 추력이 요구된다. 항력은 대략 양력계수(coefficient of lift)의 제곱으로 증가하고 급선회(rapid turn)할 때 날개로부터 매우 높은 양력이 필요하다. 항공기가 선회할 때 힘의 벡터는 [그림2-8]과 같이 중력가속(gravitational acceleration)과 원심가속(centrifugal acceleration)

【그림2-9】 Eurofighter EF-2000 Typhoon의 급기동 모습이다. 이 같은 자세로 비행하기 위해서는 상당한 추력 없이는 불가능하다. 재연소기 작동으로 추력이 증가하면서 전투기의 구조적 하중이 증가한다. 이때 조종사도 같은 하중에 견딜 수 있어야 한다.

의 합력(resultant)은 날개와 수직 방향이 된다. 그리고 하중계수(load factor; n)의 조건에서 합력이 양력과 정확하게 균형을 이룰 때 가속이 증가한 것으로 볼 수 있다.

항공기가 지속 수평비행할 때 양력과 무게(양력=무게)는 동등하고 무게는 질량 × 중력가속도($g \times mass$)와 같이 나타낼 수 있다. 이때 항공기의 수직 무게는 1G 힘과 동등하다. 전투기의 급선회 기동 중에 날개에 작용하는 하중은 이 값보다 훨씬 크다. 예를 들어 하중계수가 5G라는 것은 5G의 가속이라고도 할 수 있고 이때 양력은 무게의 5배가 된다는 것을 의미한다. 현대 항공기의 구조적 강도(structural strength)는 인간 조종사가 견딜 수 있는 대략적인 한계까지 설계되고 이 값은 약 9G 정도이다.

【그림2-10】 전투기 날개는 급상승 및 급선회와 같은 높은 기동성 필수요건을 위해서 날개 길이는 짧고 날개 면적은 커야 한다. 최신형 전투기들의 날개 평면은 낮은 가로세로비와 낮은 날개 하중을 갖도록 설계된다. Eurofighter EF-2000 Typhoon 그리고 F-22 Raptor 전투기는 가로세로비는 매우 작게 설계되었지만, 날개 면적은 크다. 이들 전투기는 높은 기동성을 발휘할 수 있다.

전투기가 급선회하기 위해서는 항공기의 무게에 비해서 상대적으로 큰 날개 면적(wing area)을 가져야 한다. 날개 면적을 날개 하중의 조건으로 나타냈을 때 수평비행 중인 항공기에서 무게와 양력이 동등할 때 단위 날개 면적 당 하중이다. 날개 하중이 낮다는 것은 항공기의 수직 무게를 지지하기 위해서 날개 면적이 커야 한다는 것을 의미한다. [그림2-10]의 Eurofighter와 같이 큰 날개 면적을 갖는 날개는 실속(stall)이 발생하기 전까지 매우 큰 양력을 발생할 수 있어 상대적으로 작은 선회 반경(radius of turn)으로 급선회(rapid turn)할 수 있다.

그러나 날개 면적이 클수록 항력 발생 역시 커지기 때문에 이로 인한 관성(inertia)은 항공기의 롤 반응(roll reaction)이 늦어지는 원인이 된다. 또한, 저고도에서는 기류의 영향을 받아 상당한 요동(bumpy)이 발생할 수 있다. 급선회(steep turn)와 높은 가속 능력을 갖추기 위해서는 필연적으로 높은 추력은 물론이고 추력-무게비(thrust-weight ratio) 역시 커야 한다.

민간 항공기들의 선회는 작은 경사각(angle of bank)으로 유연하게 수행되어야 하므로 날개 양력은 항공기의 무게보다 약간 높게 설계된다. 따라서 실제 항공기가 필요로 하는 추력을 생산할 수 있는 엔진의 크기를 결정하는 요소는 상승정점(top of the climb)에서의 필수요건이다. 반면 전투 항공기의 엔진 크기를 결정하는 주요소는 비행 영역선도(flight envelope)의 일부로서 요구되는 최대 선회율(maximum rate of turn)이 된다.

❖ 가로세로비(aspect ratio)
날개의 가로세로비는 날개의 전체 길이(span)와 날개의 폭(chord)의 비율이다. 일반적으로 글라이더는 가로세로비가 크고, 전투기는 낮게 설계된다.

2.6.2 양력과 가속

날개의 양력은 양력계수 방정식에서 동압($1/2\,\rho V^2$)과 관계가 있고 다음과 같이 나타낼 수 있다.

$$C_L = \frac{L}{1/2\,\rho A V^2},\quad A: \text{날개 면적}$$

지속 수평비행(steady level flight)하고 있을 때 양력과 무게(L=W)는 동등하다. 항공기 총무게(W)를 날개 면적(wing area; S)으로 나눈 값이 날개 하중(wing loading)이고 다음과 같다.

$$Wing\ Loading\ = \frac{W}{S}$$

기본적으로 전투 항공기의 날개 하중은 낮아야 높은 기동성을 가질 수 있고 낮은 날개 하중을 갖기 위해서는 날개 면적이 커야 한다. 이를 [표-1]과 같이 대형 민간 항공기(B-747)와 전형적인 전투기(F-16, F-22)를 비교하면 더 쉽게 이해할 수 있다. 예를 들어 B-747의 단위 면적당 날개 하중이 740 kg/m^2인 반면 F-16은 431kg/m^2로 상당히 낮다는 것을 알 수 있다. 전반적으로 민간 운송용 항공기보다 전투기들의 날개 하중이 현저히 낮다.

민간 항공기(kg/m^2)		전투 항공기(kg/m^2)	
B747	740	F-16	431
A380	663	F-15	358
MD11	844	F-22	375

【표-1】 전투기와 민간 운송용 항공기의 날개 하중 비교

Aircraft Class	Typical Takeoff Wing Loading(kg/m^2)
Sailplane	29
Home-built aircraft	54
General aviation(single)	83
General aviation(twin)	127
Twin turboprop	195
Jet trainer	244
Jet fighter	342
Jet transport/bomber	586
Super transport/bomber	816

【표-2】 이륙 중 받을 수 있는 날개 하중

물론 날개평면(planform) 역시 주어진 비행속도와 공기밀도에서 생산할 수 있는 최대 양력에 영향을 줄 수 있지만, 근본적으로 최대 양력을 결정하는데 가장 중요한 변수는 날개 면적(wing area)이다. 날개 면적을 결정하는 것은 항공기 무게와 날개 하중이다. 날개 하중을 감소시키는 것은 날개가 생산할 수 있는 최대 양력을 증가시키는 것이다.

이륙이나 착륙과 같은 저속영역(low speed regime)에서는 고양력 장치(high lift devices)들을 사용하여 양력계수(lift coefficient)를 증가시킬 수 있지만 높은 속도에서는 이들 고양력장치의 사용이 사실상 불가능하고 양력계수는 보통보다 낮다. 양력계수의 상부 한계(upper limit)는 마하수에 달려 있지만, 전투 항공기의 설계에 따라서 약간 다를 수 있다. 예를 들어 비행 마하수 M=0.7에서 최대양력계수 1.00이라고 했을 때 마하수 M=1.5에서 최대양력계수는 약 0.4로 떨어질 수 있다.

날개가 얻을 수 있는 최대 양력이 항공기의 최대 가속과 하중계수를 결정하기 때문에 전투기의 최대 선회율 역시 양력계수에 달려 있다. 이를 통상 획득 선회율(attained turning rate)이라 하고 속도와 고도의 감소를 초래하는 원인이다. 엔진 성능은 선회율에 크게 영향을 주지 못하는데 이는 선회율이 주로 날개 면적과 동압(dynamic pressure)이 결정하기 때문이다.

❖ 고양력장치(high lift devices)

저속 비행영역에서 날개 양력을 보조하기 위한 양력발생 장치의 총칭이다. 플랩(flap)은 전형적인 고양력장치로 날개의 뒷전에 가동 형식으로 장착되는 것이 일반적이지만 날개 앞전에도 같은 기능의 고양력장치가 있고 이를 슬랫(slat)이라 한다.

2.6.3 항력과 양력

민간 운송용 항공기의 선회는 최대한 작은 경사각(bank angle)으로 유연하게 수행되기 때문에 선회로 인한 효과(turn effect)는 대부분 무시되었다. 이 조건에서 양항비(lift-drag ratio)는 거의 변화가 없어 항력을 계산하기가 어렵지 않다. 그러나 기동성을 중요시하는 전투 항공기의 항력에서 선회로 인한 하중계수를 양력 효과에 반드시 포함해야 한다. 항력계수는 다음과 같다.

$$C_D = \frac{D}{1/2\,\rho A\,V^2}$$

이를 좀 더 간단하게 다시 쓰면 다음과 같다.

$$C_D = C_{D0}(M) + k(M)C_L^2$$

여기서 C_L은 양력계수, C_{D0}는 무양력(zero lift)에서 항력계수이다. C_{D0}와 변수 k는 항공기 외형(aircraft geometry)과 함께 비행 마하수(flight Mach number)에 달려 있다. 군용 수송기들을 제외한 전투 항공기의 최저항력(minimum drag)은 무양력일 때의 항력 값에 아주 근사하다. C_{D0}는 항공기 형상(configuration)에 따라 달라지고 특히 항공기 외부에 장착된 무기와 폭탄 그리고 보조 연료탱크(extra fuel tank)에 따라 크게 증가할 수 있다.

그러나 공중전을 수행할 때 보조 연료탱크는 비록 연료가 가득 채워 있을지라도 연료탱크를 떨어뜨려 항력을 감소시켜 기동성을 확보할 수 있다. 일반적으로 아음속에서 양력종속항력(lift-dependent drag; $k(M)C_L^2$)을

【그림2-11】 F-22 Raptor 음속 돌파로 인한 충격파와 윙팁 비행운

유도항력(induced drag)이라 한다. [그림2-11]과 같이 급경사 선회할 때 날개에서 높은 양력 발생과 함께 날개 뒤쪽으로 길게 뻗은 강력한 와류(trailing vortices)를 발생시킨다. 와류의 중심 구역에서 압력과 온도는 상대적으로 낮으므로 공기 속에 있는 수증기가 응축(condensation)되면서 이 현상이 시각적으로 나타나게 된다. 와류의 강도 그리고 그로 인하여 유도속도(induced velocity)는 양력계수에 비례하는 경향을 보인다. 유도속도가 발생함으로써 동일 양력을 유지하기 위해서는 날개가 약간 후방으로 기울면서 이동 방향에 대해서 상대 받음각(angle of attack)을 증가시키는 것이 필요하다. 따라서 양력 벡터는 이동 방향에 평행이면서 후방으로 작용하는 분력(component)을 갖는다.

유도속도로 인해서 양력의 후방 경사(backward inclination)의 크기는 양력계수에 비례하기 때문에 유도항력(induced drag)은 양력계수의 제곱으로 증가한다. 초음속 비행에서 양력종속항력(유도항력)은 근본적으로 조파항력(wave drag)이지만 이 항력 역시 양력계수의 제곱(C_L^2)으로 증가한다. 항력은 양력계수와 함께 급격하게 증가한다. 만약 동일 속도와 고도를 유지하면서 높은 선회율을 달성하고자 한다면 엔진 추력 역시 높아야 한다. 최대 지속 선회율(maximum sustained turning rate)이란 속도 또는 고도의 손실 없이 최대 추력에서 달성할 수 있는 가장 높은 선회율이고 비행 마하수와 고도에 따라 달라질 수 있다. 최대 획득 선회율(attained rate of turn)은 날개 면적과 최대양력계수에 달려 있는 반면 최대 지속 선회율은 엔진 추력에 달려 있다.

❖ 양력 유도항력(lift-induced drag)
양력 벡터는 유도항력으로 인해서 이동 방향에 평행이면서 후방으로 작용하는 분력이 작용하기 때문에 약간 후방으로 기울어진다.

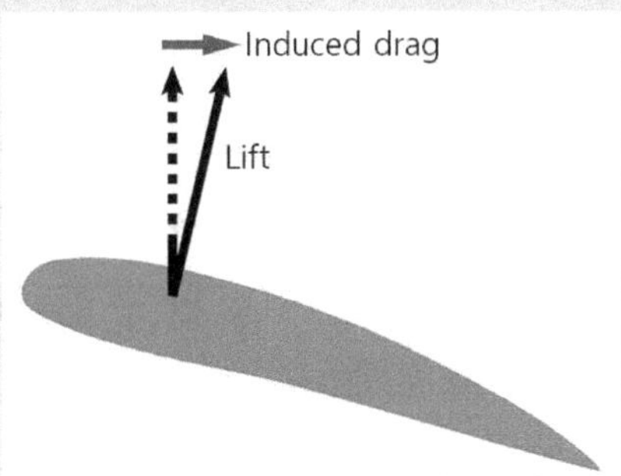

2.6.4 양항비와 추력-무게비

초창기 아음속 민간 운송용 Boeing 747 항공기의 양항비는 대략 16 정도였지만 지속적인 성능개량으로 약 20까지 높아졌다. 이에 비해 대부분 전투기의 양항비는 대략 6~7 정도로 매우 낮다. 이것을 공기역학적 특성 면에서 분석했을 때 양항비가 큰 항공기는 연료 소모가 낮아 무거운 항공기 엔진(대형 운송용 항공기)에 적합하고, 반대로 양항비가 낮은 항공기는 연료 소모가 높은 경량 항공기 엔진(전투 항공기)에 적합하다. 전투기는 높은 가속(acceleration), 선회(turn) 그리고 고속비행 능력이 필수이다. 이외에도 추력-무게비(thrust-weight ratio)는 일반 운송용 항공기에 비해서 크게 높아야 한다. 예를 들어 F-16 전투기와 Boeing 747-400 항공기의 유사한 특성을 비교하는 것도 좋은 방법이다. 이들 두 항공기에서 연료가 차지하는 비중은 거의 유사하다. 그러나 F-16 전투기가 이륙할 때 최대 추력-무게비는 민간 항공기보다 약 4배에 달한다. 반면 항공기 총무게 당 엔진이 차지하는 비중은 전투기가 약 3배 정도 더 크다. 따라서 총무게에서 엔진이 차지하는 비율이 높을수록 전투기는 더 높은 추력-무게비가 필요하다. 예를 들어 F-16 전투기의 경우 재연소기(afterburner)를 사용했을 때 추력-무게비는 약 8~10 정도가 되지만 지속적인 성능개량을 통해서 12~15까지도 달성할 수 있다.

이처럼 엔진 자체의 무게는 중요한 변수이다. 엔진은 항공기의 주요 구성품 중 하나로 엔진 무게의 증가는 날개 면적(wing area)과 기체(airframe)의 구조적 강도를 보강하기 위한 관련된 부품들의 무게가 함께 증가하기 때문이다. 대략적인 계산에서 항공기 무게의 증가는 어느 한 구성품의 무게가 1kg 증가했을 때 아음속 항공기의 전체 무게(overall weight)는 4~5kg 그리고 초음속 항공기에서는 6~10kg의 총무게 증가를 유발한다. 예를 들어 초음속 쌍발 제트엔진 항공기에서 1kg의 엔진 무게가 증가했다면 항공기 총무게는 약 12~20kg 정도 증가한다.

2.6.5 저추력과 항력에서 운용

민간 운송용 항공기는 대부분 지정된 정기항로에서만 운항하기 때문에 이륙, 상승, 순항 그리고 접근과 착륙이 거의 일정하다. 그러나 전투 항공기들은 공중전 혹은 지상공격 임무가 특정 시간과 장소로 한정되는 것이 아니어서 필연적으로 전투지대(combat zone)로 이동하고 때로는 공중에서 대기(loitering)해야 하는 시간이 절대적으로 고려되어야 한다. 이들 구간에서 연료 소모는 최대한 절약해야 본연의 임무를 수행하는데 지장을 받지 않을 것이다.

공중전 혹은 공격 임무를 수행하는 구간을 제외한 대부분의 아음속 영역에서 비연료소모는 일정한 것으로 가정한다면 이것은 항력에 비례한다. 전투지대로 이동하거나 초계임무(patrol) 또는 공중대기 하는 동안 연료 소모는 최저가 되어야 한다. 이것은 최대항속시간(maximum flight duration) 비행조건과 일치하고 최저항력(minimum drag)에서 달성할 수 있다. 최저항력으로 비행할 수 있는 조건은 다음과 같다.

$$D = qAC_D = qA(C_{D0} + kC_L^2)$$

여기서 q는 동압($1/2\rho V^2$) 그리고 항공기의 무게는 mg이다. 연료 연소와 무기 발사로 인한 무게 감소는 고려하지 않았기 때문에 양력계수(C_L)는 mg/qA로 대치할 수 있다. A는 날개 면적이고, 날개 하중(wing load)은 mg/A일 때 항력은 다음과 같이 나타낼 수 있다.

$$D = qAC_{D0} + \frac{k}{q}A(mg/A)^2$$

결론적으로 항공기의 동압(q)이 최저가 될 때 항력은 최저가 된다.

$$q = (mg/A)\sqrt{\frac{k}{C_{D0}}}$$

순항 중 최저연료소모(minimum fuel consumption)를 위한 조건은 민간항공에서 최대항속거리(maximum range) 비행조건과 일치한다. 이를 위한 필수요건은 양항비가 반드시 최대가 되어야 한다.

2.7 현대 전투기 엔진의 특징

✈ 전투기 엔진의 기본은 순수 터보제트 엔진이다. 재연소기(afterburner)는 제트엔진의 추력을 증대시키는 별도의 장치이기 때문에 이를 제외한다면 엔진 사이클(engine cycles)에서는 사실상 변화가 없다. 다만 높은 추력을 생산할 수 있도록 엔진의 기본 구성품들의 성능, 높은 내열성과 경량의 복합재 그리고 고효율의 냉각장치(cooling system)들이 높은 추력을 달성하는 역할을 한다.

엔진 사이클에서 다른 점이 있다면 현대 전투기 엔진은 저바이패스비 터보팬 엔진(low bypass ratio turbofan)이라고 정의할 수 있다. 전투 항공기 엔진의 추력은 적은 양의 공기를 최대한 높은 속도로 가속해서 얻는 방식이다. 운송용 항공기 엔진은 고바이패스비(high bypass ratio)를 추구하고 있으므로 전면에 대형 팬을 갖추고 있지만, 전투기 엔진들은 바이패스비가 0.3~0.7 정도로 매우 낮아 대형 팬이 없는 것이 뚜렷한 외형상의 특징이다. 이외에도 높은 추력을 생산하는데 필수적인 고온 배기가스와 냉각 흐름의 혼합, 흡입구, 재연소기, 가변추진노즐 등 운송용 항공기 엔진과 다른 점이다.

[그림2-15]는 Pratt & Whitney F100 재연소 터보팬 엔진이다. 이 엔진은 3단 팬과 10단 HP 압축기 그리고 2단 HP 터빈과 2단 LP 터빈으로 구성되어 있고 바이패스비는 0.36:1이다. 기본 구조는 터보제트 엔진과 특별히 다르지 않다. 다만 대부분 전투기에서 추력증대를 위한 재연소기가 장착되어 있다. 재연소기는 코어엔진과 비교할 수 없을 정도로 간단하지만 높은 순간 추력을 얻는 데 매우 유용하다. 건식 엔진 추력은 76.3 kN 그리고 습식엔진(재연소기) 추력은 127 kN이다. 재연소기는 정추력을 최대

70% 정도까지 증대시킬 수 있는 추력 효율을 갖지만, 연료 효율은 지극히 낮다.

2.7.1 혼합 배기가스

(1) 가스 성질

전투기 엔진이 높은 추력(비추력)을 생산하기 위한 중요한 특징 중 하나는 LP 압축기(대형 운송용 엔진의 팬에 해당)는 1~2단 LP 터빈으로 구동되며 코어 압축기(HP 압축기) 역시 1~2단 HP 터빈으로 구동되고 있는 점이다. 또 다른 특징은 코어 흐름과 바이패스 흐름(core and bypass stream)이 최종 추진 노즐(final propelling nozzle)의 제트파이프(jet pipe) 상류에서 혼합된다.

전투기 엔진과 같이 높은 비추력을 다루는 데 있어서 가스 성질(gas property)에 따라 엔진의 행태가 달라질 수 있으므로 고온 연소 산물(combustion product)의 성질과 일반 공기의 성질을 분리하여 적용해야 더 정확한 제트 흐름(jet stream)의 속도를 산출할 수 있다.

- 바이패스 흐름 공기; $\gamma = 1.40$, $c_p = 1005\,J/kgK$
- 코어엔진 흐름 공기; $\gamma = 1.30$, $c_p = 1244\,J/kgK$

혼합가스의 비열(specific heat; c_{pm})은 다음과 같이 나타낼 수 있다.

$$(1 + bpr)c_{pm} = c_{pe} + bpr\ c_p$$

혼합가스의 비열비(γ_m)는 다음과 같다.

$$\gamma_m = c_{pm}/(c_{pm} - R)$$

여기서 $R = 287\,J/kgK$이다. 결론적으로 재연소기를 작동시켰을 때는 연소 산물의 비열과 비열비는 $\gamma = 1.30$, $c_p = 1244\,J/kgK$를 적용해야 한다.

❖ 비열(specific heat)
물질의 비열은 섭씨 1도 올리는 데 필요한 단위 질량 당 열량을 의미한다. 섭씨 0도에서 공기의 비열은 그램당 1.01줄 또는 J/g이다.

❖ 비열비(specific heat ratio)
정압비열(Cp)과 정적비열(Cv)의 비율이다. 정적(constant volume)비열이 크다는 것은 자체적으로 에너지를 많이 축적할 수 있음을 의미하므로 연소 때 발생하는 열량 중 많은 부분이 내부 에너지 증가에 사용된다. 반대로 정압(constant pressure)비열이 크다는 것은 외부로의 일을 하는데 열량을 더 많이 사용함을 의미한다. 따라서 비열비가 크다는 것은 동일 발열량 당 외부에 하는 일이 많음을 의미한다.

(2) 코어와 바이패스 흐름의 혼합

현대의 전투기 엔진들은 코어와 바이패스 흐름이 최종 추진 노즐에 유입되기 전에 혼합이 이루어지기 때문에 제트파이프(jet pipe)가 상대적으로 긴 특징이 있다. 제트파이프에서 완전혼합되어 최종 추진 노즐에 유입되기 전까지 동질의 배기가스가 된 것으로 가정한다. 두 흐름이 완전 혼합이 이루어지기 위해서는 정압(static pressure)이 동등해야 한다. 엔진 사이클 분석에서 정체 성질(stagnation properties)들이 사용되기 때문에 정압을 적용하기 위해서는 더 복잡해질 수 있다. 그러나 실제 코어와 바이패스 덕트에서의 흐름 속도가 상대적으로 낮아 정압과 정체압력을 동등한 값으로

【그림2-12】 F-15 Eagle 전투기가 재연소기 작동과 함께 최대 추력으로 급상승 이륙하는 모습이다. 이 기종은 벡터 추력 성능을 갖추지 않았지만 강력한 재연소기를 갖추고 있어 이 같은 단거리 급상승 이륙이 가능하다. 재연소기에서는 화학량론 연소가 될 수 있고 배기가스의 비열과 비열비를 다르게 적용하여야 정확한 추력을 산출할 수 있다. 이 전투기의 최대이륙중량은 30,845kg이다. 엔진은 Pratt & Whitney F100-100 or -220 재연소 터보팬 엔진을 탑재하고 있다. 건식 엔진의 추력은 77.62 kN 그리고 습식엔진(재연소기) 추력은 111.2 kN이다.

취급해도 큰 오차(major error)가 발생하지 않는다.

여기에 흐름 마하수가 1.0보다 상당히 낮은 조건이라면 혼합 과정 자체에서 발생할 수 있는 정체압력의 손실은 절댓값보다 크게 낮아질 것이고 이 손실은 무시해도 될 정도이다. 결론적으로 두 흐름은 완전히 혼합되어 하나의 성질을 지닌 흐름으로 가정한다.

이들이 혼합될 때 코어와 바이패스 흐름의 정체압력이 동등하다고 가정했기 때문에 팬에서의 압력상승(pressure rise)은 출구 흐름에서도 LP 터빈에서 배출되고 있는 것과 동등한 정체압력이 될 수 있도록 충분히 높아야 한다. 이것이 코어와 바이패스 흐름에서 또 다른 제한사항으로 작용한다. 두 흐름의 정체압력이 동등하다는 조건에서 혼합은 약간의 추력증대 효과를 얻을 수 있다. 주어진 정체압력에서 최종 추진 노즐 상류의 제트 속도는 $c_p\, T_0$의 제곱근에 비례하고, 총추력(gross thrust)은 제트속도(jet velocity)에 비례한다.

일정한 압력 조건에서 두 흐름이 혼합되어 동일 온도에 도달할 때까지 고온의 코어 흐름과 상대적으로 저온의 바이패스 흐름 사이에 온도의 전이가 발생한다. 만약 바이패스가 1.0이라고 한다면 각 흐름의 온도 변화는 동일하게 될 것이다. 정체 온도의 변화에서 고온의 가스 흐름(gas flow)이 저온으로 떨어지는 비율강하(proportional drop)와 비교해서 저온의 바이패스 흐름이 고온으로 변하는 비율상승(proportional increase)이 더 크다. 이것은 코어에서 제트속도(V_j)의 감소보다 바이패스 흐름에서의 제트속도(V_j)의 증가가 더 크다는 것으로 결과적으로 추력의 증대를 의미한다.

❖ 정체 온도(stagnation temperature)

유체역학에서 정체 온도는 유체 흐름에서 정체점에서의 온도다. 정체점에서 유체의 속도는 0이며 모든 운동에너지가 내부 에너지로 변환되어 국지적 정적 엔탈피에 추가된다.

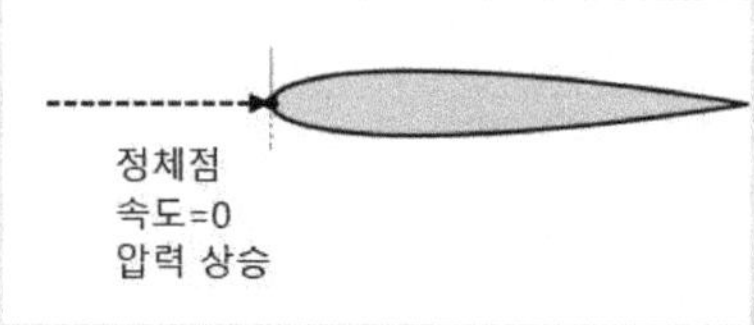

2.7.2 코어엔진

(1) LP 압축기 또는 팬

전투기 엔진의 LP 압축기 또는 팬과 부스터 단(booster stages)들이 3단으로 구성되었을 때 해수면 엔진 실험대(test bed)에서 제트파이프의 압력비(pressure ratio)는 약 4.0을 초과할 정도로 높은 편이다. LP 압축기 또는 팬을 통과한 공기흐름의 절반은 코어엔진으로 그리고 나머지는 바이패스 덕트로 흐른다. 바이패스 흐름은 LP 터빈의 코어엔진 흐름 하류에서 합류된 혼합 흐름(mixed flow)이 된다. 따라서 최종 추진 노즐을 통과하는 혼합 흐름이 팬 하류의 역압(back pressure)을 결정한다.

전투 항공기 엔진의 모든 단은 공기역학적으로 안전 성능의 한계에 도달할 정도로 높은 하중을 받는다. 이처럼 높은 하중은 최고속도 조건에서 효율을 상당히 감소시킬 수 있지만 때로는 스로틀을 약간 낮은 추력 세팅(thrust setting)으로 낮추어 블레이드의 마하수를 감소시킴으로써 상당한 효율의 증대 효과를 얻을 수 있다.

❖ 전투기 엔진(저바이패스비-low bypass ratio)
코어엔진 흐름과 바이패스 흐름이 제트파이프에서 혼합된다.

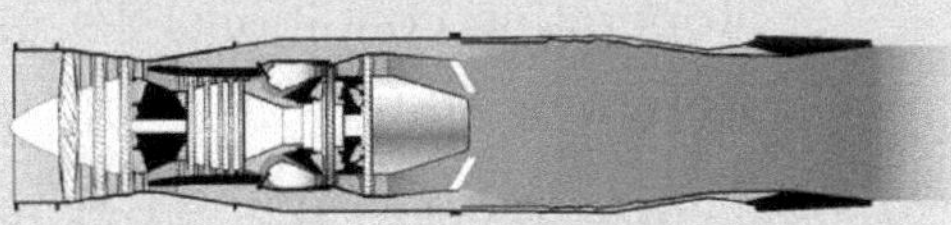

(2) 압축기-연소기-터빈

코어엔진의 기본은 터보제트 엔진의 것과 크게 다르지 않지만, 5단(stages)으로 구성된 코어 압축기라면 압력비는 대략 7.0 정도를 제공함으로써 엔진의 전체압력비(overall pressure ratio)는 약 30.0을 달성할 수 있다. 최적 설계(optimum design)에서 효율은 블레이드 하중 값이 상대적으로 높아 운송용 항공기 엔진에 비해서 낮다. 전투 항공기 엔진의 연소기 역시 민간 운송용 연소기와 크게 다르지 않고, 출구 온도(exit temperature)는 약간 더 높다. 일부 작동점(operating point)에서는 압력비가 낮아 압축기 공급온도(delivery temperature)가 너무 낮아질 수 있고, 이것은 공기질량 유동에 대한 연료질량 유동이 민간 엔진보다 더 높을 수 있다. 이외에도 연소기에서 정체압력은 약 5% 정도의 손실이 발생한다.

전투 항공기의 터빈은 운송용 엔진보다 상대적으로 더 높은 하중을 받을 뿐만 아니라 터빈 하류에서 초크(choked) 현상이 발생한다. 터빈 효율도 운송용 터보팬 엔진보다 약간 낮다. 최대 추력 조건에서 HP 터빈에 유입되고 있는 배기가스 온도는 약 1,850K(1,570℃)까지 상승할 수 있고, 이 온도는 노즐을 냉각시키는데 사용된 냉각 공기의 효과를 포함한 HP 터빈 노즐에서 나오는 혼합가스 온도이다. 이처럼 높은 하중과 온도는 전투 항공기 엔진의 작동수명이 운송용 터보팬 엔진에 비해서 짧다는 것을 예측할 수 있다.

2.7.3 전투기 엔진의 열역학 사이클

전투 항공기 엔진은 다양한 운용조건(operating conditions)에서 성능을 발휘할 수 있어야 한다. 엔진의 전체압력비와 바이패스비는 지정된 조건에서 최적에 근사한 값으로 결정된다. 이들 엔진에서 가장 중요한 변화를 초래하는 것은 비행 마하수 증가에 따른 정체온도와 정체압력이다. [표-3]은 마하수 증가에 따른 정체온도와 압력비의 변화를 보여주고 있다. 여기서 확실하게 알 수 있는 것은 마하수가 증가함에 따라 정체온도와 압력비가 증가하고 있는 점이다.

마하수	해수면		대류권계면	
	정체온도(T_1)	압력비(p_1/p_a)	정체온도(T_1)	압력비(p_1/p_a)
0.0	288.2	1.0	216.7	1.0
0.9	344.8	1.69	251.7	1.69
1.2	371.3	2.24	279.0	2.42
1.5			314.1	3.67
2.0			390.0	7.82
대류권계면 고도 11km, $T_a = 216.7\,K$, $p_a = 22.7\,kPa$				

【표-3】 해수면과 대류권계면에서의 마하수에 따른 흡입구 정체 온도와 압력비

제트엔진에서 압축기인렛온도(T_2)와 터빈인렛온도(T_4)의 비율(T_4/T_2)은 매우 중요하다. 터빈인렛온도는 사용된 재료와 냉각장치로 제한된 온도 이상을 초과할 수 없으므로 최대 허용 가능한 T_4/T_2 값은 비행속도가 증가함에 따라 T_2가 높아진 만큼 떨어진다. 이 효과는 마하수가 증가함에 따라 엔진 작동점(operating point)을 감소시키게 되고 회전속도의 감소는 질량 유동과 압력비 감소를 초래한다. 최근 전투 항공기 엔진의 터빈인렛온도(T_4)는 대략 1,850 K(1,570℃) 정도로 예측할 수 있고, 최대 엔진 성능이 이에 적합하게 설계되었을 때 최대동력조건(maximum power condition)으로 활용될 수 있다.

공기흡입구에서 정체압력과 주변 압력의 비율(p_1/p_a) 역시 마하수와 함께 높아지지만, 온도 변화율보다 더 높다는 것을 알 수 있다. 초음속에서 흡입구의 정체압력 손실 때문에 항상 $p_2 < p_1$이 되지만 정상작동 범위 안에서 손실은 10% 미만이다. 높은 비행 마하수에서 흡입구는 상당히 높은 압력비를 발생시키기 때문에 엔진 내부의 터보기계장치(turbomachinery)가 생산해야 하는 필수 압력비는 그만큼 낮아진다. 예를 들어 $M = 2.0$으로 비행하고 있을 때 팬 압력비(fan pressure ratio)는 2.0에 불과하지만, 추진 노즐에서 전체압력비(overall pressure ratio)는

【그림2-13】 최대 무장과 연료를 적재한 전투기의 최대이륙중량은 매우 높다. 재연소기를 작동시켰을 때 배기가스의 온도를 포함한 모든 엔진 작동은 한계점에 달할 수 있다. 이 같은 조건에서 배기가스 온도는 2,200K까지 상승할 수 있고 배기가스의 제트속도는 초속 500~1,000m에 이를 수 있다.

거의 16.0을 제공한다. 이외에도 압력비가 증가했을 때 추력 역시 부가적으로 증가하는 효과를 얻을 수 있다.

온도 엔트로피 도형(temperature entropy diagram; T-s)은 제트엔진의 열역학 행태(thermodynamic behavior)를 분석하는 데 매우 유용하게 사용된다. 예를 들어 대류권계면(11km)에서 $M=0.9$와 $M=2.0$으로 비행하고 있는 전투기를 가정하자. 전투기가 비행 중 재연소기를 작동하는 경우(wet engine)와 재연소기를 작동하지 않는 엔진(dry engine)의 경우를 분리해서 분석한다.

이 엔진의 터빈인렛온도는 $1,850\,K$(1,570℃)이고, 재연소기를 작동시켰을 때 배기가스의 정체온도는 $2,200\,K$(1,920℃)까지 상승할 수 있다고 가정하자. 먼저 재연소기를 작동하지 않은 엔진의 경우 공기흡입구에서 압력은 $p_1=p_a$에서 p_2까지 상승한 후 팬에서 압력은 $p_{13}=p_{23}$까지 상승한다. 이 압력은 제트파이프에서의 정체압력이 되어 결국 $p_8=p_{13}$이라고 볼 수 있다. 따라서 추진 노즐에 유입되고 있는 배기가스의 정체압력(p_8)은 팬 출구 압력(p_{13})이 결정한다.

코어엔진 흐름의 압력은 HP 압축기에서 p_3까지 상승한 후 일정 압력에서 연소기를 통과하여 터빈인렛온도(T_4)까지 상승한다. HP 터빈 출구에서 압력(p_{45})은 HP 터빈 엔탈피 강하(enthalpy drop)가 HP 압축기에서 엔탈피 상승(enthalpy rise)과 동등하다고 할 수 있으므로 이때의 압력이 된다. 바이패스 공기의 온도(T_{13})와 코어 공기의 온도(T_5)는 일정 압력에서 제트 파이프에서 혼합되어 배기가스온도(T_9)가 된다. 재연소기를 작동시켰을 때 배기가스온도(T_9)는 한계온도까지 상승하게 될 것이다.

마하수가 높은 비행조건에서 전체압력비와 팬 압력비는 크게 낮아져야 한다. 예를 들어 $M = 2.0$의 경우에 제트파이프에서 압력이 더 높기 때문에 제트 운동에너지(jet kinetic energy)가 더 높고 이 마하수에서 재연소기를 작동시켰을 때 제트속도(jet velocity)는 더 높아진다. 재연소기를 작동시켰을 때 제트파이프의 압력(p_8)과 주변 압력(p_a)의 비율(p_8/p_a)이 연소기에 유입되는 압력비(p_3/p_a)에 비해서 현저히 낮아 열효율(thermal efficiency)이 낮고 비연료소모는 높다.

그러나 비행 마하수가 더 높아질 때 p_8/p_a 자체가 높아지면서 재연소기 사용으로 인한 반대급부(penalty)는 감소한다. 이 같은 이점은 마하수와 함께 급격히 높아지기 때문에 $M = 2.5$ 이상을 초과하는 비행속도에서 최적 추진장치는 램제트 엔진(ramjet engine)이 적합하다는 이유이다. 실제 램제트 엔진의 추진에 필요한 압력상승(pressure rise)은 전적으로 인렛 압축(inlet compression)으로 달성한다는 것을 알 수 있다.

2.7.4 높은 비추력 엔진의 장단점

민간 운송용 터보팬 엔진에서는 바이패스비가 엔진의 정격(rating)을 결정하는 요소로 활용되고 있다면 전투 항공기 엔진에서는 바이패스비가 매우 작아 엔진 정격을 규정하기는 적합하지 않고 대신 비추력(specific thrust)을 활용한다. 전투 항공기의 높은 추력은 연소기의 높은 압력에서 방출되는 화학에너지(chemical energy)를 효율이 높은 기계적 에너지(mechanical energy)로 전환하여 나타난 결과가 배기가스 흐름의 운동에너지(kinetic energy)이다. 따라서 바이패스비가 낮은 엔진은 바이패스비가 높은 엔진에 비해서 매우 높은 제트속도(jet velocity)를 갖는다. 이것은 단위 공기 질량 유동 당 높은 추력을 생산하지만, 추진효율이 낮고 소음이 매우 크다. 실제 전투기에 필요한 것은 추진효율과 소음보다 높은 비추력이다. 엔진의 순 추력(net thrust)은 다음과 같다.

$$F_N = V_j(\dot{m}_a + \dot{m}_f) - V\dot{m}_a$$

여기서 $\dot{m}_a$는 엔진에 유입되는 공기 질량 유동률, $\dot{m}_f$는 연료 질량 유동, V_j는 제트속도 그리고 V는 비행속도이다. 비추력은 단위 공기 질량 유동률 당 순 추력이라 할 수 있으므로 다음과 같이 나타낼 수 있고 속도 단위를 사용한다.

$$F_N/\dot{m}_a = V_j(\dot{m}_a + \dot{m}_f)/\dot{m}_a - V$$

여기서 공기 질량 유동률과 비교하면 연료 질량 유동은 무시할 정도로 작기 때문에 이 방정식은 다음과 같다.

$$F_N/\dot{m}_a = V_j - V$$

비추력(specific thrust)의 단위는 초당 단위 공기 질량 유동 파운드 당 추력 파운드 또는 킬로그램($lb/lb/s$ or $kg/kg/s$)을 사용한다. 특정 엔진에서 비추력은 고도와 비행 마하수에 따라 달라질 수 있으므로 이 값은 항상 특정 비행조건에서의 값으로만 고려되어야 한다.

엔진이 흡입할 수 있는 공기 질량 유동은 엔진의 크기(engine size)를 결정하는 한 요소이다. 이 같은 이유로 엔진의 크기를 결정할 때는 추력 필수요건과 함께 반드시 비추력이 함께 고려되어야 한다. 일반적으로 민간 터보팬과 터보프롭 엔진들의 비추력은 대략 200m/s 이하이지만 초음속 운송용 항공기(SST) 그리고 전투 항공기 엔진들의 비추력은 대략 500~1,000m/s 정도이다. 그러나 비행속도가 $M=2.5$ 이상에서는 재래식 터보제트 엔진으로는 달성하기 어렵다. 이 영역에서는 램제트 엔진(ramjet engine)으로 가능하다. 전투기 엔진에서 높은 비추력을 선호하는 주요 이유는 다음과 같다.

(1) 무게 감소

전투 항공기 엔진이 높은 비추력이 필요한 이유에 대해서는 여러 차례 강조되었지만, 무게 감소가 중요 이유 중 하나다. 항공기의 전체 무게에서 엔진의 크기는 중요한 부분을 차지하기 때문에 전투기의 가속력과 기동성을 높일 수 있는 필수요건이다. 엔진 크기가 증가하면 물론 단위 공기질량 흐름을 증가시킬 수 있지만, 무게 증가는 피할 수 없다. 따라서 동일 추력과 비교했을 때 적은 양의 공기질량흐름으로 높은 제트속도(jet velocity)를 얻고자 하는 높은 비추력 엔진의 특징이 상쇄될 수 있다.

(2) 램 항력

고속비행 중인 항공기에서는 램 항력(ram drag; $\dot{m}_a V$)을 반드시 고려해야 하므로 순 추력(net thrust)은 총추력(gross thrust)보다 작다. 고속비행으로 인한 램 효과(ram effect)의 영향은 운송용 터보팬 엔진에서 추력감소율(thrust lapse rate)은 증가하는 반면 제트속도(jet velocity)가 높은 전투 항공기 엔진에서 추력감소율(thrust lapse rate)은 낮아지고 비추력은 높아지는 경향을 보인다.

(3) 전면면적

터보제트 엔진의 추력 생산이 기본적으로 적은 양의 공기흐름을 매우 높은 속도로 가속해서 달성하는 방식이기 때문에 엔진 크기는 작을수록 유리하다. 항공기의 유해항력(parasite drag)은 속도의 제곱으로 급증하기 때문에 초음속 비행에서 항력을 최소화하기 위한 항공기 외형뿐만 아니라 엔진의 전면 지름(front diameter)을 결정하는 크기는 매우 중요한 고려 요소이다. 따라서 대형 팬을 갖춘 고성능 민간 고바이패스비 터보팬 엔진과 같이 낮은 비추력 엔진으로는 초음속 비행이 불가능하다.

(4) 공기흡입구 정체압력

초음속 비행에서는 공기흡입구의 정체압력(stagnation pressure) 손실도 반드시 고려해야 하는 중요한 특징 중 하나다. 예를 들어 고바이패스비 엔진에서는 추진 노즐(propelling nozzle)에서 분사되는 배기가스의 운동에너지가 상대적으로 작다. 이것은 비추력이 낮다는 것을 의미하고, 공기흡입구에서의 정체압력과 배기 제트의 정체압력이 거의 동등하다는 것을 의미한다. 따라서 낮은 비추력 엔진(고바이패스비 엔진)에서 공기흡입구 선상에서 발생할 수 있는 충격파(shock waves)들에 비례하여 정체압력의 손실이 커지기 때문에 낮은 비추력 엔진은 초음속과 같은 고속비행에는 적합하지 않다는 것을 의미한다.

(5) 냉각 효과

제트엔진은 열 엔진(heat engine)의 한 분류이기 때문에 제트엔진의 성능을 제한하는 치명적 변수(critical parameters) 중 하나가 높은 온도이다. 특히 터빈인렛온도를 얼마나 낮출 수 있는가에 따라 생산할 수 있는 추력의 크기가 결정될 정도로 터빈인렛온도(TIT; T_4)는 매우 중요하다. 물론 내열성이 강한 재료를 사용하는 것도 중요하지만 냉각 공기를 효율적으로 이용하는 것이 실질적으로 더 높은 효과를 얻을 수 있다.

순수 터보제트 엔진보다 저바이패스 터보팬 엔진이 선호되는 이유 중 하나는 바이패스 공기가 엔진 외측으로 흐르면서 냉각(cooling) 작용에 상당한 효과를 얻을 수 있어 최근의 전투기 엔진에서는 바이패스비를 최소한 0.3 이상으로 설계된다. 바이패스비가 증가함에 따라 재연소기를 작동시켰을 때 추력증대 효과 역시 증가한다. 이것은 순항비행에서 낮은 연료 소모를 얻을 수 있는 건식 엔진(dry engine)과 최대 추력을 달성할 수 있는 재연소기를 작동했을 때 습식엔진의 추력 사이에는 큰 차이가 있다는 것을 의미한다.

2.7.5 전투 항공기 엔진의 제한사항

현대의 제트엔진 자체가 여러 면에서 우수한 성능을 발휘하고 있기는 하지만 동시에 기계적, 공기역학적, 열역학적 성능을 제한하는 여러 가지 요소들이 존재한다. 제트엔진의 수명을 보장하기 위해서는 조종사와 정비사를 포함한 운용자들은 이들 제한요소에 대한 정확하게 이해할 수 있어야 한다.

(1) 터빈인렛온도(turbine inlet temperature; TIT)

터빈엔진의 작동에서 가장 잘 알려진 제한요소는 터빈인렛온도(T_4)이다. TIT는 기본적으로 터빈 블레이드의 재료(materials)들에 달려 있지만 이에 못지않게 중요한 것은 냉각 공기(cooling air)의 기능에 따라 수명이 결정될 수 있다는 것은 주지의 사실이다. 최근 개발된 전투기 엔진에서 이륙과 전투기동 중 이 온도는 약 1,570℃까지 허용된다. 엔진 작동점(operating point)은 압축기인렛온도(T_2)에 대한 터빈인렛온도(T_4)의 비율(T_4/T_2)로 결정된다. 일반적으로 $T_2 = T_1$이라고 할 수 있고, 정확한 엔진 흡입구 정체온도(stagnation temperature; T_2)는 공기의 비열비와 주변공기온도(T_a) 그리고 비행 마하수(M) 모두 고려했을 때 다음과 같이 나타낼 수 있다.

$$T_2 = T_a\left[1 + \frac{1}{2}(\gamma - 1)M^2\right]$$

(2) 압축기공급온도

제트엔진에서 터빈인렛온도(TIT) 다음으로 심각한 제한 요소는 압축기공급온도(compressor delivery temperature; T_3)이다. 이 온도(T_3) 역시 후방 압축기 로터의 디스크와 블레이드 재료의 성질에 달려있고, 최근 엔진에서 허용 가능한 최대온도는 약 875 K (600℃) 정도이다. 압축기 후방에서 최종적으로 배출되는 가스 온도는 엔진에 유입되는 공기(대기의 온도와 비행속도로 구성된 공기의 온도) 그리고 전체압력비와 압축기의 효율에 달려있다. 이들 모두를 고려했을 때 압축기공급온도는 다음과 같다.

$$T_3 = T_2\,(p_3/p_2)^{(\gamma - 1)/\gamma\eta}$$

만약 T_4/T_2가 일정하고 고정 스로트 면적(throat area)의 노즐에서 초크 상태를 유지한다면 엔진은 일정한 무차원 조건이 그대로 유지될 것이고, 엔진 전체에서 압력비 역시 일정하게 유지하게 될 것이다. 이 조건에서 압축기공급온도는 엔진인렛온도(T_2)에 비례하게 될 것이다.

(3) 블레이드 흐름의 마하수

가스터빈엔진을 제한하는 주요인이 온도와 관련 있다면 또 다른 제한 요소로는 블레이드 흐름(blade flow)의 마하수($N/\sqrt{(c_p T_2)}$)이다. 여기서 N은 블레이드 회전수이다. 만약 T_4/T_2가 일정하다면 엔진은 일정한 무차원 조건을 유지하게 될 것이고, 블레이드 흐름의 마하수 역시 일정하게 유지될 것이다. 압축기와 같은 터보기계장치는 블레이드 흐름의 마하수에 민감하게 반응한다. 만약 이 변수가 너무 크다면 효율은 급격히 떨어지면서 플러터(flutter)라고 하는 자발성 공력 탄성 진동(self induced aero-elastic vibration)이 발생한다.

만약 HP 압축기에서 T_4/T_2가 블레이드 흐름의 마하수에 적합한 값보다 큰 변화가 발생한다면 LP 압축기의 블레이드 흐름의 마하수에서는 상당히 큰 변화에 직면하게 될 것이다. 최대 블레이드 회전수를 제한하는 것은 로터 블레이드를 고정하고 있는 디스크(rotor disk)에 작용하는 기계적 응력(mechanical stresses)들이다. 최대 블레이드 회전수가 최댓값에서 일정하게 유지되고 있고 흡입구 온도(inlet temperature)가 설곗값보다 낮다면 수용 가능한 블레이드 흐름의 마하수보다 큰 값이 발생하게 될 것이다. 이 같은 상황은 해수면 정적조건(static condition)으로 설계된 엔진이 고고도(hight altitude)에서 낮은 마하수로 비행할 때 발생한다.

이처럼 공기흡입구온도(T_2)가 설계 온도 이하일 때 해수면 설곗값에서 T_4/T_2를 일정하게 유지함으로써 이 과속을 방지한다. 반대로 흡입구온도

(T_2)가 설계 온도보다 높을 때 설계 블레이드 흐름의 마하수 값은 초과하지 않을 것이다. 왜냐하면, 터빈인렛온도(T_4)를 크게 증가시켜야 하기 때문이다. 일반적으로 흡입구 온도(T_2)의 상승은 T_4 / T_2와 블레이드 흐름의 마하수$(N/\sqrt{(c_p T_2)})$ 모두를 감소시킨다.

❖ 자기유도 공력 탄성 또는 플러터
공력 탄성(aero-elasticity)은 탄성체가 유체 흐름에 노출될 때 발생하는 관성, 탄성, 공기역학적 힘(inertial, elastic, and aerodynamic forces) 사이의 상호작용으로 발생하는 진동이다. 플러터는 물체에 작용하는 공기역학적 힘이 구조물의 자연 진동 모드와 결합하여 빠르게 주기적인 움직임을 만들어 내는 파괴적인 잠재 자발성 진동이다. 이를 효과적으로 제어하지 못했을 때 날개, 블레이드, 도움날개, 승강타, 회전 블레이드 등에 심각한 영향을 주거나 파괴될 수 있다.

❖ 엔진 스테이션 넘버(engine station number)
바이패스 엔진을 제외한 모든 터빈엔진에는 “0”부터 “9”까지의 스테이션(위치) 번호가 지정된다. “0” 스테이션은 입구 전면을 나타내며 “9” 스테이션은 코어엔진의 배기 흐름의 배기 출구다. 스테이션 1~8까지는 각각 흡기 디퓨저, 흡기 덕트, 팬, 압축기, 버너, 터빈, 배기 덕트 및 배기 노즐이다. 엔진에 추가 압축기 또는 터빈이 있는 경우 이들 압축기는 4.5, 5.5 등과 같은 중간 숫자로 표시된다. 바이패스 엔진 역시 같은 방식으로 지정되지만 2개의 숫자로 지정된다. (즉, 첫 번째 숫자는 1이다). 따라서 스테이션 지정은 12부터 19까지다. 예를 들어 스테이션 12는 인렛 팬 팁 스테이션을 나타내며, 바이패스 배기 노즐이 스테이션 19로 표시될 때까지 팬 방출은 스테이션 13이다.

2.8 전투기 엔진의 정격

✈ 전투기 엔진의 임계 엔진 작동점(operating point)을 참고하는 데 다음과 같은 용어들이 사용된다.

① 전투정격(combat rating)은 재연소기 작동(재연소기 장착 엔진)과 함께 엔진의 최대 허용 조건에서 작동될 수 있어야 한다. 최대 허용 조건은 최대 터빈인렛온도, 최대압축기공급온도 그리고 최대 블레이드 흐름 마하수($N/\sqrt{(c_p T_0)}$)가 동시에 발생할 수 있는 상태이다. 전투정격에서의 운용은 약 2.5분으로 제한된다.

② 최대건식정격(maximum dry rating)은 재연소기 작동 없이 얻을 수 있는 최대 성능(maximum performance)이다. 엔진 상태는 재연소기를 작동하고 있는 가장 단순한 모드에서 터빈 출구의 상류가 전투정격의 것과 동일해야 한다.

③ 군용정격(military rating)에서 엔진은 약 30분 정도의 긴 시간 운용이 허용되지만 통상 재연소기는 작동되지 않는 상태이다.

④ 최대지속정격(maximum steady rating) 조건에서 엔진은 작동시간의 제한을 받지 않고 운용될 수 있어야 한다.

❖ 엔진 정격(engine rating)

엔진은 비행조건에 따라 표준 추력(standard thrusts; kN 또는 lbs)을 전달할 수 있는 인증을 받는다. 정격(rating)은 조종사가 특정 비행조건에 적합한 것을 선택할 수 있는 사전 정의된 동력 설정(predefined power setting)이다.

- Maximum Takeoff thrust (MTO)
- Maximum Continuous thrust (MCT)
- Maximum Climb thrust (MCL)
- Maximum Cruise thrust (MCR)
- Ground Idle/Flight Idle

❖ 허쉬 하우스(hush house)

추진, 기계, 전자, 공압 등 항공기 시스템 시험에 사용되는 밀폐된 소음 억제 시설이다. 실제 하중 조건에서 설치되거나 엔진 시험을 위해서 항공기에 떼어낸 제트 엔진을 작동시키는 데 사용된다.

❖ 제트파이프(jet pipe)

제트파이프는 터빈에시 배출되는 배기가스를 수용할 수 있도록 후방으로 연장된 파이프 또는 덕트(pipe or duct)이다. 배기가스를 배출하는 배기관이라고도 한다. Exhaust duct, jet pipe, tail pipe 모두 유사한 용어이다.

❖ 전투 반경(combat radius)

전투 반경은 전투기가 기지에서 이동할 수 있는 최대 거리, 일정 목표 달성 및 최소 예비량으로 발진 비행장으로 돌아갈 수 있는 최대 거리를 기준으로 한 거리이다. 특정 전투기의 경우, 전투 반경은 외부 투하 탱크의 탑재 여부, 전투 임무의 고도 및 탑재되는 무기의 양과 무게에 따라 달라진다. 예를 들어 F-16의 전투 반경은 대략 550km, 그리고 F/A-18의 전투 반경은 대략 537km이다. F-15의 전투 반경은 대략 1,965km이다.

2.9 재연소기

2.9.1 재연소기 기본 설계 개념

재연소기(afterburner or reheat)는 단시간에 높은 추력을 발생시키는 추력증대 장치(thrust augmentation device)이다. 재연소기는 [그림 2-14, 15]와 같이 주로 초음속 항공기의 이륙, 상승, 가속, 그리고 전투기동(combat maneuvers)을 위해서 엔진의 정추력(static thrust; 정지 상태의 엔진에서 생산되는 추력)을 증대시킨다. 정격 추력보다 더 높은 추력을 생산하기 위해서는 더 크고 강력한 엔진이 필요하지만, 초과추력(extra thrust)은 항시 사용하기보다 특정 비행조건에서만 일시적으로 사용되기 때문에 전체적으로 크고 강력한 엔진은 해당 항공기의 기동성을 크게 떨어뜨릴 수 있다.

초음속 전투기들의 기동성은 최우선 필수요건 중 하나이기 때문에 엔진의 크기가 증가할수록 엔진의 무게, 전면면적(frontal area), 그리고 제작비용 등이 증가한다. 그러나 재연소기는 기본 제트엔진에서 제트파이프의 연장과 연소기 그리고 연료를 공급하는 장치만으로 기본 정추력의 30~70% 정도를 증대시킬 수 있다. 재연소기는 터빈과 추진 노즐(propelling nozzle) 사이에 있는 재연소기 장치에 여분의 연료(extra fuel)를 연소시킴으로써 작동되지만, 상당량의 연료 소모는 최대의 단점이다. 재연소기의 작동으로 배기가스 온도가 크게 높아지는 것은 더 큰 추력으로 전환할 수 있는 제트속도(jet velocity)를 증가시킨다.

1960년대 후반부터 고비추력 저바이패스비 터보팬 엔진이 개발되기 시작했고 1970년대 이후는 대부분의 전투기 제트엔진들은 저/중 바이패스비, 혼합 배기가스, 그리고 재연소기를 장착한 유형으로 제작되었다. 재연

【그림2-14】 전투기가 급선회하기 위해서는 높은 추력이 필요하지만 강력하고 큰 코어 엔진은 전투지대로 이동하거나 순항 비행조건에서는 불필요한 무게를 증가시키는 요인이다. 급기동이 요구되는 비행조건에서 재연소기는 최적의 비행조건을 제공한다.

소기를 사용함으로써 추진 노즐(propelling nozzle)의 면적이 변화되는 가변면적노즐(variable area final nozzle)은 필수이다.

[그림2-15]와 같이 F-16 전투기(재연소기 작동)와 F100 Afterburning Turbofan 엔진의 절개 단면에서 재연소기의 구조를 잘 관찰할 수 있고, 중무장한 F-16 전투기가 재연소기를 작동시켰을 때 배기노즐에서 화염 줄기가 뿜어져 나오는 것을 관찰할 수 있다. 바이패스 덕트로부터 연소되지 않는 신선한 공기와 코어엔진에서 연소된 가스가 혼합되어 공급되기 때문에 연소에 필요한 충분한 산소가 존재한다.

재연소기 제트파이프가 시작되는 위치에서 연료를 공급하는 연료 매니폴드와 연료 분사기 그리고 화염 홀더(flame holder; 지속 연소를 위해서 고속 배기가스 속도를 연소에 필요한 속도까지 낮추기 위한 장치)를 관찰할 수 있다. 민간 운송용 항공기에서도 [그림2-16]과 같이 Concorde와 Tu-144 항공기는 재연소기 터보제트 엔진을 탑재하였다.

【그림2-15】 F100 Afterburning Turbofan Engine

【그림2-16】 콩코드(Concorde)는 민간 초음속 운송용 항공기(SST)이다. 1969년 첫 비행을 한 후 1976년 공식 취항하기 시작하여 2003년 11월 26일 퇴역하기까지 약 27년 동안 상업 비행을 하였다. 최대속도 마하 2.04, 순항속도 마하 2.02로 비행할 수 있는 동력장치는 Rolls-Royce/SNECMA Olympus 595 재연소 터보제트 엔진을 탑재하였다. 이 항공기의 건식엔진 추력은 140 kN 그리고 습식엔진 추력은 169 kN이다. 재연소기를 작동시켜 이륙 준비 중인 엔진에서 뿜어져 나오는 화염을 관찰할 수 있다.

2.9.2 재연소 터보팬 엔진

최근의 전투기들은 고출력을 얻을 수 있는 터보팬 엔진(저바이패스비)을 장착하고 있고, 이들 엔진에다 재연소기를 장착했을 때 더 높은 추력을 얻을 수 있다. 바이패스 공기흐름은 연소과정을 거치지 않았기 때문에 자연 공기의 산소를 그대로 보존하고 있어 재연소기에서 더 양호한 연소 효과를 얻을 수 있다. 또한, 팬 공기와 코어엔진 가스들은 재연소기에 유입되기 전에 합류되어 재연소기에 유입되는 초기 온도를 낮출 수 있다. 터보팬 엔진(turbofan engine)에서 팬 공기와 코어엔진 가스들은 재연소기에 유입되기 전에 합류되고 이들 공기흐름의 정체압력이 상호 일치하도록 정밀한 조정이 요구된다. 추진 노즐을 통해서 배출되는 가스의 속도 역시 가변면적

노즐과 일치되어야 한다. 연료 스프레이 바(fuel spray bar)와 화염 안정기(flame stabilizer)는 바이패스 덕트 내에 있고 이를 “덕트 히터(duct heater)”라고도 한다.

2.9.3 재연소기와 엔진 사이클

터보팬 엔진에서 재연소기의 작동은 엔진 사이클(engine cycle)을 선택하는 데 중대한 영향을 줄 수 있다. 예를 들어 팬 압력비(fan pressure ratio)를 낮게 설계하는 것은 코어엔진과 재연소기를 작동했을 때의 비추력(specific thrust)을 감소시키지만, 재연소기 입구에 유입되는 배기가스 온도를 낮추는 효과를 얻을 수 있다. 재연소기 출구의 배기가스 온도는 엔진에 따라 특정 값으로 고정되기 때문에 재연소기에서 그만큼 더 높은 온도 상승이 가능하다는 것을 의미하는 것으로 이것은 재연소기 연료 흐름을 증가시킨다.

일반적으로 총 연료 흐름은 순 추력보다 더 빠르게 증가하는 경향이 있으므로 더 높은 비연료소모(higher specific fuel consumption)의 결과가 초래된다. 그러나 이에 상응하는 건식출력(dry power) SFC는 향상되지만, 비추력은 낮아진다. 결과적으로 재연소기의 입구와 출구 사이의 온도비가 높을수록 더 큰 추력증대 효과를 얻을 수 있다.

반면 재연소기를 작동시켰을 때 많은 양의 연료를 소모한다면 고비추력 엔진 사이클(높은 팬압력비/저바이패스비)을 선택해야 한다. 이 엔진 사이클은 재연소기를 작동시켰을 때 상대적으로 연료 효율이 향상되는 특성이 있기는 하지만 건식동력을 위한 연료가 부족할 수 있다. 따라서 재연소기를 많이 사용하지 않는 유형의 항공기라면 저비추력 엔진 사이클이 더 유리할 수 있다. 이 같은 엔진은 양호한 건식동력 비연료소모를 갖지만, 전투기동 혹은 높은 날개 하중에서 이륙해야 하는 조건에서 재연소기 비연료소모는 불량하다.

2.9.4 재연소기의 효율과 제한사항

재연소기는 높은 추력증대 효과를 얻을 수 있지만, 연료 소모가 매우 높아 장시간 운용될 수 없다. 따라서 항공모함(aircraft carrier)과 같이 단거리 활주로에서 높은 날개 하중(wing loads)의 전투기 이륙이나 전투 기동할 때를 제외하고는 사용이 제한된다. 연료 소모율과 속도의 증가가 매우 크기 때문에 조종사는 기지로부터 너무 멀리 비행하여 기지로 귀환할 때 연료가 부족하지 않도록 주의해야 한다.

재연소기의 사용은 추력을 증가시키는 것 이상으로 비연료소모를 증가시키기 때문에 경제적인 면에서 효율이 크게 떨어진다. 또한, 화염관 내부의 각종 장치와 표면마찰(skin friction)은 유체역학적 손실의 원인이 된다. 비록 유체의 마찰이 없다고 할지라도 높은 열로 인한 총압력 손실은 불가피하다. 이외에도 제트파이프(jet pipe) 내에서 여러 가지 제한들이 있을 수 있고 더 무거워진 제트파이프와 재연소기 장비로 인한 전체 무게의 증가 때문에 기본 제트엔진의 추력을 비교했을 때 추력 효율이 약간 낮을 수 있다. 이외에도 재연소기의 효율을 감소시키는 원인은 다음과 같다.

① 연소를 위한 산소가 풍부하지 못하다.
② 압축이 떨어진 배기가스에서 연소가 이루어진다.
③ 고도가 증가함에 따라 제트파이프의 압력이 감소한다.

이 같은 단점에도 불구하고 재연소기는 매우 높은 마하수 비행을 위한 필요추력을 증대시키는 유용한 장치이다.

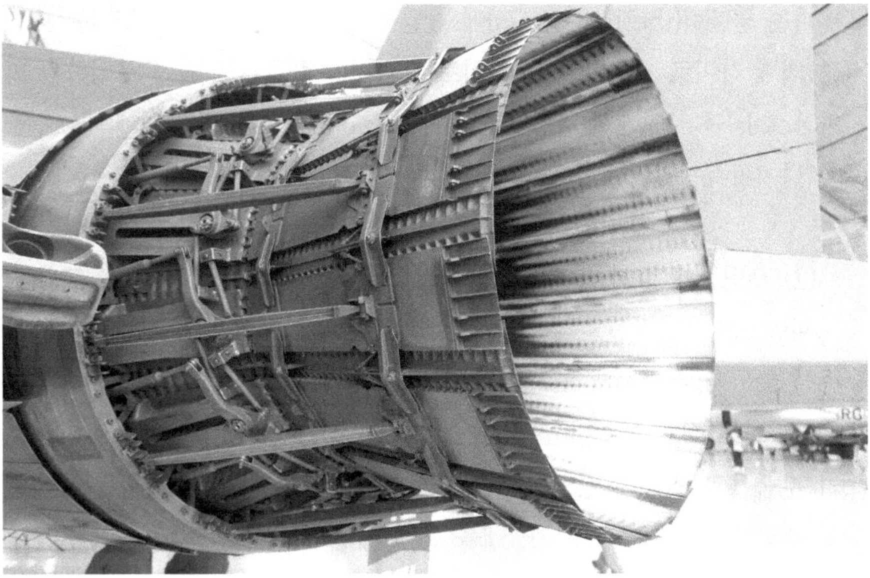

【그림2-17】 F-15 전투기의 배기노즐이다. 재연소기가 작동될 때 제트파이프의 급격한 배기가스의 팽창을 수용할 수 있도록 추진 노즐은 반드시 면적이 증가할 수 있는 가변면적 노즐을 갖추어야 한다. 또한, 재연소기가 작동할 때 추진 노즐은 고열의 배기가스 혹은 화염에 직접 노출되기 때문에 고효율 냉각장치와 함께 높은 내열성 재료로 제작되어야 한다. 배기노즐을 자세히 관찰하면 마치 꽃잎과 같은 화판이 테두리에서 겹치도록 배열되어 있어 배기가스의 누출을 최소화한다.

(1) 냉각장치와 재료

재연소기 출구에서 뿜어져 나오는 배기가스 온도는 약 1,700℃를 초과한다. 이 같은 높은 온도의 화염이 제트파이프(jetpipe)의 내부 구조물에 직접 닿지 않도록 설계해야 한다. 재연소기의 제트파이프는 높은 온도에 견딜 수 있는 내열(heat-resistant) 니켈합금(nickel alloy)으로 제작된다. 또한, 고열이 다른 구조물에 전이되지 않도록 냉각 및 절연구조(insulation construction)가 필수이다. 재연소기 제트파이프는 [그림 2-17]과 같이 통상 두 겹으로 제작된다. 외피는 구조적 하중을 지지하고 내피는 열응력(thermal stress)에 견딜 수 있어야 한다. 냉각 공기는 내벽과 외벽 사이로 흐른다. 제트파이프는 가변면적 추진 노즐을 구성하는 화판(petals)들 사이에서 열팽창과 수축을 고려하여 이음새 사이에 가스누출을 방지할 수 있어야 한다.

(2) 추력증대 효과

재연소기는 단시간의 추력증대 효과를 얻는데 최적이다. 재연소기를 작동시켰을 때 추력증대 효과는 전적으로 재연소 연료가 분사되기 전후의 제트파이프 절대 온도비(temperature ratio)에 달려있다. 여기서 재연소기 부품들과 가스 흐름 운동량으로 인한 미세한 손실(losses)을 무시하고 추력증가의 사례를 보자. 예를 들어 재연소기 작동 전의 가스 온도가 913K(640℃)이고 재연소기를 작동시켰을 때 온도가 1,542K(1,269℃)라면 절대 온도비는 1.69이다. 배기가스 흐름의 속도는 절대 온도비의 제곱근으로 증가함으로 배기가스 흐름의 속도는 1.3배 증가한다. 따라서 이 경우 정추력이 30% 증가했다. 또한, [표-4]와 같이 F-14 전투기는 재연소기를 작동시켰을 때 거의 100%의 추력증대 효과를 얻을 수 있고 F-15 전투기는 40%의 추력증대 효과를 얻을 수 있다. 재연소기 작동으로 정추력(static thrust)을 70% 증대시킬 수 있다면 실제 높은 전진 속도에서는 이 추력증대량의 수 배의 효과를 얻을 수 있음을 알 수 있다.

항공기	건식추력	습식추력(재연소기)	추력증대율
F-14	13,810 lbf(61.4 kN)	27,800 lbf(124.7 kN)	2.0
F-15	17,450 lbf(77.62 kN)	25,000 lbf(111.2 kN)	1.4

【표-4】 건식추력과 습식추력의 비교

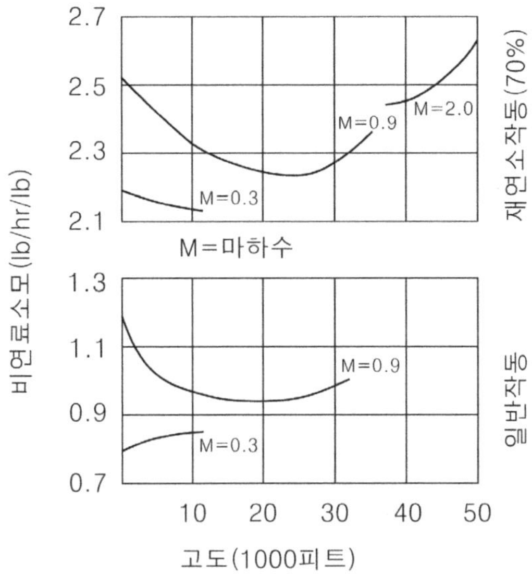

【그림2-18】 재연소기 작동과 일반작동을 비교했을 때의 비연료소모

(3) 연료 소모

재연소기 운용 제한사항 중 하나는 비연료소모(SFC)가 매우 높은 점이다. SFC가 높은 이유에 대해서는 앞서 언급했듯이 연료의 연소가 압축공기(compressed air)가 아닌 배기가스 흐름에 분사되기 때문에 완전연소를 기대하기 어렵다. 예를 들어 [그림2-18]의 그래프와 같이 해수면 그리고 Mach 0.9에서 코어엔진의 비연료소모가 추력 파운드 당 1.15 lb/hr/lb이고, 동일 비행조건에서 70% 재연소기 작동일 때 비연료소모는 추력 파운드 당 약 2.53 lb/hr/lb로 증가하였다. 예들 들어 고도가 35,000피트로 높아졌을 때 재연소기 비연료소모는 추력 파운드 당 2.34 lb/hr/lb로 약간 떨어졌다. 이는 흡입구 온도가 감소했기 때문이다. 여기서 부가적으로 소모된 연료량을 이륙과 상승률 증가와 함께 비교했을 때 항공기가 운용 고도에 도달하는데 필요한 소요 시간을 감소시키는데 요구되는 연료량은 과도하지 않다는 것을 알 수 있다.

2.10 재연소기 효과

✈ 현대의 공중전과 제공권 그리고 생존은 기본 엔진만으로는 달성하기 어렵다. 이들 전투기가 공중전을 수행하는데 필요한 최대 추력과 공중대기(loitering) 혹은 순항비행과 같은 비행조건에서 필요로 하는 최저 추력 사이에는 대략 10배의 차이가 있다. 이처럼 큰 추력 영역을 수용하기 위해서는 재연소기(afterburner)가 최적이다. 재연소기를 작동시켰을 때 배기가스의 온도가 급격히 상승할 수 있으므로 이를 처리할 수 있어야 하고, 제트파이프에는 독립 연료 분사기와 연소효율을 높이기 위한 화염 안정기(flame holder)가 장착되어 있다.

재연소기를 작동하지 않은 상태에서 순항비행 또는 공중에서 대기하는 동안의 배기가스 온도는 대략 1,000 K(720℃) 정도가 되지만 재연소기를 작동시켰을 때 배기가스의 온도는 대략 2,200 K(1920℃)까지 상승할 수 있다. 이때 추력은 약 50%의 증대 효과를 얻을 수 있지만 비연료소모(specific fuel consumption)는 약 3배까지 높아질 수 있다. 따라서 재연소기를 작동했을 때 연료 흐름(fuel flow)은 건식엔진(dry engine)과 비교해서 5배 이상이 될 수 있다. 이 같은 점을 고려했을 때 높은 추력이 매우 짧은 시간 동안만 필요로 한다면 재연소기는 전투 항공기의 전반적인 운용면을 고려했을 때 가장 효율적이다. 그러나 높은 추력이 장시간 지속해서 필요로 하는 비행조건이라면 재연소기는 높은 연료 무게가 필요하므로 부적절하다.

[그림2-19]는 재연소기를 장착한 엔진과 기본 엔진을 장착하고 있는 전투기의 임무 영역을 비교하여 설명한 것이다. 임무 특성은 최대 추력이 필요한 전투정격(combat rating)에서 엔진이 소모하는 총연료(total fuel)가

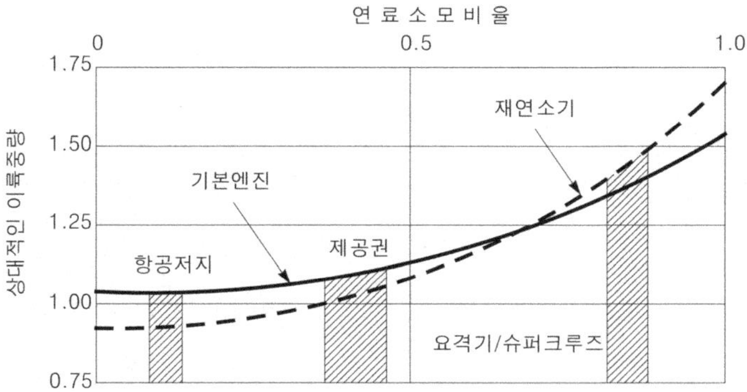

【그림2-19】 전투 항공기의 임무에 따른 이륙중량 대비 연료 소모의 비율

차지하는 비중에 따라 결정된다. 전투 항공기의 유형에 따라(제공권, 요격 그리고 항공저지) 분석했을 때 제공권 전투기는 전투지대(combat zone)까지 이동하거나 공중 대기하는데 상당한 시간을 소비하지만 요격기는 가능한 한 빠르게 적 항공기를 요격할 수 있어야 하므로 임무 수행 능력이 상당 부분을 차지한다는 점이 명확하게 다르다. 이륙중량에서 상대적 이점을 비교한 것으로 기본적으로 항공기의 무게가 가벼울수록 임무를 수행하는데 소요되는 비용은 감소한다. 만약 재연소기를 사용하지 않고 필요추력(required thrust)을 얻을 수 있다면 요격기가 약간 더 가볍다. 그러나 재연소기를 사용했을 때 다른 두 유형의 전투 항공기들이 요격기보다 상당히 가볍다.

전투 항공기 엔진에서 재연소기의 작동은 사실상 모든 산소를 사용하기에 충분한 정도의 연료가 추가되어야 하고 온도는 화학량론 값(stoichiometric value)에 도달할 수 있다. 여기서 실질적인 배기가스 온도는 약 2,200 K(1,926℃)까지 상승할 수 있다. 그러나 추력과 연료 소모의 증가를 감소시킬 수 있는 비행조건에서 운용함으로써 연료량을 줄일 수 있다. 예를 들어 콩코드는 이륙과 M=1.0을 통과할 때만 재연소기를 사용

【그림2-20】 F-14 전투기의 항공모함 활주로에서 재연소기를 작동시켜 이륙하는 장면에서 배기노즐에서 강력한 화염이 뿜어져 나오고 있는 것을 관찰할 수 있다. 배기노즐은 필수적으로 급격하게 증가한 가스 유동률을 수용할 수 있도록 단면적을 증가시킬 수 있는 가변형이어야 한다.

함으로써 온도 상승이 비교적 완만하다. 이 항공기가 실제 이륙할 때 배기가스 온도는 약 1,450 K(1,170℃) 그리고 음속을 돌파할 때 배기가스 온도는 1,300 K(1,020℃)까지만 상승하기 때문에 화학량론 값에 가까운 온도 상승에 크게 못 미치고 있음을 알 수 있다.

❖ 추진 노즐(propelling nozzle)

추진 노즐은 터빈엔진 배기가스의 내부 에너지를 추력으로 변환하는 노즐이다. 노즐을 유도하는 것은 엔진의 출력 설정, 엔진의 내부 형태와 노즐 입구와 배출 압력에 따라 아음속, 천음속 또는 초음속으로 가속한다. CD 노즐은 초음속까지 배기 제트를 가속할 수 있지만, 수축 노즐은 음속 이상으로 배기 제트를 가속할 수 없다.

2.11 재연소기 주요 구성품

✈ 재연소기의 핵심 기술은 터빈을 통과한 고온의 배기가스 흐름에 연료를 분사하여 2차 연소시키는 것이다. 재연소기에서 2차 연소가 가능한 것은 코어엔진(core engine)의 배기가스 속에는 아직도 다량의 산소(oxygen)가 포함되어 있기 때문이다. 코어엔진의 연소기에서 배기가스의 급격한 팽창(expansion)에 의한 에너지를 증대시키는 것과 같은 원리로 재연소기에서는 이미 가속된 고온 배기가스에 부가적인 연료를 분사할 수 있는 장치만으로 큰 추력을 생산할 수 있다.

터빈엔진 작동 과정에서 터빈인렛온도(TIT)가 가장 높고 중요한 엔진 운용 변수 중 하나라는 것은 주지의 사실이다. 배기가스가 터빈을 통과하면서 등엔트로피(constant entropy)에서 팽창하기 때문에 온도가 떨어진다. 후속 단계에 있는 재연소기는 터빈에서 배출된 가스에 연료를 분사하여 재연소시킨다. 재연소된 배기가스 온도는 급상승하게 될 것이고 팽창된 가스는 높은 속도로 추진 노즐을 통해서 방출된다.

이 과정에서 제트파이프 내에서의 전체 가스 유동량(mass flow of exhaust gas)은 연료가 추가된 만큼만 약간 증가할 것이나 재연소기 출구에서의 정체압력은 높아진 온도와 마찰 그리고 난기류 흐름 등으로 인하여 감소하게 된다. 재연소기 출구에서 급격하게 증가한 배기가스의 부피를 수용하기 위해서는 추진 노즐 단면적의 변화가 필수이다. 만약 이를 해결하지 못한다면 터보기계장치에 심각한 영향을 줄 수 있는 압축기 실속 혹은 서지(compressor stall or surge) 현상이 발생할 수 있다.

재연소기를 효과적으로 작동시키기 위해서는 [그림2 - 21]과 같은 구조와 구성품들로 구성된다. 기본적으로 터빈 출구에서부터 연장된 덕트이지

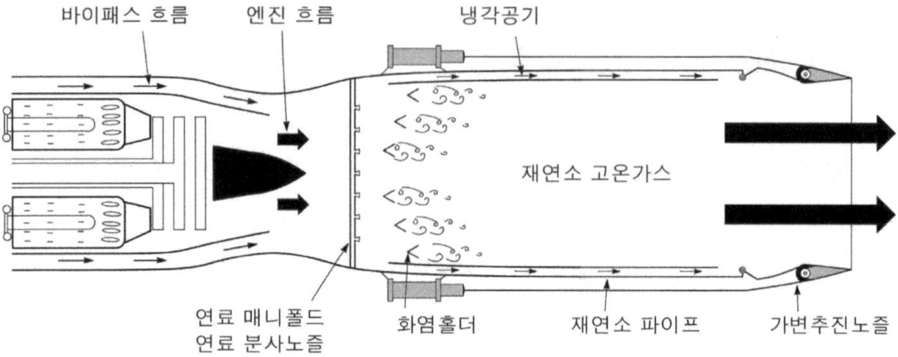

【그림2-21】 재연소기는 터빈 출구로부터 연장된 덕트이다. 덕트 내부에 재연소를 위한 핵심부품들이 내장되어 있다. 터빈에서 나온 고온 가스 흐름에 연료를 분사할 수 있는 장치, 연소를 위한 공간(화염관/연소실), 효율적인 연소를 위한 화염 홀더 그리고 가변배기 노즐로 구성되어 있다. 코어엔진과 같이 복잡한 회전부품과 기계장치가 없어 구조적으로 매우 간단하지만 높은 추력을 얻는 데 적합하다.

만 재연소기 입구에서는 배기콘과 함께 확산(diffusion) 효과를 얻을 수 있도록 약간 넓어지는 경향이 있고, 재연소기 제트파이프의 면적이 기본 제트엔진의 제트파이프보다 크게 설계함으로써 배기가스 흐름의 감속 효과(대략 마하 0.5→0.2)를 얻는다. 재연소기를 장착한 엔진의 추진 노즐은 반드시 가변면적의 형태가 되어야 한다. 재연소기를 제어하는 기계장치는 코어엔진과 독립 연료장치(연료펌프, 연료필터, 연료 분사기 등...) 그리고 점화장치를 갖추고 있다. 재연소기의 점화는 조종사가 스로틀 레버를 재연소기 위치를 선택했을 때 자동으로 점화된다.

2.11.1 연소기/화염관

기본적으로 재연소기의 연소과정과 코어엔진의 연소과정은 동일하다. 재연소기 어셈블리의 중심부에서 연소지대(combustion zone)가 형성된다. 재연소기 어셈블리는 여러 트랙(tracks)과 셀프로킹(self - locking)

【그림2-22】 지상에서 재연소기의 성능을 시험 중인 엔진의 추진 노즐에서 분출되고 있는 화염 줄기를 관찰할 수 있다. 마치 금속을 절단하는데 사용되는 산소용접기의 화염 줄기와 유사하다. 재연소기를 작동했을 때 연료 효율은 지극히 불량하지만, 추진 효율을 극대화할 수 있으므로 매우 제한된 비행조건에서만 사용한다.

기계장치를 통해서 외부 케이싱에 연결된 여러 개의 내열 라이너(heat - resistant liners)들이 장착되어 있다. 연소 중심 구역에서는 고열이 발생하기 때문에 연소기/화염관(burner/flame tube) 표면을 보호하기 위한 냉각 공기를 제공할 수 있도록 [그림2 - 24, 25]와 같이 많은 구멍(slots)이 뚫려 있다. 냉각 공기는 케이싱과 화염관 사이의 흐름 경로를 통해 흐르게 함으로써 화염관 내부 표면에 공기막(air film)을 형성한다. 화염관의 산화(oxidation)를 방지하기 위해서 세라믹(ceramic)으로 코팅하기도 한다. 화염관 후방부에는 가변면적 추진 노즐이 장착된다. [그림2 - 17, 27]과 같이 외부 케이싱에 장착된 유압 작동기(hydraulic actuator)가 추진 노즐(propelling nozzle)의 단면적을 조절한다.

【그림2-23】 재연소기는 특별한 기계장치 없이 화염 홀더, 연료 분사대, 점화장치, 그리고 가변노즐로 구성되어 있다. 터빈에서 나온 고온 배기가스와 팬을 통과한 팬 흐름에 연료를 분사하는 단순한 개념의 추력 증대장치이다.

2.11.2 재연소기 연료장치

재연소기의 연료장치는 코어엔진의 연료장치와 완전히 분리된 독립 연료장치를 갖추고 있다. 재연소기에 공급되는 연료는 [그림2 - 23]과 같이 화염관 안쪽으로 방사형으로 배열된 스프레이 바(spray bar)까지 일련의 동심원 매니폴드(concentric manifolds)들을 통해서 급송된다. 최종적으로 연료는 고온 가스 흐름에 효율적으로 분사될 수 있도록 배열된 여러 개의 노즐에서 분사된다. 연료 매니폴드들의 하류 부분에 화염 홀더(flame holders)들이 있어 국지적으로 배기가스 속도를 낮추어 화염이 안정되도록 한다. 연료 스프레이 노즐(fuel spray nozzle)은 제트파이프 화염 구역(flame section)에서 여러 개의 연소기에 균등하게 연료가 분배되어야 한다.

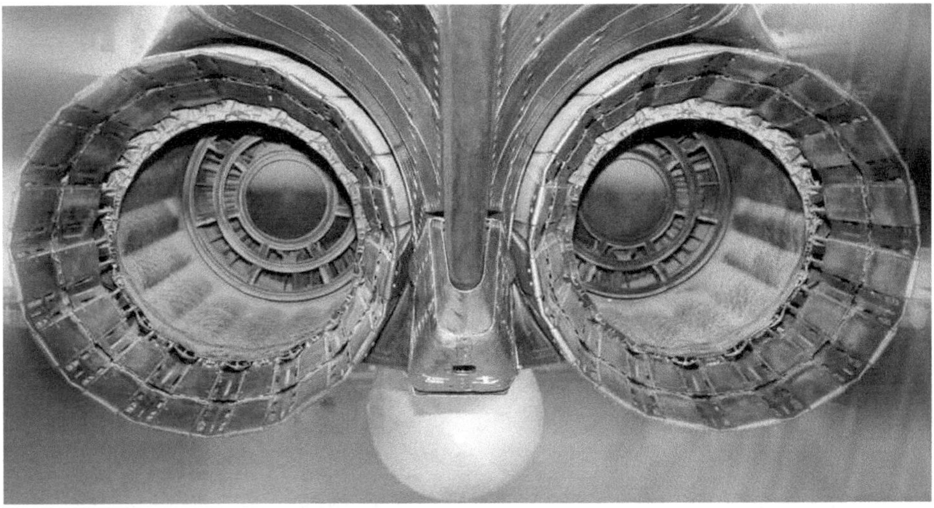

【그림2-24】 F-4 팬텀 전투기의 제트파이프 내부를 통해서 재연소기의 연소부(화염관) 내부를 선명하게 관찰할 수 있다. 안쪽에는 배기콘과 주변에 3개의 링으로 둘러싸여 있다. 화염관 끝부분부터 가변면적 추진 노즐이 시작되는 부분이다.

2.11.3 화염 홀더

터빈 출구의 가스 흐름 속도는 대략 초속 750~1200피트(228~365m)이기 때문에 이 상태에서 연소는 불가능하다. 재연소기 입구에서 일부 확산작용을 할 수 있도록 설계되지만 충분하지 않고 가스 흐름 속도를 연소 가능 속도로 감속시키기 위한 별도의 장치가 필요하다. 이를 화염 홀더 또는 안정기(flame holder or stabilizer)라 한다. 화염 홀더는 [그림2 - 23, 26]과 같이 연료 분사기 다음에 배열하도록 장착되어 있다. 이 장치를 통과하는 가스 흐름은 급격한 소용돌이 흐름(eddy flow)을 형성함으로써 효율적인 연소를 보장한다. 연소실 화염 홀더의 또 다른 목적은 화염 중심이 연소기 중앙으로 모일 수 있도록 설계되어야 하고 지속해서 안정된 연소가 이루어질 수 있어야 한다.

【그림2-25】 이 엔진의 중앙에 배기콘이 있고 주변에 화염 홀더 그리고 재연소기 제트파이프의 표면은 수많은 작은 구멍들이 있다. 이는 마치 피부에서 땀이 나는 것과 같이 미세한 구멍들을 통해서 냉각 공기를 뿜어내 공기막을 형성한다.

2.11.4 점화장치

터빈에서 고온으로 배출되는 가스 온도가 매우 높기는 하지만 모든 조건에서 자연 점화(ignition)되지 못한다. 고온 배기가스의 점화 특성이 비행고도와 마하수에 따라 달라질 수 있으므로 모든 비행조건에서 지속해서 양

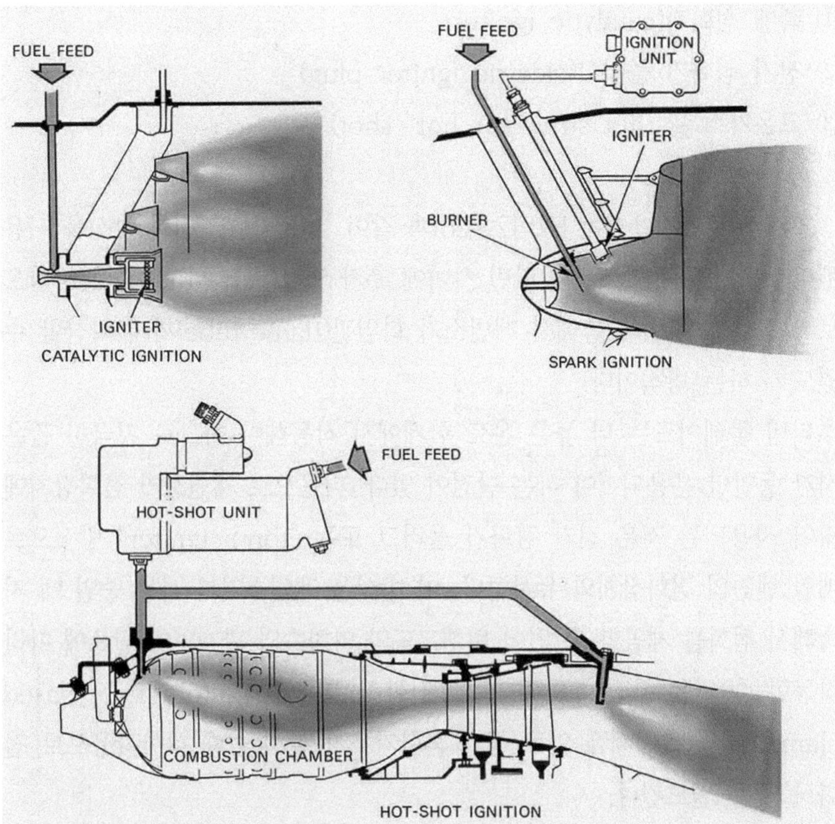

【그림2-26】 재연소기는 코어엔진과 독립된 점화장치를 갖추어야 한다.
[Rolls & Royce]

호한 점화를 제공하기 위해서 독립된 점화장치가 필요한 이유이다. 터빈 출구에서 배출되는 배기가스 온도가 대략 800℃ 정도이지만 자연 점화가 발생하지 못한다. 이 같은 이유로 별도의 점화장치(ignition devices)가 필요하다. 또한, 고고도에서는 해수면보다 점화 조건이 더 나쁘다. 이를 위해서라도 고고도에서 운용을 위한 강력한 점화 불꽃을 발생할 수 있어야 한다. 재연소기의 점화장치에는 엔진에 따라 다음과 같은 종류가 있다.

① 촉매 점화기(catalytic igniter)
② 전기 점화기 플러그(electric igniter plug)
③ 고온가스분사(hot streak or hot - shot)

초기 제트엔진에서는 [그림2 - 26]과 같이 "hot shot" 점화 방식을 사용했다. 이 방식은 연소실과 터빈 사이에 추가 연료(extra fuel)를 분사함으로써 화염이 터빈을 통해서 재연소기 화염관(flame tube)까지 확산할 수 있도록 하는 방식이다.

터빈 블레이드는 더 높은 온도 한계에서 작동해야 하므로 지극히 짧은 시간 동안만 운용되어야 하는 단점이 있다. 다음으로 재연소기 점화장치에 많이 사용되는 것은 전기 점화기 플러그 또는 "torch igniter" 방식으로 메인 엔진의 점화장치와 유사하다. 이 방식은 재연소기가 사용 중일 때 지속해서 점화를 제공할 수 있어 비행고도와 마하수와 관계없이 필요에 따라 작동할 수 있는 장점이 있다. 촉매 점화기는 백금 성분(platinum-based elements)의 촉매제에 연료/공기 혼합가스가 분사될 때 화학작용으로 점화 불꽃을 일으킨다.

2.11.5 추진 노즐

재연소기의 작동에 의한 추력증대의 원리는 제트파이프 내에서 추가 연료를 분사함으로써 터빈에서 배출된 배기가스 온도의 급상승으로 인한 가스의 급팽창을 발생시킨다. 이 과정에서 급팽창된 가스 흐름이 배출되는 추진 노즐에서 이를 수용하기 위해서는 노즐 면적(nozzle area)은 반드시 가변상태가 되어야 한다. 대부분의 재연소기 엔진은 [그림2-27]과 같이 2단 제어 플러그 유형(controlled two-position plug-type) 또는 가변면적 추진 노즐은 어느 유형이든 넓은 운용범위 조건에 적합한 재연소기 엔

【그림2-27】 F-15 전투기의 C-D 추진 노즐

진을 허용하고 동시에 코어엔진 작동에 간섭을 초래할 수 있는 압력이 형성되지 않아야 한다. 노즐은 정상 운용 중 스로트(throat)가 되어야 한다. 만약 부주의 혹은 결함으로 배기노즐의 단면적이 최대로 개방되었다면 압력이 급격히 떨어져 추력을 상실하는 원인이 된다.

[그림2-27]은 F-15 전투기의 C-D 추진 노즐이다. 아음속일 때 확산관은 노즐 스로트의 한 연장 부분으로 수축노즐을 형성한다. 오른쪽의 큰 화살표가 지시하는 부분이 스로트이고 왼쪽의 큰 화살표가 지시하는 부분이 확산 노즐이다. 이들을 작동시키는 작동기를 작은 화살표들이 지시하고 있다. 재연소기가 작동됨과 동시에 이들이 동시에 작동되어 스로트 면적과 확산관을 형성함으로써 급팽창하여 증가한 배기가스를 수용할 수 있다. 작

동기 레버들이 엔진 작동에 따라 레버를 밀고 당겨 스로트와 출구 면적을 적절하게 조정한다. 조종사가 스로틀 레버로 재연소기를 선택했을 때 연료 흐름과 추진 노즐 면적 기능들이 상호 연동되어 작동될 수 있도록 정밀하게 조정되어야 한다. 예를 들어 추진 노즐의 면적이 연료 흐름에 따라 수축 혹은 확산하거나 반대로 연료 흐름이 C-D 노즐의 면적에 따라 변하게 하는 방식으로 제어된다. 재연소기 연료 흐름이 증가하면 노즐 면적이 증가해야 하고 반대로 연료 흐름이 감소하면 노즐 면적이 감소하도록 설계되어 있다.

❖ C-D 노즐에서 마하수, 온도, 압력, 그리고 속도의 관계
음속(M=1.0)을 기준으로 온도와 압력은 급격하게 떨어지지만, 속도는 급격하게 증가한다.

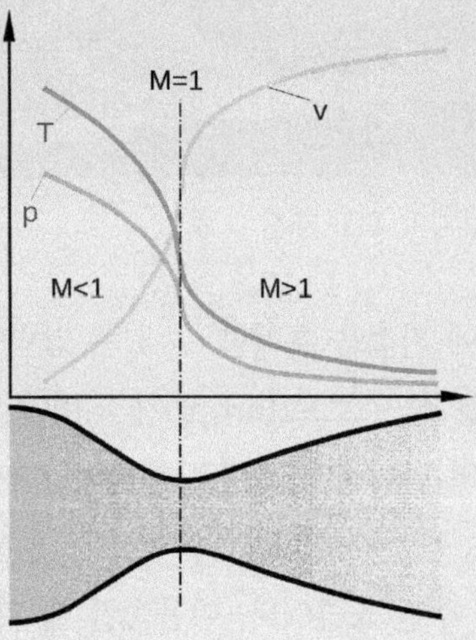

2.11.6 배기콘

재연소기의 배기콘/후방콘(exhaust cone/rear cone)은 제트파이프가 길기 때문에 운송용 터보팬 엔진과 같이 외부로 돌출되지 않고 타원 축대칭(axisymmetric)이면서 다음과 같은 목적으로 활용된다.

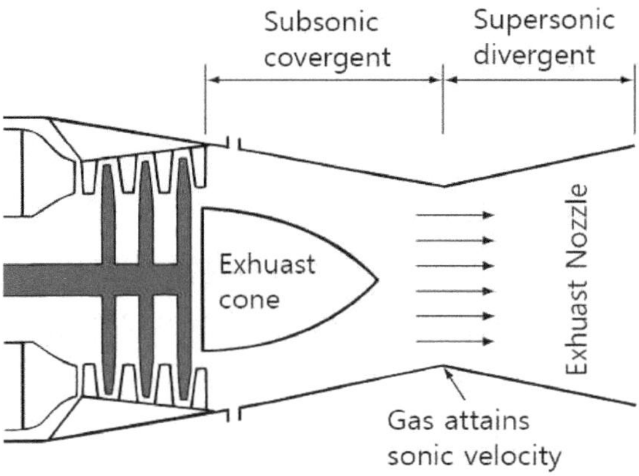

【그림2-28】 배기콘의 위치와 기능

① 터빈에서 배출되는 가스 흐름이 재연소기 화염관의 최대 단면적을 점진적으로 채울 수 있도록 반드시 유체 동압을 고려한 원통형 모양으로 설계되어야 한다.
② 배기콘은 스프레이 바의 지지대 역할을 한다.
③ 배기콘에는 재연소기 구조의 핵심부품인 화염 홀더가 장착된다.

터빈 하류의 높은 온도 때문에 배기콘의 표면은 세라믹(ceramic)으로 코팅된다. 화염 홀더는 연료 분사 노즐의 하류에 있고 통상 V-자 모양 단면으로 된 3개의 동심 링(concentric rings)으로 되어 있다. 화염 홀더 링의 V-자 모양이 소용돌이 흐름과 국지적 역류 흐름을 일으켜 효율적이고 안정된 연소를 가능하게 한다. 재연소의 효율은 여러 개의 화염 홀더 링(flame holder rings)을 배열하여 증가시킨다. 이 구역에서 흐름의 초킹(choking)을 방지하기 위해서 링들은 약간 엇갈림(stagger)으로 배열한다.

2.12 재연소기 작동과 추진 노즐

2.12.1 추진 노즐 설계 고려사항

재연소기를 장착한 엔진에서는 재연소기의 작동으로 인한 제트파이프에서의 압력이 변함이 없어야 하고 이와 함께 엔진 작동점의 변화가 없어야 코어엔진은 재연소기의 작동 여부와 관계없이 어떠한 영향도 받지 않을 것이다. 재연소기를 작동시켰을 때 제트파이프에서 필연적인 온도 상승은 가변면적(variable area)의 추진 노즐(propelling nozzle)을 사용하여 처리할 수 있어야 한다. 따라서 제트파이프 압력을 일정하게 유지하기 위해서 초크노즐(choked nozzle)의 스로트(throat)에서 배기가스의 질량 유동($\overline{m}$)은 일정해야 하고 다음과 같이 나타낼 수 있다.

$$\overline{m}_8 = \frac{\dot{m}\sqrt{c_p T_8}}{A_8 p_8} = constant$$

이를 적용하여 추진 노즐의 스로트 면적(throat area)에서 질량 유동이 변화하는 양을 구할 수 있다. 만약 배기가스의 성질(γ와 c_p)들이 재연소기 작동에 영향을 받지 않는다면 노즐 면적은 온도의 제곱근에 비례하여 증가하게 될 것이다. 가역 노즐(reversible nozzle)에서 제트속도(V_j)는 다음과 같다.

$$V_j = \sqrt{2c_{pm} T_8 \left[1 - (p_a/p_8)^{(\gamma-1)/\gamma}\right]}$$

여기서 배기가스의 성질, 비열(c_{pm}) 그리고 비열비(γ)는 바이패스 공기의 양에 달려있다. 재연소기를 작동하지 않을 때 T_8의 변화는 비교적 작지만, 재연소기를 작동시켰을 때 이 값은 대략 두 배 정도로 증가한다. 이외에 다른 중요한 요소는 노즐 전체에서 발생하는 압력비(p_8/p_a)임을 알 수 있다.

팬에서의 압력비는 대략 2~5 정도이지만 고속비행에서 흡입구 정체압력(p_1)은 주변 압력(p_a)과 비교해서 상당히 높기 때문에 압력비(p_8/p_a)는 약 16 정도까지 높아질 수 있다. 따라서 압력비 $p_8/p_a \approx 16$인 조건에서 효율적인 노즐의 성능을 기대하기 위해서는 노즐의 외형은 반드시 수축-확산형 노즐(convergent-divergent nozzle)이 되어야 한다. 압력비가 16이라고 가정했을 때 출구 마하수(exit Mach number)는 약 2.46 정도가 되고 출구 질량 유동($\overline{m}_9$)은 대략 스로트 값의 약 0.4배가 될 것이다. 이것은 노즐 출구의 면적은 스로트 면적(throat area)의 약 2.5배가 되어야 한다는 것을 의미한다. 이것은 엔진 후방부의 단면적보다 큰 결과가 초래된다.

이처럼 큰 출구 면적(exit area)은 실제에 적용하기에는 비실용적이기 때문에 스로트 하류의 면적 증가는 이보다 작은 값으로 제한된다. 비록 팽창(expansion)이 완전 가역(fully reversible)이 되지 않을지라도 총 추력(gross thrust)에서의 손실은 그리 크지 않게 유지될 수 있다. [그림2-29]는 압력비(p_8/p_a)의 변화에 따라서 3개의 서로 다른 추진노즐에서 총 추력이 어떻게 변하고 있는지를 보여주고 있다. 이들 노즐은 단순 수축노즐(convergent nozzle), 완전 가역 C-D 노즐 그리고 노즐의 끝단은 출구 면적 스로트 값의 약 1.6배가 되도록 설계된 노즐이다.

실제 F-16 전투기에서 노즐의 출구 면적은 스로트 면적의 1.6배가 되도록 설계되었다. 압력비(pressure ratio) 16에서 총 추력 손실은 약 1.5%가 발생했지만, 추력은 단순한 수축노즐에 비해서 약 10% 높다. 그러나 압력비 5까지는 경량의 단순 수축노즐과 다른 노즐 사이에는 큰 차이가 없음을

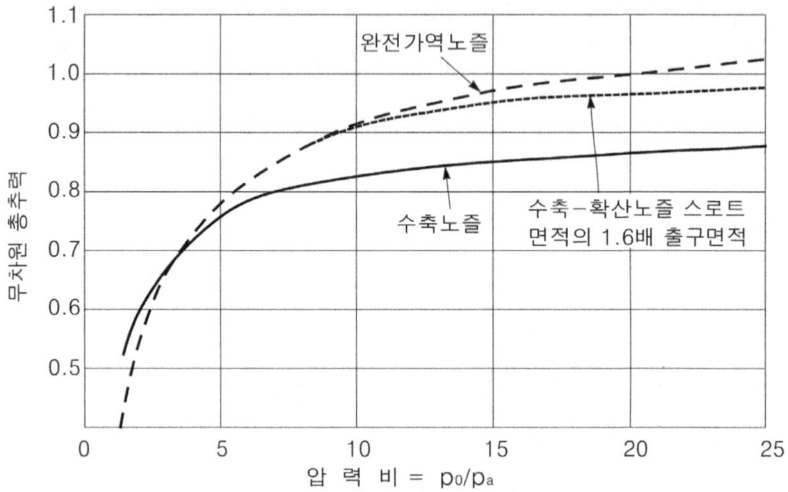

【그림2-29】 완전 가역 C-D 노즐에서 최종 출구의 길이와 면적이 증가할 수 있다. 이 확산관의 크기와 면적이 증가하면 무게와 공기역학적 항력이 증가하는 원인이 될 수 있다. 이것은 확산관으로 얻을 수 있는 추력증대의 효과를 상쇄시킬 수 있다. 이들 두 값의 적정 비율을 선택했을 때 최적의 효율을 달성할 수 있다. 그래프는 일반 수축노즐, 완전 가역 팽창이 발생할 수 있도록 설계된 C-D 노즐 그리고 스로트 면적의 1.6배로 제한된 노즐의 성능을 비교했을 때 단순 수축노즐과는 큰 차이가 있지만, 완전 가역 팽창 추진 노즐에 비해서 추력 성능의 변화가 크게 없다는 것을 알 수 있다.

알 수 있다.

이상적인 노즐은 스로트 면적(A_8)과 출구 면적(A_9)이 압력비에 상응하여 정확한 면적비(area ratio)를 유지하기 위해서 상호 독립적으로 변할 수 있어야 한다. 엔진으로부터 질량 유동, 정체압력과 정체온도가 필수 스로트 면적(throat area)을 결정하기 때문에 스로트 출구의 질량 유동($\overline{m}_8$)은 일정하게 유지된다. 일부 엔진 설계에서는 두 면적이 독립적으로 작동할 수 있도록 하지만 또 다른 엔진 설계에서는 스로트 면적(A_8)의 변화에 따라 지정된 노즐 출구 면적(A_9; A_9/A_8) 값에 맞게 단일 작동기(single actuator)가 동시에 두 면적을 변화시킬 수 있도록 설계되어 있다. 단일 작동기만을 사용했을 때 무게와 비용을 절약할 수 있지만, 일부 작동 영역 선도에서 약간의 추력 손실과 함께 비연료소모가 증가할 수 있다.

2.12.2 추진노즐 제어장치

재연소기를 장착한 엔진이 정상적인 작동을 위해서는 연료 흐름과 추진 노즐 면적(propelling nozzle area) 기능들이 상호 연동되어 작동될 수 있도록 정밀하게 조정되어야 한다. 이것은 노즐 면적이 연료 흐름에 따라 작동되게 하거나 반대로 연료 흐름이 노즐 면적에 따라 변하게 하는 방식으로 제어된다. 재연소기 연료 흐름이 증가하면 노즐 면적이 증가해야 하고 반대로 연료 흐름이 감소하면 노즐 면적이 감소해야 한다.

압력비 제어장치(pressure ratio control unit)는 터빈 선상에서 압력비가 변하지 않도록 보장함으로써 엔진은 노즐 면적과 연료 흐름에 관계없이 재연소기의 작동에 따른 영향을 받지 않는다. 재연소기는 많은 연료를 소모하기 때문에 별도의 연료펌프가 필요하다. 재연소기 연료펌프는 원심흐름(centrifugal flow)과 기어형(gear-type)이 있으며 재연소기의 선택과 동시에 자동으로 작동된다. 이들 장치는 완전 자동이어야 하고 재연소기 결함(malfunctions)에 대비해서 별도의 안전장치를 갖추어야 한다.

조종사가 재연소기를 선택했을 때 신호가 재연소기 연료조정기(fuel control unit; FCU)에 전달된다. FCU는 펌프의 총 연료 공급량을 결정하고 연소기 구성품에 적정 연료 흐름이 공급될 수 있도록 제어한다. 연료가 연소하면서 제트파이프의 압력(p_6)이 증가한다. 압력비 제어장치는 오일펌프 출력을 변화시킴으로써 유압 램 하중과 노즐 플랩에 작용하는 가스 하중(gas load) 사이의 압력차가 발생한다. 가스 하중은 노즐 출구 면적을 증가시키기 위한 노즐 면적(nozzle area)을 증가시키고, 노즐 면적이 증가하면서 압력비(p_3/p_6)를 다시 회복한다. 압력비 제어장치는 유압 램 하중(hydraulic ram load)과 노즐 플랩에 작용하는 가스 하중(gas load) 사이의 압력이 다시 균형을 회복할 때까지 오일펌프 출력을 변화시킨다.

재연소기 추력이 증가할수록 노즐 면적 역시 정확한 압력비(p_3/p_6)를 유지하기 위해서 점진적으로 증가한다. 추진 노즐은 가스 흐름으로 인한 상당한 항력 하중(drag load)을 받을 수 있으므로 제어장치에는 이를 작동시키기 위한 펌프(pump)와 유압 또는 공기압으로 작동되는 여러 개의 램(rams; 피스톤 형식의 작동기)이 필요하다. 작동 유체는 오일 또는 연료를 사용한다. 추진 노즐은 오일펌프에 의한 압력으로 작동하는 유압작동 램들로 수행된다. 펌프 출력(pump outlet)은 연결장치(linkage)를 이용해서 압력비 제어장치(pressure ratio control unit)로부터 제어된다.

❖ 노즐 면적(nozzle area)
대기로 배출되는 배기가스가 통과는 개방된 면적으로 대부분 원통으로 되어 있다. 일부 고성능 엔진에서 노즐 면적은 증가한 배기가스를 수용하기 위해 가변면적일 수 있다. 노즐 면적은 테일 콘 면적을 포함하지 않는다.

❖ 날개면적(wing area)
날개면적은 날개를 위에서 본 모양이다. 이것을 날개평면(planform)이라 한다. 날개면적은 항공기의 설계 및 성능 모델링의 기본 개념이다. 날개평면은 직사각형, 삼각형, 사다리꼴 또는 우주왕복선과 같이 복잡한 조합으로 된 복합 날개평면이 있다.

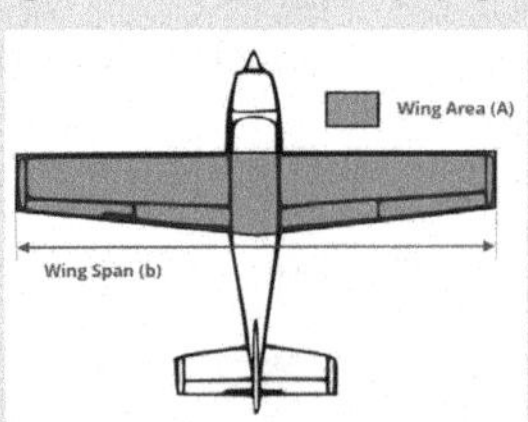

Pratt & Whitney F100

Pratt & Whitney F100 Specifications (F100-PW-220)

[General characteristics]

- Type: Afterburning turbofan
- Length: 191 inches (490cm)
- Diameter: 34.8 inches (88cm) inlet, 46.5 inches (118cm) maximum external
- Dry weight: 3,234 pounds (1,467kg)

[Components]

- Compressor: Dual Spool Axial compressor
- Bypass ratio: 0.71:1
- Combustors: annular

[Performance]

- Maximum thrust:
  14,590 pounds-force (64.9 kN) military thrust,
  23,770 pounds-force (105.7 kN) with afterburner
- Overall pressure ratio: 25:1
- Specific fuel consumption: Military thrust: (0.73 lb/(lbf·h))
- Thrust-to-weight ratio: 7.4:1

[KAI KF-21 Boramae]
• 4.5 generation fighter
• Air superiority fighter
• Multirole combat aircraft

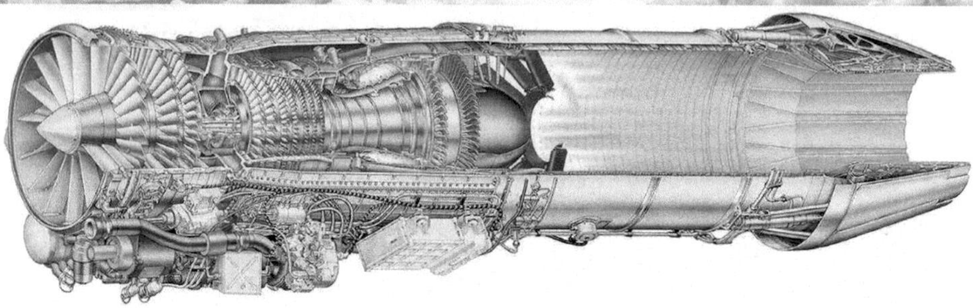

General Electric F414-400 Specifications

[General characteristics]

- Type: Aftcrburning turbofan
- Length: 154 in (391cm)
- Diameter: 35 in (89cm)
- Dry weight: 2,445 lb (1,110kg) max weight

[Components]

- Compressor: axial compressor with 3 fan and 7 high-pressure stages
- Combustors: annular
- Turbine: 1 low-pressure and 1 high-pressure stage

[Performance]

- Maximum thrust:
  - 13,000 lbf (57.8 kN) military thrust
  - 22,000 lbf (97.9 kN) with afterburner
- Overall pressure ratio: 30:1
- Bypass ratio: 0.25:1
- Air mass flow: 170 lb/s (77.1 kg/s)
- Thrust-to-weight ratio: 9

※ General Electric and Hanwha Aerospace F414-KI

Chapter 3

터보프롭 엔진

GE's advanced turboprop engine (ATP) to power Textron Aviation's new single-engine turboprop (SETP) aircraft

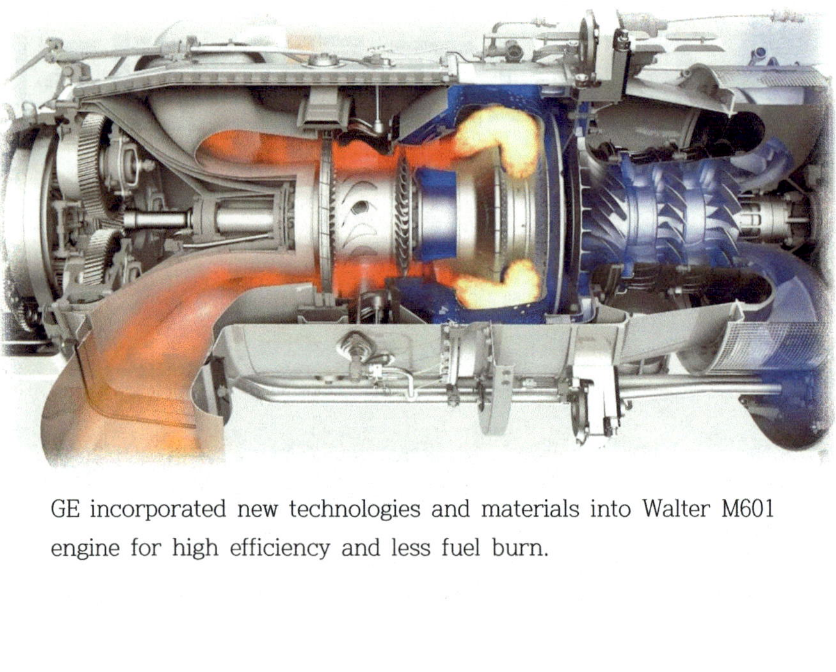

GE incorporated new technologies and materials into Walter M601 engine for high efficiency and less fuel burn.

• 터보프롭 엔진 •

3.1 개 요

✈ 제트엔진의 기본원리와 터보제트 엔진과 터보팬 엔진에 관해서 다루었다. 기본적으로 제트엔진의 추력은 고속 배기가스의 분출이나 고속 배기가스와 대량 팬 흐름의 분출로 얻는 방식으로만 여겨져 왔으나, 프로펠러와 조합된 방식이 있다. 이를 터보프롭 엔진(turboprop engine)이라 한다. 또 다른 제트엔진의 응용 방식은 고속 배기가스가 추력을 생산하지 않고 오직 로터 블레이드를 구동시키는 데 전적으로 사용할 수 있도록 설계된 방식이 있다. 이를 터보샤프트 엔진(turboshaft engine)이라 한다.

그러나 이들 두 엔진 역시 고온 배기가스를 생산하기까지의 과정은 동일하다. 터빈엔진의 기본 구성품인 공기흡입구-압축기-연소기-터빈은 같다는 것을 의미한다. 다만, 고온고속의 배기가스를 프로펠러나 로터 블레이드(헬리콥터)를 구동시키는 데 사용하기 때문에 배기가스는 추력 생산의 일부(터보프롭에서 약 15~20%) 그리고 터보축 엔진에서는 전혀 추력 생산에 사용되지 않는 점이 다르다. [그림3-1]은 항공기 터빈엔진의 기본 모델을 비교해서 관찰할 수 있다. 앞에서 충분히 학습되었기 때문에 이해하는 데

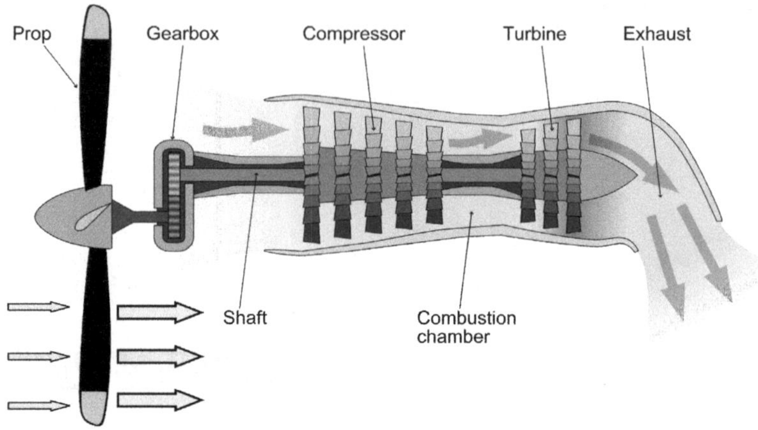

【그림3-1】 터보프롭 엔진 구성도

어렵지 않을 것이다. 터보프롭 엔진과 터보축 엔진의 구성품과 공기 흐름의 경로 그리고 마지막 배기가스의 활용에서 다르다는 것을 알 수 있다.

3.1.1 왕복엔진과 터보프롭 엔진 비교

항공역사에서 왕복엔진(reciprocating engine)은 항공기 엔진으로 오랫동안 사용됐고, 현재도 소형 항공기 동력장치로 우수한 성능을 갖추고 있다. 항공기 재료가 발달하면서 터빈엔진은 더 높은 열에 견딜 수 있고, 재료의 발달로 터빈엔진은 더 경량화되었고 소형화(compact)되었다. 이 같은 경량 터빈엔진의 개발로 소형 단발 터보프롭 항공기 엔진이 항공시장의 주목받고 있다. 여기서는 왕복엔진과 터보프롭 엔진의 일부 측면을 단순 비교한 것이다.

(1) 초기비용

항공기 엔진의 제조 및 엔지니어링 측면에서 분석했을 때 왕복엔진은 터빈엔진보다 훨씬 덜 복잡하다. 일반적으로 터보프롭 엔진 가격이 높은 것은 프로펠러 구동을 위한 독특한 터보프롭 엔진 작동과 관련된 높은 온도와 힘(high temperatures and forces) 때문으로 이들 두 결정적 요소에 견딜 수 있는 재료와 엔진 설계 모두를 반영해서 가격이 책정되기 때문이다. 이 때문에 왕복엔진 항공기의 초기 비용(cost of entry)은 훨씬 낮다.

(2) 정비

왕복엔진의 작동 특성상 심한 진동(vibration)을 유발하는 많은 운동 부품으로 구성되어 있지만, 터보프롭 엔진은 운동 부품(moving parts)이 훨씬 적어 작동이 부드럽고 진동이 낮은 것이 특징이다. 일반적으로 터보프롭 엔진은 왕복엔진보다 높은 신뢰성(reliability)과 더 긴 오버홀시간(time between overhaul; TBO)을 제공한다. 이것은 터보프롭 엔진은 정비를 위해서 입고하기 전까지 더 많은 시간을 운항할 수 있다는 것을 의미한다. 전형적인 터보프롭 엔진의 TBO는 3,000시간이지만 왕복엔진의 TBO는 통상 2,000시간이라는 점을 고려할 때 터보프롭 항공기의 초기 비용(upfront cost)은 시간이 지남에 따라 정비비용(maintenance costs)이 낮아짐에 따라 다소 상쇄될 수 있다.

(3) 성능

터보프롭 항공기는 왕복엔진 항공기보다 더 높은 속도에서 비행할 수 있는 더 강력한 동력(more powerful)을 제공한다. 또한, 터보프롭 항공기 조종실은 통상 여압(pressurized)이 가능하여 더 높은 고도에서 운항할 수 있다. 일반적으로 터보프롭 항공기는 평균 대기속도 250~300노트에서 고도 20,000~30,000피트에서 효율적으로 운용되지만, 왕복엔진 항공기는 통상 여압이 되지 않고 고도 12,000피트 또는 그 이하의 고도로 운항이 제한된다. (보충산소를 사용하지 않는 한) 또한, 왕복엔진이 터보프롭 엔진보다 강력하지 않기 때문에 왕복엔진 항공기 속도는 통상 약 200노트로 제한된다.

(4) 항속거리

일반적으로 왕복엔진 항공기는 6인승 미만의 소형 항공기이고, 300마일 미만의 단거리(short-haul) 운항에 적합하다. 반면 터보프롭 항공기는 더 많은 승객을 운송할 수 있는 더 큰 항공기이면서 더 많은 연료를 적재할 수 있어 항속거리(range)는 통상 1,000마일까지 비행할 수 있다. 왕복엔진 항공기와 소형 터보프롭 항공기는 활주로가 짧은 소규모 공항에 접근성이 좋아 대형 항공기가 이착륙할 수 없는 지역까지 비행할 수 있는 이상적인 여행수단을 제공한다.

3.1.2 터보프롭 항공기와 소형제트 항공기의 비교

터보프롭 엔진은 터보제트 또는 터보팬 엔진과 다른 형식의 터빈엔진이다. 터보프롭 엔진을 탑재한 항공기 대부분은 일부를 제외하고 소형 제트기(very light jet; VLJ)보다 순항속도가 느리지만, 연료 효율이 높은 장점이 있다. 터보프롭 엔진 항공기가 소형 제트기와 비교해서 전체적인 운영비가 저렴하다는 사실에도 불구하고, 소형 제트기를 선호하는 것은 비행의 필요성과 선호도에 달려있다. 예를 들어 더 먼 거리를 비행해야 한다면 소형 제트기가 운용상의 이점이 있을 수 있으나 단거리 혹은 거친 활주로에서 운용해야 한다면 터보프롭 항공기가 더 안전하고 운영비를 절약할 수 있다. 최신 터보프롭을 탑재한 항공기와 소형 제트기의 장단점을 단순 비교해 보면 다음과 같다.

(1) 기능성(functionality)

터보프롭 항공기의 최대 장점 중 하나는 잔디로 다져진 활주로에서 이착륙할 수 있는 능력이다. 그러나 소형 제트기는 아스팔트나 콘크리트 활주로 없이는 이륙하거나 착륙할 수 없다. 실제 Quest, Kodiak, King Air와 같은 기종은 단거리 소프트필드 활주로에서 이착륙할 수 있어 주변

【그림3-2】 소형 제트기(very light jet; VLJ). 초급 제트기 또는 개인용 제트기(personal jet)인 초경량 제트(VLJ)는 이전에는 마이크로 제트(microjet)로 알려졌던 소형 비즈니스 제트기의 범주이다. VLJ는 경량 비즈니스 제트기로 간주되며 1인 조종사로 승인된다.

수많은 소규모의 공항들을 활용할 수 있는 기능성이 우수하다.

(2) 안락함과 객실 맞춤 장식(comfort and customization)

소형 제트기가 터보프롭 항공기보다 더 안락하고 소음이 덜한 것으로 알고 있으나 현대 터보프롭 항공기는 안락함과 소음 면에서 소형 제트기보다 더하지 않다. 실제 최근에 출시된 터보프롭 항공기의 객실은 최고의 조명 시설과 장식으로 고급화되었고, 소음 역시 이륙할 때를 제외하고, 프로펠러의 소음을 차단하기 위한 첨단 방음 기술을 갖추고 있다. 이외에도 대부분의 터보프롭 항공기는 6~8명의 승객이 탑승할 수 있고, 고객의 취향에 맞는 위성 전화나 엔터테인먼트 시스템을 설치할 수 있고, 자가용 제트기처럼 객실 내부를 장식할 수 있다.

(3) 속도

소형 제트기가 대부분의 터보프롭 항공기보다 순항속도가 빠르기는 하지만, 실질적으로 큰 차이는 없다. 예를 들어 뉴욕에서 플로리다까지 터보프롭은 4시간 그리고 소형 제트기는 3시간 정도 소요된다. 이처럼 비행시간 측면이 중요시되지 않는다면 터보프롭이 더 나을 수 있다. 모든 터보프롭 항공기가 소형 제트기보다 속도가 느린 것은 아니다. 예를 들어 Avanti Evo 터보프롭 항공기는 400노트 이상으로 비행할 수 있다. 반면 Cessna Citation Mustang 그리고 Phenom 100 소형 제트기의 최대속도는 각각 340노트, 375노트이다.

(4) 운영비(operating cost)

전체적으로 비용을 놓고 비교했을 때 터보프롭 항공기는 소형 제트기보다 운영비가 적게 든다. 예를 들어 Citation CJ3와 Avanti Evo 터보프롭 항공기를 비교했을 때 시간당 약 195달러의 연료비를 절약할 수 있다. 그러나 공기밀도와 기류의 이동속도와 같은 여러 요인이 항공기의 효율에 영향을 미친다는 점에 유의해야 한다. 일반적으로 터보프롭은 저고도에서 연료 효율이 더 높지만, 소형 제트기는 고고도에서 더 효율적이다.

(5) 신뢰성(reliability)

단발엔진 항공기보다 다발엔진 항공기가 더 안전하지만, 터보프롭 항공기는 소형 제트기보다 더 안전하다고 여겨진다. 이것은 터보프롭 항공기의 "balanced field(go/stop 균형 지점)" 영역이 향상되었기 때문이다. 밸런스 필드는 비행기가 이륙 속도에 도달한 후 이륙중단을 실행해야 하는 상황에서 얼마나 신속하고 안전하게 그리고 쉽게 정지할 수 있는 성능을 의미한다. 터보프롭 항공기의 경우 이륙중단을 결심했을 때 프로펠러의 피치 각도를 조절해서 부가적인 항력이나 역추력을 제공할 수 있다. 실제 터보프롭 엔진은 왕복엔진보다 기계적으로 단순하고 가벼우며 신뢰성과 조작이 쉬운 장점이 있다.

【그림3-3】 ATR 72는 프랑스와 이탈리아에서 항공기 제조업체 ATR에서 제작한 쌍발 단거리 항공기이다. 숫자는 항공기의 표준 좌석 형상에서 72명의 승객석을 나타낸다. 국내에서도 취항하고 있다.

❖ 주요 10대 터보프롭 비행기

일반적으로 쌍발 터보프롭 비행기의 최대속도는 대략 268~402노트 정도이다. 그러나 쌍발 엔진 비행기는 이보다 더 빠른 속도를 기록하기도 했다. 다음은 주요 10대 터보프롭 비행기 목록이다.

1. Piaggio P.180 Avanti Evo (402 knots)
2. Piper Cheyenne III 400 LS (360 knots)
3. Bombardier DHC-8 Q400 (360 knots)
4. Beechcraft Starship 2000A (335 knots)
5. Beechcraft Super King Air 350i (312 knots)
6. Cessna 441 Conquest II (300 knots)
7. Swearingen Merlin III (300 knots)
8. ATR 72 (280 knots)
9. Saab 340 (271 knots)
10. Cessna 425 Corsair (268 knot)

3.2 터보프롭 엔진 설계

✈ 제트엔진(jet engine) 또는 가스터빈엔진의 핵심은 압축기, 연소기 그리고 터빈으로 구성된 가스발생기(gas generator)와 흡입구(air inlet) 그리고 배기 노즐(exhaust nozzle)의 정교한 결합으로 이루어진다. 만약 가스발생기의 터빈부에서 압축기와 보기류(accessories)를 구동시키는데 필요한 에너지 이상을 고온가스로부터 흡수할 수 있도록 설계되었다면 초과 축동력(extra shaft power)은 프로펠러를 구동시키는데 사용될 수 있을 것이다. 터보프롭 엔진에서 회전 기계장치의 핵심은 엔진 축(engine shaft)의 높은 RPM과 낮은 토크(low torque)를 감속기어(reduction gears)를 통해서 낮은 RPM과 높은 토크(high torque)로 변환하는 것이다. 터보프롭은 근본적으로 터보제트와 유사하지만, 주요 차이점을 다음과 같다.

첫째, 프로펠러 구동을 위한 부가(독립) 터빈장치가 필요하다.
둘째, 2-스풀(two-spool) 배열의 회전 기계장치가 필요하다.
셋째, 고속 회전속도를 프로펠러에 적합하게 감속시키기 위한 감속장치가 필요하다.

터보프롭 항공기는 터보제트와 터보팬 항공기의 중간 속도영역에서 높은 효율을 갖기 때문에 민간항공에서는 중거리 커뮤터 혹은 비즈니스 항공기(commuter or business aircraft)에 많이 탑재되어 있다. 또한, 군용 항공기에서는 C-130, PC-2와 같은 수송기의 동력장치(powerplant)로 활용되고 있다. 반면 터보축 엔진(turboshaft engine)은 현대의 고성능 헬리콥터 엔진으로 최적의 성능을 발휘한다.

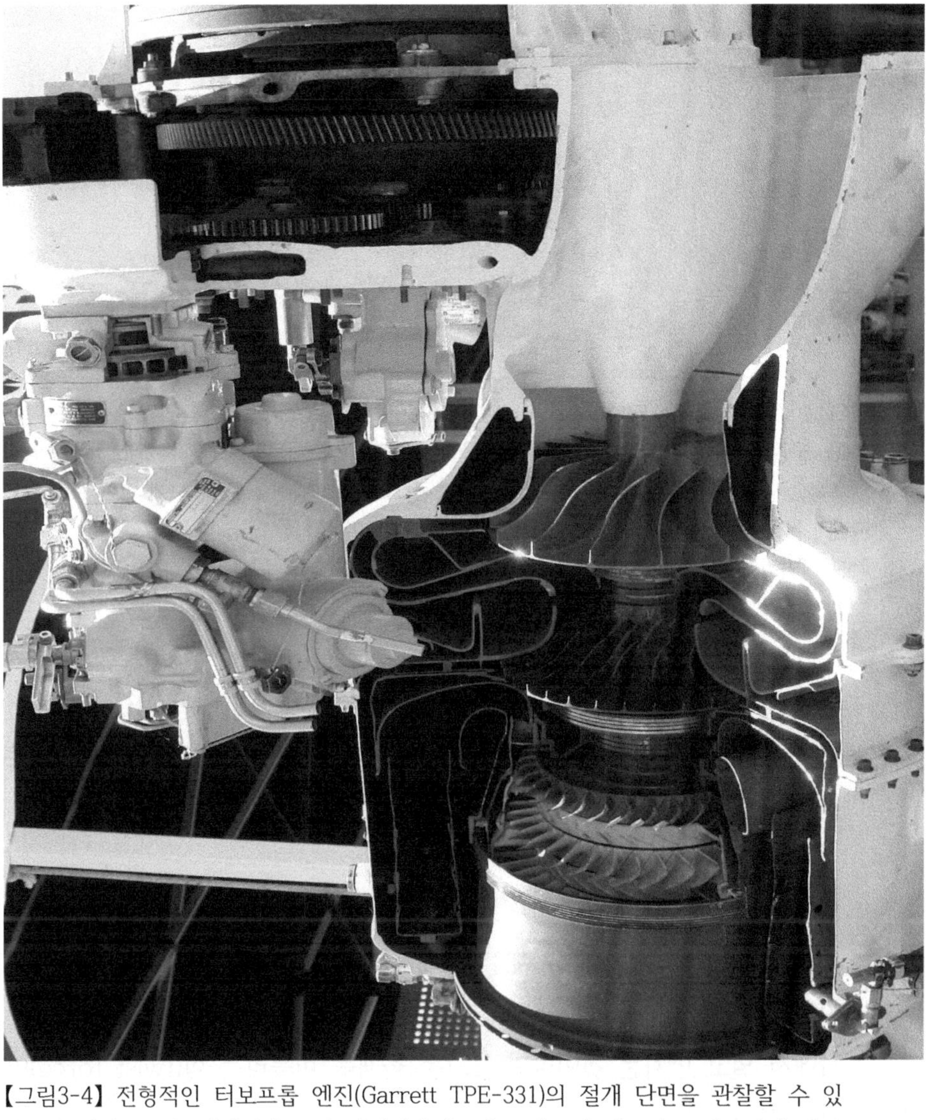

【그림3-4】 전형적인 터보프롭 엔진(Garrett TPE-331)의 절개 단면을 관찰할 수 있다. 이 엔진은 1축 엔진이다. 2단 원심압축기, 역류 애뉼러 연소기 그리고 3단 축류 터빈으로 구성되어 있다. 하단의 공기는 흡입구를 따라서 엔진 속으로 유입되고 축은 감속기어장치를 통해서 프로펠러에 동력을 전달한다. 이 엔진의 최대출력은 575 SHP (429 kW)이다.

【그림3-5】 A Pratt & Whitney Canada PW100 series engine. ATR 72의 이전 모델은 2,400 SHP의 정격으로 구형 PW124B 엔진을 장착하고, 이후 제작된 항공기는 "hot and high" 이륙 성능을 개선하기 위해 최대 2,750 SHP의 정격으로 신형 PW127 엔진에 의해 구동된다. 따라서 짧은 활주로가 있는 높은 표고 공항에서 착륙하고 이륙할 수 있다. 무게 기준 날개의 30%에 카본 파이버를 활용하여 20%의 경량화를 실현하고 있다.

(1) 보기류(accessory)

엔진 구동을 보조하는 연료펌프, 기어박스, 기어 트레인, 시동기, 발전기, 유압펌프, 정속구동장치(CDU), FCU 등 주요 엔진 구성품의 작동을 보조하는 기계장치이다.

(2) 토크(torque)

토크, 모멘트(moment), 또는 모멘트 힘(moment force)은 물체를 회전시키려는 힘(rotational force)이다. 선형 힘(linear force)이 직선 선상에서 밀고 당기는 것이라면 토크는 물체를 비틀리는 힘(twist force)이라고 할 수 있다.

(3) 스풀(spool)

가스터빈엔진에서 압축기-구동축-터빈 한 세트가 1-스풀을 구성한다.

만약 2-스풀(two-spool) 엔진이라면 고압(압축기-구동축-터빈)과 저압(압축기-구동축-터빈) 2세트로 구성된 엔진을 의미한다. 3-스풀이라면 3세트로 구성된 엔진이다.

(4) 코어엔진(core engine)

모든 가스터빈엔진은 공통으로 연소기(combustor or burner), 압축기 그리고 터빈부를 갖추고 있다. 압축기, 연소기, 터빈을 일컬어서 코어 엔진이라 한다. 모든 가스터빈엔진은 이들로 구성되어 있기 때문이다. 이를 가스발생기(gas generator)라고도 하는데 이것은 코어의 출력이 고온 배기가스(hot exhaust gas)이기 때문이다.

【그림3-6】 록히드 마틴 C-130J 슈퍼 헤라클레스는 4 엔진 터보프롭 군용 수송기이다.

3.3 터보프롭 엔진의 기술적 측면

✈ 터보프롭에서 배기 추력(exhaust thrust; 배기가스 에너지)은 터빈 팽창으로부터 부가적으로 추출된 동력(압축기를 구동시키는 데 필요한 수준까지)에서 얻은 축동력(shaft power)을 위해서 사용된다. 터빈 계통에서 부가 팽창(additional expansion)으로 인해서 배기 제트(exhaust jet)에 있는 잔여 에너지(residual energy)는 낮다. 결국, 배기 제트는 총 추력의 대략 10% 내외를 생산한다.

비록 추진 공기흐름(propulsion airflow)이 팬(fans)을 위한 것보다 프로펠러를 위한 것이 명확하게 한정(less clearly defined)되지 않았을지라도 터보프롭은 바이패스비(bypass ratios)를 50~100까지 달성할 수 있다. 프로펠러는 high RPM/low 토크 출력(torque output)을 low RPM/high 토크 출력으로 전환하는 감속기어(reduction gear)를 통해서 터빈과 한 쌍으로 연결되어 있다. 일반적으로 터보프롭 프로펠러는 대형 왕복엔진 항공기에서 사용하는 것과 유사한 정속 프로펠러(constant speed; variable pitch) 형식이다.

터보팬 엔진에서 사용된 작은 지름의 팬과 달리 터보프롭 프로펠러는 지름이 크기 때문에 대량의 공기(large volume of air)를 가속할 수 있다. 이것은 주어진 양의 추력에 대한 더 낮은 공기흐름 속도(lower airstream velocity)를 허용한다. 다시 말해서 큰 각도에서 적은 양의 공기를 가속하는 것보다 저속에서 작은 각도로 더 많은 공기를 가속할 수 있어 더욱 효율적인 것처럼 낮은 디스크 하중(disc loading; thrust per disc area)은 항공기의 에너지 효율(aircraft's energy efficiency)을 증가시키고 연료 소모가 낮다.

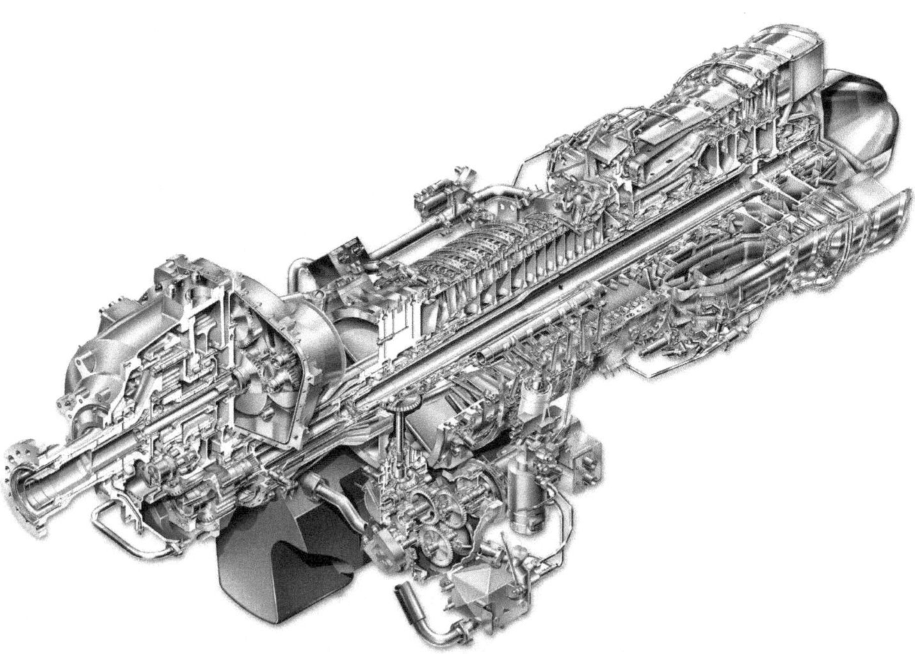

【그림3-7】 Rolls-Royce AE 2100은 현재 Rolls-Royce North America의 일부인 Alison Engine Company가 개발한 터보프롭 엔진이다. 이 엔진은 Allison이 이전 모기업인 General Motors의 사업부였을 때 GMA 2100으로 알려졌다. 이 엔진 터빈은 4단으로 구성되어 있고 첫 2-단은 고속 스풀과 14단 압축기로 구성되어 있고, 내측 저속 스풀은 2단 터빈에 의해 구동되며 전방의 기어박스에 연결되어 있다.

항공기 속도가 증가함에 따라 프로펠러 효율은 떨어지기 때문에 통상 터보프롭은 Mach 0.6~0.7 이상의 고속 항공기에는 사용되지 않는다. 그러나 터보프롭 엔진과 매우 유사한 프로팬 엔진(propfan engines)은 Mach 0.75에 근접한 비행속도에서 순항 비행할 수 있다.

프로펠러 효율을 높이기 위해서 대기속도에 상대적인 피치(pitch)를 변경할 수 있는 기계장치(mechanism)가 사용된다. 또한, 활주로에서 감속하는 동안 음성 추력(negative thrust)을 생산하기 위해서 가변-피치(variable-pitch propeller) 또는 조절형-피치(controllable-pitch) 프로펠러가 사용될 수 있다. 이외에도 엔진고장이 발생했을 때 피치는 페더링(feathering)으로 조절하여 불작동 프로펠러의 항력을 최소화할 수 있다.

대부분 현대 터보제트와 터보팬 엔진이 축류 압축기(axial-flow compressors)를 사용하지만 터보프롭 엔진은 최소한 한 개의 원심 압축기 단을 사용한다. 원심 압축기(centrifugal compressors)는 유선 모양(streamlined shape)에서 다소 불리한 점은 있지만, 단순하고 가벼운(simple and lightweight) 장점이 있다.

동력 터빈(power turbine)은 가스발생기(gas generator) 섹션과 통합될 수 있지만, 오늘날 많은 터보프롭은 분리 동심축(coaxial shaft)에서 자유 동력 터빈(free power turbine) 형식으로 설계된다. 이 설계 방식은 압축기 속도와 관계없이 프로펠러를 자유롭게 회전시킬 수 있다. 터보축에서 잔여 추력(residual thrust)은 터빈 계통에서 추가 팽창(further expansion)하지 못하도록 하거나, 반대 방향으로 반작용을 일으킬 수 있도록 배기가스의 방향을 전환하거나 길이를 줄이는 방법이 적용된다.

터보제트와 달리 엔진 배기가스는 추력(significant thrust)을 생산하기 위한 충분한 에너지를 포함하고 있지 못하다. 이 같은 이유는 대부분의 엔진 동력이 프로펠러를 구동시키는 데 사용하기 때문이다. 터보제트 엔진이 상대적으로 적은 공기 유동률을 고속 배기가스로 가속시킬 수 있도록 설계되는 반면 터보프롭 엔진은 프로펠러에 의한 비교적 낮은 속도의 대량 공기 질량 유동으로 전환될 수 있도록 설계되어 있다. 비록 비행속도가 낮고 조종실 소음이 크기는 하지만 연료 효율 면에서 아주 뛰어나다.

일반적으로 터보프롭 엔진은 소형 아음속 항공기에 많이 사용되지만, 일부 터보프롭 엔진 항공기는 순항속도가 500노트(926km/h)를 초과하기도 한다. 이외에도 Lockheed L-188 Electra, Tupolev Tu-95와 같은 대형 군 수송기 그리고 민간항공에서는 Airbus A400M 항공기는 4기의 Europrop TP400 터보프롭 엔진을 탑재하였다.

❖ 프로펠러 페더링(feathering)

프로펠러 페더링 시스템은 대부분의 다발엔진 프로펠러 항공기에 사용되어 엔진 고장이 발생했을 때 프로펠러에 의해 발생하는 항력을 감소시키는 데 사용된다. 아래 그림에서 오른쪽 엔진 프로펠러가 페더링 상태이다.

❖ 터보프롭 엔진 활용

터보팬과 달리 터보프롭은 프로펠러(및 배기)의 제트 속도가 상대적으로 낮아 725km/h (450mph; 390노트) 미만의 속도에서 가장 효율적이다. 현대 터보프롭 여객기는 소형 지역 제트 여객기와 거의 같은 속도로 비행하지만, 승객 1인당 연료의 2/3 정도이다. 그러나 터보제트(고속과 연비 향상을 위해 높은 고도에서 비행할 수 있음)와 비교해서 프로펠러 항공기는 실링이 낮다. 피스톤 엔진보다 더 큰 동력 대 중량 비(이륙 시간을 단축할 수 있음)와 신뢰성은 높은 초기비용, 유지 보수 및 연료 소비를 상쇄할 수 있다.

❖ 부시 비행기(Bush airplane)

캐나다 북부, 알래스카 툰드라, 아프리카 덤불, 사바나, 아마존 열대우림, 오스트레일리아 오지와 같은 외딴 미개발 지역에 일정 및 비정기 승객과 비행 서비스를 제공하기 위해 사용되는 일반항공 항공기다. 이들 비행기는 지상 교통 인프라가 불충분하거나 존재하지 않는 곳에서 주로 임무를 수행한다.

3.4 터보프롭 항공기의 개발 역사

✈ Alan Arnold Griffith는 1926년에 터빈 설계에 대한 논문을 발표했다. 이후 Royal Aircraft Establishment에서는 축(shaft)에 동력을 공급하여 프로펠러를 구동시키는데 사용될 수 있는 축 터빈 설계(axial turbine designs)를 연구하였다. 1929년부터 Frank Whittle은 순수한 제트 추력(pure jet thrust)을 제공하는 원심(centrifugal) 터빈 설계에 착수했다. 헝가리 기계 엔지니어인 Gyögy Jendrassik이 세계 최초 터보프롭 엔진을 설계하였다.

Jendrassik(옌드라시크)은 1928년에 터보프롭 아이디어를 발표했고, 1929년 3월 12일에 그의 발명품에 관한 특허(patent)를 냈다. 1938년, 그는 소형(100Hp; 74.6kW) 실험용 가스터빈엔진을 제작했다. 1937년부터 1941년까지 부다페스트 Ganz Works에서 1,000 bhp의 예상 출력(predicted output)을 가진 더 큰 Jendrasik Cs-1(터보프롭 엔진 참고)이 제작하여 테스트하였다. 이 엔진은 15개의 압축기와 7개의 터빈 단(turbine stages), 애뉼러 연소실(annular combustion chamber), 그리고 많은 다른 현대적인 특징들을 갖춘 축류 설계(axial-flow design)가 되었다. 1940년 첫 작동에서 연소 문제로 인해서 출력은 400 bhp(brake horsepower)로 제한되었다. 1941년 엔진은 전쟁으로 인해 폐기되었고 공장은 전통적인 엔진 생산으로 전환되었다. 대량 생산(mass production)에 들어간 세계 최초의 터보프롭 엔진은 1942년 독일의 엔지니어 맥스 아돌프 뮬러(Max Adolf Mueller)가 설계했다.

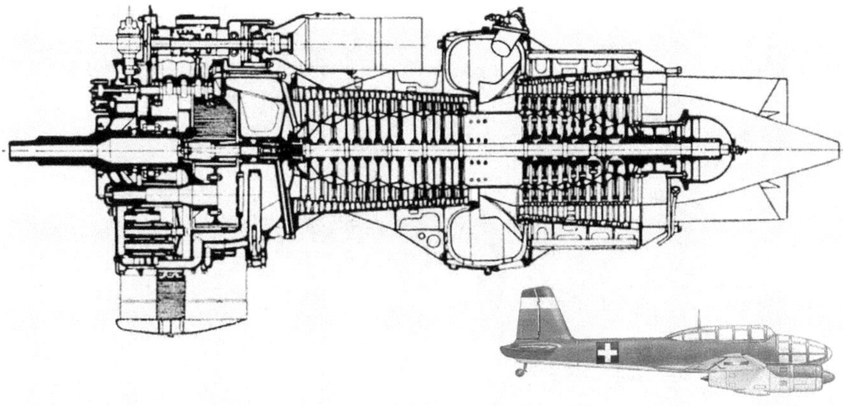

【그림3-8】 The World's First Turboprop Engine(Jendrassik CS-1)

일반 대중 매체에서 터보프롭 엔진에 대한 첫 언급은 1944년 2월 발행된 영국 항공 간행물 비행(British aviation publication) "Flight"이었고, 미래에 등장하게 될 터보프롭 엔진에 대한 상세한 절개도면(cutaway drawing)과 함께 소개되었다. 이 절개도면은 이후 설계된 Rolls-Royce Trent와 아주 유사하였다.

첫 번째 영국의 터보프롭 엔진은 Rolls-Royce RB.50 Trent이고, 감속기어와 Rotol 7ft 11 in (2.41 m) 5-블레이드 프로펠러를 장착한 Derwent II로 전환되었다. 2대의 Trents가 **Gloster Meteor EE227**(the sole "Trent-Meteor")에 장착되었는데, 이는 생산을 위한 테스트-베드(test bed; 항공기 엔진 등의 시험하는 데 사용되는 장치)는 아니지만, 세계 최초의 터보프롭 동력 항공기가 되었다. 이 항공기는 1945년 9월 20일 첫 비행을 했다.

Rolls-Royce는 Trent에 대한 경험을 바탕으로 Rolls-Royce Clyde를 개발하였고, 이 엔진은 군용 및 민간용으로 완전히 검증된 최초의 터보프롭 엔진이다. Dart는 지금까지 제작된 엔진 중 가장 신뢰할 수 있는 터보

【그림3-9】 Armstrong-Siddeley Double Mamba

프롭 엔진 중 하나이다. Dart는 50년 이상 생산되었다. Dart 엔진을 탑재한 Vickers Viscount는 대량 생산에 들어간 첫 터보프롭 항공기로 많은 엔진이 판매되었다. 이 항공기는 1948년 7월 16일 첫 비행을 했다. 첫 4발-엔진 터보프롭 항공기(four-engined turboprop)이기도 하다.

세계 최초의 단발엔진 터보프롭 항공기는 1948년 3월 24일 초도비행을 한 Armstrong Siddeley Mamba 엔진을 탑재한 Boulton Paul Balliol 항공기이다. Soviet Union은 Junkers Motorenwerke 항공기와 엔진 제작회사에서 독일 2차 세계대전 개발을 기반을 다졌고, BMW, Heinkel-Hirth and Daimler-Benz 역시 부분적으로 설계하여 개발한 후 시험하였다.

Soviet Union은 보잉사의 B-52 Stratofortress에 필적하는 제트추진 폭격기(jet-powered strategic bomber)의 기체(airframe)를 만들 수 있는 기술을 가지고 있었지만, 그들은 대신 4발 Kuznetsov NK-12 터보프롭을 장착한 Tupolev Tu-95 Bear를 생산하였다. 이 항공기는

초음속 팁 속도(supersonic tip speeds)로 회전하는 8개의 엇회전 프로펠러(contra-rotating propellers; two per nacelle)를 장착함으로써 최대 순항속도 575 mph를 달성하였다. 이 속도는 대부분의 초기 제트 항공기 속도보다 빠르고 대부분 임무를 위해서 제트 순항속도(jet cruising speeds)와 비교할 수 있는 속도이다. Tupolev Tu-95 Bear는 소련에서 개발한 가장 성공적인 장거리 전투와 감시(long-range combat and surveillance) 항공기이고, 20세기 말까지 소련의 전력설계(Soviet power projection)의 상징적 역할을 해왔다.

최초의 미국 터보프롭 엔진은 General Electric XT31로, 시험용 Consolidated Vultee XP-81에서 처음 사용되었다. XP-81은 1945년 12월에 첫 비행을 했고, 이 항공기는 터보프롭과 터보제트 동력을 처음으로 결합한 항공기(combination of turboprop and turbojet power)가 되었다.

Allison의 초기 T38 설계기술은 Allison T56으로 발전했고, 4발-엔진 Lockheed Electra airliner의 동력장치로 사용되었다. 이 엔진은 군 해상 초계기 P-3 Orion에 맞게 개량되었고, 군 수용기인 C-130 Hercules의 동력장치로 많이 사용되었다. 민간항공에 사용되는 가장 많이 생산된 터보프롭 엔진 중 하나는 Pratt & Whitney Canada PT6 엔진이다. 최초의 터빈동력 축-구동 헬리콥터(turbine-powered, shaft-driven helicopter)는 1951년 12월 11일에 Boeing T50 터보축 엔진을 사용한 Charles Kaman's K-125 synchropter를 기반으로 개발된 Kaman K-225이다.

3.5 터보프롭 항공기 비행 성능

✈ 터보팬과 비교해서 터보프롭은 725km/h(450 mph; 390 knots) 이하의 비행속도에서 가장 효율이 높다. 이것은 프로펠러의 제트 속도(jet velocity and exhaust)가 상대적으로 낮기 때문이다. 현대 터보프롭 항공기(modern turboprop airliners)는 소형 지역 제트기(small regional jet airliners)와 거의 동일 속도에서 운항하지만, 승객 당 연료(fuel per passenger)는 2/3에 불과하다.

그러나 고고도와 높은 연료 소모율로 운항하는 터보 제트와 비교했을 때 프로펠러 항공기는 비교적 저고도에서 운항한다. 민간항공에서 터보프롭 엔진의 가장 일반적인 적용은 소형 커뮤터 항공기(small commuter aircraft)이며, 이 항공기들의 높은 출력과 신뢰성(greater power and reliability)은 초기 높은 비용과 연료 소모량이 다소 상쇄한다.

또한, 제트 연료(jet fuel)는 AVGAS보다 더 쉽게 구할 수 있는 장점 때문에 Cessna Caravan and Quest Kodiak와 같은 부시 비행기(bush airplanes)들에 매우 유용하게 활용된다. 터보프롭 엔진의 높은 가격으로 인해서 이들 비행기는 적절한 비행속도(modest flight speeds)에서 고성능 단거리 이착륙 성능과 효율이 요구되는 조건에서 주로 활용된다.

일반적으로 터보프롭 엔진은 소형 아음속(subsonic) 항공기에 적합하지만, Tupolev Tu-114는 470노트(870km/h, 541mph)까지 비행할 수 있다. Lockheed L-188 Electra 그리고 Tupolev Tu-95와 같은 대형 군용 항공기와 민간 항공기 역시 터보프롭 동력을 사용한다. Airbus A400M은 Europrop TP400 엔진을 4개를 탑재하였다. 이 엔진은 11 MW 출력(megawatt-output) Kuznetsov NK-12 그리고 10.4 MW의

【그림3-10】 Bombardier Q400, 동력장치 Pratt and Whitney PW150A, 최대 순항속도 360 knots, 항속거리 2,522 Kilometers, 그리고 서비스 실링 25,000피트이다.

Progress D-27에 이어 세 번째로 강력한 터보프롭 엔진이다.

2017년에 가장 많이 취항한 터보프롭 여객기(turboprop airliners)는 ATR 42/72, Bombardier Q400 그리고 Dash 8-100/200/300, Beechcraft 1900, de Havilland Canada DHC-6 Twin Otter, Saab 340 등이 있다. 이외에도 주요 구형 여객기(older airliners)는 BAe Jetstream 31, Embraer EMB 120 Brasilia, Fairchild Swearingen Metroliner, Dornier 328, Saab 2000, Xian MA60, MA600과 MA700, Fokker 27 그리고 50이 있다. 터보프롭 비즈니스 항공기에는 Piper Meridian, Socata TBM, Pilatus PC-12, Piaggio P.180 Avanti, Beechcraft King Air and Super King Air 등이 있다. 2017년 4월 기준 전 세계 항공사에서 14,311대의 비즈니스 터보프롭 항공기가 운항하고 있다.

3.6 터보프롭 엔진의 특징

✈ 터보프롭 엔진은 [그림3 - 1, 4]와 같이 가스발생기, 감속기어박스 그리고 프로펠러가 결합한 형태이다. 터보프롭 엔진은 앞에서 다룬 터보제트 또는 터보팬 엔진과 동일 작동원리가 적용되고 기본적으로 압축기, 연소기, 터빈 그리고 배기노즐로 구성된 가스터빈엔진이다. 그러나 터보프롭 엔진에서 터빈은 프로펠러를 회전시키기 위한 에너지를 추출하기 위한 추가적인 단(stages)을 갖는다는 점이 다르다. 압축기와 보기류를 작동시키는 것 외에도 터보프롭 터빈은 축을 통한 프로펠러를 구동시키기 위한 축과 기어 트레인(gear train)을 통해서 증가한 동력을 앞쪽으로 전달한다. 터빈의 부가적인 단을 통과하는 배기가스로 인해서 동력이 증가한다.

일부 터보프롭 엔진에서는 압축기와 프로펠러를 독립적으로 구동시키기 위해서 동축(coaxial shafts)과 함께 멀티로터 터빈(multirotor turbine)을 사용한다. 비록 이 그림과 같이 3개의 터빈을 사용할지라도 프로펠러와 보기류들과 같은 3개의 로터 엘리먼트(rotor elements)를 구동시키기 위해서 5개의 터빈 단(turbine stages)이 사용되기도 한다. 터보프롭 엔진의 배기가스는 가용한 추력의 상당한 양이 감소하기는 하지만 추력 생산을 통해서 엔진 동력 출력에 일부 역할을 한다.

터보프롭 엔진의 터빈은 고정 터빈과 자유 터빈 방식과 같이 두 종류가 있다. 고정 터빈은 가스발생기로부터 감속기어박스와 프로펠러까지 기계적으로 연결되어 있다. 자유 터빈(free turbine)은 가스발생기로부터 동력 터빈까지 에어 링크(air link)로만 되어 있고, 프로펠러로부터 가스발생기까지 어떠한 기계적 연결(mechanical link)이 없다. 이들 장치는 시스템에 따른 장단점이 있고, 통상 기체가 시스템의 형태를 결정한다. 일반 터빈엔진과 터보프롭 엔진의 기본 구성품은 설계 특징에서 약간의 차이가 있으므로 터보프롭에 대한 기본 가스터빈엔진의 적용은 아주 단순하다. 전형적인 터보프롭 엔진은 다음과 같은 어셈블리로 구성되어 있다.

첫째, 동력부 어셈블리는 가스터빈엔진의 주요 구성품이 포함된다. (압축기, 연소기, 터빈 그리고 배기계통)
둘째, 감속기어 또는 기어박스 어셈블리는 터보프롭 형상에만 필요한 부품이다.
셋째, 토크미터 어셈블리는 엔진에서부터 감속부의 기어박스에 토크를 전달한다.
넷째, 보기류 드라이브 하우징 어셈블리는 압축기 공기흡입구 하우징의 하부에 장착된다. 이것은 엔진 RPM에 관련해서 정확한 RPM에서 구동되는 모든 동력부를 구동시키기 위한 필수 기어 트레인이 포함된다.

터보프롭 엔진은 왕복엔진(reciprocating engine) 항공기와 같이 프로펠러와 결합해야 정상 추력을 얻을 수 있다. 터보프롭의 성능이 높을수록 엔진에서 발생하는 회전속도는 빠르다. 이 같은 이유로 [그림3-1, 4]와 같은 감속장치가 있어야 한다. 일반적으로 터보프롭 엔진에는 다음과 같은 3가지 유형으로 구분된다.

첫째, 터보프롭 축에 직접 연결된 방식
둘째, 복합 압축기 터보프롭 방식
셋째, 자유 터빈 터보프롭 방식

터보프롭 축(turboprop shaft)에 직접 연결된 방식의 엔진은 프로펠러의 블레이드 각도를 "0~6°"까지 조정할 수 있는 특수 지상미세피치

(ground fine pitch)를 제공할 수 있는 교류발전기 장치를 갖추어야 한다. 만약 이 같은 기능을 갖추지 못했다면 엔진 시동 과정에서 문제가 발생할 수 있다. 왕복엔진의 시동모터(start motor)는 엔진이 점화될 때까지만 크랭킹(cranking)을 계속해 주어야 하지만 가스터빈엔진 시동기(starter)는 점화가 된 후에도 엔진이 자립회전속도(self-sustain speed)를 유지할 수 있을 때까지 크랭킹 토크(cranking torque)를 계속 제공할 수 있어야 한다. 이 과정에서 프로펠러가 "비행미세피치(flight fine pitch; 이륙이나 저속)" 세팅 이하로 조정할 수 없다면 엔진 RPM이 증가함에 따라 프로펠러에 작용하는 항력이 크게 증가한다.

이 장치의 작동은 이륙과 동시에 착륙장치의 스쿼트 스위치(squat SW)의 전기회로가 차단되면서 비행미세피치로 로크(lock)된다. 따라서 비행하는 동안 블레이드 각도가 비행미세피치 이하로 내려가는 것을 방지한다. 착륙과 동시에 "스쿼트 SW"의 전기회로가 연결되면서 비행미세피치 로크가 풀리고 블레이드 각도는 자동으로 지상미세피치 각도까지 조정이 허용된다. 또한, 착륙할 때 프로펠러의 블레이드는 전진 방향 공기흐름과 약 90°를 형성하는 디스킹(disking) 작동은 항공기의 저지력(retarding force)에 매우 큰 도움이 된다.

이 특징을 갖는 항공기는 초기 착륙활주에 역추력(reverse thrust)을 활용하는 것과 유사한 효과를 얻을 수 있다. 이 방식에서는 프로펠러 피치(propeller pitch)와 연료조정기(FCU)가 연동되어 작동할 수 있도록 설계되어 있다. 가속 조정기(accelerator control)는 프로펠러 RPM과 선택된 연료 흐름(fuel flow) 사이에 정확한 관계를 보장할 수 있도록 정속장치(constant speed unit)와 상호 연동되어 작동한다. 만약 이 같은 기능이 없다면 스로틀이 많이 열리면서 거친 프로펠러 세팅은 프로펠러 과하중(propeller overloading)을 초과할 수 있고, 압축기 블레이드 실속과 엔진 과열(stall and overheating)의 원인이 된다.

복합 압축기(compound compressor) 유형 그리고 자유 터빈 터보프롭(free turbine turboprop) 유형의 엔진에서는 직접연결 방식과 달리 지상미세피치 기능이 필요하지 않다. 이들 터보프롭 엔진의 프로펠러들은 크랭킹 중에 시동기와 기계적으로 연결되어 있지 않기 때문이다.

❖ 지역 항공기(regional airliner)
허브 공항을 연결하는 100인승 미만의 단거리 비행을 전문으로 하는 항공기다. 이들 항공기는 대형 항공사의 일부로 운용되거나 소규모 항공사와 계약을 체결하여 운용되기도 한다. 지역 기반 항공기는 지방 또는 대도시에서 소도시를 잇는 단거리 노선을 운항한다.
Regional airliner, feederliner, commuter, local service 모두 동의어이다.

❖ balanced field
밸런스드 필드는 필수 이륙거리(Take-off Distance Required; TODR)가 필수 가속정지거리(Accelerated Stop Distance Required; ASDR)가 등가일 때이다. 이륙 중 엔진 고장이 발생했을 때 GO/STOP을 결심해야 하고, 결심이 늦어질수록 정지할 수 있는 거리는 빠르게 줄어든다.

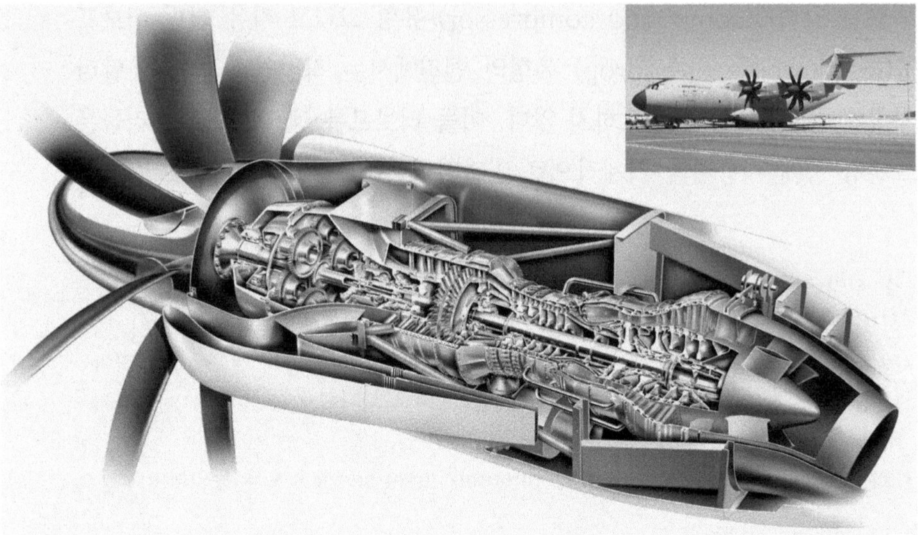

【그림3-11】 TP400-D6 엔진의 그래픽 도형이다. 공기흡입구는 프로펠러 하류 공기 흐름을 받아들일 수 있고 전체압력비는 약 25:1이다. 배기가스에서 약간의 추력을 생산할 수 있고 노즐 방향은 약간 하향으로 설계되어 있다. 터빈인렛온도는 약 1500K, 최대 축마력은 11,000이다. 이 엔진은 3축 엔진이다. 터보팬 엔진의 3축과 달리 가스발생기가 2축을 구성하고 마지막 1축은 동력 터빈으로 감속기어를 통해서 프로펠러를 회전시키는 데 사용된다. 이 엔진을 탑재한 대표적인 항공기는 A400M 군 수송기이다.

3.7 터보프롭 엔진 소개

(1) Europrop International TP400-D6

이 엔진은 [그림3-11]과 같이 Airbus A400M 군 수송기에 탑재된 터보프롭 엔진이다. 이 엔진은 3축으로 구성되어 있다. 2개의 가스발생기 스풀은 5단 중압장치(가변 스테터 없음)와 6단 고압 장치(2개의 가변 스테터)로 구성되어 있다. 터빈은 1단 고압 터빈과 중압 터빈 그리고 동심

축에 3단 동력 터빈으로 구성되어 있다. 탑재된 엔진의 최대 동력 출력(power output)은 11,000 SHP(8,203 kW)이다. IP 압력비는 약 3.5인 반면 HP 압축기의 압력비는 약 7.2를 생산할 수 있고 전체압력비는 약 25:1이다. Airbus A400M 군 수송기는 전략물자 수송 능력을 갖춘 4발 터보프롭 항공기이다. 이 항공기는 완전무장한 병력 116명이 탑승할 수 있고 순항속도는 420노트다. 전술 상황에서(항공기 총무게 100톤) 이륙거리는 980m 그리고 착륙거리는 770m로 가능하다.

(2) Kuznetsov NK-12

이 엔진은 1950년에 생산된 소련의 터보프롭 엔진이고 [그림3-12]와 같이 4쌍의 블레이드들이 전후로 장착되어 서로 엇회전하도록 설계되어 있다. 초기 엔진의 축마력은 8,948 kW(12,000 ehp)이지만 개량형 NK-12MV는 11,033 kW(14,795 ehp) 그리고 NK-12MA는 11,185 kW(15,000 ehp)까지 생산할 수 있도록 개량되었다. NK-12는 생산된 엔진 중 가장 강력한 터보프롭 엔진이고 이어 Progress D-27과 Europrop TP400 엔진이 그 뒤를 잇는다. Tupolev Tu-95/Tu-142 폭격기, Tupolev Tu-114(NK-12MV) 민간 항공기는 아직도 세계에서 가장 빠른 터보프롭 항공기이다.

그리고 Antonov An-22(NK-12MA)는 세계에서 가장 큰 항공기로 기록되어 있다. 엔진은 14단 축류압축기로 압력비(가변 흡입구 베인)는 9:1~13:1까지 생산한다. 연소기는 캔뉼러형(cannular-type)이고 엇회전 프로펠러와 압축기는 5단 축류 터빈(공랭식)에 의해서 구동된다. Progress D-27은 D-36 터보팬으로부터 개량된 3축 프롭팬(propfan) 엔진이다. 이 엔진은 가스발생기(gas generator) 1단의 저압과 고압 압축기 그리고 1단의 고압과 저압터빈으로 구성된 2축 가스발생기와 엇회전 프롭팬은 유성감속기어를 통해서 4단 동력 터빈으로 구동된다. 애뉼러 연소기를 사

【그림3-12】 Antonov An-22 항공기는 C-5와 An-124가 개발되기 전까지 세계에서 가장 중량의 항공기로 기록되었다. 엔진은 14단 축류압축기로 압력비는 고도에 따라 최대 13:1까지 생산한다. 엇회전 프로펠러 방식을 채택하고 있다. 압축기는 14단 축류압축기이고 5단으로 구성된 터빈으로 압축기와 프로펠러 모두를 구동시키는 방식이다. 엔진 하부에는 터빈냉각을 위한 공기 흡입구가 장착되어 있다.

용하고 있고 최대 동력 출력은 14,000마력(10,440 kW) 그리고 동력무게비는 6.33 kW/kg(3.85 hp/lb)이다.

(3) Allison T56 엔진

이 엔진은 우리 공군에서도 보유하고 있는 C-130 군 수송기에 탑재된 1축 터보프롭 엔진이다. 이 엔진은 1954년 이후 현재까지 약 18,000개의 엔진이 생산될 정도로 높은 신뢰성(reliability)을 인증받은 엔진 중 하나이다. Allison T56 엔진은 P-3와 E-2/C-2 항공기 그리고 민간항공에서는 Lockheed Electra and Convair 580 항공기에 탑재되었다. 엔진은 14단 축류압축기와 4단 터빈으로 구성되어 있다.

【그림3-13】 C-130, P-3 터보프롭 항공기의 동력장치인 Allison T56 엔진 절개도면이다. 가스발생기는 14단 축류압축기와 4단 터빈으로 구성되어 있다. 전체압력비는 14.5:1이고 최대 축마력은 4,350(shp)이다. 화살표가 지시하는 것이 엔진 축이다. 감속 기어박스를 통해서 프로펠러축으로 연결되어 있다

(4) Pratt & Whitney Canada PT6

Pratt & Whitney Canada PT6(군용 개량형은 T74 또는 T101)은 항공 역사에서 높은 신뢰성(reliability)으로 가장 많이 사용된 터보프롭 엔진 중 하나이다. 주요 개량 엔진으로 PT6A(580~920 shp)이다. 그리고 PT6B와 PT6C는 터보축 엔진으로 헬리콥터의 동력장치로 사용된다. 엔진은 정비를 용이하게 하기 위해서 가스발생기부와 동력 터빈부로 구성되어 있다. 가스발생기는 3단 저압 압축기와 1단 원심압축기, 애뉼러 역류흐름 연소기 그리고 1단 터빈으로 압축기를 약 45,000 RPM으로 회전시킬 수 있다. 2단으로 구성된 동력터빈은 감속기어를 통해서 프로펠러에 동력을 전달한다. 압력비는 약 6.3:1 정도를 생산한다.

Specifications (T56 Series IV)

[General characteristics]

- Type: Turboprop engine
- Length: 146.1 in (3,710 mm)
- Diameter: 27 in (690 mm)
- Dry weight: 1,940 lb (880 kg)

[Components]

- Compressor: 14 stage axial flow
- Combustors: 6 cylindrical flow-through
- Turbine: 4 stage shared load
- Fuel type: Kerosene, jet fuel (Jet A, Jet A-1, JP-4, JP-5, or JP-8)

[Performance]

- Maximum power output: SLS, 59°F (15°C), max power: 5,912 shp (4,409 kW) (torque limited to 5,250 shp (3,910 kW)); 25,000 ft altitude (7,600m), Mach 0.5, max continuous power: 3,180 shp (2,370 kW))
- Turbine inlet temperature: 860 °C (1,580°F)
- Fuel consumption: 2,412 lb/h (1,094kg/h)
- Specific fuel consumption: SLS, 59°F (15°C), max power: 0.4690 lb/(hp • h) (0.2127 kg/(hp • h); 0.2853 kg/kWh); 25,000 ft altitude (7,600 m), Mach 0.5, max continuous power: 0.4200 lb/(hp • h) (0.1905 kg/(hp • h); 0.2555 kg/kWh)
- Power-to-weight ratio: 2.75 shp/lb (4.52 kW/kg)

압축기와 동력 터빈이 엔진 중심부에 장착되고 축은 서로 반대 방향으로 확장되게 함으로써 장착과 검사절차를 단순화했고 엔진 길이가 단축되는 효과를 얻는다. 배기가스는 배기 플래넘(exhaust plenum)을 통해서 배출된다.

보조기어박스는 엔진 후방에 그리고 2단 위성기어박스는 전방에 장착되어 있다. 기어박스에 있는 토크미터(torque meter)는 정확한 엔진 출력을 지시한다. 프로펠러를 구동시키기 위한 동력 터빈은 2단으로 구성되어 있고 2단 감속기어장치를 통해서 프로펠러를 1,900~2,200 RPM으로 회전시킨다. 아울러 핵심엔진으로부터 약 600 lbf(2,700 N)의 제트 추력(jet thrust)을 생산할 수 있다.

[그림3-14]의 C-130 전략 수송기는 Allison T56-A-15 터보프롭 엔진을 탑재하였고 축동력은 4,590 shp(3,430 kW)이다. 최대속도는 320노트(592 km/h), 순항속도는 292노트(540 km/h)이다. 항속거리는 2,050 NM(3,800 km), 실용상승한도는 33,000피트(10,060m)이다.

[그림3-15]는 Pratt & Whitney Canada PT6의 구성도이다. 왼쪽에 프로펠러가 장착된다. 공기흡입구는 [그림3-16]과 같이 프로펠러 하단에 위치한다. 압축기는 3단 축류압축기와 1단 원심압축기로 구성되어 있다. 공기 흐름은 프로펠러 축의 하단에 있는 흡입구를 통해서 유입되어 공기 통로를 경유해서 축류압축기로 공급된다. 3단 축류압축기에서 1차 압축된 후 원심압축기로 보내진다. 원심압축기에서 최종적으로 압축된 후 역류 애뉼러 연소기로 공급된다. 연소기에서 급팽창된 배기가스는 압축기 터빈 그리고 동력 터빈을 회전시킨다. 동력 터빈은 2단의 감속기어를 거치면서 프로펠러 회전속도까지 감속시킨다. 배기가스는 최종적으로 배기구를 통해서 배출된다. 옅은 음영 구역이 가스발생기부 그리고 짙은 음영으로 처리된 부분이 동력 터빈부이다. 이들은 상호 독립되어 있다.

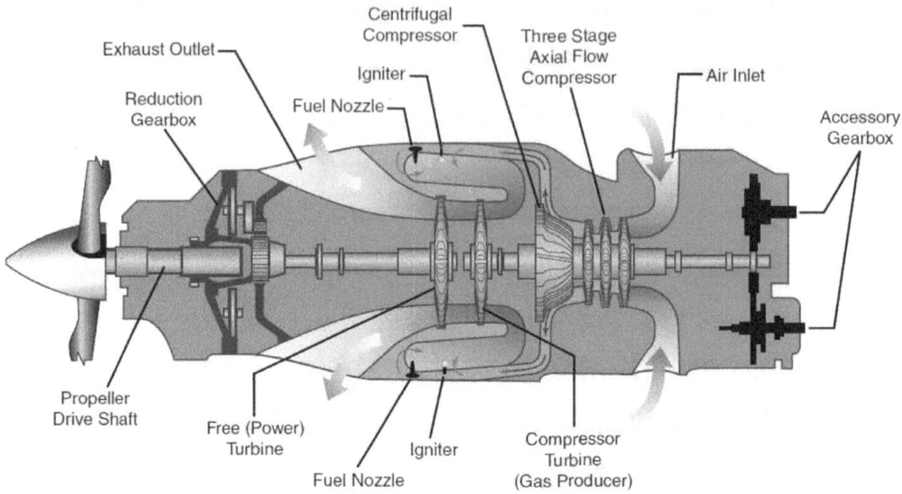

【그림3-15】 Pratt & Whitney Canada PT6

Beechcraft King Air 항공기는 PT6A-135A 쌍발 터보프롭 엔진을 탑재하였다. 최대 7명까지 탑승할 수 있는 소형 비즈니스 항공기이다. 소형 저속 영역에서는 왕복엔진이 주류를 이루고 있으나 이 영역에서도 터보프롭 엔진은 지속적인 성능개량으로 크기가 매우 작아졌음을 알 수 있다. 동시에 엔진 출력과 효율은 왕복엔진을 능가할 정도가 되면서 소형 항공기 영역에서도 터보프롭 엔진이 선호되고 있다. [그림3-17]과 비교하여 엔진의 구조와 작동원리를 더욱 쉽게 이해할 수 있다. 화살표에서 지시하는 것과 같이 공기흡입구와 배기구가 거의 동일 위치에 장착되어 있음을 알 수 있다.

KAI KT-1 Woongbi 훈련기 역시 이 엔진을 탑재하고 있다. KT-1 기본훈련기는 1988년 국방과학연구소와 KAI가 약 1,000억 원을 투입해 국내 독자 기술로 개발한 항공기로 최초 양산에 성공한 터보프롭 항공기이다. KT-1은 자동 스핀 회복 특성을 갖추었고, 각종 공중기동비행, 편대비행, 계기비행, 저고도 항법 비행, 야간비행 등이 가능하다.

Specifications (PT6A-6)

[General characteristics]

- Type: Turboprop
- Length: 62 in (1,575 mm)
- Diameter: 19 in (483 mm)
- Dry weight: 270 lb (122.47 kg)

[Components]

- Compressor: 3-stage axial + 1-stage centrifugal flow compressor
- Combustors: annular reverse-flow with 14 Simplex burners
- Turbine: 1-stage gas generator power turbine + 1-stage free power turbine
- Fuel type: Aviation kerosene to MIL-F-5624E / JP-4 / JP-5
- Oil system: Split system with gear type pressure and scavenge pumps, with pressure to gearbox boosted by a second pump.

[Performance]

- Maximum power output: 578 hp (431 kW) equivalent power at 2,200 output rpm for take-off
- Overall pressure ratio: 6.3:1
- Air mass flow: 5.3 lb (2 kg)/second
- Specific fuel consumption: 0.67 lb/hph (0.408 kg/kWh)
- Power-to-weight ratio: 2.14 hp/lb (3.52 kW/kg)

【그림3-17】 프로펠러 마운트, 감속기어, 배기구, 2-단 자유 파워 터빈, 1-단 가스발생기 터빈, 연소기, 원심압축기, 4단 축류압축기, 인렛, 그리고 보기류를 관찰할 수 있다.

【그림3-18】 KT-1 기본훈련기(KAI KT-1 Woongbi)

Chapter 4

터보축 엔진

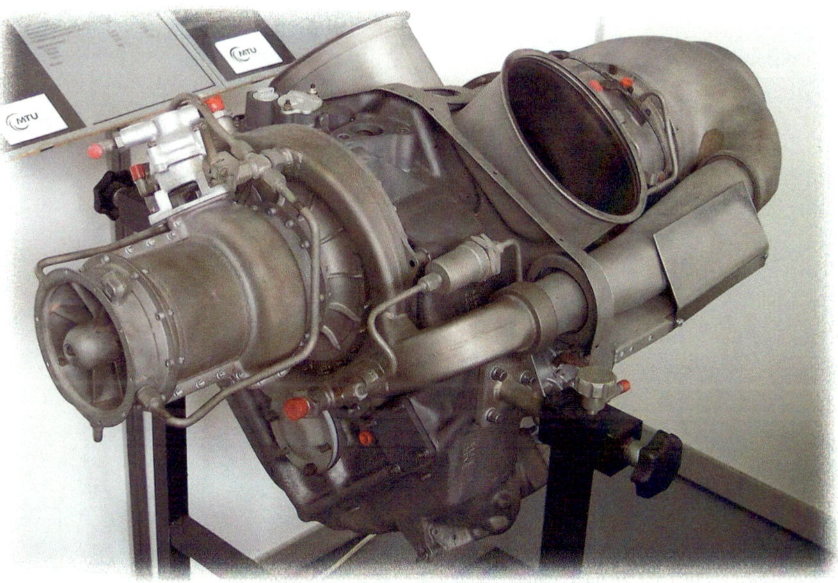

Allison (MTU) 250 C20B

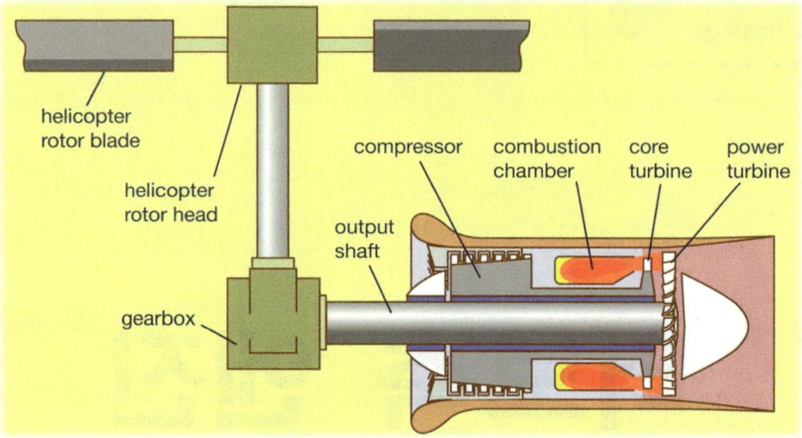

T700(2,000 shp), T700-701K(Surion Helicopter)

✈ Turboshaft Engine

• 터보축 엔진 •

4.1 개 요

✈ 터보축 엔진은 제트 추력(jet thrust)보다 축동력(shaft power)을 생산하는데 가장 적합한 유형의 가스터빈엔진이다. 전체적으로 터보제트 엔진과 유사하지만, [그림4-1]과 같이 배기가스로부터 열에너지를 추출하여 축동력으로 전환하기 위한 부가적인 터빈 팽창(turbine expansion)을 할 수 있도록 설계되어 있다. 터보축 엔진은 높은 동력 출력, 높은 신뢰성 그리고 경량이면서 크기가 작은 동력장치에 적합하다. 터보축 엔진은 주로 고성능 헬리콥터 엔진으로 사용되지만, 일부 지상 및 공중에서 공기조화(air conditioning), 엔진 시동, 예비 전기공급을 위한 보조동력장치(auxiliary power unit; APU)로 사용되기도 한다. [그림4-2]는 소형 가스터빈엔진으로 가장 성공적인 모델인 Allison 250(현재, Rolls-Royce M250) 터보축 엔진의 그래픽 도형이다.

대부분의 터보축 엔진은 거의 유사한 구조로 설계된다. 이 엔진 역시 축류압축기와 원심압축기, 연소기, 터빈으로 구성된 전형적인 가스발생기부

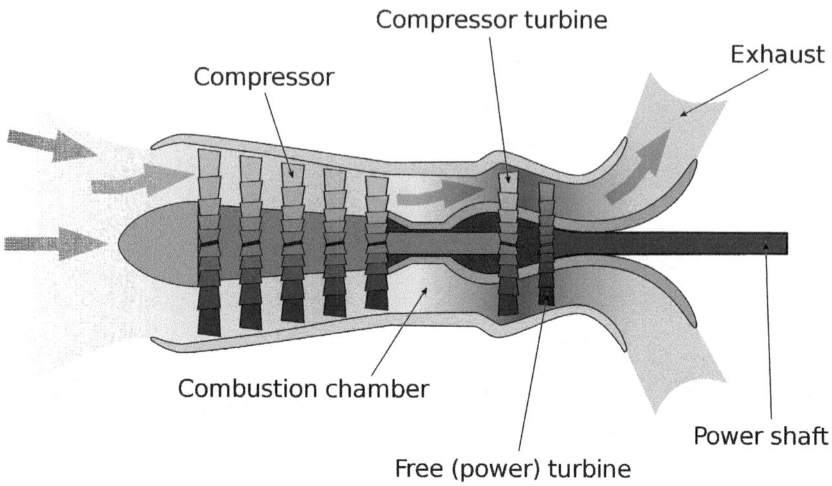

【그림4-1】 터보축 엔진 도형

와 동력 터빈으로부터 생산된 동력을 동력전달장치를 통해서 로터 블레이드를 회전시키는 동력 터빈부로 분리되어 있다. 압축공기의 흐름은 대부분 역흐름 방식을 채택함으로써 엔진 길이가 단축되고 아울러 축의 길이 역시 짧아짐으로써 더 높은 축하중에 견딜 수 있다.

터보축 엔진 유형에서는 제트 추력은 없다. 터보축과 터보프롭 엔진은 구조적으로 유사하다. 터보프롭의 프로펠러는 엔진 자체 외에는 어느 것에도 장착되어 있지 않기 때문에 오직 프로펠러에서 발생하는 하중만을 지지한다. 그러나 헬리콥터의 동력장치에서는 터보축 엔진부와 동력전달장치부가 분리되어 있다. 터보축 엔진은 동력전달장치(transmission)를 구동시키고 이를 경유해서 양력을 발생시키는 로터 블레이드를 회전시킨다. 비록 구조적으로 약간의 차이가 있기는 하지만 동일 엔진에서 동력장치에 따라 약간의 개량으로 터보프롭과 터보축 엔진 모두로 사용된다. 예를 들어 Pratt & Whitney Canada PT6 엔진 계열에서 PT6A는 고정날개 항공기의 터보프롭 엔진이다. 그리고 PT6B와 PT6C 모델은 S-76과 같은 헬리콥

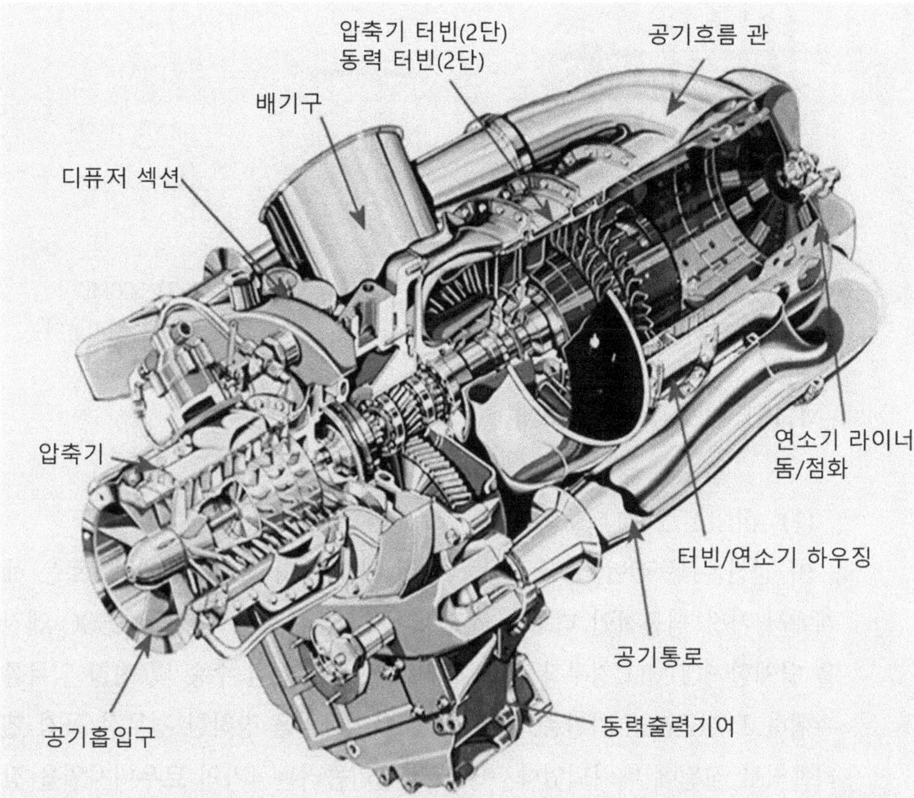

【그림4-2】 Allison 250 터보축 엔진 그래픽 도형

터의 터보축 엔진이다.

터보축 엔진의 압축기는 먼저 흡입구를 통해서 유입된 공기를 압축시켜 연소기로 보낸다. 연소기에 연료를 분사하여 연소된 고온 가스는 두 개의 분리된 터빈들을 통해서 완전히 팽창된다. 첫 번째 터빈은 압축기를 회전시키는 데 사용되고, 두 번째 터빈은 트랜스미션 기어를 경유해서 로터 블레이드를 구동시키기 위한 "축마력(shaft horse power)"을 생산한다. 실질적으로 배기가스는 어떠한 추력 발생에 기여하지 못하고 배기구를 통해 대기로 배출된다.

【그림4-3】 500MD 경무장 공격 헬리콥터

4.1.1 터보축 엔진 소개

(1) Allison 250 터보축 엔진

이 엔진은 1959년 첫 엔진이 생산된 이래 소형 가스터빈엔진으로는 세계에서 가장 성공적인 터보축 엔진이다. [그림4-3]의 Allison 250C 엔진을 탑재한 500MD 경무장 공격 헬리콥터이다. 인원 수송 및 정찰 임무를 수행하고 7.62mm 기관총, 로켓 및 토우미사일을 장착한 경무장 공격 헬리콥터로 실전에 배치되었다. 이 공격 헬리콥터는 4기의 토우미사일을 장착할 수 있다.

이 엔진은 [그림4-1, 2]와 같이 공기흡입구를 통해서 유입된 공기는 6단 축류압축기와 1단 원심압축기에서 압축된다. 압축공기는 스크롤 디퓨저를 통과한 후 2개의 외부 공기통로 덕트를 통해서 연소기로 공급된다. 압축공기는 엔진 후방부에 있는 라이너 돔을 경유해서 단일 연소기 라이너(combustor liner)로 공급된다. 여기서 연료와 혼합되어 연소된 후 배기가스는 가스발생기 터빈 노즐의 첫 번째 단으로 분사된다. 터빈부의 2단 터빈은 압축기와 보조기어박스를 구동시키기고 또 다른 2단 터빈은 동력 터빈으로서 동력전달장치(transmission)를 구동시킨다.

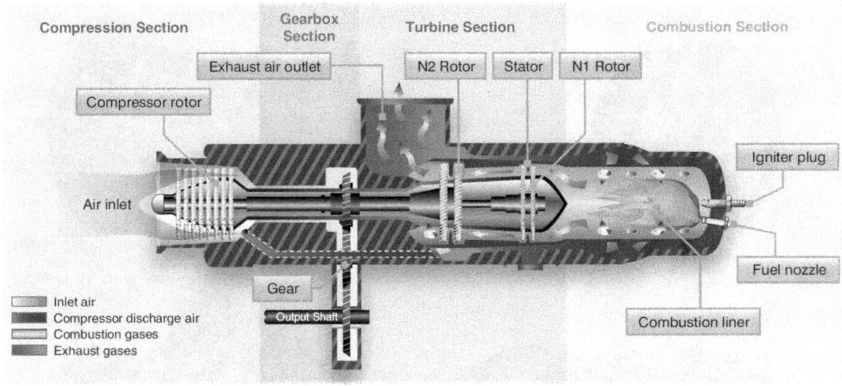

【그림4-4】 전형적인 터보축 엔진 구성

동력기어와 보조기어박스에서는 2단의 헬리컬 기어(helical gear)를 통해서 동력 터빈에서는 약 33,290 RPM을 후방 동력 이륙 구동 스프라인(takeoff drive spline)에서는 6,016 RPM까지 감속시킨다. 동력 터빈 기어 트레인은 동력터빈 태코미터 거버너, N2 과속 거버너를 구동시킨다. 그리고 가스발생기 기어 트레인은 압축기, 연료펌프, 가스발생기 타코미터 발전기, 연료조정기 그리고 시동 발전기 등을 구동시킨다. [그림4-5]는 Allison 250 터보축 엔진의 주요 구성품들이다. 이미 충분히 학습된 내용들이지만, 단지 엔진의 유형과 구조적 특성에 따라 약간의 차이가 있을 뿐이다.

전체적인 기본구조는 [그림4-4]를 참고하면 더 확실하게 이해할 수 있다. 가스발생기의 작동원리는 터보제트 엔진과 동일하다. 다만 엔진의 구조가 항공기 유형에 맞게 길이를 짧게 설계하기 위해서 공기흐름은 역류방식을 채택한 것과 생산된 배기가스를 전적으로 축동력을 생산하는데 사용된다는 점이 다르다. 공기흡입구, 압축기(축류 및 원심), 압축기 케이스와 스테터 베인, 연소기, N1 압축기 터빈(오른쪽 아래)과 N2 동력 터빈(왼쪽 아래) 그리고 배기가스 컬렉터와 배기구 등을 관찰할 수 있다.

【그림4-5】 Allison 250 터보축 엔진을 구성하고 있는 주요 구성품들이다. 가스발생기의 작동원리는 터보제트 엔진과 동일하다. 다만 엔진의 구조가 항공기 유형에 맞게 길이를 짧게 설계하기 위해서 공기흐름은 역류방식을 채택한 것과 생산된 배기가스를 전적으로 축동력을 생산하는데 사용된다는 점이 다르다. 공기흡입구, 압축기(축류 및 원심), 압축기 케이스와 스테터 베인, 연소기, N1 압축기 터빈(오른쪽 하단)과 N2 동력 터빈(왼쪽 하단) 그리고 배기가스 컬렉터와 배기구 등을 관찰할 수 있다.

Specifications Model 250-C18 (T63-A-700)

[General characteristics]

- Type: Turboshaft
- Length: 40.5 in (1,029 mm)
- Diameter: 22.5 in (572 mm)
- Dry weight: 138.5 lb (63 kg) dry

[Components]

- Compressor: 6-stage axial + 1-stage centrifugal compressors
- Combustors: Single can combustion chamber
- Turbine: 2-stage axial gas generator power turbine + 2-stage axial free-power output turbine
- Fuel type: JP-4 aviation kerosene (alternatively JP-1 or JP-5)
- Oil system: pressure spray/splash, dry sump

[Performance]

- Maximum power output: 317 hp (236 kW) for Take-off
- Overall pressure ratio: 6.2:1
- Air mass flow: 3.3 lb/s (1.5 kg/s)
- Turbine inlet temperature: 1,380 ˚F (750 ˚C)@Power Turbine Inlet
- Specific fuel consumption: 0.697 lb/hp·h (0.424 kg/kW·h)
- Power-to-weight ratio: 2.289 hp/lb (3.765 kW/kg)

【그림4-7】 General Electric T700 터보축 엔진

(2) General Electric T700-GE-701C 터보축 엔진

UH-60 Black Hawk는 4-블레이드, 쌍발엔진의 다목적 헬리콥터이다. 우리 군에서도 보유하고 있는 주력 기동(mobility) 헬리콥터이다. 이 헬리콥터는 1979년부터 미 육군의 전술수송(tactical transport) 임무를 담당하기 시작했다. 이후 군의 다양한 임무 필수요건(전자전, 수색 및 구조, 의무후송, 특수부대 침투, 대테러)에 맞게 개량되었고 미 해군과 공군의 작전수행 능력을 갖추면서 전천후 다목적 기동 헬리콥터로서 높은 신뢰성을 얻었다. General Electric T700-GE-701C 터보축 엔진은 UH-60 Black Hawk에 탑재되었다. 우리 군에서도 육군 항공(army aviation)의 전력 증강의 목적으로 2008년부터 기존의 UH-1에서 UH-60 기동 헬리콥터로 대체되고 있다.

General Electric T700/CT7은 터보축과 터보프롭 엔진으로 제작되었고 엔진 종류에 따라 1,500~3,000 shp을 생산한다. [그림4-8]은 General Electric T700 터보축 엔진은 Allison 250 터보축 엔진과 구조적으로 거

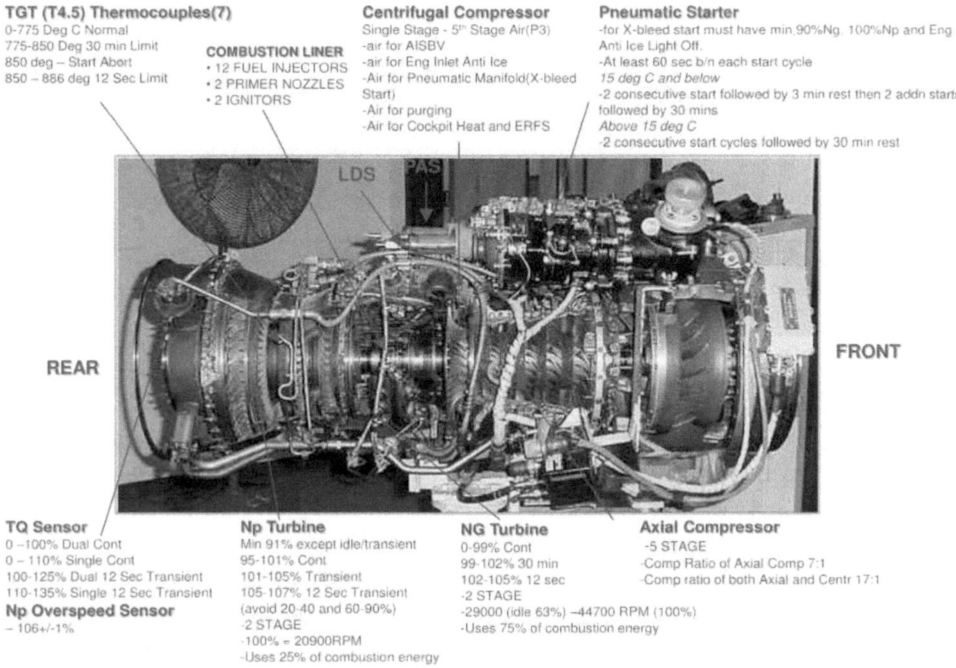

【그림4-8】 General Electric T700 터보축 엔진(1546 SHP)

의 유사하지만 훨씬 높은 축마력(1500~3000 shp)을 생산한다. 공기흡입구를 통해서 유입된 공기는 5단 축류압축기와 1단 원심압축기(압력비 약 17)에서 압축된 공기는 애눌러 연소기에서 연료와 혼합되어 연소된다. 터빈은 가스발생기를 위한 2단 터빈과 자유동력 2단 터빈으로 구성되어 있다. 이 엔진은 5단 축류와 1단 원심압축기의 혼합 형태의 압축기이다. 축류압축기는 한 개의 블리스크(blisk) 구조로 되어 있다. 흡입구 가이드 베인들이 장착되어 있고 첫 번째 2단 스테터는 가변형이다. 연소기는 애눌러형이고 중심에 연료를 분사할 수 있도록 함으로써 연소효율과 매연을 감소시켰다.

Specifications (T700)

General characteristics

- Type: Turboshaft engine
- Length: 47 in (1,200 mm)
- Diameter: 25 to 26 in (640 to 660 mm) (T700/T6E)
- Dry weight: 400 lb (180 kg) (YT700-GE-700)

[Components]

- Compressor: 6 stage-5 stage axial, 1 stage centrifugal.
- Combustors: Annular
- Turbine: 2 stage gas generator and 2 stage power turbine
- Fuel type: JP-4 or JP-5 (YT700-GE-700)
- Oil system: Self contained, pressurized, recirculating dry sump

[Performance]

- Maximum power output: YT700-GE-700: 1,536 shp (1,145 kW)
- Overall pressure ratio: 17:1
- Specific fuel consumption: 0.433 lb/(hp • h) (263 g/kWh)
- Power-to-weight ratio: 3.84 shp/lb (6.31 kW/kg) (YT700-GE-700)

【그림4-10】 UH-60 Black Hawk, AH-64 Apache

터빈부는 2개로 분리되어 있다. 하나는 2단 압축기 터빈이고 또 다른 2단 자유동력터빈은 팁-슈라우드 블레이드(tip-shrouded blades) 형태로 구조되어 있다. 공기흡입구에는 입자 분리기(particle separator)가 장착되어 있어 모래, 먼지 혹은 이물질 등을 원심력으로 분리시켜 외부로 배출한다. 이 엔진을 탑재하고 있는 주요 헬리콥터는 UH-60 Black Hawk, AH-64 Apache, SH-60 Seahawk, SH-2G Seasprite, Bell AH-1W Supercobra 등 주요 헬리콥터에 탑재되어 여러 국가에서 활약하고 있다. T700 엔진의 민간항공을 위한 개량 엔진이 CT7이다. 이 엔진은 Bell 214ST, Sikorsky S-92 헬리콥터의 동력장치로 사용되고 있다. CT7 터보축 엔진은 코어의 전방에 프로펠러를 회전시키기 위한 기어박스를 장착하여 터보프롭 엔진으로도 사용된다.

❖ Allison Model 250/Rolls-Royce M250

현재 Rolls-Royce M250으로 알려진 Allison Model 250(미군 명칭 T63 및 T703)은 1960년대 초에 앨리슨 엔진 회사에서 개발한 매우 성공적인 터보샤프트 엔진 제품군이다. 모델 250은 1995년 앨리슨을 인수한 이후 롤스로이스가 생산하고 있다.

❖ 자유(동력) 터빈(free turbine)

자유 터빈은 주로 터보축과 터보프롭 가스터빈 엔진의 한 구성품으로 가스터빈의 하류에 있는 독립 터빈에 의해 가스터빈의 배기 흐름에서 동력이 추출되고 이를 동력 터빈이라고도 한다. 이 터빈은 압축기를 구동하는 터빈에 기계적으로 연결되어 있지 않으므로 "자유"라는 용어는 출력축의 독립성을 나타낸다. 자유 터빈의 장점은 두 터빈이 서로 다른 속도로 작동할 수 있고 이러한 속도가 서로 다를 수 있어 다양한 부하에 특히 유용하다.

❖ 블리스크(blisk)

블리스크(blisk)는 회전자 디스크와 블레이드를 모두 포함하는 터보 기계 부품이다. 일반적으로 단일 블레이드가 있는 기존의 로터보다 공기역학적으로 더 우수하며 더 가볍다. 각 디스크는 개별 이동식 블레이드로 조립된 디스크 대신 단일 부품으로 구성된다. 블리스크는 통합 블레이드 로터(IBR; integrally bladed rotors)라고도 한다.

Chapter 5

수직이착륙 항공기 동력양력 엔진

The Lockheed XFV(VTOL) XFV-1 Prototype(1954)

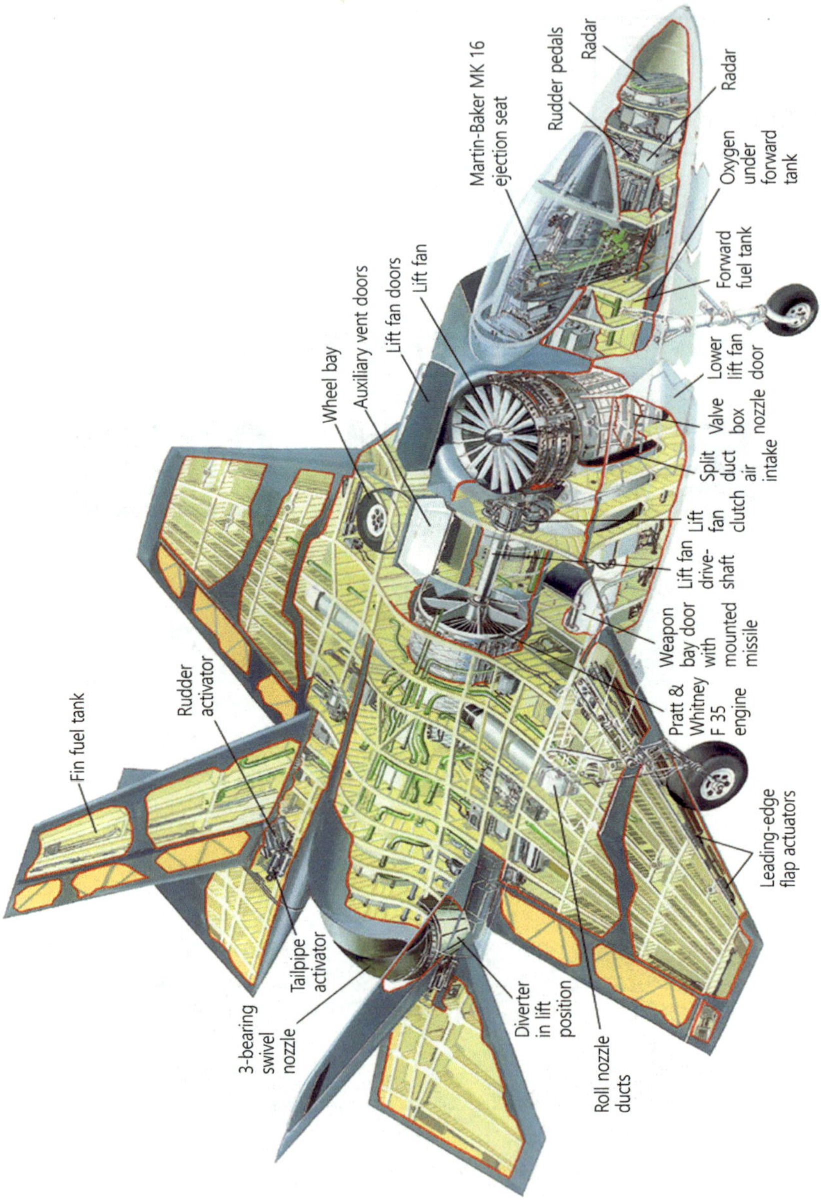

Lockheed Martin F-35 Lightning II

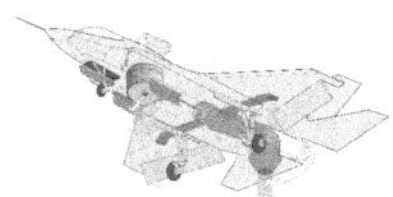

• 수직이착륙 항공기 동력양력 엔진 •

5.1 개 요

✈ 수직이착륙(vertical takeoff and landing; VTOL) 또는 단거리 이착륙(short takeoff and landing; STOL) 성능은 모든 항공기에서 갖추고자 하는 특성이고 미래 항공기의 모델이기도 하다. 대부분의 항공기 사고가 이착륙 단계의 빠른 접근 속도(approach speed)와 직접 혹은 간접적으로 연관되어 있다는 점을 고려했을 때 이착륙 단계에서 낮은 속도는 아무리 강조해도 지나치지 않다.

대형 민간 항공기들은 다양한 종류의 고양력장치(high lift devices)를 사용하고 있는 것은 초음속에 근접한 속도에서 착륙접근(approach and landing)을 위한 최대한 낮은 속도(low speed)를 위한 장치들이다. 이 장치들은 항공기의 유상하중/페이로드(payload) 혹은 항속거리(range) 등에 영향을 주지 않으면서 정상비행 성능을 제공할 수 있어야 한다.

항공기의 발달사에서 수직 혹은 단거리 이착륙 항공기에 대한 꾸준한 수요제기와 기본원리에 대한 개념은 이미 오래전부터 제기되어 왔다. 이상적인 수직이착륙 비행체는 공상과학영화 등에 등장하는 비행접시(flying sauce) 모델이겠지만 현재의 기술력으로는 불가능하다. 현대의 수직이착륙 항공기 모델은 Harrier와 F-35 II 전투기이다. 수직이착륙이 가능하다는 것은 제자리비행(hovering)에서부터 최대속도까지 그만큼 속도영역이 넓어졌다. 초음속 영역까지 넓어진 만큼 효율적인 속도 제어를 위한 첨단기술은 필수이다. 특히 1인 혹은 2인 전투기 조종사는 표적 획득과 회피, 무장장치의 제어 그리고 항공기 조종을 위한 복잡한 기계장치들은 조종사의 전투능력을 떨어뜨리는 요인이 될 수 있다. 따라서 이들 고성능 수직이착륙 항공기들은 공기역학적 설계와 최신 복합재료 그리고 항공전자와 컴퓨터 및 디지털 기술의 접목으로 최대한 단순화되어야 한다.

❖ Pratt & Whitney

Pratt & Whitney는 미국의 항공우주 제작업체로 Raytheon Technologies의 자회사이다. Pratt & Whitney의 항공기 엔진은 민간항공(특히 운송용 항공기 엔진)과 군용 항공기 엔진 모두에서 널리 사용된다. 이 회사는 "big three" 항공 엔진 제작업체 중 하나로 제너럴 일렉트릭 및 롤스로이스와 경쟁하고 있지만, 이 두 회사 모두와 합작회사를 설립했다. 항공기 엔진 외에도 Pratt & Whitney는 산업용 및 발전용 가스 터빈과 해양용 터빈을 설계 제작하고 있다.

❖ 항속거리(range)

항속거리는 항공기가 이륙과 착륙 사이를 비행할 수 있는 최대 거리이다.

❖ 페리 항속거리(ferry range)

항공기가 연료를 재급유하지 않고 비행하여 지정된 예비연료로 목적지에 도착할 수 있는 최대 거리이다. 이 항속거리는 외부 연료탱크를 장착하거나 없이 비행할 수 있으며, 통상 최적의 순항 고도를 위해 계산된다. 때로는 승객이나 화물이 없는 항공기를 운송하는 것을 의미하기도 한다.

Specifications (F135-PW-100)

[General characteristics]

- Type: Two-spool, axial flow, augmented turbofan
- Length: 220 in (559 cm)
- Diameter: 46 in (117 cm) max., 43 in (109 cm) at the fan inlet
- Dry weight: 3,750 lb (1,701 kg)

[Components]

- Compressor: 3-stage fan, 6-stage high-pressure compressor
- Combustors: annular combustor
- Turbine: 1-stage high-pressure turbine, 2-stage low-pressure turbine
- Bypass ratio: 0.57:1

[Performance]

- Maximum thrust: 28,000 lbf (128 kN) military thrust,
  43,000 lbf (191 kN) with afterburner
- Overall pressure ratio: 28:1 overall pressure ratio
- Turbine inlet temperature: 3,600°F (1,980°C; 2,260K)
- Thrust-to-weight ratio: 7.47:1 military thrust, 11.47:1 augmented

【그림5-2】 S-72의 외형에서 헬리콥터의 기능을 갖추었고 추가로 비행기와 같이 고정날개와 2기의 터보팬 엔진을 탑재하였다. 이착륙은 헬리콥터의 기능으로 그리고 고속비행은 비행기의 기능으로 수행할 수 있는 하이브리드이다. 1976년 10월 첫 비행을 한 후 기술적 문제와 실용성이 떨어진다는 점 때문에 개발이 중단된 상태이다.

5.2 수직이착륙 항공기의 발달

5.2.1 회전날개와 고정날개의 조합

동력 항공기는 날개의 유형에 따른 회전날개와 고정날개(fixed-wing) 항공기로 분류된다. 수직이착륙 항공기는 오래전부터 회전날개 항공기(rotary-wing aircraft)의 엔진 구동축을 수직으로 장착하여 회전 블레이드에 의한 동력 양력(powered lift)을 얻을 수 있도록 고안된 것이 유일한 수직이착륙 효과를 달성하였다. [그림5-2]와 같이 Sikorsky S-72는 헬리콥터와 고정날개 항공기의 장점을 결합한 형태의 수직이착륙 항공기로 선보였다. 이 실험용 항공기는 헬리콥터의 기능을 갖추면서 동시에 2기의 TF34 터보팬 엔진을 탑재하여 300노트(560km/h)의 속도를 기록하였다. 이 실험 항공기는 로터 블레이드 없이도 고정날개 항공기로서 비행이 가능

【그림5-3】 V-22 틸트로터 항공기

하다. 그러나 헬리콥터와 같은 회전날개 항공기를 수직이착륙 항공기 범주에 포함하지 않는다. 다만 헬리콥터의 회전 블레이드의 추력 방향(thrust direction)을 전환할 수 있도록 고안된 것으로 전형적인 하이브리드 항공기(hybrid aircraft)는 [그림5-3]과 같은 Bell-Boeing V-22 Osprey 틸트로터 항공기(tiltrotor aircraft)다. V-22 틸트로터 항공기는 고정날개 항공기의 기체 양쪽 날개끝에 터보프롭 엔진을 장착하였다. 오른쪽 모드는 저속 혹은 제자리비행 모드이고 왼쪽은 전진비행 모드로 비행 중이다. 다목적 항공기로서 수직이착륙(VTOL) 그리고 단거리이착륙(STOL) 기능을 모두 갖추었다. 1981년부터 개발을 시작하여 1989년 3월 첫 비행에 성공했다. 이 항공기는 Rolls-Royce Allison T406/AE 1107C 터보축 엔진을 탑재하였다. 엔진은 14단 고압 축류압축기와 2단 고압터빈과 2단 동력터빈으로 압력비 16.7:1을 생산한다. 엔진의 축마력은 6,150(shp)이다. 해수면에서 최대속도는 250노트 그리고 순항속도는 240노트이다.

5.2.2 양력 제트 항공기

1941년 초 "A.A. Griffiths" 박사는 수직 양력(vertical lift)을 위한 동력 양력 장치로 제트엔진을 사용할 것을 제기하였으나 1947년까지 실현되지 못했다. 이후 미사일 추진을 위한 순수 양력-제트엔진(lift-jet engine;

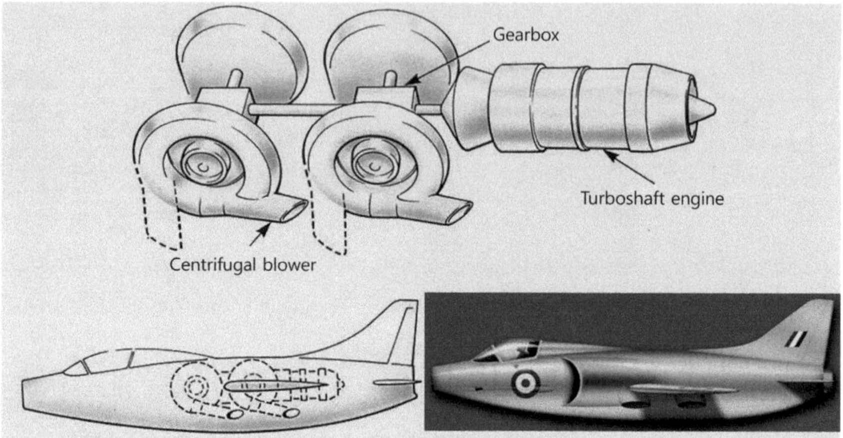

【그림5-4】 터보축 엔진의 회전력을 동체 양쪽에 장착된 원심 블로어를 통해서 수직 양력을 얻는다. 원심 블로어는 수직과 후방으로 방향을 전환할 수 있어야 한다. Harrier 전투기의 수직 양력 방식에 적용된 모델이다. 1956년 Michel Wibault가 제안한 동력 양력의 개념이다. [Rolls & Royce, 인터넷 자료]

Rolls-Royce)이 개발되었다. 이 엔진은 처음으로 순수 양력-제트엔진을 위한 충분한 추력/무게비(thrust/weight ratio)를 갖도록 제작되었다. 1956년 "Bristol Aero-Engine Company"에서는 "Monsieur Michel Wibault"의 주도하에 [그림5-4]와 같이 항공기의 양쪽에 각각 2개씩 4개의 원심 블로어(centrifugal blowers)를 구동시킬 수 있는 터보축 엔진(turboshaft engine)과 감속기어를 사용할 것을 제안하였다. 이들 블로어의 케이싱(casing)은 추력 방향(thrust direction)을 변경시킬 수 있도록 회전할 수 있어야 한다.

Rolls-Royce RB.108 엔진(영국)은 1950년대 중반 전진 추력 대신에 수직 추력을 제공할 수 있도록 개발되었다. 이 엔진을 탑재한 항공기가 [그림5-5]와 같은 Short SC.1이다. 이 항공기에는 4개의 수직 양력 제트엔진과 1개의 전진 추력을 발생시킬 수 있도록 후방에 탑재되었다. 이 항공기는 1958년 RB.108 터보제트 엔진을 탑재한 영국의 첫 고정날개 수직이착

【그림5-5】 Short SC.1 VTOL 항공기

륙 항공기이다. 이 항공기는 VTOL과 전진비행으로 전환하는 과정에서의 문제점을 분석하기 위해서 개발되었고 꼬리날개가 없는 저익형 전익기 유형이다. 동체 하부에 4개의(화살표) 배기가스 노즐이 보이고 후방에 1개의 배기노즐을 관찰할 수 있다. 엔진은 터보제트 엔진을 수직으로 장착하여 전진 추력 대신에 수직 추력을 얻을 수 있도록 고안되었다.

Mirage Balzac는 8개의 RB.108 엔진을 수직 제트 양력(vertical jet lift)을 얻을 수 있도록 장착되었다. 이와 유사한 양력 제트 엔진은 BS.59(Bristol Siddeley-추력 8,000lb)으로 Focke-Wulf 항공기에 탑재되었다. 다양한 종류의 수직/단거리 이착륙 항공기가 개발되는 과정에서 다음과 같은 기본 원천 아이디어가 정립되었다.

첫째, 추력 방향은 정상비행을 위한 위치에서부터 수직 양력을 위한 방향까지 전체 운용범위에서 추력 편향 능력을 갖추어야 한다.
둘째, 합력 추력은 항상 항공기의 무게중심 근처에서 있어야 한다.

"M. Wibault"가 제안한 원리는 [그림5-4]와 같이 항공기 동체의 양측면에 축류 팬(axial fan)은 터보축 엔진의 자유동력터빈(free power turbine)으로 구동시키고 한 쌍의 회전 노즐(swivelling nozzles)을 통해

【그림5-6】 VJ101-X2 전투기는 양 날개끝에 2개의 엔진이 한 쌍으로 된 터보제트를 장착한 틸트 제트 항공기이다. 이 전투기는 1963년 4월 첫 비행을 한 후 1968년 개발이 중단되었고 개발 과정에서 최대속도는 마하 1.04를 기록하였다. 제자리비행을 보조하기 위한 동체 하부에 2개의 엔진을 더 탑재하여 총 6개의 엔진을 탑재하였다.

서 배기가스를 분출하도록 설계되었다. 이것이 제트추진 장치에 의한 동력양력 장치의 시초가 되었다. 이후 엔진에 과급 공기를 제공하는 팬을 사용하는 모델로 개량되었다. 팬을 통과한 바이패스 공기는 한 쌍의 회전 노즐(swivelling nozzles)을 통해서 분출되고, 엔진 터빈의 배기가스는 또 다른 한 쌍의 회전 노즐을 통해서 분출되도록 설계함으로써 최초의 덕트 팬 양력/추력 엔진(ducted fan lift/thrust engine)을 개발하였다. 이 모델의 엔진이 지속적인 성능개량을 통해서 실용성을 인정받아 실전에 배치된 수직/단거리 이착륙 Harrier 전투기에 탑재된 "Pegasus" 엔진이다. 이 같은 독특한 양력/추력 방식과 날개에서 생산하는 부가양력이 더해졌을 때 비록 단거리 이륙활주 직후라 할지라도 순수 수직이착륙 항공기보다 유상하중(payload)과 항속거리(range) 성능을 크게 높일 수 있다.

5.3 동력 양력

✈ [그림5 - 7]은 오른쪽 그래픽 도형은 엔진이 어떻게 구조되어 있는지를 관찰할 수 있다. 터보팬 엔진이고 앞쪽 2개의 배기노즐로는 팬의 공기가 흐른다. 팬의 압력비로는 충분한 추력을 생산하지 못하기 때문에 플래넘 체임버(plenum chamber)에서 재연소시켜 추력을 증대시킨다. 엔진 후방에 있는 2개의 배기노즐은 터보제트 엔진에서 생산된 배기가스에 의한 추력을 생산한다. 배기가스 줄기의 방향을 전환하는 장치를 노즐 디플렉터(deflector)라 한다. 이들 노즐은 컴퓨터 제어장치로 방향을 자유롭게 전환할 수 있어야 한다. 제자리비행에서 전진비행으로 전환할 때 배기노즐은 점차 뒤쪽으로 전환된다. 왼쪽 그림은 제자리비행 중 배기노즐을 통해서 분출되는 고온 가스 흐름이 항공기 주변에서 어떻게 순환되고 있는지를 보여주고 있다. 수직 양력을 발생하는 엔진의 중요한 필수요건 중 하나가 고온의 배기가스가 엔진으로 유입되지 않도록 정교한 설계가 필요하다.

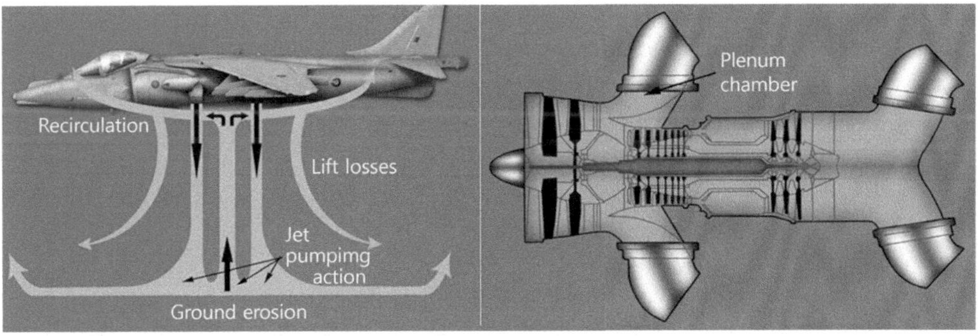

【그림5-7】 동력 양력 개념의 엔진과 항공기 적용

Specifications (Pegasus 11-61)
[General characteristics]
- Type: Twin-spool turbofan
- Length: 137 in (3.480 m)
- Diameter: 48 in (1.219 m)
- Dry weight: 3,960 lb (1,796 kg)

[Components]
- Compressor: 3-stage low pressure, 8-stage high pressure axial flow
- Combustors: Annular
- Turbine: 2-stage high pressure, 2-stage low pressure

[Performance]
- Maximum thrust: 23,800 lbf (106 kN)
- Overall pressure ratio: 16.3:1
- Specific fuel consumption: 0.76 lb/lbf-hr
- Thrust-to-weight ratio: 6:1

5.3.1 동력 양력 엔진 개발

전통적으로 양력(lift)이란 에어포일의 한 형태인 날개(회전날개 혹은 고정날개)에서만 발생시킬 수 있다는 개념에서 제트엔진의 제트 추력을 이용하여 생산될 수 있는 양력을 동력 양력(powered lift)이라 한다. 현재까지 실용성을 인정받은 서방의 동력 양력 엔진으로는 앞에서 소개한 "AV-8 Harrier"에 탑재된 "Pegasus" 엔진(Rolls-Royce vectored thrust turbofan engine)과 "F-35 II"에 탑재된 "Pratt & Whitney F119 turbofan" 엔진이 전형적인 V/STOL 엔진이다. 이외에도 수직이착륙을 위한 다양한 동력원(power sources)들이 개발되어 실험되고 있다. 다음은 현재 사용되고 있는 동력 양력에 활용되고 있는 기술들이다. [그림5 - 9]는 AV-8 Harrier에 탑재된 Pegasus 엔진을 좀 더 명확하게 관찰할 수 있다. 이들 배기노즐 자체는 고정되어 있다. 노즐의 테두리에 배기가스 줄기의 방향을 전환할 수 있는 회전 장치를 갖추어야 한다. 이 엔진은 2-스풀 터보팬 엔진으로

【그림5-9】 AV-8 Harrier에 탑재된 Pegasus 엔진

【그림5-10】 배기노즐 디플렉터

3단 저압, 8단 고압 압축기 그리고 2단 고압, 2단 저압터빈으로 구성되어 있다. 전체압력비는 16.3:1이고 애뉼러 연소기를 사용하고 있다. 최대 추력은 106 kN이다. 양쪽으로 분리되는 부분에서 공기역학적 손실을 최소화하기 위해서 정교한 설계가 필요하다. 어느 한 가지 방식이 적용되기보다 엔진 성능과 임무에 적합한 여러 기술을 조합하여 최적의 성능을 갖춘 항공기를 결정한다.

첫째, 배기가스 줄기의 방향을 전환한다.
둘째, 동력 양력만을 위한 특수 엔진을 장착한다.
셋째, 엔진 또는 별도의 동력장치로 구동되는 원격 양력발생 장치를 사용한다.
넷째, 엔진 추출 공기를 날개 주변에 분사함으로써 필요한 양력을 얻는다.
다섯째, 엔진 자체를 회전시켜 추력 방향을 전환한다. (틸트 제트)

민간항공에서도 수직이착륙 항공기의 개발에 상당한 연구가 진행되고 있지만, 상업성을 인정받을 정도의 뚜렷한 성과를 거두지 못하고 있다. 이와 달리 군사 목적의 수직이착륙 항공기의 개발 동기는 명확하다. [그림

5-3]과 같이 터보프롭 엔진 자체를 회전시켜 수직 양력을 얻는 방식의 수직이착륙 항공기는 프로펠러로 양력과 추력을 얻는 방식이지만 근본적으로 프로펠러의 한계를 극복할 수 없다. 이외에도 구조적으로 대형 수송기에는 적합하지만 민첩한 기동성을 요구하는 전투기에는 부적합하다.

제트엔진에서 발생한 고속 배기가스 줄기를 노즐을 통해서 분출함으로써 직접 양력을 얻는 방식이 더 효율적이다. 순수 터보제트 엔진에서는 배기가스 줄기를 활용할 수 있는 방법이 제한적이지만 성능이 더욱 향상된 터보팬 엔진이 개발되면서 팬 흐름과 배기가스 줄기를 조합함으로써 다양한 방식의 동력 양력으로 얻을 수 있다. [그림5 - 10]은 배기노즐 디플렉터가 전진비행 모드에서의 위치를 관찰할 수 있다. [그림5-8]의 엔진과 비교하여 관찰했을 때 이 전투기가 수직 추력과 전진 추력이 어떻게 발생하고 있는지를 더 쉽게 이해할 수 있다.

제자리비행의 필수요건 중 하나는 무게중심을 중심으로 전후좌우 균등한 하향 추력을 생산할 수 있어야 한다. 이를 위해서 무게중심으로부터 전후좌우 4방향에서 균등한 배기가스를 하향으로 분출하여 균형을 유지한다. 앞쪽과 뒤쪽의 화살표는 배기노즐 모두가 후방으로 전환되어 있음을 알 수 있다. 전형적인 전진 추력 모드이다.

5.3.2 양력/추진 엔진

양력/추진 엔진(lift/propulsion engine)은 전진비행과 수직이착륙을 위한 동력 양력을 모두 제공할 수 있는 유형의 엔진으로 반드시 추력 방향(thrust direction)을 변경시킬 수 있는 디플렉터(deflectors)가 필수적이다. 디플렉터는 엔진의 종류에 따라 [그림5-11]과 같이 1개, 2개 혹은 4개의 회전 노즐(swivelling nozzles)들로 구성되어 있다. 그림과 같이 전형적인 가변노즐을 장착하였고 배기가스 줄기의 방향을 전환할 수 있도록 노즐을 아래로 숙여 수직 추력 또는 벡터 추력을 얻을 수 있어 기동성을 크게 향상시킬 수 있다. 아래의 그림은 다양한 노즐 디플렉터들이다. 왼쪽과 중앙의 노즐 디플렉터는 동체 측면으로 팬 공기 또는 배기가스 줄기를 분출함으로써 수직 및 전진 추력으로 자유롭게 변경할 수 있다. 오른쪽 디플렉터 노즐은 각각 원하는 방향으로 고정되어 장착되어 있다. 이 방식에서는 배기가스 줄기의 방향을 내부 차단기를 이용하여 전환함으로써 원하는 추력을 얻는 전환식 디플렉터이다. 디플렉터는 비행 방식에 따라 추력 방향(thrust direction)을 후방으로 혹은 하향으로 전환하는 중요한 기능을 수행한다. 이외에도 노즐의 방향이 후방 그리고 하향을 향하도록 고정되어 있으면서 배기가스의 흐름을 막거나 개방하여 추력 방향을 변경시키는 장치를 전환식 디플렉터(switch-in deflector)라 한다.

만약 단일 노즐을 이용하여 추력 편향(thrust deflection) 효과를 얻고자 한다면 [그림5-11]과 같이 제트파이프(jet pipe)의 연결부에서 서로 엇회전(counter-rotated)하면서 노즐의 방향이 편향되도록 하는 이음면(joint face)을 설계함으로써 노즐은 수평 위치에서 수직 위치로 변경시킨다. 노즐이 움직이는 동안에 추력의 측면분력(side component of thrust) 혹은 엔진 축으로부터 추력선 상쇄(thrust line offsets)를 방지하기 위해서 첫 번째 이음면(joint face)은 반드시 제트파이프의 축(axis of jet pipe)과 수직이 되어야 한다. 만약 가변면적 노즐의 경우와 같이 노즐이 회전하지 않도록 하고자 한다면 세 번째 이음면은 노즐 축과 반드시 수직이 되어야 한다. 디플렉터는 [그림5 - 11]과 같은 2개 혹은 4개의 배기노즐로 구성된 노즐은 엔진 측면에 장착(side mounted nozzles)할 수 있고 단순 베어링을 이용해서 원하는 방향으로 노즐 방향을 전환할 수 있다. 특히 이 장치는 노즐 방향을 90도 이상 회전이 가능하므로 역추력이 필요한 엔진에서는 역추력을 위한 노즐의 방향을 조절할 수 있는 장점이 있다.

노즐 방향의 전환은 [그림5 - 12]와 같이 스프로킷과 체인(sprocket and chain)으로 구성된 단순한 구동장치를 사용할 수 있으며 모든 노즐을

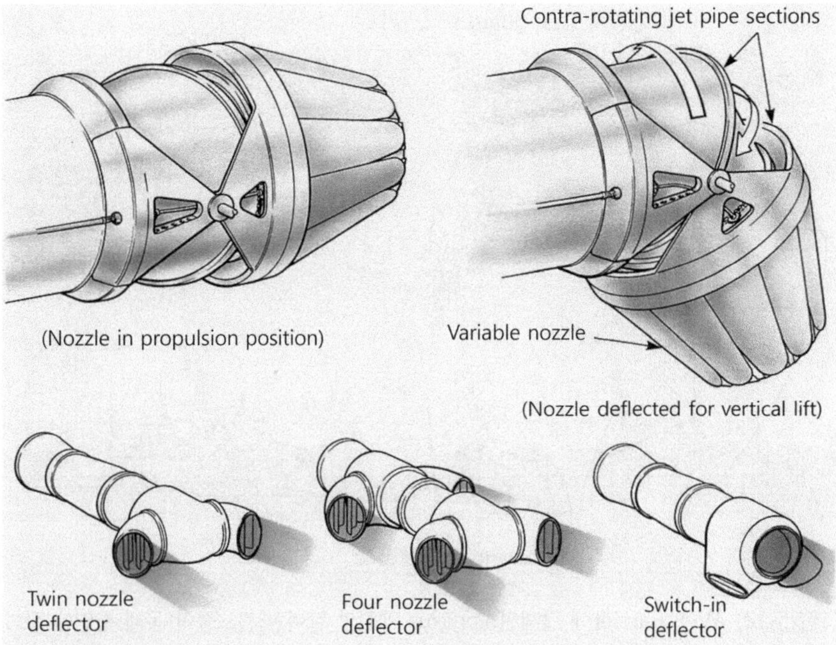

【그림5-11】 디플레터 형식 [Rolls & Royce, 인터넷자료]

기계장치를 통해서 동시에 편향시킬 수 있다. 그러나 이 장치가 전진 비행할 때에는 배기가스 흐름이 양쪽으로 굽어진 통로로 분리되어 통과할 때 발생할 수 있는 압력손실(pressure losses; 연료소모 증가)을 방지하기 위해서 정교한 배기장치와 노즐의 공기역학적 설계가 필수적이다.

전환식 디플렉터(switch-in deflector)는 [그림5 - 11]과 같이 엔진이 정상적인 전진 추력으로 작동 중일 때는 제트파이프 벽(jet pipe wall)의 한 부분이 되지만 추력 방향을 전환하고자 할 때는 배기가스의 흐름은 막을 수 있을 정도로 충분한 강도를 갖춘 한 개 혹은 한 쌍의 디플렉터 도어(deflector door)로 구성된다. 수직으로 배열된 양력 노즐(lift nozzles)들은 추력 각도(angle of thrust)를 변경시킬 수 있도록 기계적으로 회전할 수 있으므로 중간 양력/추력 위치로 조절할 수 있다.

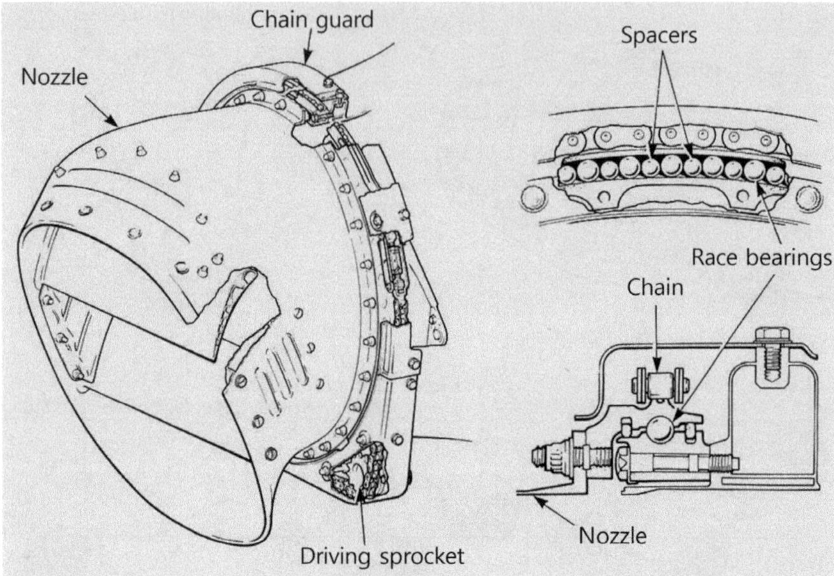

【그림5-12】 AV-8 Harrier에 탑재된 Pegasus 엔진과 같이 배기노즐이 동체 측면에 장착된 엔진에서는 노즐을 자유롭게 회전시킬 수 있는 기계장치가 필요하다. 이들 장치는 단순한 스프로킷과 체인으로 구성되어 있으며 고정부와 회전부 사이에는 베어링이 들어 있어 원활한 회전을 보장한다.

또 다른 전환식 디플렉터는 텐덤 팬 또는 하이브리드 팬 벡터 추력 엔진(tandem fan or hybrid fan vectored engine)을 사용한다. 이 장치에서 디플렉터는 터보팬 엔진에서 외부 공기흐름을 끌어들여 혼합시킬 수 있도록 팬의 단(stage) 사이에 장착된다. 정상비행 조건에서 밸브는 혼합 흐름(mixed flow) 터보팬과 동일 방식으로 엔진이 작동되도록 위치한다. 그러나 양력 추력(lift thrust)이 선택되었을 때 밸브는 팬 공기흐름(fan airflow)의 전방 흐름을 하향 양력 노즐(downward lift nozzle)을 통해서 배출되도록 전환되고 동시에 보조 흡입구(secondary inlet)가 개방되어 팬 후방부와 주엔진(main engine)에서 필요로 하는 공기흐름을 공급한다.

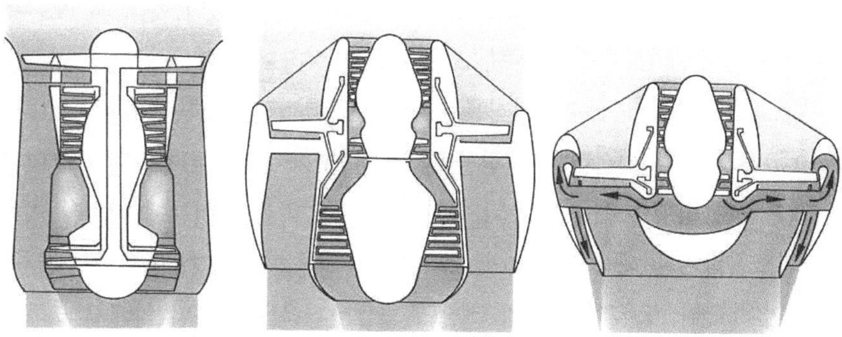

【그림5-13】 양력-팬 엔진 [Rolls & Royce, 인터넷자료]

순수 아음속 V/STOL 항공기는 연료 소모가 중요한 요소이기 때문에 밸브장치를 사용하지 않는다. 최근의 고바이패스 터보팬 엔진 유형에서는 기본 엔진으로부터 필요한 공기를 공급한다. 만약 노즐 장치들이 추력 편향 장치에 너무 가까이 장착한다면 팬 또는 저압터빈 블레이드들의 진동을 일으킬 수 있는 상류 압력 변형(upstream pressure distortion)을 유발할 수 있다. 이를 방지하기 위해서 팬 블레이드에 스너버(snubbers)를 사용할 수 있으며 동일 목적으로 저압터빈 블레이드 팁 또는 와이어 레이싱(blade tips or wire lacing)에 있는 슈라우드(shrouds)가 사용된다.

5.3.3 양력 엔진

양력-팬 엔진이라고 해서 일반 제트엔진의 기본 구조와 다른 것은 아니다. [그림5 - 13]과 같이 수직 추력을 발생시킬 수 있도록 엔진이 수직으로 장착되어 있다. 이들 엔진은 배기가스 줄기의 방향을 전환하는 장치에 비해서 추력 방향이 고정된 형태이기 때문에 전진비행 모드에서는 사실상 불필요한 존재가 될 수 있다. 따라서 가능한 한 경량 그리고 크기는 작게 설계되어야 하고 항공기 전체를 고려했을 때 추력 무게비 혹은 공기역학적 설계에 미치는 영향을 최소화하여야 한다. 왼쪽은 저바이패스비 터보팬 엔진에서 코어엔진의 배기가스와 팬 흐름을 활용하고 있다. 중앙과 오른쪽 엔진은 수직 추력 대부분을 팬 흐름으로 달성하고 있다.

V/STOL 항공기의 수직이착륙 단계에서 [그림5-13]과 같이 수직 양력(vertical lift)을 생산하는 엔진을 양력 엔진(lift engine)이라 한다. 양력 엔진은 정상비행 중에는 작동되지 않기 때문에 항공기 성능에 미치는 영향을 최소화하기 위해서 경량(lightweight)이어야 하고 크기 역시 최소로 설계되어야 한다. V/STOL 양력 엔진의 필요조건을 충족하기 위해서는 추력 대비 무게와 부피가 최소여야 한다. 최근에 개발된 소형 경량 터보제트 엔진이 적합하다. 또한, 양력 팬(lift fan)이 사용되었다면 제트속도(jet velocity)는 반드시 낮아야 한다.

순수 제트엔진의 추력 무게비(thrust/weight ratio)는 약 20:1 정도가 되지만 미래형 V/STOL 항공기의 개발을 위해서 더 높은 추력 무게비를 갖는 엔진 개발이 요구된다. 수직 양력을 위한 엔진은 집약적으로 그리고 경량 복합소재(lightweight composite materials)를 사용함으로써 꾸준히 감소하는 추세이다.

양력 엔진은 이착륙과 같은 비행조건에서만 작동되기 때문에 연료장치는 가능한 한 단순해야 하고 오일장치는 완전 소모성 윤활장치를 사용하여 윤활작용 후 외부로 배출한다. 양력 엔진은 수직 또는 수평 위치에서 운용할 수 있고 추력 벡터링(thrust vectoring)의 장점을 제공할 수 있도록 추력 편향 노즐(thrust deflecting nozzles)을 장착하였다. 양력 엔진은 [그림5-13]과 같이 순수한 제트엔진 형태를 이용한 양력-제트엔진(lift-jet engine)과 바이패스 공기흐름을 이용할 수 있는 양력-팬 엔진(lift-fan engine)의 형태가 있다.

[그림5-6]의 틸트 제트와 같은 양력-제트엔진(lift-jet engine)은 극도로 높은 온도와 고속 제트 배기를 발생시키기 때문에 지면 침식(ground erosion)을 방지하기 위해서 정상 배기노즐은 주변 공기와 혼합비율(rate

【그림5-14】 F-35 Lightning II 저고도에서 제자리비행하고 있는 모습이다. 배기노즐을 하향으로 내뿜으면서 그 반동으로 양력을 얻는 전형적인 동력 양력 방식이다. 주엔진의 배기노즐이 앞서 설명한 것과 같이 엇회전하면서 수직 하향으로 전환되어 있다. 삽입된 그림과 같이 배기노즐은 3단 관절형으로 분리되어 있어 이들이 상호 엇회전하면서 추력 방향을 전환한다. 주엔진의 배기노즐로만 균형을 유지할 수 없다. 제자리비행할 때 보조 양력을 제공할 수 있도록 동체 중심부 근처에 동력 양력 엔진 또는 원격 팬 흐름을 공급하여 필요한 보조 추력을 발생시켜 균형을 유지한다. [그림5-15]와 함께 분석했을 때 필요한 수직 양력이 어떻게 생산되고 전달되는지 그리고 균형을 유지하기 위한 보조 추력을 어떻게 발생시키고 있는지 이해할 수 있다.

【그림5-15】 F-35 Lightning II와 Yak-38 VTOL 전투기의 동력 양력 방식

of mixing)을 증가시킬 수 있도록 멀티-로브 노즐(multi-lobe nozzle)을 사용할 수 있다. 반면에 양력-팬 엔진(lift-fan engine)은 배기제트 속도를 감소시켜 지면 침식을 방지하고 활주로 외의 지표면에서 운용할 수 있는 장점이 있다. 또한, 이 엔진은 제트소음을 상당히 감소시킨다.

[그림5 - 15]는 F-35 Lightning II와 Yak-38 VTOL 전투기의 동력 양력을 얻는 방식이다. 위의 F-35는 터보팬 엔진을 탑재하였다. 반면 Yak-38은 기수 부분에 2개의 터보제트를 수직으로 장착하였고 동체 중심에 또 하나의 터보제트 엔진을 탑재하였다. F-35는 터보팬에서 생산된 압축 공기를 날개 좌우 보조 배기노즐을 통해서 배출하면서 균형을 유지한다. 기수 쪽에서 원격 양력 팬을 장착하여 터보팬 엔진으로부터 축으로 연결하여 팬을 구동시키는 전형적인 원격 양력 팬 엔진 유형이다. 여기서 발생하는 팬 흐름을 하향으로 분출하여 수직 양력을 얻는다. 반면 Yak-38은 동체 중심의 주 엔진으로부터 2개의 가변 배기노즐과 기수 쪽에 있는 2개의 터보제트 엔진으로부터 수직 양력을 얻도록 설계되어 있다. 이외에도 양 날개 끝단과 동체 꼬리부에 팬 흐름을 공급하여 제자리비행할 때 균형을 유지하도록 설계되어 있다. 이와같이 제자리비행에서 전진비행으로 추력 방향의 전환은 전적으로 자동으로 이루어져야 한다.

5.3.4 원격 양력 장치

원격 양력 장치(remote lift system)는 용어가 의미하는 것과 같이 주 엔진으로부터 떨어져 있는 위치에 장착된 하향 양력 노즐(lift nozzles)에 바이패스 공기 혹은 엔진 배기가스를 공급하여 양력을 얻는 방식이다. 원격 양력 노즐들은 동체의 전방 혹은 날개 선상에 장착되고, 공기흐름은 전환기(diverter)를 개폐시켜 조절한다. 일반적으로 원격 양력-팬(remote lift-fan)은 [그림5-14, 15]와 같이 항공기 날개 또는 동체에 장착되고, 양력-팬은 주엔진의 동력장치 또는 별도의 엔진으로부터 기계적 연결장치 혹은 팁 터빈(tip turbine) 속으로 연결된 공기 또는 가스로 구동된다.

원격 양력 엔진은 제트 양력 모드(jet-lift mode)에서 합력 추력(resultant thrust)을 항공기 무게중심 근처에 유지할 수 있는 적정 위치에 장착할 수 있는 장점이 있다. 반면 원격 양력 엔진이 동체 또는 날개에 장

【그림5-16】
F-35 Lightning II 원격 양력 팬

착되었을 때 그 위치까지 동력을 전달하기 위한 고하중(high load)의 기어박스와 클러치(gearbox and clutch)와 같은 기계적 장치 또는 가스 통로(gas passage)를 위한 부가적인 덕트 설비 등으로 인한 부피와 무게가 증가하는 것은 단점이다.

[그림5 - 16]은 F-35는 수직 양력을 위해서 조종실 후방 동체에 원격 양력 팬을 갖추고 있다. 그림은 양력 팬의 모습을 볼 수 있다. 추력 방향이 수직으로 고정되어 있고 오직 수직 양력만을 위해서 사용된다. [그림5-15]와 비교했을 때 원격 양력 팬은 터보팬으로부터 필요한 회전력을 얻을 수 있도록 기어계통을 통해서 연결되어 있다. 원격 양력 팬 방식은 일부 추력증대를 위해서 재연소 장치를 사용하지 않기 때문에 주엔진의 공기흡입구에 고온의 배기가스가 유입될 가능성이 없다. 팬 덮개는 양력 팬 작동과 함께 공기를 흡입할 수 있도록 개방되어야 한다. 전진비행 모드에서는 동체 표면의 일부로 공기역학적 항력을 최소화할 수 있도록 설계되어야 한다.

5.3.5 틸트 제트엔진

제트엔진에 의한 수직 양력을 얻는 방식 중 하나로 엔진 자체를 회전시키는 방법이다. [그림5-6]은 전형적인 틸트 제트 방식을 적용한 전투기이다. 이를 회전 엔진 혹은 틸트제트(swivelling engine or tilt jet)라 한다. 추력 벡터링(thrust vectoring)을 제공할 수 있도록 엔진 자체가 최소한 90도 이상을 기계적으로 회전시킬 수 있는 추진 엔진(propelling engine)으로 구성된다. 이들 추진 엔진 외에도 한 개 또는 그 이상의 양력 엔진이 장착되어 이착륙 단계에서 보조 양력(supplementary lift)을 제공하기도 한다.

이 장치는 두 개 또는 그 이상의 엔진들로만 사용될 수 있기 때문에 엔진 고장(engine failure)이 발생했을 때 안전 문제가 대두될 수 있다. 회전 엔진을 탑재한 V/STOL 항공기는 약간의 무게 감소 효과와 연료 절약의 장점이 있지만, 다른 동력장치들과 비교했을 때 이들 장점은 다른 안전장치를 위한 설계와 상쇄될 수 있다. 저속에서 정상적인 항공기 조종을 위해서 기본 엔진 설계에서 단순화한 엔진 스로틀링과 벡터링(throttling and vectoring)을 다르게 하여 달성할 수 있으나 필연적으로 조종장치는 복잡해진다.

5.3.6 블론 플랩

블론 플랩(blown flap)은 수직 양력을 제공하는 방식은 아니지만, 제트엔진에서 생산된 배기가스 일부를 고양력장치의 하나인 플랩의 뒷전을 통해서 분사하는 방식의 공기역학적 고양력장치(aerodynamic high lift device)라고 할 수 있다. 이 장치는 영국에서 처음으로 적용하기 시작했고 저속과 이착륙 단계에서 상당한 양력을 보조할 수 있음이 입증되었다. 날개는 임계 받음각(critical angle of attack)을 초과하면 윗면의 공기흐름이 흩어지면서 양력계수는 급격하게 떨어지기 시작한다. 이를 보조하는 방법으로 날개 윗면의 와류가 발생하는 시점에서 고속 공기 흐름을 분사한다면 실속을 크게 지연시킬 수 있고 실속속도(stall speed)를 그만큼 낮출 수 있다. 특히 전투기의 고속 성능을 위해서 날개평면은 점점 작게 설계되었다. 이것은 기동성을 높이고 고속비행이 가능하게 했지만, 결정적으로 저속 성능이 현저히 낮아지는 결과를 초래하였다. 이를 보완하기 위해서 블론 플랩 방식이 고려되기 시작했고 블론 플랩을 장착한 실험용 제트엔진 항공기가 [그림5-18]과 같은 Hunting H.126이다.

이 시험용 항공기는 실속속도를 시속 51km까지 낮출 수 있었다. 이후 Lockheed F-104 Starfighter에 이 설계를 적용하여 저속 성능을 크게 향상시켰다. 기본적으로 제트엔진의 저압 압축기에서 추출된 공기(bleed air)를 날개 플랩을 통해서 분출할 수 있도록 설계된 방식이다. 그러나 이 방식이 많은 항공기에 적용되지는 못했다. 결정적으로 제트노즐의 막힘

【그림5-17】 이 항공기는 순수한 실험용으로 제작되었고 Bristol Siddeley Orpheus 터보제트 엔진을 탑재하였다. 엔진에서 생산된 배기가스 일부를 플랩의 뒷전으로 뿜어내 날개 윗면의 공기 분리를 최대한 지연시켜 실속속도를 낮출 수 있다.

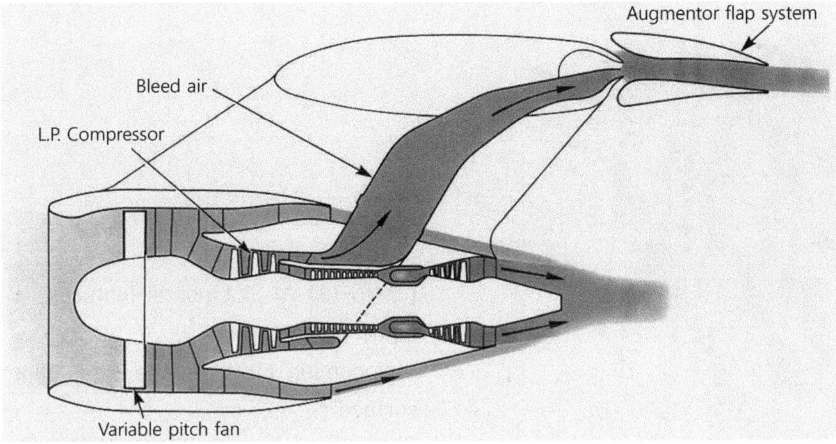

【그림5-18】 블론 플랩(flap blowing) [Rolls & Royce, 인터넷자료]

(blockage)은 특히 착륙 단계의 저속에서 치명적일 수 있기 때문이다.

[그림5-18, 19]는 터보팬 엔진에서 블론 플랩 방식 원리를 보여주고 있다. 터보팬 엔진은 기어로 연결된 가변 피치 팬(variable pitch fan)과 대형 저압 압축기가 장착되어 있고, LP 압축기에서 뽑아낸 공기를 날개 뒷전에 있는 플랩 분출 장치로 보내도록 설계되어 있다. 가변 피치 팬은 높은 LP 압축기 속도가 가능하므로 비교적 넓은 추력 영역에서 높은 블리드 압력(bleed pressure)을 유지할 수 있다. 이 장치는 광범위한 비행조건에서 양호한 조종성을 제공한다. 초기의 블론 플랩은 엔진 배기가스를 구조의 내부를 통해서 전달하는 방식을 적용했고 이를 내부 블론 플랩 장치(internal blown flap)라 한다. 이 방식이 날개 윗면의 와류를 제어하는데 다른 장치들에 비해서 효과적이기 때문에 일부 민간 운송용 항공기에서도 활용하기 시작했다. 기존의 내부 블론 플랩 방식보다는 외부에서 날개 위에 직접 분사하는 방식을 적용하고 있고 이를 외부 블론 플랩 방식(external blown flap)이라 한다.

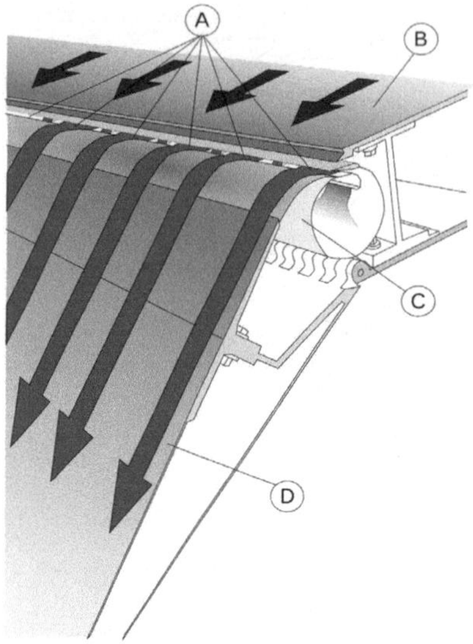

【그림5-19】 A) Slot nozzle featuring higher-pressure air
B) Incoming air from the wing upper surface
C) Duct with incoming air bled from the engine compressor
D) Flap with renewed boundary layer

[그림5 - 19]는 저압 압축기에서 압축 공기 일부를 추출하여 플랩 뒷전의 플랩 노즐을 통해서 분출할 수 있도록 설계된 블론 플랩(flap blowing)이다. 이 방식은 플랩이 한계 각도까지 내렸을 때 후방에서 상당한 와류가 발생하기 때문에 이를 제어한다면 실속속도를 크게 낮출 수 있다. 날개 구조 내부의 공기흐름 통로를 통해서 부가 추력을 얻는 방식이지만 여러 단을 사용하는 대형 민간 운송용 항공기의 고양력장치에서는 외부에 고압 공기를 분사하여 와류를 제어하는 방식을 채택하고 있다.

5.4 동력양력 추력증대 장치

✈ 일반 항공기와 비교하면 수직/단거리 이착륙 항공기는 필연적으로 수직 양력을 위한 별도의 동력장치(powerplant)를 필요로 하므로 주엔진(main engine)만으로 모든 동력을 제공하려면 엔진이 상당히 커질 수 있다. 그러나 정상비행(normal flight)을 위해서는 이들 별도의 추력 장치 또는 대형 엔진은 무게 증가와 함께 연료소모량을 크게 증가시킬 수 있어 부가적인 양력 추력을 얻기 위한 추력증대(thrust augment) 장치들이 사용된다. [그림5 - 20]은 전형적인 터보팬 엔진에서 주엔진 작동 외에 별도의 추력증대 장치이다. 이 방식은 AV-8 Harrier에 탑재된 Pegasus 엔진에 사용된 수직 추력증대 장치이다. 그림과 같이 팬에서 고압으로 압축된 공기를 단순 노즐을 통해서 배출하기보다 별도의 연소장치를 갖춘 플래넘 체임버에 연료를 분사하여 연소시킴으로써 배기가스 줄기의 속도를 크게 증가시킬 수 있다. 이 원리는 재연소기의 작동원리와 유사하다. 보조 추력을 얻기 위한 장치의 구조는 단순해야 하고 최대의 추력을 얻을 수 있어야 한다.

5.4.1 양력 연소장치

양력 연소장치(lift burning system)는 일종의 재연소기(afterburner)와 유사한 기능의 양력 증대장치이다. [그림5-20]과 같이 디플렉터 덕트에 있는 바이패스 흐름 속이나 전방 노즐에 있는 플래넘 체임버(plenum chamber)에 연료를 연소시킬 수 있는 4개의 양력/추진 엔진 노즐에서 추력을 생산하는 방식이다. 이를 플래넘 체임버 연소(plenum chamber burning; PCB)라 하고 이 과정에서 바이패스 공기의 추력은 배로 증가할 수 있다.

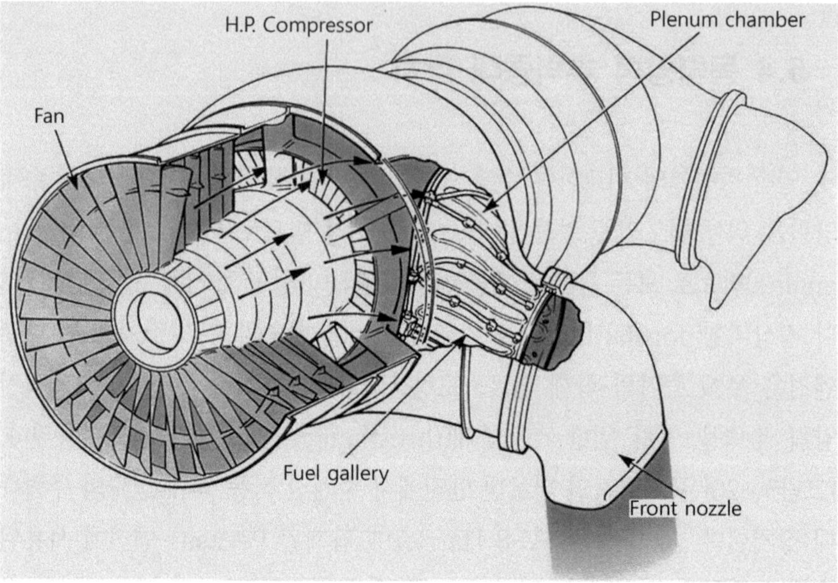

【그림5-20】 추력증대 장치 [Rolls & Royce, 인터넷자료]

이 추력증대 장치는 이착륙뿐만 아니라 정상비행(normal flight)에서도 사용할 수 있어 기동성 증가와 초음속 비행에도 유용한 초과추력(extra thrust)을 제공한다. 원격 양력 제트(remote lift jet)의 추력 역시 [그림 5-21]과 같이 양력 노즐의 바로 앞쪽 상류의 연소기에서 연료를 연소시켜 증가시킬 수 있다. 이를 원격 양력 증대장치(remote augmented lift system; RALS)라 한다. 연소기로부터 가용한 추력 부스터(booster)는 연소기에 공급되는 공기흐름의 양을 감소시킬 수 있기 때문에 엔진으로부터 원격 양력 노즐(remote lift nozzle)까지 공기를 공급하는데 필요한 덕트 설비의 크기가 감소한다.

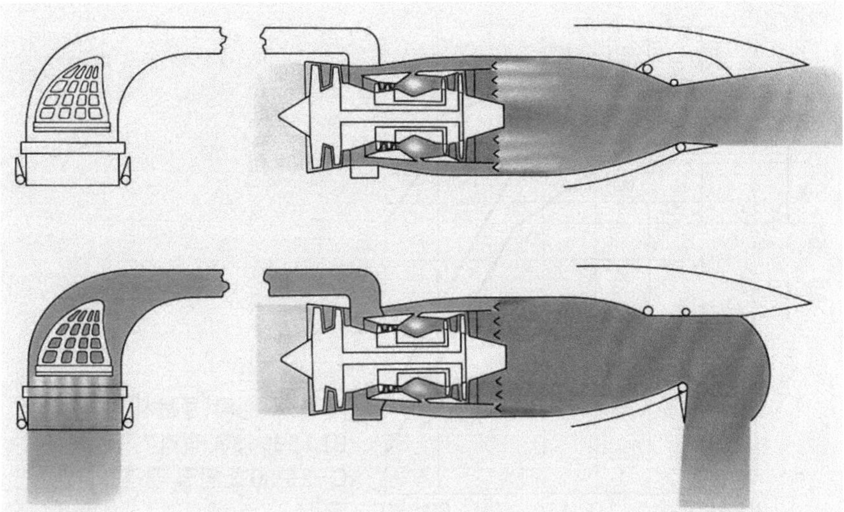

【그림5-21】 이 방식의 추력증대 장치는 앞에서 설명한 것과 유사하지만 수직 양력을 위한 추력증대 장치가 전방에 위치한다. 팬 흐름을 전방으로 보내기 위한 덕트 설비 외에는 동일하다. [Rolls & Royce, 인터넷자료]

5.4.2 특수 엔진 정격(단시간 엔진 정격)

이 방식은 엔진 정격을 엔진 수명(engine life)에 영향을 주지 않는 짧은 시간(약 15초) 동안에 높은 추력을 제공할 수 있도록 특수하게 개량된 엔진(special engine rating)이다. 수직이착륙 항공기가 지면효과(ground effects)를 받는 고도에서 제자리비행이라든지 혹은 이착륙 과정에 최대 추력이 필요하지만 대부분 15초 이내에 종료되기 때문에 이를 위한 단시간 양력 정격(short lift rating)의 설계가 가능하다. [그림5-22]와 같이 15초 단시간 양력 정격과 2.5분의 정상 양력 정격(normal lift rating)을 위한 허용 가능한 추력을 비교하여 보여주고 있다. 기온이 높을 때 엔진은 최대 RPM에 도달하기 전에 터빈온도 한계에 도달할 수 있고 이는 추력손실(thrust loss)로 이어진다. 추력은 연소기에 물분사(water injection) 방식으로 회복(restoration)할 수 있으며 낮은 기온 조건에서 추력을 증가시키

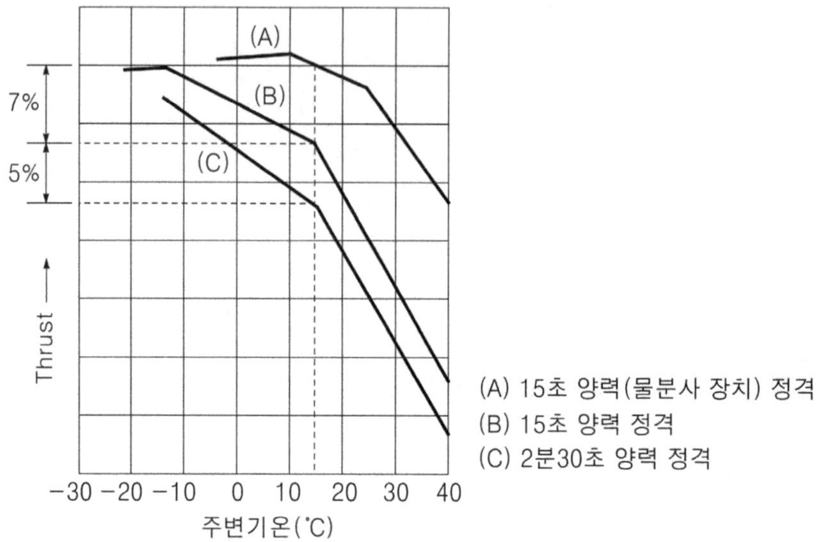

【그림5-22】 위의 그래프는 단시간 운용할 수 있는 특수정격 양력 엔진과 일반 양력 정격의 엔진에서 추력증대 효과를 비교한 것이다. 엔진의 치명적 조건을 회피하면서 단시간에 12%의 추력증대 효과를 얻을 수 있음을 알 수 있다.

는 데도 사용될 수 있다.

5.4.3 이젝터

이젝터(ejector)의 원리는 [그림5-23]과 같이 공기의 점성 혼합(viscous mixing) 효과를 이용한 소량의 고에너지 제트(high energy jet) 줄기가 분사될 때 주변의 대량 공기를 끌어들임으로써 추력을 증가시키는 방식이다. 이 방식을 활용하고 있는 일부 V/STOL 항공기에서는 이젝터에 필요한 고에너지 제트를 엔진 배기가스 전체를 활용하거나 바이패스 공기만을 공급하여 추력을 얻는다.

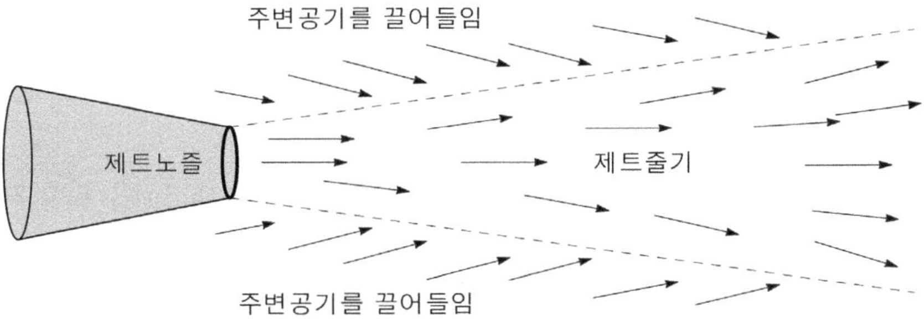

【그림5-23】 엔진에서 생산된 고속 배기가스를 대기로 분사할 때 주변의 공기를 끌어들여 함께 가속함으로써 공기 유동량을 증가시키는 효과를 얻을 수 있고 이는 곧 부가적으로 추력증대에 기여한다. 이 방식은 제트엔진의 부가 추력을 얻는 방식 외에도 일반 유체역학에서 많이 활용된다.

❖ eVTOL

전기 수직 이착륙 항공기(electric vertical take-off and landing)는 수직으로 이착륙할 수 있는 항공기이다. eVTOL 항공기 기술 핵심은 내연기관이 전기모터로 대체된 동력장치의 변화이다. eVTOL 항공기는 가까운 미래에 일상적인 여행이 급격하게 바뀔 수도 있다. 최근 몇 년 동안 지상 차량이 화석연료에서 하이브리드 전기자동차로 전환되었듯이, 상업용 항공기 제작업체는 효율을 높이고, 배출량을 줄이며, 단거리 도심 항공 여행에 혁신을 일으키기 위해 많은 투자와 기술개발이 진행되고 있다. 그러나 항공기에 동력을 공급하는 방식을 바꾸는 것은 완전히 새로운 도전과제이다. 전 세계적으로 대규모 도심 인구의 혼잡을 줄이려고 노력함에 따라 그들은 새롭고 혁신적인 해결책으로 눈을 돌리고 있다. 한 가지 방법은 도심항공교통으로 전환하는 것이다. 현재 헬리콥터 택시가 일부 역할을 분담하고 있지만, 헬리콥터는 여전히 비싸고, 높은 소음으로 인해 도심 환경에 적합하지 않다. 따라서 eVTOL 항공기는 도시 혼잡에 대한 유망한 해결책이다. 대부분은 완전히 전기식이며 소음을 줄이고 시스템 중복성을 높이기 위해 여러 개의 모터-프로펠러를 사용하며, 탄소 배출이 내연기관 항공기보다 상당히 적다.

5.5 수직/단거리 이착륙 항공기의 조종/제어

✈ V/STOL 항공기는 수직 이륙부터 정상비행(normal flight)을 위한 자세를 취할 때까지의 전환 과정에서 정상비행 조종면(flight surfaces)에 어떠한 공기역학적 힘들이 발생하지 않도록 설계되어야 한다. 이 과정에서 V/STOL 항공기의 적절한 피치(pitch), 롤(roll) 그리고 요(yaw) 조종을 위한 부가적인 조종장치들이 사용된다. 조종 범위가 증가했기 때문에 조종사의 업무를 그만큼 가중시킬 수 있다. 조종사 고유의 업무에 지장을 초래하지 않도록 첨단 전자 및 제어장치와의 통합이 필수적이다.

(1) 반동 조종장치

반동 조종장치(reaction control)는 [그림5-24]와 같이 엔진으로부터 공기를 공급받아 항공기의 양 날개와 동체 전후방에 장착된 노즐을 통해서 분출함으로써 항공기의 피치, 롤 그리고 요 조종을 보조하는 방식이다. 이들 노즐에 공급되는 공기는 주엔진의 추진 노즐(propelling nozzle)이 정상비행 위치로 전환되었거나 양력 엔진(lift engine)의 작동이 정지될 때 자동으로 정지된다. 추력의 크기는 조종 노즐(control nozzle)을 통과하는 공기흐름의 양에 따라 면적을 변화시켜 조절한다.

[그림5 - 24]는 수직이착륙 항공기의 제자리비행 모드는 정확한 균형이 유지되어야 가능하다. 이들 항공기의 필수요건은 모든 수직 추력은 무게중심을 중심으로 형성되어야 한다. 이를 위해서 주요 수직 추력을 제공하는 배기노즐 외에도 균형을 유지하기 위한 보조 수직 추력이 필요하다. 대부분의 수직이착륙 항공기의 주요 수직 추력 노즐은 동체 중심 또는 동체 후방에 위치하면서 동시에 날개끝 혹은 기수 부분에 보조 수직 추력을 발생

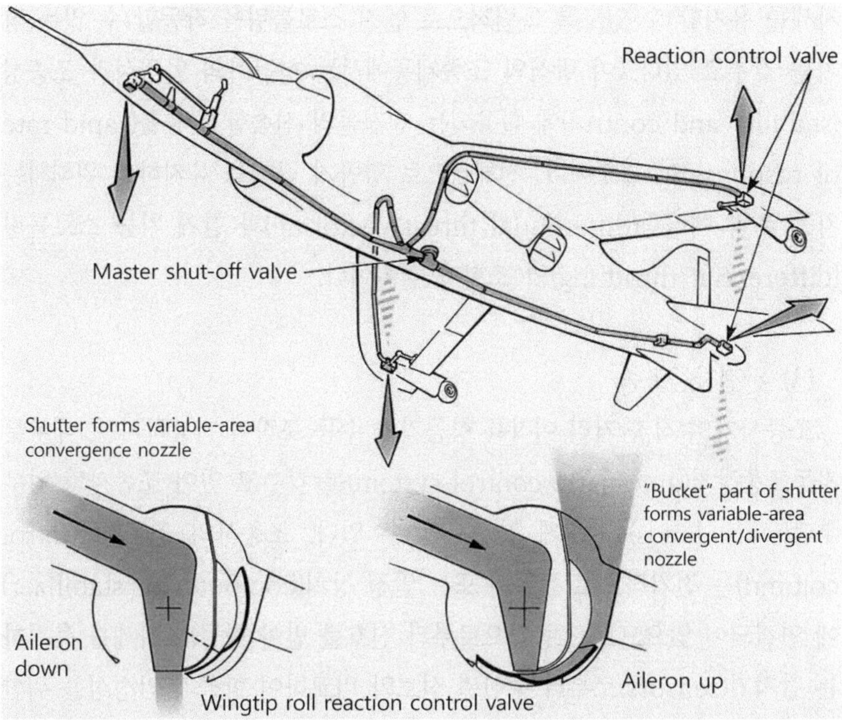

【그림5-24】 수직이착륙 항공기의 보조 수직 추력 [Rolls & Royce, 인터넷자료]

할 수 있도록 설계되어 있다. 그림은 전형적인 보조 수직 추력의 위치와 공기흐름의 경로를 보여주고 있다. 물론 완전 자동 스로틀링 혹은 추력 벡터링으로 조종되어야 한다. 아래 그림은 도움날개 끝의 노즐을 통해서 하향 추력과 상향 추력이 어떻게 전환되고 있는지 보여주고 있다. 도움날개가 내려간 날개에서는 셔터가 가변면적 수축노즐을 형성하고 있다. 반대쪽 위로 올라간 도움날개에서는 셔터의 버킷 부분이 가변면적 수축/확산노즐을 형성한다.

(2) 차등 엔진 스로틀링

일부 다발엔진의 양력 엔진에서 항공기의 위치에 따라 조종사가 원하는 자세를 유지할 수 있도록 독립적으로 엔진 스로틀링을 작동할 수 있는 장치를 갖추고 있다. 이 방식의 조종계통에서는 항공기의 안정성과 조종성(stability and control)에 활용되는 엔진들의 신속한 반응률(rapid rate of response)이 필수이다. 전체적으로 항공기 균형을 유지하기 위해서는 차등 추력 벡터링(differential thrust vectoring)과 함께 차등 스로틀링(differential throttling)의 조화가 필수이다.

(3) 완전자동조종

조종사가 수직 단거리 이착륙 항공기의 수동 조작이 가능하지만, 대부분 자동조종장치(automatic control system)를 갖추고 있어 조종사의 업무 부담(work loads)을 크게 감소시킬 수 있다. 조종사의 조종간(control column)은 전기적으로 컴퓨터 또는 안정 장치(computer or stabilizer)에 연결되어 있으므로 조종간으로부터 신호를 받아 항공기 자세를 측정하는 감지기(sensors)로부터 수신된 신호와 비교하여 항공기 안정성을 위한 반응조종(reaction controls), 차등 스로틀링 또는 추력 벡터링(thrust vectoring)을 자동으로 제어한다.

【그림5-25】 F-22 전투기의 추진 노즐을 뚜렷하게 관찰할 수 있다. 대부분 전투기가 원통형 추진 노즐로 설계되어 있지만, 이 전투기는 직사각형 추진 노즐로 설계되었다. 엔진 당 2개의 오각형 패널이 상하로 작동하면서 배기가스의 방향을 조절한다. 이 설계의 추진 노즐은 오직 상하로만 추력 방향을 전환할 수 있다.

5.6 벡터 추력

✈ 전투기(fighters) 조종사로서 전투기가 갖추어야 할 최고의 가치는 단연 우수한 기동성(maneuverability)일 것이다. 이는 마치 하늘을 자유자재로 날아다니면서 먹이 활동을 하는 제비의 놀라운 능력에서 엿볼 수 있고 [그림5-25]와 같이 실제 전투기 조종사들은 항공기 제작자들에게 끊임없는 기술개발 요구 조건 중 하나이다.

5.6.1 기동성

기동성 향상을 위한 시도가 추력 방향을 전환하기 위한 실험이다. [그림5-25]는 최신예 전투기로 알려진 F-22(Raptor)의 추진 노즐(propelling nozzle)을 뒤에서 관찰한 모습이다. 추진 노즐은 원통형으로 설계되어야

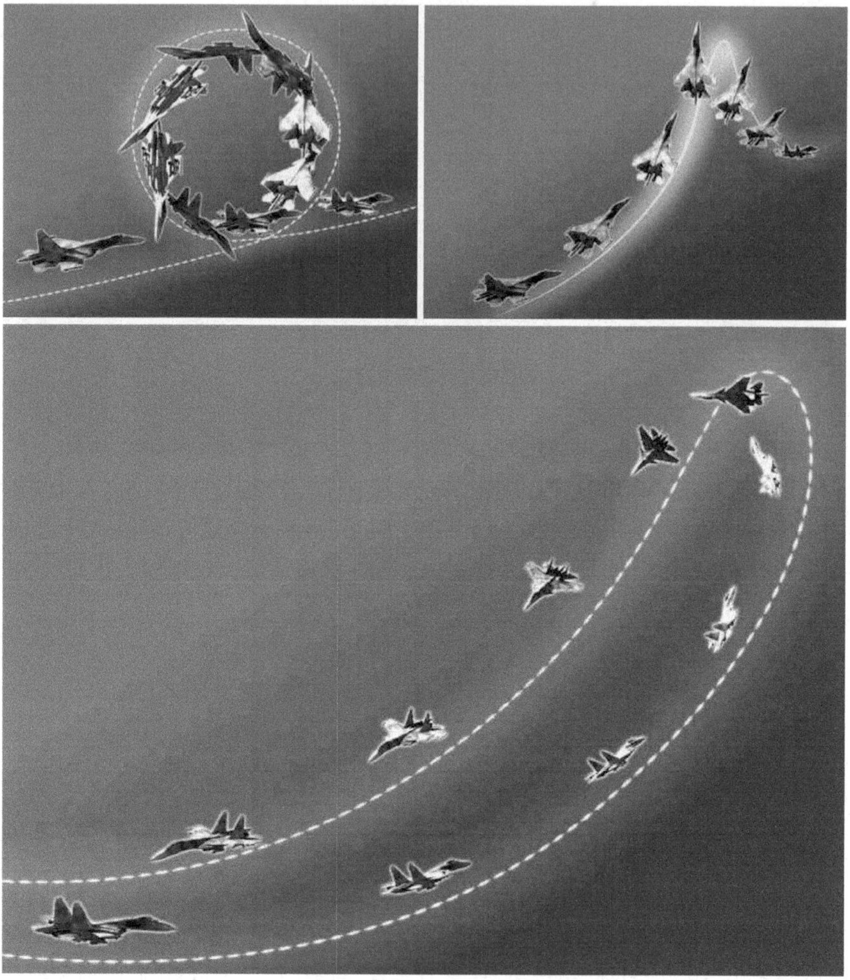

【그림5-26】 전투기의 최고의 기동성은 제비가 먹이를 낚아채듯 방향 전환이 신속하고 급선회 기동을 할 수 있는 능력일 것이다. 이를 실현하고자 하는 첫 번째 시도가 추력 방향을 전환하는 것이다. 이 그래픽은 일반 전투기로는 달성할 수 없는 고난도의 기동성을 보여주고 있다.

한다는 고정관념에서 벗어나 이 전투기의 추진 노즐은 직사각형으로 설계되었다.

5.6.2 추력 방향 전환

벡터 추력은 제트 방향과 함께 총 추력과 순 추력(gross thrust and net thrust)의 방향까지 변화할 수 있지만, 램 항력(ram drag)은 변화가 없다. AV-8(Harrier)는 이미 오래전에 벡터 추력을 적용한 전형적인 벡터 추력 전투기이고 최신예 전투기인 F-22와 F-35 계열의 모든 전투기 그리고 러시아의 Su-35, Su-37, T-50 전투기 등이다. 벡터 추력 항공기는 날개에서 큰 양력을 발생할 수 없는 저속에서 높은 기동성을 제공하고 동시에 이륙 및 착륙 속도를 감소시킬 수 있을 뿐만 아니라 순항 항력 역시 감소시키는데 기여한다. 벡터 추력의 단점은 가변추진 노즐(variable propelling nozzle)을 작동시킬 수 있어야 하므로 무게, 기계적 복잡성 그리고 비용이 크게 증가하지만, 무엇보다도 신뢰성이 우선 필수요건이다.

(1) 벡터 추력의 발달

현대의 고성능 벡터 추력 항공기들은 배기가스 줄기를 약 90도까지 편향(deflect)시킬 수 있는 가변노즐을 사용하는 터보팬 엔진을 탑재하고 있다. 그러나 엔진은 정상 추력(전진 추력)과 수직 추력 모두가 가능해야 하므로 엔진 무게는 그만큼 증가한다. 재연소 엔진의 일종으로 볼 수 있는 PCB 엔진(Plenum Chamber Burning) 역시 추력 벡터링을 제공할 수 있다. 그러나 고온의 배기가스가 그대로 지표면에 분출되기 때문에 이로 인한 인원 및 활주로 표면의 침식(erosion)은 심각한 문제가 될 수 있다.

이 같은 이유로 PCB 엔진은 이륙과 착륙 단계에서 사용하기 어렵다. 이후 PCB 엔진의 추력 벡터링 프로젝트는 1965년 사실상 폐기되었다. 현재까지 가장 잘 알려진 추력 벡터링 엔진은 “Rolls-Royce Pegasus” 엔진으로 “AV-8B Harrier II” 전투기에 탑재되었다. 최신 추력 벡터링 엔진을 탑재한 전투기 중 하나는 5세대 전투기로 알려진 “Lockheed Martin F-22 Raptor”로 재연소기 추력 벡터링 “Pratt & Whitney F119” 터보팬

【그림5-27】 Su-30 MKM 전투기의 추진 노즐은 세로축에 32도 그리고 수직축으로 ±15도까지 전환이 가능한 3차원(피치와 요) 벡터 추력을 제공한다. 이들 벡터 추력 노즐은 비행조건에 따라 동시에 혹은 독립적으로 작동할 수 있다.

엔진을 탑재하였다. 비록 이 엔진이 초음속 비행을 위해서 재래식 재연소기 터보팬(F-135 또는 F-136) 엔진을 탑재하고 있지만, F-35 Lightning II는 미 해병과 영국 공군 및 해군이 공동으로 사용할 수 있도록 수직 양력 팬(vertical lift fan)을 장착하였다. 수직 양력 팬은 [그림5-13, 14]와 같이 수직 이착륙 중 클러치(clutch)를 통해서 엔진으로 구동되는 저압 축-구동 원격 팬(low pressure shaft-driven remote fan)이다. 이 팬과 주 엔진 팬(main engine fan)으로부터 발생된 배기가스 흐름을 추력 벡터링 노즐을 통해서 편향(deflected)시킴으로써 적절한 양력과 전진 추력으로 이루어진 벡터 추력을 제공할 수 있다.

Sukhoi Su-30의 개량 기종으로 "Sukhoi Su-30 MKI"는 "Hindustan Aeronautics Limited"로부터 면허 생산된 전투기로 인도 공군에 실전 배치되었다. 이 전투기는 2차원 벡터링(2-dimension vectoring; pitch

【그림5-28】 Su-30 MKM 기종에서 추진 노즐이 일반 터보제트의 추진 노즐과 다르게 설계되어 있음을 관찰할 수 있다. 추진 노즐을 상하로만 작동시킬 수 있는 모델을 2차원 벡터 추력이라 한다. 이 전투기는 수직축에 좌우로 15도까지 변환할 수 있으므로 요(yaw)를 제어할 수 있다. 이것은 더욱 높은 선회 기동 성능을 제공한다. 이를 3차원 벡터 추력이라 한다.

axis)을 채택하고 있다. 2차원 추력 벡터링은 높은 기동성과 함께 높은 받음각에서 거의 제로 속도비행과 저속에서 곡예비행이 가능하다. MKI의 TVC(Thrust Vectoring Control) 노즐들은 세로 엔진 축에 32도 각도로 장착되어 있고 수직면에서 ±15도 편향이 가능하다. 이것은 코크스크루 효과(corkscrew effect)를 발생시켜 항공기의 선회 성능을 크게 향상시킨다.

(2) 벡터 추력의 분석

현대 초음속 고성능 전투기(F-22 또는 F-35 II)들은 기존의 초음속 전투기들에서는 볼 수 없는 높은 기동성을 갖추고 있다. 특히 이들 전투기는 우수한 수직 가속 능력을 갖추고 있어 공중전에서 신속한 위치 변경과 유리한 전투 위치를 선점하는데 결정적인 역할을 한다. 높은 기동성을 가능하게 한 것은 추력 방향을 자유롭게 전환할 수 있는 가변노즐구조(variable nozzle construction)를 갖추고 있기 때문이다. 이처럼 가변노즐(variable nozzle)을 사용하여 추력 각도(thrust angle)를 조절할 수 있는 것을 추력 벡터링 또는 벡터 추력(thrust vectoring or vectored

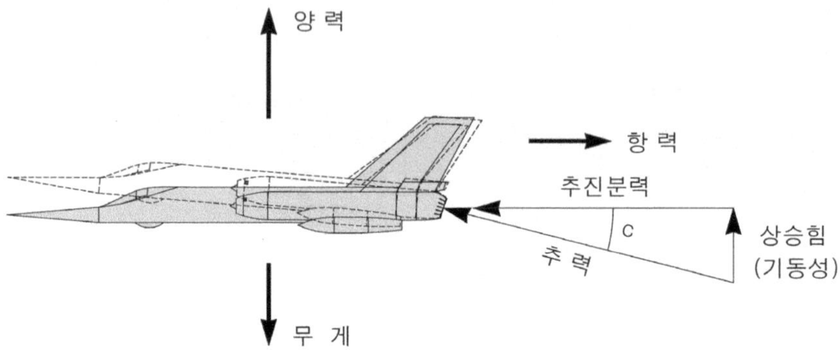

【그림5-29】 추력이 일정 각도(c)로 아래로 전환되었을 때 후방에서는 상승 힘(기동성)이 발생하고 있음을 알 수 있다. 이것은 전투기의 기수를 매우 높은 각도로 급상승을 가능하게 한다.

thrust)이라 한다. 비행 중인 항공기에 작용하는 힘은 2개의 분력 방정식으로 분석할 수 있다. 하나는 순 수직 힘(net vertical force; F_v)으로 작용하는 힘이고, 또 다른 힘은 순 수평 힘(net horizontal force; F_h)으로 작용하는 힘이다. 여기서 수평비행 중인 항공기에 작용하는 추력(T), 양력(L), 항력(D) 그리고 무게(W)의 상관관계는 다음과 같다.

$$\text{수직};\ L - W = F_v$$
$$\text{수평};\ T - D = F_h$$

초과추력($T-D$)은 항공기의 가속과 밀접한 관련이 있다. 예를 들어 전투기 유형의 항공기들은 높은 초과추력이 필요하다. 기본적으로 항공기의 상승과 기동을 위해서 초과추력만큼 순 수직 힘(net vertical force)을 갖는다. 공중전을 수행하는 전투기 추력은 이미 상당히 큰 힘으로 존재하기 때문에 엔지니어들은 이 힘을 수직 힘으로 전환하기 위한 방법을 시도하였다. 이것은 노즐의 방향을 자유롭게 편향(deflection)시킬 수 있는 기계장

【그림5-30】 F-22에 탑재된 F-119-PW-100 터보팬 엔진의 엔진 실험대에서 벡터 추력을 실험하고 있다. 이 엔진은 추진 노즐에서 뿜어져 나오는 배기가스 줄기의 방향을 전환할 수 있도록 가변 추진 노즐을 갖추고 있다.

치와 함께 추력 벡터의 각도(c)를 기울게 설계함으로써 가능하게 되었다. 추력 벡터의 각도를 적용한 수직과 수평 추력은 다음과 같이 쓸 수 있다.

$$\text{수직};\ L - W + T\sin(c) = F_v$$
$$\text{수평};\ T\cos(c) - D = F_h$$

위의 방정식을 분석했을 때 추력이 수직 힘 방정식에도 작용하고 있다는 것을 알 수 있다. 따라서 항공기는 추력 벡터링이 없는 항공기보다 더욱 깊은 각도의 빠른 상승과 깊은각 선회(steep turn)를 가능하게 한다. 중간 각도(moderate angle)에서 코사인(cos) 값은 거의 “1”이기 때문에 항공기는 여전히 높은 초과추력을 갖는다. 그리고 항공기의 수평 가속(a_h) 그리고 수직 가속(a_v)은 항공기 질량(m)으로 나눈 값으로 다음과 같다.

$$a_v = F_v/m$$
$$a_h = F_h/m$$

벡터 추력을 갖는 항공기의 유일한 단점이라면 노즐이 일반 노즐보다 가변 성능을 갖추어야 하므로 기계적 복잡성에 따라 무게가 증가한다.

【그림5-31】 기존의 F-15 전투기에 3차원 벡터 추력을 제공할 수 있도록 추진 노즐의 개량과 함께 높은 기동성을 위한 커나드 그리고 날개평면 등이 동시에 개량되어야 한다. F-16 VISTA는 기존의 모델에 다축 추력 벡터링(MATV)을 제공할 수 있는 엔진을 개발하기 위한 실험용 전투기이다. 이 전투기는 임계 받음각을 훨씬 초과하는 받음각에서 기동할 수 있는 3차원 초기동성을 제공한다.

(3) 3차원 벡터 추력

최신예 전투기로 알려진 F-22 Raptor의 배기노즐과 같이 추력 벡터링은 오직 상하로만 작동할 수 있다. 이 같은 방식의 추력 벡터링을 2차원 벡터 추력이라 한다. 이 방식의 벡터 추력 역시 높은 선회 기동성을 제공하기는 하지만 2차원 벡터 추력에 좌우로 작동이 가능한 능력을 갖춘다면 더 높은 선회 기동성을 얻을 수 있을 것이다. 이것을 3차원(three dimensional) 벡터 추력이라 한다. 전형적인 3차원 벡터 추력 전투기 Mig-35, Su-37은 코브라 기동과 같은 기존의 전투기들에서는 달성할 수 없는 극도로 높은 초기동성을 갖추고 있다. 이외에도 [그림5-31]과 같이 기존의 F-15 전투기에 3차원 벡터 추력을 제공할 수 있도록 성능개량 중이다. 이들 항공기를 포함하여 전형적인 3차원 벡터 추력을 제공하는 전투기는 MiG-35, Su-35BM, Su-37, PAK FA (T-50), McDonnell Douglas F-15S/MTD, Lockheed Martin F-16 VISTA 등이다.

이외에도 [그림5-32, 33]은 새로운 방식의 3차원 벡터 추력을 제공하고 있다. 이 항공기는 Rockwell-Messerschmitt-Bölkow-Blohm X-31은 첨단 전투기의 기동성 향상을 위해서 제작되었다. 이 항공기는 기수가

【그림5-32】 이 항공기는 3차원 벡터 추력을 실험하기 위해서 제작되었다. 기존 전투기에서 추진 노즐의 방향을 전환하는 방식과 달리 추진 노즐에 3개의 패들을 장착하여 배기가스 줄기의 방향을 원하는 방향으로 전환하여 벡터 추력을 제공한다.

지향하고 있는 비행경로를 벗어나 비행할 수 있어 재래식 벡터 추력 전투기보다 월등한 기동성을 제공한다. 첨단 비행제어장치(flight control system)는 재래식 항공기의 실속 받음각 이상에서 비행할 수 있도록 한다. 이 항공기는 1990년 10월 첫 비행에 성공했고 동체 후방에 고정 스트레이크를 장착하여 안정성과 기동성을 제공한다. 이 항공기는 수평안정판이 없고 오직 수직안정판만을 갖추고 있다. 피치와 요(pitch or yaw)는 배기노즐에 장착된 3개의 패들(paddles)로 조종한다.

【그림5-33】 러시아는 공기역학적 영역선도를 벗어난 초기동성에 개발 초점을 두었다.

【그림5-34】 추력 벡터 제어 실험

추력 벡터링 노즐은 오늘날의 가장 기능적인 엔진 유형 중 하나로 전투기에 주로 사용된다. 러시아산 수호이 시리즈 전투기와 미 공군의 F-22, F-35 등에서 채택하고 있다. TVC(추력 벡터 제어)의 목적은 단순히 추력의 방향을 제어하는 것이다. 이것은 항공기가 VTOL과 STOL을 수행할 수 있게 하는데, 이것은 그들이 정지된 위치에서 이륙하고 곧장 위로 올라갈 수 있다는 것을 의미한다.

Chapter 6

성능과 추력

Shock diamonds (also known as Mach diamonds, Mach disks, Mach rings, doughnut tails or thrust diamonds)

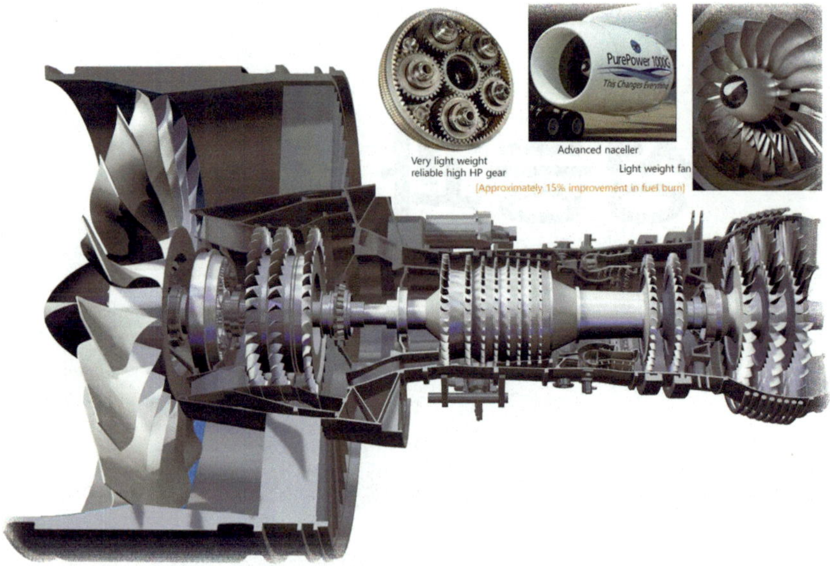

The engine could be ready for service in 2025 and is targeted at a fuel-burn improvement at least 25% over the Trent 700. The UltraFan will incorporate a gear system that drives a variable pitch fan and is outlined with a 15:1 bypass ratio and overall pressure ratio of 70:1.

• 성능과 추력 •

6.1 개 요

✈ 엔진 성능의 필수요건은 항공기의 운용 유형에 따라 크게 달라질 수 있다. 터보제트의 성능은 추진 노즐(propelling nozzle)에서 생산되는 가용 추력(thrust available)으로 측정되는 반면 터보프롭은 프로펠러축에서 생산된 축마력(shaft HP; SHP)으로 측정한다. 그러나 어느 유형의 엔진이든 추력 또는 축마력(SHP)을 평가하는 주요 요소들은 엔진 무게, 연료 소모 그리고 전면면적 등에서 얼마나 효율(efficiency)이 있는지를 비교하는 것이다.

추력 또는 축마력의 크기는 엔진에 유입되는 공기의 양(공기 질량 유동률)과 엔진 사이클 과정에서 발생한 배기가스 속도의 가속에 달려있기 때문에 항공기의 전진속도, 고도 그리고 대기 조건과 같은 가변 요소들의 영향을 받는다. 이 가변 요소들은 공기흡입구, 압축기, 연소기, 터빈 그리고 배기가스의 효율에 영향을 줄 수 있고 결과적으로 추력 또는 축마력 생산에 가용한 가스 에너지를 변화시킬 수 있다.

【그림6-1】 제트엔진 성능의 최대 효율을 달성하기 위한 엔진 유형이 결정된다. 이것은 항공기가 수행해야 하는 임무와 관련이 있다. 전투 항공기의 우선 성능을 속도와 기동성이라고 한다면 민간 항공기는 안정성과 경제성이다.

엔진 내부에서 국지 가스 흐름의 속도가 초속 2,500피트(760미터) 또는 그 이상이 될 수 있지만, 국지 마하수(local Mach number)는 높은 가스 온도로 인하여 M=1.0 이하에 머물러 있다. 특정 양의 연료로 최대 비행거리를 얻기 위해서는 연료소모율(rate of fuel consumption)이 최저인 상태에서 추력 또는 축마력이 최대가 되어야 한다. 이것을 추력비연료소모(thrust specific fuel consumption; TSFC)라 하고 파운드 추력 당 시간당 연료의 파운드(lb.fuel/hr/lb.thrust) 또는 축마력 당 시간당 연료의 파운드(lb.fuel/hr/SHP)로 나타낸다.

TSFC의 크기는 엔진의 열효율(thermal efficiency)과 추진효율(thrust efficiency)로 결정된다. 열효율을 내부효율(internal efficiency)이라 하고 추진효율을 외부효율(external efficiency)이라고도 한다. 엔진의 주어진 에너지 출력(output)을 달성하기 위해서 열효율과 추진효율은 압축기와 터빈 크기에 큰 영향을 미친다. 이들 효율에서 저속 터보제트가 터보프

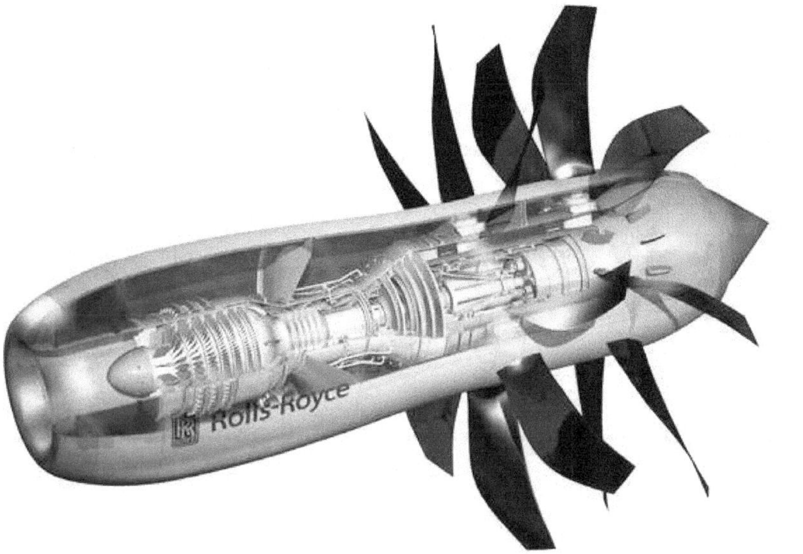

【그림6-2】 Prop-fan or Unducted Fan, MD-90. 프롭팬 엔진은 터보팬의 속도와 성능으로 설계되었지만, 터보프롭의 연비를 달성하였다. 프롭팬 엔진의 추진효율은 외부 팬 블레이드를 사용하여 달성된 높은 바이패스 비율로 인해 증가한다. 팬 블레이드 끝단이 뒤로 젖히고 약간 휘어져 충격파 형성을 방지하여 고속에서도 높은 효율을 달성할 수 있다. 총 추진효율 면에서 터보팬에 비교해서 약 20~25% 정도 향상되었다.

롭보다 효율이 떨어지는 이유와 이로 인한 바이패스 원리의 개발 그리고 최근에는 프롭팬 엔진(profan engine) 개발에 관심을 두는 이유이다. 모든 블레이드의 속도가 증가함에 따라 팁 속도는 음속에 도달할 수 있다. 이 문제를 해결하기 위해서 더 많은 수의 블레이드를 장착함으로써 더 낮은 속도에서 더 높은 추력을 얻을 수 있다. 그러나 블레이드가 추가되면 항력과 효율 문제로 성능이 떨어질 뿐만 아니라 밸런스와 정비 소요 역시 증가한다. 블레이드 팁에서 발생할 수 있는 조파항력을 낮추는 방법으로 블레이드 팁을 뒤로 젖히는(sweptback) 설계를 채택했다.

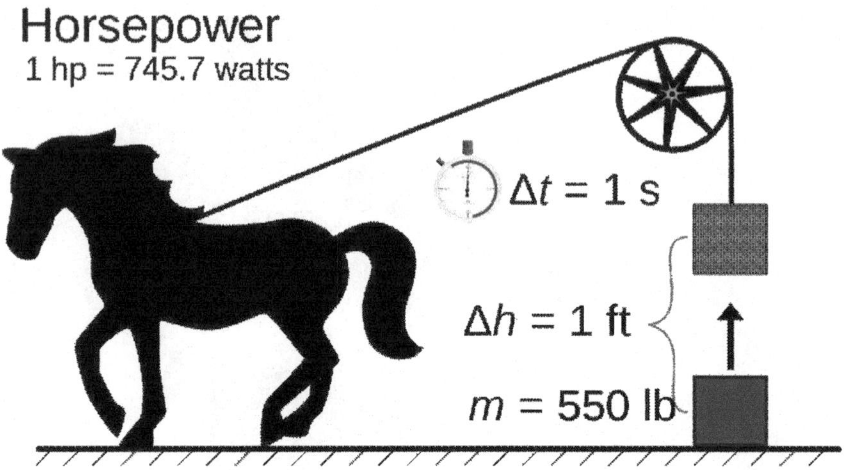

【그림6-3】 마력(HP)의 개념

6.2 추력과 (축)마력

✈ 항공기의 동력장치로 오랫동안 왕복엔진(reciprocating engine)이 활용됐으나 현대의 고속 고성능 항공기 동력장치는 제트엔진이 단연 우수하다는 것은 주지의 사실이다. 일반적으로 두 동력장치에서 생산되는 동력의 크기가 얼마가 되는지에 대해서 많은 의문을 갖는다. 그러나 기본적으로 이들 동력장치는 추력(thrust)을 생산하는 방식이 다르므로 직접 비교할 수 없다. 왕복엔진은 제동마력(brake horse power; BHP) 혹은 축마력(shaft horse power; SHP)으로 동력의 크기를 결정하는 반면 제트엔진은 추력으로 정격이 결정된다. 주지하는 바와 같이 왕복엔진의 추력은 엔진과 프로펠러 효율에 따라 달라지지만, 제트엔진은 엔진 자체가 추력을 생산하는 도구이기 때문이다.

기계역학에서 어떠한 장치가 일(work)을 행했다는 것은 [그림6-3]과 같이 물체에 가해진 힘(force)과 물체가 이동한 거리(distance)를 곱했을 때 일을 했다고 정의한다. 그러나 아무리 큰 힘을 적용했다 할지라도 물체의 이동이 전혀 없었다면 실제 일은 행하지 못한 것이다. 따라서 일률(power)은 일을 행한 비율이 되는 것이고 일을 하지 않았다면 일률은 없다고 정의할 수 있다. 여기서 활주로의 이륙 위치에서 이륙을 준비하고 있는 두 대의 비행기를 가정해 보자. 한 대는 프로펠러 비행기이고 다른 한 대는 제트엔진 항공기이다. 이들 항공기 모두 스로틀을 최대로 밀어 놓은 상태에서 브레이크를 견고히 밟아 정지해 있다. 여기서 일률에 관해서 다음과 같이 유추해 볼 수 있다.

첫째, 왕복엔진에서 최대 회전력(토크)으로 프로펠러축에 전달될지라도 비행기는 전혀 일을 하지 않았다.
둘째, 제트엔진 항공기의 최대 추력을 적용하고 있을지라도 역시 일을 하지 않았다.

결론적으로 이들 항공기가 행한 일의 크기(power)를 비교하기 위해서는 속도가 반드시 고려되어야 한다는 것을 알 수 있다. 프로펠러 엔진(왕복엔진 또는 터보프롭)에서는 속도와 프로펠러 효율을 적용한 추력마력을 그리고 제트엔진에서는 속도와 추력을 고려한 추력마력(thrust HP; THP)을 적용했을 때 두 동력장치의 동력 크기를 비교할 수 있다. 이를 동력전환계수라 한다. 다시 말해서 터보프롭은 프로펠러로부터 대부분의 추력을 얻기 때문에 비교는 추력에 대한 엔진에서 생산된 마력으로 전환하거나 THP에 대한 터보제트에서 생산된 추력으로 전환하여 비교할 수 있다. 이것은 일(work)을 힘(force)으로 아니면 힘을 일로 전환하면 가능하다는 것을 의미한다. 추력마력(THP)은 다음과 같다.

$$THP = \frac{FV}{550\,ft/\sec}$$

F= 추력(lb)
V= 항공기 속도($ft/\sec$)

1마력(HP)은 550ft/sec이고, 375mph와 같다. 위의 관계식이 의미하는 것은 항공기 속도 375mph에서 1파운드 추력은 1THP과 같다고 할 수 있다. 이것을 노트(knots)로 환산했을 때 1노트는 1.1515mph이다. 따라서 1파운드의 추력은 325노트에서 1THP와 같다. 예를 들어 터보제트 엔진 항공기가 속도 600mph에서 순 추력이 5,000파운드를 생산했다면 1파운드의 추력은 약 1.6THP이다.

$$THP = \frac{5000 \times 600}{375} = 8,000$$

만약 터보프롭이 동일 비행속도(600mph)에서 프로펠러 효율 55%의 동일 추력을 생산했다면 THP는 다음과 같다.

$$THP = 8,000 \times \frac{100}{55} = 14,545$$

따라서 600mph에서 1파운드의 추력은 약 3THP이다.

❖ mph
시속 마일(miles per hour, mi/h)은 영국과 미국의 관습적인 속도 단위이다. 영국, 미국, 그리고 대부분 영국이나 미국 영토이거나 영국이나 미국과 역사적으로 밀접한 관계가 있는 여러 작은 나라들에서 사용된다.

6.3 정추력과 비행 추력

6.3.1 정추력

엔진이 개발되어 항공기에 탑재되기 전에 지상의 엔진실험대(engine test bed)에서 모든 실험이 수행되고 여기서 얻어진 추력을 정추력(static thrust)이라 한다. 그러나 정추력은 실제 항공기의 비행 추력(flight thrust)과는 차이가 있을 수 있다. 이것은 고고도 비행에서 접하게 되는 대기 조건이 엔진 추력(thrust)에 영향을 줄 수 있기 때문이다. 먼저 비초크(non - chocked) 상태에서의 추력은 다음과 같다.

- 배기가스의 속도; V_j
- 항공기 속도; V
- 공기의 가속(a); $a = V_j - V$
- 엔진을 통과하는 공기 질량; $W(lb/\sec)$
- 공기 질량 유동률; $\dot{m} = \dfrac{W}{g}$

엔진실험대에서 $V = 0$이므로 정추력(static thrust)은 공기 질량 유동률과 제트속도를 곱한 값이다. [공식1]

6.3.2 비행 추력

비행 추력(flight thrust)은 항공기의 전진속도를 고려한 추력이다. 따라서 제트분출 속도에서 항공기의 전진속도를 뺀 값과 공기 질량 유동률을 곱한 값으로 다음과 같이 나타낼 수 있다.

$$Thrust = \dot{m} \times (V_j - V) = \dot{m} \times a$$

정추력과 비행 추력을 정리하면 다음과 같다.

[공식 1] $정추력 = \dot{m} \times (V_j - 0) = \dot{m} \times V_j$

[공식 2] $비행추력 = \dot{m} \times (V_j - V)$

이제까지는 비초크(non - choked) 배기노즐 상태에서 제트속도로 인한 에너지에 대해서만 다루었다. 노즐이 효과적으로 초킹(choking) 상태로 가정했을 때 부가추력/압력 추력(additional thrust or pressure thrust)이 발생할 수 있는 노즐에서의 추력은 비초크 노즐 추력과 다르다. 초크노즐(chocked nozzle)에서는 추진 노즐(propelling nozzle)의 횡단면에 작용하는 정압(static pressure non kinetic; 대기압보다 높음)의 결과로서 부가추력이 발생한다. 다음과 같은 조건이라 가정하자.

- A =추진 노즐 면적(square inches)
- p_8 =노즐 출구에서 정압(non - kinetic)
- p_a =주변 대기압(psi)

노즐 횡단면(crossed area)에 작용하는 유효압력은 노즐 출구 정압(p_8)과 주변 대기압(p_a)의 차이 값이다. 압력 추력(pressure thrust) 또는 부가추력은 $(압력 \times 면적) = (p_8 - p_a) \times A$가 된다. 따라서 초크노즐에서 총 정추력과 총 비행 추력은 다음과 같이 나타낼 수 있다.

[공식3] 총정추력 $= (p_8 - p_a) \times A + \dot{m} \times V_j$

[공식4] 총비행추력 $= (p_8 - p_a) \times A + \dot{m} \times (V_j - V)$

이들 공식에서 공통으로 추력증대는 엔진을 통과하는 공기질량 유동량을 증가시키거나 제트속도(jet velocity)를 증가시킴으로써 높일 수 있음을 알 수 있다. 엔진 출력(engine output)은 다음과 같은 두 방법 중 어느 하나를 이용하여 단시간에 추력증대 효과를 얻을 수 있다.

첫째, 물 분사에 의한 공기질량 유동량 증가
둘째, 재연소기 사용으로 제트분출 속도의 증가

제트엔진에서 공기밀도(air density)의 변화는 공기질량 유동량의 변화를 의미한다. 따라서 측정된 추력은 대기압과 기온 변화의 영향을 받는다. 공기밀도의 변화에 의한 추력 변화의 수치적 산출은 조종사에게 관심의 대상이 아닐지라도 이들의 영향으로 인하여 초래된 엔진 성능의 변화에 대해서는 주의를 가져야 한다.

6.3.3 터보프롭 추력

터보프롭의 총추력(total thrust)은 축마력(SHP)에 소량의 제트 추력(jet thrust)을 생산하기 때문에 추력마력(thrust HP; THP)을 더해 주어야 한다. 총등가마력(total equivalent HP; TEHP)은 SHP와 제트 추력으로부터 나온 추력마력(thrust HP; THP)의 합이다.

$$TEHP = SHP + THP$$

계산을 단순화하기 위해서 해수면 정적조건(static condition)에서 1SHP은 제트 추력 2.6파운드로 적용했을 때 $TEHP$는 다음과 같다.

$$TEHP = SHP + \frac{Jet\,thrust(lb)}{2.6}$$

축동력에 대한 제트 추력의 비율은 여러 요소에 따라 다르다. 예를 들어 더 높은 속도에서 운용하고자 하는 터보프롭 항공기라면 전체 출력 비중에서 제트 추력의 비중이 더 높아야 한다. 만약 가용 총출력에서 축동력의 비율이 지정되어 있다면 추가로 터빈 단을 증가시켜 원하는 제트 추력을 증가시켜야 할 것이다. 일반적으로 터보프롭 항공기의 1파운드의 추력 당 약 3.5~5마력(hp)의 추력을 제공한다.

❖ 충격파 다이아몬드(shock wave diamond)

충격파 다이아몬드(마하 다이아몬드 또는 추력 다이아몬드)는 초음속 제트엔진, 로켓, 램제트 또는 스크램제트와 같은 추진 시스템의 초음속 배기 줄기에서 나디나는 정체 파장 패턴의 형성이다. 이 현상은 배기 줄기 속에 일련의 정체(standing) 충격파와 팽창 팬(expansion fans)을 통과할 때 국지적 밀도와 압력의 급격한 변화로 나타나는 복합 흐름장이다. 충격 다이아몬드는 추진 노즐에서 나오는 초음속 배기가스가 약간 과도하게 팽창할 때 형성된다. 즉, 노즐에서 나오는 가스의 정적 압력이 주변 공기압력보다 낮다. 외부 압력이 높으면 흐름이 압축되고 그에 따른 배기가스 줄기의 압력 증가는 단열 상태로 속도가 감소하면 정적 온도가 상당히 높아진다. 일반적으로 배기가스는 대기압이 높은 저고도에서 과도하게 팽창한다. 노즐에서 흘러나오는 흐름은 외기의 압력에 의해 압축된다. 외부 압축은 흐름에 대해 비스듬히 경사 충격파(oblique shock wave)에 의해 발생한다. 압축된 흐름은 Prandtl-Meyer 확장 팬에 의해 교대로 확장되며, 각 "다이아몬드"는 확장 팬과 경사 충격파의 페어링에 의해 형성된다. 압축된 흐름이 중심선에 평행하게 되면 흐름에 수직인 충격파가 형성되는데, 이를 수직 충격파 또는 마하 디스크라고 한다.

6.4 엔진 성능 고려요소

(1) 운동량 항력

노즐에서 초크가 발생하지 않는 상태(unchoked)에서 비행 추력은 약간 다른 방법으로 고려되어야 한다. 운동량 항력(momentum drag)은 항공기의 비행속도(V)에서 엔진 속을 통과하는 공기의 운동량(momentum) 변화로 인한 것으로 공기질량 유동률과 비행속도를 곱($\dot{m}\ V$)한 값이다. 이를 흡입 항력(intake drag)이라고도 한다. 항공기가 전방으로 추진하는 힘은 순 추력(net thrust)이다. 순 추력을 얻기 위해서 운동량 항력이 반드시 고려되어야 하고 이를 총추력(gross thrust)으로부터 감해주었을 때 순 추력이 되고 다음과 같이 나타낼 수 있다.

$$Net\ thrust = \dot{m}\,(V_j - V)$$

이것은 앞에서 다룬 초크가 발생하지 않은 상태에서의 비행 추력을 얻기 위한 [공식2]와 같다는 것을 알 수 있다. 반면에 초크노즐(choked nozzle)에서의 총추력(gross thrust)은 압력 추력(pressure thrust)을 더해 주어야 하고 다음과 같다.

$$Gross\ thrust = (p_8 - p_a)\,A + \dot{m}\ V_j$$

순 추력은 총추력에서 운동량 항력을 감해주어야 한다.

$$Net\ thrust = (p_8 - p_a)\,A + \dot{m}\ V_j - \dot{m}\ V = (p_8 - p_a)\,A + \dot{m}\,(V_j - V)$$

이것은 앞에서 정의한 [공식4]와 같다는 것을 알 수 있다. 운동량 항력은 총추력과 순 추력이 동등하게 취급되는 이륙 중에는 무시될 수 있다.

(2) 램 비율 효과

램 비율(ram ratio)이란 공기흡입구의 정압(static pressure; p_0)과 압축기 입구의 정압(p_1) 사이 비율(p_1/p_0)이다. 이것은 마치 속도계의 피토관 원리와 유사한 압력을 사용하는 것 같지만 속도계(피토관)는 압력차(different pressure)를 이용하는 반면 램 비율은 압력비(pressure ratio)를 적용한다는 점이 다르다. 엔진 전체의 경향으로 보았을 때 램 비율 효과는 전진속도의 증가로 인한 운동량 항력(momentum drag)을 상쇄시키는 역할을 한다. 결과적으로 순 추력은 비행속도가 증가함에 따라 부분적으로 회복되는 경향이 나타나고 이를 램 회복(ram recovery)이라 한다. 천음속과 초음속에서 공기흡입구에서 발생하는 충격파(shock wave)로 인한 항력 상승(drag rise)이 무시된다면 램 비율로 얻어진 램 비율 이득(ram ratio gain)은 상쇄된다. 공기흡입구 모양이 적합하게 설계되지 않는 한 램 압력 상승(ram pressure rise)은 급격히 떨어질 것이다. 또한, 초음속에서 램 공기 온도(ram air temperature)는 급격히 상승할 수 있어 압축기로 유입되는 공기 온도가 상승하게 된다. 추력을 유지하기 위해서 엔진은 더 높은 터빈인렛온도(TIT)를 필요로 하지만 최대 허용 터빈인렛온도는 터빈 어셈블리의 온도 한계에 달려있고 이외에도 터빈 재료, 블레이드의 설계 그리고 냉각장치가 한계를 결정한다.

(4) 전진속도의 영향

항공기의 전진속도와 추력의 관계를 분석하기 위해서는 램 비율(ram ratio)과 마하수에 대한 정의가 기본이 되어야 한다. 특히 고속으로 비행하는 터보제트에서 전진속도의 증가로 인한 흡입 운동량 항력을 압축기 입구에서 램 효과로 얻어진 압력상승으로 상쇄시켜 얻어진 압력회복은 매우 중요시되는 효과이다. 전진속도의 증가와 함께 램 비율 효과로 공기 질량 유동률의 증가는 반드시 연료 흐름과 일치되어야 하므로 연료 소모가 증가한다. 다시 말해서 순 추력은 전진속도의 증가와 함께 감소하는 경향이 있고 터보제트에서 비연료소모가 증가한다. 저고도 고속비행할 때 램 비율 효과는 엔진에 매우 큰 스트레스의 원인이 될 수 있어 오버스트레스를 방지하기 위해서 연료 흐름은 엔진 속도와 공기흐름을 제한하기 위해서 자동으로 감소해야 한다.

전형적인 터보프롭 엔진에서 전진속도의 영향을 분석했을 때 비록 순 제트 추력(net jet thrust)이 감소할지라도 SHP는 “램 비율” 효과로 공기 유동량의 증가와 이에 따른 연료 흐름의 증가로 인하여 증가하고 있음을 알 수 있다. 일반적으로 터보프롭의 비연료소모(SFC)는 SHP에 대비한 값으로 나타내기 때문에 비연료소모(SFC)는 향상되는 것으로 보인다. 그러나 이것은 전형적인 터보제트의 성능과 비교하기에는 부적절하다. 왜냐하면, SHP는 프로펠러에 의해서 흡수되어 추력으로 전환된다는 점을 고려했을 때 SHP의 증가와 관계없이 프로펠러 효율(efficiency)은 높은 아음속에서 급속히 떨어져 터보프롭의 순 추력 역시 급격히 감소한다. 결론적으로 엔진 전체로 보았을 때 순 추력에 대한 터보프롭 비연료소모(SFC)는 터보제트와 비교에서 저속에서는 향상되어 보이나 고속에서는 급격히 떨어진다.

(5) 고도의 영향

고도가 증가하면 대기압과 기온이 감소하고 엔진 성능에 미치는 영향도 상호 밀접한 관계에 있다. 이들을 분리해서 분석했을 때 다음과 같다.

첫째, 고도가 증가함에 따라 기압이 낮아지고 공기밀도는 감소하기 때문에 특정 엔진의 주어진 엔진회전수(RPM)에서 엔진에 유입되는 공기 질량 유동량은 감소한다. 이것은 터보제트의 추력 또는 터보프롭의 축마력을 감소시키는 원인이 된다. 순항비행 중 일정한 RPM을 유지하기 위해서 연료조정기(FCU)는 변화된 공기 질량 유동량에 매치시킬 수 있도록 연료펌프의 출력(fuel pump output)을 조정해야 한다.

둘째, 고도가 증가함에 따라 기온은 감소한다. 이는 공기밀도를 증가시키는 효과가 있고 이 요소만을 고려했을 때 압축기에 유입되는 공기 질량 유동은 증가한다.

결론적으로 위의 두 요소를 분리해서 분석할 수 없다. 고도가 증가함에 따라 공기 질량 유동량은 감소하는 경향이 있지만, 기압의 변화 단독 요소만으로 고려된 것보다 낮은 비율이다. 왜냐하면, 기온이 낮아지기 때문에 기압 단독으로 고려된 추력감소 분량의 일부를 보상해 주기 때문이다. 성층권에서 기온이 일정하므로 추력 또는 축마력은 기압의 영향만 받는다.

(6) 기온의 영향

추운 날에는 공기밀도가 증가하기 때문에 압축기에 유입되는 공기 질량 유동량은 증가하고 추력 또는 축마력은 증가한다. 그러나 밀도가 높은 공기는 압축기를 구동시키는데 더 큰 동력이 필요하다. 엔진은 동일 RPM을 유지하기 위해서 더 많은 연료가 필요하거나 아니면 연료를 증가시킬 수 없다면 RPM을 줄여야 한다. 낮은 기온 조건에서 연료조정기(FCU)에서는 최대 연료량이 거의 일정하게 엔진에 공급된다. 따라서 엔진 RPM이 약간 감소할 수 있으나 추력손실(thrust loss)은 공기밀도의 증가로 인한 공기 유동량의 증가로부터 얻은 추력으로 보상된다. 결과적으로 기온이 표준대기 값 이하로 떨어졌을 때 추력에는 거의 변화가 없다.

더운 날에는 추운 날과 반대의 현상이 발생하여 추력 또는 축마력은 감소한다. 압축기를 구동시키는 필요동력이 그만큼 작아 일정한 RPM을 유지하는데 더 적은 연료가 소모되고 터빈인렛온도(TIT)는 더 낮아질 것이다. 만약 외부기온(OAT)이 기준치 이상으로 높다면 일부 엔진에서는 터빈가스온도(turbine gas temperature; TGT)가 초과하는 것을 방지하기 위해서 자동으로 연료 흐름을 제어한다. 또 다른 유형의 엔진에서는 배기가스온도(EGT) 한계에 가까워짐에 따라 스로틀을 약간 줄일 필요가 있다. 예를 들어 이륙 준비 중 기온이 45℃ 일 때 엔진의 추력손실은 20% 이상이 될 수 있다. 이 같은 이유로 높은 기온 조건에서 물 분사(water injection) 또는 재연소기(afterburner or reheat)와 같은 추력증대 장치들이 이륙을 보조하는 장치들로 사용된다.

일반적으로 저압 스풀의 축 속도(N_1)가 고압 스풀의 축 속도(N_2)보다 낮지만, 이들 두 스플의 회전속도의 차이는 기온이 ISA(표준대기) 이하로 떨어짐에 따라 감소한다. 정상 조건에서 N_2 RPM에 반응하는 연료 흐름의 변화는 자동으로 전체 엔진 RPM을 제어한다. N_1의 과속 경향을 방지하기 위해서 N_1 거버너(governor)로 알려진 부가 거버너를 저압 스풀(low pressure spool)에 장착하여 필요에 따라 총연료 공급을 감소시킨다. 압력비 제어연료장치는 일정한 엔진 압력비(pressure ratio)를 유지할 수 있도록 연료 흐름을 조절하기 때문에 지정된 주변 기온 이하에서 추력을 유지한다. 그러나 그 이상의 기온에서 연료 흐름은 TIT 한계를 초과하는 것을 방지하기 위해서 자동으로 감소시켜 추력감소가 발생할 수 있다.

(7) 재연소기와 성능

엔진이 정적상태에서 재연소기(afterburner or reheat)를 작동시켰다고 가정했을 때 추력증대(thrust augment) 효과는 순수 제트엔진(pure jet engine)에서는 최소한 30% 그리고 바이패스 엔진에서는 그 이상 추력 증대 효과를 얻을 수 있다. 그러나 비행 중 재연소기를 작동시켰다면 램 비율 효과(ram ratio effect)로 인해서 얻을 수 있는 추력증대는 더 크다. 반면에 운동량 항력(momentum drag)은 재연소기의 작동과 관계없이 주어진 속도에서 동일하게 유지된다. 이들의 관계는 재연소기 작동으로 엔진을 통과하는 파운드 당 공기를 더욱 효율적으로 활용할 수 있음을 의미한다.

다음 사례는 위에서 설명한 내용을 잘 설명해 주고 있다. 예를 들어 항공기 속도가 520노트(knots)=845ft/sec라고 가정하자. 엔진을 통과하는 파운드 당 공기의 운동량 항력은 1×845/32=26.4 lb(파운드)이다. 이것은 비행속도 520노트까지 가속된 상태에서 초당 엔진을 통과하는 파운드 당 공기의 항력(운동량 항력)이 26.4파운드가 된다는 것을 의미한다.

초당 이동하는 파운드 당 공기로 인해 생산되는 총추력(gross thrust)을 75.0파운드라고 가정했을 때 순 추력(총추력-운동량 항력)은 48.6파운드(75.0-26.4)가 된다. 만약 비행속도 520노트를 유지하면서 재연소기를 작동시켰다면 총추력은 1.3×75=97.5 lb/lb.air/sec가 될 것이고, 순 추력은 97.5-26.4=71.1 lb/lb.air/sec가 된다. 이를 정리하면 비행속도 520노트에서 재연소기의 사용 여부와 관계없이 순 추력 비율은 71.1/48.6=1.46이다. 다시 말해서 지상에서 재연소기를 사용했을 때 추력이 약 30% 정도 증가하지만, 비행속도 520노트에서 순 추력은 46% 증가했다는 것을 의미한다.

재연소기를 사용하여 얻을 수 있는 실제 추력(actual thrust)은 가스 흐름 속에 남아 있는 불용산소(unused oxygen)의 양과 재연소기 자체 내에서의 배기가스 온도 등으로 제한된다. 따라서 덕트 내에서 사전연소(previous combustion)가 발생하지 않는다면 바이패스 엔진은 재연소기의 적용에 아주 적합하다고 할 수 있다. 바이패스 엔진에서 정추력(static thrust)은 70% 또는 그 이상 증가할 수 있다. 고속비행 중에 순 추력은 이 수치보다 수배로 증가할 수 있다. 재연소기를 사용했을 때 추력비연료소모(TSFC)와 총연료소모(total fuel consumption)는 급격히 증가한다. 그러나 항공기 추력 성능이 매우 증가했다는 면에서 이 요소들은 크게 고려되지 않는다.

❖ 재연소기(afterbrner or reheater)

재연소기(afterburner or reheater) 초음속 항공기 제트엔진에 사용되는 추가 연소 구성품이다. 이들 항공기가 이륙, 급선회, 전투 기동 그리고 초음속 비행에 필요한 초과 추력을 생산하기 위해서 사용된다. 기본 제트엔진의 터빈 후방 배기 파이프에 연소장치를 설치하여 배기가스에 추가 연료를 분사하여 재연소를 발생시킨다. 단순한 연소장치로 대형 엔진을 사용하는 대안으로 추력을 크게 증가시키지만, 연료 소모량 증가를 감수하여 단기간 사용으로 제한한다.

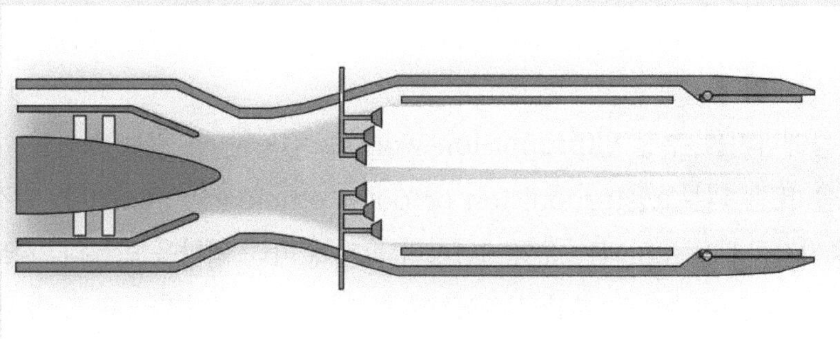

6.5 제트엔진 효율

✈ 제트엔진의 성능(performance)은 추력 생산뿐만 아니라 연료의 열에너지를 운동에너지로 얼마나 효율적으로 전환할 수 있느냐에 달려있다. 여기서 운동에너지는 제트속도(jet velocity)를 나타낸다. 제트속도는 항공기를 전방으로 추진시키는데 사용되는 것으로 이를 추진장치의 효율이라 한다. 연료 에너지를 운동에너지로 전환하는 효율을 열효율 또는 내부효율(thermal or internal efficiency)이라 했다. 모든 열 엔진과 같이 이 값은 사이클 압력비와 연소온도에 따라 달라진다. 이 온도는 터빈이 견딜 수 있는 열과 기계적 응력(stresses)으로 제한된다. 따라서 미래 제트추진 엔진의 성능은 이 제한요소들을 최소화하기 위한 복합재료와 냉각기술의 개발에 달려있다.

운동에너지를 추진 일(propulsion work)로 전환할 수 있는 성능을 추진효율 또는 외부효율(propulsion or outer efficiency)이라 했다. 이것은 추진장치에서 소모되는 운동에너지의 크기에 따라 영향을 받는다. 제트후류(jet wake) 속으로 분산되는 에너지를 제트 불용에너지라 하고 이 손실은 다음과 같다.

$$\frac{W(V_j - V)^2}{2g}$$

- 여기서 $(V_j - V)$는 제트 불용에너지(jet waste energy)이다.

여기서 알 수 있는 것은 순수 제트엔진의 저속영역에서는(제트엔진 항공기 비행속도가 낮을수록) 프로펠러 엔진보다 상당히 큰 에너지 손실이 발생하고 있으므로 이 영역에서 효율은 상당히 낮다. 비록 제트속도(V_j)가 일정하다 할지라도 주변 공기에 대한 상대적인 제트속도(V_j)의 차이는 항공기 속도 변수(velocity parameter)가 증가할수록 감소한다. 따라서 항공기의 전진 속도가 낮을수록 제트 불용에너지는 증가한다. 이 같은 이유로 제트 불용 에너지는 순수 제트엔진의 저속영역의 한계에서 가장 중요시된다. 그러나 비행속도가 증가함에 따라 이 요소는 터보프롭보다 더 유리하게 작용한다.

추진효율은 $\frac{2V}{(V+V_j)}$와 같은 공식을 적용해서 산출할 수 있고, 이 공식은 초크 또는 비초크 노즐 모두에 적용할 수 있다. 초크노즐의 경우 V_j는 대기압으로 완전히 팽창했을 때의 속도이고 일부 값은 더 커질 수 있다. 예를 들어 제트 항공기의 속도가 340노트(knots)이고 제트(분출)속도가 1120노트라고 가정하자. 제트 항공기 비행속도 340노트에서 추진효율은

2×340/(340+1120)=680/1460=47%이다.

제트 항공기의 속도가 515노트로 증가했을 때 추진효율은

2×515/(515+1120)=1030/1635=63%가 된다.

여기서 알 수 있는 것은 항공기 속도의 증가로 인해서 추진효율은 47%에서 63%까지 증가했음을 알 수 있다. 비록 터보프롭이 이 같은 고속에서 비행할 수 없을지라도 340노트와 515노트의 속도에서 시도된 프로펠러 효율의 산출에서 각각 80%와 59%의 효율이 높아졌음을 알 수 있다.

터보프롭 엔진은 400노트 이하에서 감속기어를 통해서 제트엔진의 최고 추진효율(best propelling efficiency)을 달성할 수 있다. 그러나 그 이상의 속도에서는 프로펠러 블레이드 팁(blade tip)의 속도가 M=1.0에 도달

하면서 발생하는 충격파로 인하여 프로펠러 효율은 급격히 감소한다. 그러나 최신 프로펠러 기술은 다중 블레이드, 뒤젖힘(sweptback) 설계를 적용하여 팁 속도가 M=1.0을 초과하여도 최소의 손실로 프로펠러 효율을 보존할 수 있다. 이외에도 엇회전(counter - rotating) 프로펠러의 설계는 스웰링(swirling) 손실을 감소시킬 수 있는 프롭팬 엔진은 해수면에서 434노트(500mph)를 초과하는 속도에서 양호한 효율을 달성하였다.

바이패스 원리가 적용되는 상업용 운용에 적합한 터보팬 엔진은 터보프롭의 복잡한 기어장치 없이 양호한 추진효율을 얻을 수 있다. 바이패스 엔진은 효율 면에서 터보프롭과 순수 제트엔진 사이에서 중간 영역이다. 전형적인 3축 고바이패스비 엔진은 비행속도 M=0.8에서 약 85%의 추진효율을 갖는다. 3축 엔진에서 5:1 또는 그 이상의 고바이패스비가 적용되었을 때 비교적 짧은 압축기 로터와 더 적은 단(stages)들로 원하는 압력비와 바이패스비를 제공할 수 있어 엔진의 길이와 전체 크기가 감소한다.

상업용 항공기의 엔진을 설계하는 데 있어서 낮은 TSFC와 낮은 무게는 매우 중요한 요소이다. 이를 위해서 바이패스 원리와 첨단 공기역학과 기계적 특징 그리고 첨단 복합재료 등을 통해서 지속적인 개량이 이루어졌다. 비록 순수 이론상으로 높은 열효율을 달성하기 위해서는 오직 높은 압력비(pressure ratio)만이 요구되지만, 실제 압축과 팽창 과정에서 비효율성이 존재하기 때문에 높은 터빈인렛온도(TIT) 역시 필요로 한다. 이들 터보팬 엔진에서는 LP 압축기에서 공기흐름을 바이패스시켜 제트 분사 온도와 속도를 감소시킴으로써 열효율과 추진효율 모두를 높여 양호한 TSFC를 얻는다.

순수 제트엔진에서 높은 온도는 추진효율을 감소시키고 제트분출속도를 증가시킨다. 순수 제트엔진은 엔진을 통과하는 전체 공기흐름을 모두 처리해야 하므로 매우 강한 터빈이 필요하다. 반면 바이패스 엔진에서 터빈은 전체 공기흐름의 일부만을 처리한다는 점에 차이가 있다. 결론적으로 고압 압축기, 연소실, 그리고 터빈의 크기를 감소시킬 수 있다. 바이패스 엔진은 터빈의 최대 이점을 활용하기 위해서 높은 압력비와 TIT 값의 적용이 가능하다. 특정 RPM에서 터빈 지름의 감소로 원심하중(centrifugal loads)이 더 낮아졌기 때문에 터빈은 수용될 수 있다. 주어진 추력을 얻기 위해서 바이패스 엔진은 동급의 순수 제트엔진보다 가볍다. 이것은 다음과 같은 성능개량의 결과이다.

첫째, 고압(N_2) 어셈블리의 지름 감소
둘째, 엔진 길이의 감소

주어진 공기 질량 유동량에서 바이패스비(bypass ratio)가 아주 낮다 할지라도 바이패스 엔진은 순수 제트엔진보다 약 20% 정도 가볍다. 이외에도 더욱 정교하게 설계된 3축 고바이패스비 엔진은 부품들의 수를 크게 감소시켰다. 회전 어셈블리들이 더욱 정교하게 매칭(matching)됨으로써 최적 상태에서 작동할 수 있다. 아울러 고강도(high strength)의 초경량 재료(ultra light materials)들이 사용되었을 때 낮은 TSFC와 함께 높은 엔진 효율(high engine efficiency)을 달성할 수 있다.

바이패스 엔진의 단점은 주어진 공기 질량 유동률 당 순수 제트엔진과 비교해서 단위 당 추력 파운드의 생산이 낮다. 즉, 비추력이 낮다. 이것은 바이패스 엔진에서 제트분출속도가 상대적으로 낮기 때문이다. 바이패스 엔진이 순수 제트엔진과 동일 추력을 생산하기 위해서는 증가한 공기흐름을 처리하기 위해서 엔진의 크기가 약간 더 커야 할 필요가 있다. 이 같은 단점에도 불구하고 바이패스 엔진의 무게는 지름이 감소한 고압부(high pressure section)로 인해서 순수 제트엔진의 무게보다 더 가볍다. 이로 인해서 순수 제트엔진과 비교했을 때 바이패스 엔진은 양호한 추력 무게비(thrust weight ratio)의 장점이 있다. 바이패스 원리를 적용한 엇회전 후방팬(counter - rotation aft - fan) 엔진에서 추진효율은 더 높다. 프롭팬 엔진에서는 약 15:1의 매우 높은 바이패스비의 달성이 가능하다. 후방팬의 장점은 팬의 회전으로 발생하는 나선후류(slipstream)가 코어엔진(core engine)의 배기가스 줄기와 합류하면서 직선 흐름으로 변질되어 항력이 감소하는 효과를 얻을 수 있다.

❖ Military Specification

"국방규격"이라 한다. 이 규격 또는 표준은 미 육군에서 요구하는 기준으로 지구상 어느 곳에서라도 운용할 수 있는 군사 등급의 내구성을 충족해야 하고, 이것이 표준처럼 통용되면서 튼튼한 내구성과 신뢰도를 갖춘 기기라면 미 육군 납품 규정 테스트를 진행하고 엄격한 "MilSpecs" 테스트를 통과한 제품이다. "MIL-STD(Military Standard)" or "MilSpecs"이라 한다.

❖ 습식과 건식

제트엔진에서 재연소기를 사용했을 때의 성능을 습식(wet) 작동이라 하고, 기본 엔진만 사용했을 때의 성능을 건식(dry) 작동이라 한다.

❖ 엔탈피(enthalpy)

- 엔탈피는 시스템의 총 에너지를 측정하는 척도이다.
- 엔탈피는 부호 "H"를 사용하는 상태 함수이다.
- 엔탈피는 다음과 같이 나타낼 수 있다.

$$H=E+PV$$

여기서, E=시스템의 내부 에너지(internal energy)
P=시스템의 압력
V=시스템의 부피

6.6 엔진 구성품의 성능

6.6.1 공기흡입구 성능

제트엔진의 흡입구는 공기흐름에 열역학적 일(thermodynamic work)을 행하지 않기 때문에 공기흡입구 전체의 총온도(total temperature)는 일정하고 입구 대비 출구의 비율이다.

$$총온도(T_t) = \frac{T_2}{T_0} = 1$$

그러나 공기흡입구 전체에서 총압력(total pressure)은 공기흐름에 여러 효과가 작용하기 때문에 변할 수 있다. 흡입구에서 달성할 수 있는 총압력 회복(total pressure recovery)을 흡입구 압력 성능(inlet pressure performance)이라 한다. 압력회복의 기준은 자유공기흐름의 압력이다. 흡입구 압력회복(p_2/p_0)에 영향을 줄 수 있는 요소들은 다음과 같다.

- 공기흡입구 모양
- 항공기 속도
- 엔진에서 필요로 하는 공기량
- 항공기 기동의 유형

공기흡입구 표면의 경계층 또는 덕트 내에서 흐름 분리와 관련된 회복손실(recovery losses)은 흡입구 효율계수(efficiency factor)에 포함된다.

$$흡입구효율계수(\eta_i) = \frac{p_2}{p_1}$$

아음속에서는 이 요소들에 의한 손실들만 고려된다. 마하수가 1.0보다 작을 때(M⟨1) 국방규격(military specification) 값이 흡입구 효율이고 다음과 같다.

$$Mil.Spec., \; M < 1\,; \; \frac{p_2}{p_0} = \eta_i 1$$

그러나 초음속에서는 공기흐름 속도를 연소에 적합한 아음속으로 감속시키는데 필연적으로 충격파들로 인한 부가손실(additional losses)을 고려해야 하고 다음과 같다.

$$Mil.Spec., \; M > 1\,; \; \frac{p_2}{p_0} = \eta_i\,(1 - 0.075\,[M-1])^{1.35}$$

$Mil.Spec.$,은 흡입구 회복(inlet recovery)에 대해서 우선으로 예측할 수 있는 손실이다. 실제 흡입구 성능은 더 클 수도 있지만 통상 $Mil.Spec.$,보다 작다. 회복손실의 크기는 공기흡입구의 특별한 설계에 달려있고 일반적으로 풍동실험으로 결정된다.

공기흡입구에서 또 다른 추진성능 페널티(propulsion performance penalty)는 누출 항력(spillage drag)이다. 용어가 의미하는 것과 같이 공기가 압축기까지 전달되지 못하고 외측으로 누출(spill)될 때 발생하는 항력이다. 흡입구를 통과하는 공기의 양은 엔진이 필요한 양으로 결정되고 고도와 스로틀 세팅에 따라 변할 수 있다. 공기흡입구의 크기는 모든 조건에서 엔진이 필요로 하는 양을 공급할 수 있어야 한다. 흡입구 공기누출로 인해서 실제 엔진 공기흐름과 필요한 최대 공기량 사이에 차이가 있을 수 있다. 공기가 엔진 카울 테두리 위로 빠져나갈 때 공기는 가속되고 압력은 감소한다. 이것은 테두리 석션 효과(lip suction effect)를 유발시켜 스필링으로 인한 항력을 부분적으로 상쇄시킨다. 흡입구를 설계하는 단계에서 이론적 누출 항력을 곱한 수정계수(correction factor)와 함께 이 효과를 반영하여야 한다. 전형적인 K 값은 0.4~0.7 정도이지만 특정 공기흡입구를 위한 값은 풍동실험을 통해서 결정된다. 이론적 누출 항력(D_{spill})을 위한 공식은 추력 방정식과 매우 유사하고 다음과 같이 나타낼 수 있다.

$$D_{spill} = K(\dot{m}_1[V_1 - V_0] + A_1[p_1 - p_0])$$

유선흐름의 공기흐름이 흡입구를 통과하여 압축기 입구에 도달하는 과정에서 흡입구의 조건에 따라 흩어질 수 있다. 이 같은 흩어짐이 발생한다면 압축기 전면(face)에 도달한 공기 흐름의 일부는 다른 부분에 비해서 속도가 느려지거나 압력이 달라질 수 있다. 또한, 일부 소용돌이 흐름(swirling)으로 변할 수 있고 일부 경계층(boundary layer) 구역은 흡입구의 모양에 따라 그 두께가 달라질 수 있다.

압축기의 로터 블레이드들은 축을 중심으로 회전하고 있으므로 일부 구역에서 불규칙한 흐름에 직면했을 때 흐름이 분리되는 원인이 될 수 있다. 이로 인하여 압축기 서지 또는 실속(surge or stall) 등이 발생할 수 있다. 구조적으로 양호한 흡입구 조건은 높은 압력회복, 낮은 누출 항력(spillage drag) 그리고 공기 흩어짐이 최저가 되도록 설계되어야 한다.

6.6.2 압축기 열역학

압축기는 유입되는 공기를 효율적으로 압축하는 구성품이다. 압축기가 얼마나 효율적으로 일(work)을 행했는가는 압축기 압력비(compressor pressure ratio; CPR)를 산출해서 측정할 수 있다. 압축기 압력비(CPR)는 압축기에 유입된 총공기 압력(입구압력)과 비교해서 압축기 출구에서 총공기 압력의 비율을 측정하면 된다. 이 값은 항상 1.0보다 커야 한다.

$$CPR = p_3/p_2 \ > 1.0$$

압축기가 공기를 압축시키기 위해서는 공기흐름에 일을 행해야 한다. 압축과정(process)에서는 외부에서 열의 부가되거나 추출(extraction)이 없으므로 이 과정은 등엔트로픽(isentropic)이다. 압축기 전체 과정에서 총온도비(total temperature ratio; T_3/T_2)는 등엔트로픽 흐름 방정식에 의한 압력비와 관련이 있다.

$$\frac{T_3}{T_2} = (\frac{p_3}{p_2})^{\frac{\gamma - 1}{\gamma}}$$

$$CPR = \frac{p_3}{p_2} = (\frac{T_3}{T_2})^{\frac{\gamma}{(\gamma - 1)}}$$

여기서 γ(감마)는 공기의 비열비(ratio of specific heats)이다. 압축기가 수행할 수 있는 일은 터빈과 연결된 축을 통해서 수행된다. 에너지보존의 법칙에 따라 단위 공기흐름의 질량 당 압축기 일(compressor work; CW)은 압축기의 입구에서부터 출구까지 흐름의 비엔탈피(specific enthalpy; h)의 변화와 같다.

$$CW = h_3 - h_2$$

압축기 입구와 출구에서 엔탈피(enthalpy)는 이들 측점에서 총온도(total

temperature; T_t)와 관련이 있다.

$$CW = c_p\,(T_3 - T_2)$$

대수학을 적용하여 다음과 같은 방정식을 얻을 수 있다.

$$CW = \frac{c_p\,T_2}{\eta_c}\left(CPR^{(\gamma-1)/\gamma} - 1\right)$$

따라서 압축기를 회전시키기 위해서 필수적으로 요구되는 일은 압축기 압력비(CPR), 유입 공기 총온도(T_2), 기체의 성질(비열과 비열비) 그리고 압축기 효율계수(c_p)와 관련이 있음을 알 수 있다. 효율계수(efficiency factor)는 등엔트로픽 성능(isentropic performance)이 아닌 압축기의 실제 성능이 반영되어야 한다.

이상기체(ideal gas)의 조건에서 효율계수는 1.0이 되어야 하지만 실제에서는 항상 1.0보다 작다. 따라서 원하는 CPR을 얻기 위해서는 압축기의 비효율성을 극복하기 위한 부가 일(additional work)이 필요하다. 여기서 주의해야 할 사항은 CPR은 압축기 전체의 총온도비와 관련이 있다. CPR은 항상 1.0보다 큰 값이고 공기의 비열비는 1.4를 적용하기 때문에 총온도비는 항상 1.0보다 크다. 압축기를 통과하면서 공기 흐름의 온도는 상승하지만 압축기의 재료가 온도를 제한한다. 일부 엔진에서는 압축기 출구에서의 온도가 설계를 어렵게 하거나 엔진 성능을 제한하는 요소가 되기도 한다.

6.6.3 연소기 열역학

제트엔진의 연소기에서는 공기와 연료를 혼합하여 연소(combustion)하는 역할을 한다. 연소기에는 압축공기가 유입되기 때문에 항상 자유공기 흐름보다 높은 압력에서 연소한다. 연소기에서 압력은 거의 일정한 상태(약 1~2%만이 감소)에서 진행된다. 연소기 압력비(burner pressure ratio; BPR)는 연소기 출구압력을 입구압력으로 나눈 값으로 거의 1.0과 같다.

$$BPR = \frac{p_4}{p_3} \sim 1.0$$

연소기(combustor)에서는 압축기와 터빈의 과정과 같이 물리적 과정(physical processes)들이 다르므로 총압력비에 대한 총온도비의 관계를 단순하게 적용할 수 없다. 압축기와 터빈에서는 열의 가감이 없는 등엔트로픽의 단열조건(adiabatic condition)에서 압력비와 온도비는 상호 밀접한 관련이 있다. 그러나 연소과정에서 열이 방출되기 때문에 온도 변화를 결정하기 위해서 다음과 같은 에너지 방정식을 적용해야 한다.

$$(1+f)\,h_4 = h_3 + f\,\eta_b\,Q$$

여기서 h_t는 비총엔탈(specific total enthalpy), f는 연료/공기질량유동률, Q는 열 방출(heat release), 그리고 η_b는 연소기 효율계수(efficiency factor)이다. 열 방출(Q)은 사용하는 연료의 종류에 따라 다르고 실험을 통해서 결정된다. 효율계수 역시 연소 중에 발생할 수 있는 손실을 반영해야 한다. 엔탈피는 비열(specific heat; c_p)과 온도를 곱한 값에서 비열 계수(specific heat coefficient)와 동등하고 다음과 같다.

$$(1+f)c_p T_4 = c_p T_3 + f\eta_b Q$$

대수학을 적용하여 연소기 전체에서 온도비를 산출하기 위한 방정식을 얻을 수 있다.

$$\frac{T_4}{T_3} = \frac{1 + f\eta_b Q / c_p T_3}{1+f}$$

연소기 입구 온도(T_{t3})는 압축기와 외부 공기흐름의 조건에 따라 달라질 수 있다. 연료 열량(fuel heating value; Q)은 사용하는 특정 연료의 성질과 공기의 비열비에 달려있다. 엔진작동에서 연료/공기 비율(f)에 따른 연료유동률(fuel flow rate)을 지정할 수 있고 연소기에서 온도비를 지정할 수 있다. 연소기 온도비와 압력비는 엔진 온도비(ETR) 그리고 엔진 압력비(EPR)를 위한 값을 결정함으로써 이론적 엔진 추력을 얻을 수 있다. 여기서 단순히 연료유동률(fuel flow rate)과 연료/공기 비율을 증가시키는 방법으로 온도와 추력증대(thrust augmentation) 효과를 얻을 수 있을 것으로 보이지만, 연소과정에서 연료/공기 비율(연공비)의 값이 일부 제한될 수 있다. 또한, 엔진 작동에서 연소기가 견딜 수 있는 금속재료들에 따라 최대 연소기 출구 온도(combustor exit temperature; T_4)가 제한된다.

6.6.4 터빈 열역학

터빈은 압축기를 구동시키는 일(work)을 행한다. 터빈의 주요 역할은 연소기에서 최대로 가열된 가스로부터 에너지를 추출(extraction)하는 것이다. 고온 가스가 터빈을 통해 흐르면서 총압력과 온도(total pressure and temperature)는 급격히 떨어진다. 압력의 감소량은 터빈에 유입되는 공기압력 대비 터빈에서 배출되는 공기(가스)압력의 비율인 터빈 압력비

(turbine pressure ratio; TPR)를 적용하여 산출할 수 있고 TPR은 항상 1.0보다 작고 다음과 같이 나타낼 수 있다.

$$TPR = \frac{p_5}{p_4} \leqq 1.0$$

축류 터빈에서 작은 에어포일의 캐스케이드(cascades)들이 고속으로 회전하는 축에 장착되어 있다. 터빈 과정(turbine process)은 외부 열의 가감이 없으므로 이 과정 역시 등엔트로픽이다. 터빈 전체에서 온도비는 등엔트로픽 흐름 방정식(isentropic flow equation)에 의한 압력비와 관계 있다.

$$\frac{T_5}{T_4} = \left(\frac{p_5}{p_4}\right)^{\frac{\gamma-1}{\gamma}}$$

$$TPR = \frac{p_5}{p_4} = \left(\frac{T_5}{T_4}\right)^{\frac{\gamma}{\gamma-1}}$$

배기가스 줄기는 터빈과 축을 회전시키기 위한 일(work)을 한다. 에너지 보존의 법칙에 따라 단위 질량 가스 흐름 당 터빈 일(turbine work; TW)은 터빈 입구와 출구 사이의 비엔탈피(specific enthalpy)의 변화와 같다.

$$TW = h_4 - h_5$$

터빈 입구와 출구에서 엔탈피는 이들 측점(station)에서 총온도(total temperature; T_t)와 관련이 있다.

$$TW = c_p(T_4 - T_5)$$

대수학을 적용하여 다음과 같은 방정식을 얻을 수 있다.

$$TW = \eta_t c_p T_4 (1 - TPR^{(\gamma-1)/\gamma})$$

터빈 압력비(TPR)를 위한 터빈이 행해야 하는 일(work)은 유입 배기 가스의 총온도, 가스 성질 그리고 터빈 효율계수(efficiency factors) 등과 관련이 있다. 터빈 효율계수(efficiency factor)는 등엔트로픽 성능(isentropic performance)이 아닌 터빈의 실제 성능이 반영되어야 한다. 이상기체(ideal gas)의 조건에서 효율계수는 1.0이 되어야 하지만 실제에서는 항상 1.0보다 작다. 기계적 비효율성 때문에 터빈으로부터 100% 가용 일(available work)을 얻을 수 없다. 터빈 블레이드들은 연소기 바로 다음에 위치하므로 압축기 블레이드들보다 훨씬 높은 온도에 노출될 수 있다. 따라서 이들 터빈 블레이드는 극도로 높은 온도에 견딜 수 있는 재료로 제작되거나 고효율 냉각장치를 갖추어야 한다.

6.6.5 노즐 성능

제트엔진의 추진 노즐은 터빈 다음에 있는 구성품으로 기계적 일을 행하지는 않지만, 추력을 생산할 수 있도록 설계되어야 한다. 흡입구와 마찬가지로 노즐 역시 열역학적 일을 하지 않기 때문에 노즐 전체에서 총온도(total temperature)는 항상 일정하다.

$$T_t = \frac{T_8}{T_5} = 1$$

노즐 출구에서 정압(static pressure)은 배출되는 배기가스 흐름이 초음속 조건까지 팽창되지 않는 한 자유공기흐름의 정압과 같다. 초음속 배기가스 흐름에서는 단순한 수축노즐(convergent nozzle)이 아닌 수축-확산 노즐(convergent-divergent nozzle)이 사용된다. 노즐 압력비(nozzle pressure ratio; NPR)는 출구 정압 대비 노즐 총압력의 비율이다.

$$NPR = \frac{p_8}{p_8} = \frac{p_8}{p_0}$$

노즐에서 에너지 방정식을 고려했을 때 비총엔탈피(specific total enthalpy; h_t)는 다음과 같다.

$$h = c_p\, T$$

$$h_{t8} = h_8 + \frac{V_8^2}{2\,\eta_n}$$

여기서 노즐 효율계수(η_n)는 노즐에서 발생할 수 있는 모든 손실(losses)들을 반영해야 하지만 통상 이 값은 1.0에 근사하다. 출구 속도(exit velocity; V_8)는 위의 에너지 방정식에서 대수학을 적용하면 다음과 같다.

$$V_8 = V_e = \sqrt[2]{2\,c_p\, T_8\, \eta_n [1 - 1/NPR^{(\gamma-1)/\gamma}]}$$

출구 속도($V_8 = V_e$)와 공기 질량 유동률(mass flow rate)을 추력 방정식에 적용하여 추진 노즐이 생산할 수 있는 추력의 크기를 구할 수 있다. 위의 방정식에서 출구 속도(exit velocity)는 노즐 압력비(NPR)와 노즐 총온도에 달려있음을 알 수 있다. 노즐 압력비는 출구 정압과 노즐 총압력에 달려있다. 노즐 총압력은 자유공기흐름 조건과 엔진 압력비(EPR)를 적용하여 산출한다. 총압력비(EPR)는 모든 엔진 구성품들의 압력비에 달려있다. 그리고 노즐 총온도는 엔진 온도비를 이용해서 산출할 수 있다. 엔진 온도비는 모든 엔진 구성품들의 온도비에 달려있다는 것은 주지의 사실이다. 최종적으로 이들 모든 자료를 적용하여 제트엔진이 생산할 수 있는 추력을 산출할 수 있다.

❖ 기어 터보팬(geared turbofan; GTF) 엔진

기어 터보팬(geared turbofan; GTF) 엔진은 터보팬 엔진의 일종으로, 팬과 저압 축 사이에 변속 장치가 있어 각각 최적의 각속도로 회전한다. 이 같은 설계로 LP 터빈과 LP 압축기에 사용되는 단이 줄어들어 효율이 향상되고 무게가 감소한다. 그러나 기어 메커니즘의 열과 터빈 및 압축기 단에서 절약되는 중량이 기어박스의 중량에 의해 부분적으로 상쇄됨에 따라 일부 에너지가 손실된다. 제조 비용과 신뢰성에 대한 영향도 있다. 팬 속도가 낮을수록 바이패스 비율이 높아져 연료 소모량이 감소하고 소음이 크게 감소한다. BAe 146에는 기어 터보팬이 장착되어 있으며 저소음 상업용 항공기 중 하나이다. 소음 감소의 대부분은 팬 팁 속도가 감소했기 때문이다.

6.7 추력 방정식 요약

✈ 제트엔진에서 엔진의 유형에 따라 추력이 다르다는 것은 주지의 사실이다. 실제 추력(thrust)은 공기 속에서 항공기를 이동시키는 힘(force)이라고 정의했다. 엔진 유형에 따른 추력 방정식(thrust equations)은 다음과 같이 요약할 수 있다.

(1) 일반 추력 방정식

$$[P_e \neq P_o] \quad F = \dot{m}_e V_e - \dot{m}_o V_o + (P_e - P_o) A_e$$

$$[P_e = P_o] \quad F = \dot{m}_e V_e - \dot{m}_o V_o$$

(2) 터보제트(재연소기) 엔진 추력

$$F = \dot{m}_e V_e - \dot{m}_o V_o$$

(3) 터보팬 엔진 추력(팬 추력 + 코어엔진 추력)

$$F = (\dot{m}_f V_f - \dot{m}_f V_o) + (\dot{m}_e V_e - \dot{m}_c V_c)$$

$$= \dot{m}_e V_e - \dot{m}_o V_o + bpr\ \dot{m}_c V_f \quad (bpr = \dot{m}_f / \dot{m}_c)$$

민간항공에서 경제성을 우선시하는 터보팬 엔진이 선호되는 이유는 전방에 대형 팬(fan)을 사용했다고 해서 코어엔진에서 소모되는 연료 유동률에 큰

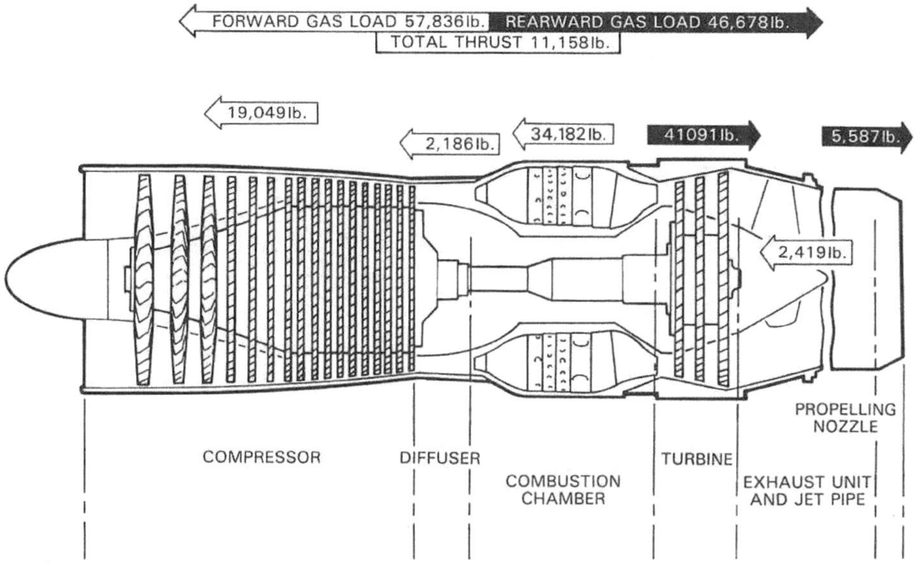

【그림6-4】 전형적인 1축 터보제트 엔진에서의 추력 분포를 분석한 것이다. 최종 위치에서의 추력은 모든 구성품에서의 추력을 합한 값이다. 전체 후방 추력은 46,678파운드이고 전방 추력은 57,836파운드이다. 따라서 순 추력은 11,158파운드이다.

차이가 없다는 것이고 반면 얻을 수 있는 추력의 크기는 상당하다는 장점 때문이다. 실제 고바이패스비 터보팬 엔진은 터보프롭 수준의 높은 연료 효율을 갖는다. 이것은 팬이 엔진 흡입구 카울 내부에 장착되어 있고(enclosed) 터보프롭 프로펠러 수보다 많은 수의 블레이드들로 이루어져 있기 때문에 단순한 프로펠러보다 더 빠른 속도에서 효율적으로 작동할 수 있다. 이것이 터보팬 엔진이 대부분의 높은 아음속 민간 항공기와 군용 수송기에서 선호하는 이유이다.

대부분의 현대 전투기들은 재연소기와 함께 저바이패스비(low bypass ratio) 터보팬 엔진을 탑재하고 있다. 이들 전투 항공기 엔진은 순항비행에서 높은 연료 효율로 비행이 가능하지만, 공중전(dogfight)을 수행할 때는 연료 효율보다는 높은 추력을 발휘할 수 있다.

(4) 터보프롭 엔진 추력

터보프롭 엔진의 추력은 프로펠러 추력에 코어엔진 추력을 합한 값이다.

$$F = \dot{m}_o V_1 - \dot{m}_o V_o + \dot{m}_e V_e - \dot{m}_c V_1$$

$$= \dot{m}_o (V_1 - V_o) + \dot{m}_e (V_e - V_1)$$

$$※\ \dot{m}_o > \dot{m}_c,\ \dot{m}_e \sim \dot{m}_e$$

대부분의 저속 운송용 항공기(수송기)와 소형 커뮤터 항공기들은 터보프롭 엔진을 탑재하고 있다. 터보프롭 엔진은 동일 가스터빈엔진의 가스발생기(gas generator)로 구성되어 있고 프로펠러를 회전시킨다. 터보프롭의 코어엔진의 배기가스 속도는 매우 낮기 때문에 실질적으로 생산되는 추력의 크기는 매우 작다. 왜냐하면, 코어엔진 대부분의 배기가스 에너지는 구동축을 회전시키는 데 사용되었기 때문이다. 프로펠러의 질량 유동률이 코어엔진의 질량 유동률보다($\dot{m}_o > \dot{m}_c$) 훨씬 크다. 코어엔진의 배기속도(V_e)가 낮고 코어엔진에 유입되는 속도(V_1)와 거의 동등하다는 사실에 유의해야 한다. 또한, 코어엔진 출구의 질량 유동률($\dot{m}_e$)은 코어엔진에 유입되는 질량 유동률($\dot{m}_c$)과 거의 같다는 점도 터보프롭에서 제트 추력($\dot{m}_e \sim \dot{m}_c$)이 매우 작다는 사실을 입증해 준다.

Chapter 7

터빈 동력과 보기류

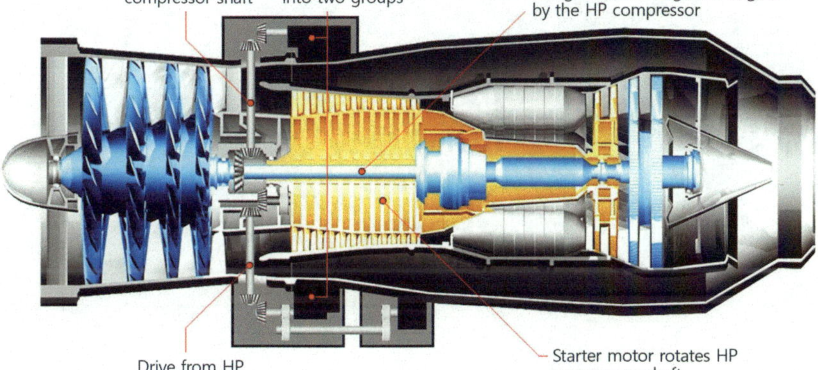

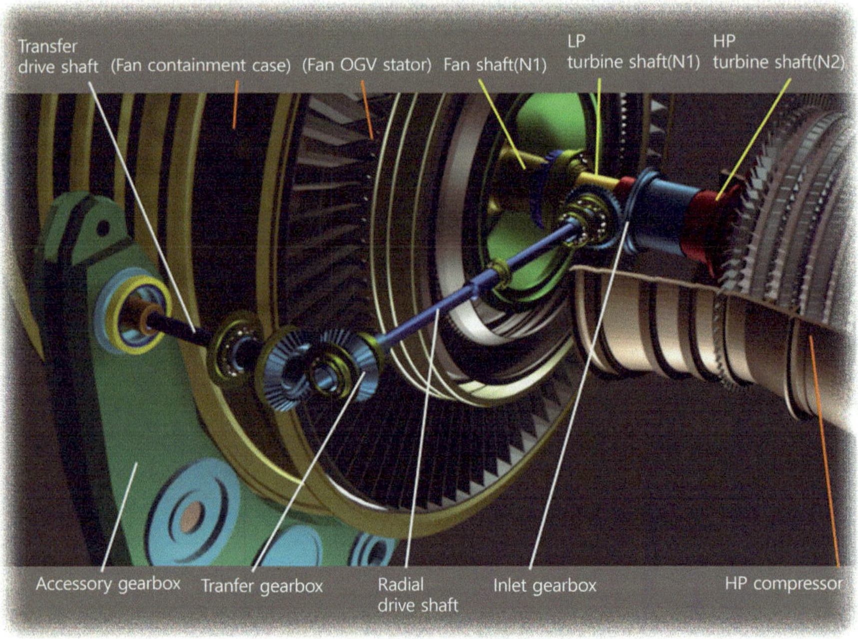
Transfer
drive shaft
(Fan containment case)
(Fan OGV stator)
Fan shaft(N1)
LP
turbine shaft(N1)
HP
turbine shaft(N2)
Accessory gearbox
Tranfer gearbox
Radial
drive shaft
Inlet gearbox
HP compressor

✈ Turbine Power & Accessory Unit

• 터빈 동력과 보기류 •

7.1 개 요

✈ 이제까지는 터빈엔진의 기본원리와 주요 구성품의 기능에 관해서 다루었다. 터빈엔진이 정상적으로 작동되기 위해서는 주요 엔진 구성품(흡입-압축기-연소기-터빈-배기계통)들을 보조할 수 있는 보조 구성품들이 필수이다. 예를 들어 터빈엔진의 정상 작동을 위한 연료장치, 점화장치, 전기장치, 공압장치 그리고 이들을 구동시키기 위한 장치들을 보기류 장치(accessory units)라 한다. 보기류는 유압(hydraulic), 공압(pneumatic) 그리고 전기장치(electrical system)를 위한 동력(전원)을 제공한다.

기본적으로 이들 보기류를 작동시키는데 필요한 모든 동력원(source of power)은 엔진 회전축(rotating shaft)이다. 이들 보기류는 엔진작동에 필요한 성능과 기능이 모두 다르므로 필요로 하는 최적의 성능을 발휘할 수 있도록 제작되어야 한다. [그림7 - 1]과 같이 엔진의 특성과 성능에 따라 주 엔진을 보조하는 각종 부품을 구동시키는 장치들은 특정 엔진에 맞도록 정밀하게 설계되고 적절한 위치에 배치되어야 한다.

【그림7-1】 엔진은 항공기에서 필요로 하는 모든 동력(전력)을 제공하는 완전독립 동력원이다. 엔진 내부에서 생산되는 동력 외에 엔진을 작동시키고 보조 동력장치들을 작동시키는데 필요한 동력 역시 엔진으로부터 공급된다. 보조 동력장치들이 엔진 케이스에 장착됨으로써 동력전달계통을 단순화할 수 있다. 만약 엔진 축으로부터 먼 거리까지 동력을 전달해야 하거나 추출 공기를 공급해야 한다면 상당한 축 하중은 물론이고 이를 보호하기 위한 부가 장치들은 엔진 무게를 증가시키는 원인이 된다. 대부분의 보조 동력장치들이 엔진 앞부분에 배열되는 것은 엔진 온도가 비교적 낮아 별도로 열 보호 장치를 사용하지 않거나 가벼운 금속재료를 사용할 수 있기 때문이다.

주요 보기류 장치 중 어느 하나의 기능 고장은 엔진작동에 심각한 영향을 미칠 수 있다. 이들 모든 주요 보기류 장치는 제작사에 따라 기능이 다르고 일부 부품은 너무 복잡하므로 여기서는 조종사, 정비사 혹은 운용자로서 기본적으로 알아야 할 구성품의 기본 구조와 원리 그리고 작동 상의 제한사항을 중점적으로 다룬다.

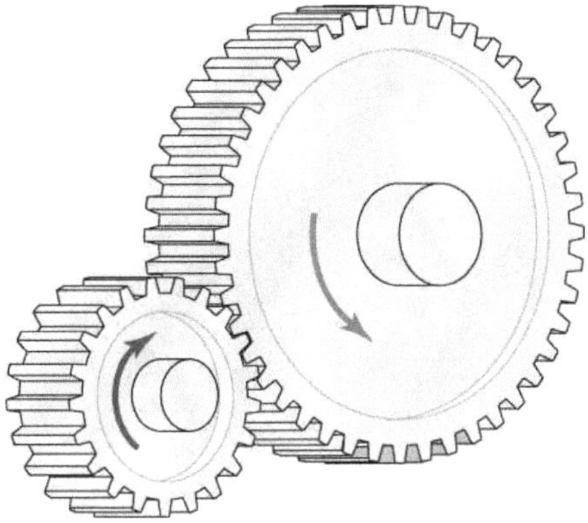

【그림7-2】 스퍼기어

7.2 동력전달장치

7.2.1 기어

터빈엔진의 중심에 회전축이 있고 대부분의 보기류는 엔진의 외부 케이스에 장착되어 있다. 엔진 회전축에서부터 보기류까지 동력을 효과적으로 전달하기 위해서는 [그림7 - 2, 3]과 같이 스퍼기어(spur gear), 베벨기어(bevel gear) 그리고 헬리컬기어(helical gear)가 사용된다. 이들 기어를 상호 조화시켜 원하는 회전속도, 토크의 크기 그리고 구동 방향을 변경시킨다. 물론 간단한 동력전달장치에서는 한 종류의 기어만으로 원하는 회전력과 구동 방향을 변화시킬 수 있지만 대부분 터빈엔진에서는 여러 종류의 기어가 한 장치에 배열(layout)되어 있다. 이들의 집합체를 기어박스 또는 동력전달장치(gearbox or transmission)라 한다. 고바이패스비 엔진의 보기류 장치 구동에 필요한 동력은 대략 400~500마력(horse power; hp) 정도이다. 기어박스는 엔진 내부와 외부에 장착되는 유형으로 구분할 수 있으며 각각 내부 기어박스(internal gearbox) 그리고 외부 기어박스(external gearbox)라 한다. 때로는 내부 기어박스와 외부 기어박스를 연

【그림7-3】 베벨기어(왼쪽)와 헬리컬기어(오른쪽)다. 기어는 동력을 전달하는데 사용될 뿐만 아니라 동력 방향을 전환하거나 회전수의 가감에 매우 유용하게 사용된다. 기어가 동력을 전달할 때 받는 하중에 따라 제조되는 금속의 종류가 결정되고 하중의 크기에 따라 톱니의 면이 결정되기도 한다. 기어는 다른 기어와 맞물려 회전한다. 금속 간의 마찰로 인한 열이 발생할 수 있어 윤활작용은 매우 중요하다.

결하는 중간기어박스(intermediate gearbox)를 사용하여 동력을 전달하는 역할을 한다.

엔진의 총중량을 감소시키기 위해서는 보기류 장치들은 가능한 한 가벼운 재료로 제조되어야 한다. 내부 기어박스는 알루미늄(aluminum)으로 주조(casting)되지만 비교적 낮은 온도 환경에 장착되는 외부 기어박스는 더 가벼운 마그네슘 캐스팅(magnesium casting)으로 제조된다. 기어박스 내의 기어들은 강도와 인성(strength and toughness)을 갖출 수 있도록 비부식성 내성 강철(non - corrosion resistant steel)로 제조된다. 또한, 톱니(gear teeth)의 표면은 매우 강한 내마모성을 갖도록 표면이 강화 처리되어야 한다.

(1) 레디얼 구동축

레디얼 구동축(radial driveshaft)은 [그림7 - 4]와 같이 내부 기어박스에서 보기류 장치에 직접 연결하거나 외부 기어박스까지 연결해 주는 축이다. 이 축은 엔진 시동을 위해서 고압 압축기를 회전시키는데 필요한 높은 토크(high torque)를 전달하는 데 사용되기도 한다. 레디얼 구동축은 필연적으로 엔진 내부에서 외부로 연결해야 하므로 압축기 덕트 모양과 배열 그리고 공기흐름에 영향을 줄 수 있다. 이를 최소화할 수 있도록 압축기를 지지하고 있는 구조물과 통합하여 내부로 관통시키거나 바이패스 엔진에서는 출구 가이드 베인(outlet guide vanes) 또는 저압 압축기 덕트를 통과하는 속이 빈 유선형 레디얼 페어링(streamed radial fairing) 내부를 관통하도록 설계되어야 한다.

또 다른 방법은 축의 지름을 가능한 한 작게 설계함으로써 축은 더 빠르게 회전할 수 있다. 그러나 축의 지름이 작을수록 내부 응력(internal stress)이 증가하고 진동을 유발할 수 있는 상당한 동적 진동(dynamic vibration) 문제에 직면할 수 있다. 만약 긴 레디얼 구동축이 사용되었다면 원활한 구동을 위해서 반드시 중간 롤러 베어링(rolling bearing)으로 보조해야 한다.

① 직접 구동

엔진 주변의 적절한 위치에 보기류 장치들을 장착하여 레디얼 구동축을 통해서 동력을 직접 전달하는 방법이다. 직접 구동(direct drive) 방식은 동력 전달 과정을 단순화할 수 있는 장점은 있으나 개별 기어를 사용하기 때문에 동력은 다소 떨어질 수 있다. 또한, 여러 개의 레디얼 구동축이 사용되기 때문에 내부 기어박스가 상대적으로 커질 수 있다. 이는 엔진 정비를 위한 기어박스의 장착과 탈착(disassembly and assembly)에 많은 시간이 소요된다. 때로는 레디얼 구동축이 원하는 보기류까지 전달하기에는 물리적으로 무리가 있을 때 외부 기어박스를 사용하기도 한다. 예를 들어 터보프롭 엔진에서 프로펠러 감속기어(reduction gear)를 구동시키는데

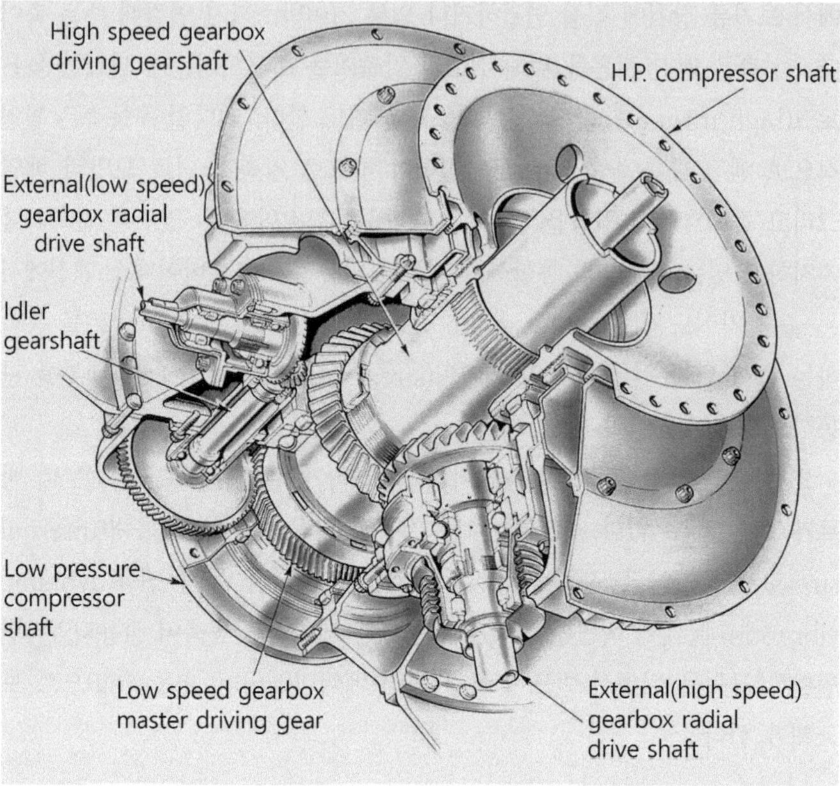

【그림7-4】 엔진 회전축으로부터 90도 혹은 그 이외의 각도로 방향을 전환할 필요가 있다. 이처럼 엔진 회전축으로부터 다른 각도로 구동되는 축을 레디얼 구동축이라 한다. 엔진 회전축에는 고속 기어박스 구동축과 저속 기어박스 구동축으로부터 베벨기어와 헬리컬기어를 이용하여 고속 외부 기어박스 레디얼 구동축과 저속 외부 기어박스 레디얼 구동축으로 연결되어 있다. [Rolls & Royce]

필요한 보기류는 압축기 축으로부터 멀리 떨어져 있으므로 외부 기어박스를 사용하여 동력을 전달한다.

② 기어 트레인 구동

내부 공간이 허용된다면 [그림7 - 6, 7]과 같이 여러 개의 스퍼기어(spur

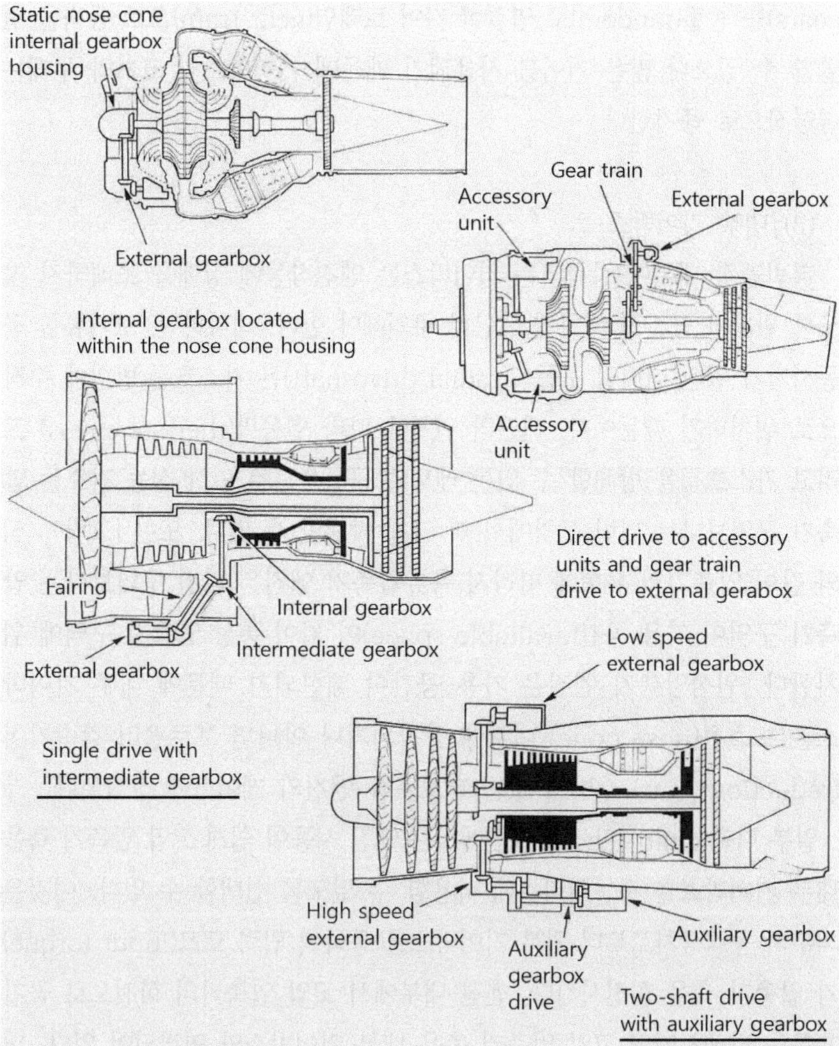

【그림7-5】 위 그림은 노스 콘의 내부로부터 동력을 전달할 수 있도록 고안되어 있어 엔진 내부에는 어떠한 영향도 주지 않는다. 두 번째 그림은 연소실 직전에서 기어 트레인을 통해서 외부 기어박스까지 동력을 전달하고 있다. 세 번째 그림은 저압 압축기와 고압 압축기 사이에 내부 기어박스를 장착하여 중간기어박스를 통해서 외부 기어박스까지 동력이 전달되고 있다. 네 번째 그림은 외부 기어박스까지 보조 기어박스를 통해서 동력이 전달되고 있다. [Rolls & Royce]

gears)를 종렬(tandem)로 연결한 기어 트레인(gear train)으로 동력을 전달할 수 있으나 많은 기어를 사용되기 때문에 기어박스의 크기와 무게는 필연적으로 증가한다.

(2) 내부 기어박스

터빈엔진 내부에 장착되는 기어박스는 엔진작동에 장애를 초래하지 않도록 위치와 공간적 배치에 상당히 주의해야 한다. 왜냐하면, 보기류를 구동시키기 위한 레디얼 구동축(radial driveshaft)은 가스흐름 방향에 수직으로 위치하기 때문이다. 엔진의 위치에 따라 열응력(thermal stress) 그리고 가스흐름을 방해할 수 있는 레디얼 구동축으로 인한 성능 감소는 압축기 구역보다는 터빈 구역에서 더 크게 발생할 수 있다. 또한 [그림7 - 5]와 같이 압축기의 유형에 따라서 축류압축기 엔진은 터빈 구역보다는 압축기 구역이 가용 공간(available space)이 넓어 통상 압축기 구역에 위치한다. 원심압축기 엔진은 가용 공간이 제한되기 때문에 내부 기어박스는 노스콘(nose cone) 내부에 장착되거나 아니면 프로펠러 감속기어(reduction gear) 후방에 있는 터보프롭 엔진의 케이스에 장착된다.

일부 다축(multi - shaft) 엔진에서는 엔진 시동이 쉽게 고압 압축기 축을 내부 기어박스를 구동시키는데 사용할 수 있도록 선택할 수 있다. 이것은 외부의 동력장치로부터 외부 기어박스를 통하여 입력 토크(input torque)가 압축기 축을 회전시킨다. 엔진 내부에서 고압 압축기의 회전으로 공기흐름을 발생시키고 고압 압축기 축은 내부 기어박스와 연결되어 있다. 내부 기어박스는 압축기 구동축과 레디얼 구동축을 연결하는 2개의 베벨기어 사이에 압축기 축의 축 운동(axial movement)으로 인해서 초래될 수 있는 불필요한 운동을 최소화할 수 있도록 다음과 같은 방법으로 연결한다.

① 직접 구동(direct drive)

② 스터브 축 구동(stub shaft drive)

③ 아이들러 기어 구동(idler gear drive) [그림7 - 4]

(3) 중간기어박스

내부 기어박스에서 외부 기어박스까지 직접 동력을 전달할 수 없을 때 [그림7 - 5]와 같이 중간에 또 다른 기어박스를 배열하여 외부 기어박스까지 동력을 전달한다. 중간기어박스(intermediate gearbox)는 [그림7 - 3]과 같이 베벨기어(bevel gear)를 사용하여 동력 방향을 전환하는 데 사용되고 통상 고압 압축기 케이스에 장착된다.

(4) 외부 기어박스

[그림7 - 4, 5, 7]과 같이 외부 기어박스는 실질적으로 엔진 구동에 필요한 각각의 보기류에 동력을 전달할 수 있는 구동 장치와 함께 이 장치들을 기어박스에 장착하는데 필요한 장착 면(mounting face)도 제공되어야 한다. 외부 기어박스의 전체적인 배열은 다음과 같은 요소들을 고려하여야 한다.

① 최소 전면면적으로 항력 감소(엔진 지름과 직접 연관이 있음)
② 정비 용이성

일반적으로 보기류는 정비사의 접근이 쉽도록 엔진 하부에 장착된다. 다만 헬리콥터의 경우는 엔진 상부에 장착되어야 정비를 위한 접근이 쉽다. 만약 어느 한 보기류 장치가 고장 났다면 더 이상 회전되지 않도록 설계되어야 한다. 왜냐하면, 기어 트레인의 톱니(teeth)에 비정상 전단력(abnormal shearing)이 작용하여 다른 기어의 손상을 입힐 수 있기 때문이다. 이처럼 후속(2차) 손상을 방지하기 위해서 구동축 선상의 어느 부분이 약하게 제조되어야 하고 이를 시어넥(shear neck)이라 한다. 그러나 오일펌프와 같은 주요 엔진 보기류(primary engine accessories)에는 적용되어서는 안 된다. 만약 이들 부품이 고장 났을 때는 즉시 엔진을 정지시켜야 하기 때문이다.

엔진 시동기(starter)는 구동 장치에서 가장 높은 토크(high torque)를 발생시키기 때문에 엔진 코어까지 최단 구동선(drive line)을 제공할 수 있도록 배치되어야 한다. 이 같은 설계는 기어박스 전체의 무게를 낮출 수 있을 뿐만 아니라 비교적 낮은 강도의 기어로 설계할 수 있다. 그러나 보조기어박스가 장착되었을 때 시동기는 기어 트레인에 따라 위치가 변경될 수 있으며 외부 기어박스까지 동력이 전달될 수 있게 하려면 높은 하중(high loads)에 견딜 수 있는 보조기어박스 구동 장치가 사용되어야 한다. 이 설계에서는 시동기와 피구동 기어축(starter/driven gearshaft) 사이에 시동기에서 전달되는 높은 하중을 부담할 수 있도록 톱니 면(teeth face)이 넓은 스퍼기어가 사용되어야 한다.

(5) 보조기어박스

보조기어박스(auxiliary gearbox)는 [그림7 - 5]와 같이 외부 기어박스에 모든 보기류 장치들을 장착할 수 있는 공간이 부족할 때 추가로 보기류 구동을 제공하는 방식이다. 보조기어박스는 외부 기어박스로부터 동력을 전달받고 필요한 보기류 장치에 적절한 기어비(gear ratio)를 적용하여 동력을 전달한다. 작동 방식은 외부 기어박스와 유사하다.

❖ 마력(horsepower)
동력이나 일률을 측정하는 단위. 일의 양을 시간으로 나눈 값으로, 1초간에 75kg·m의 일을 할 때 이것을 1마력이라 하고 1HP로 표기한다.

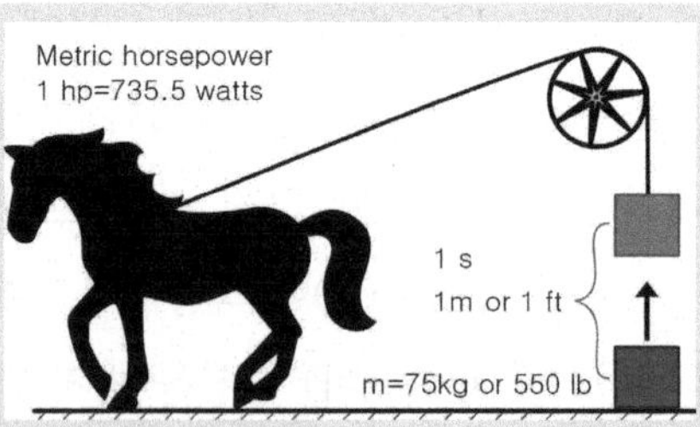

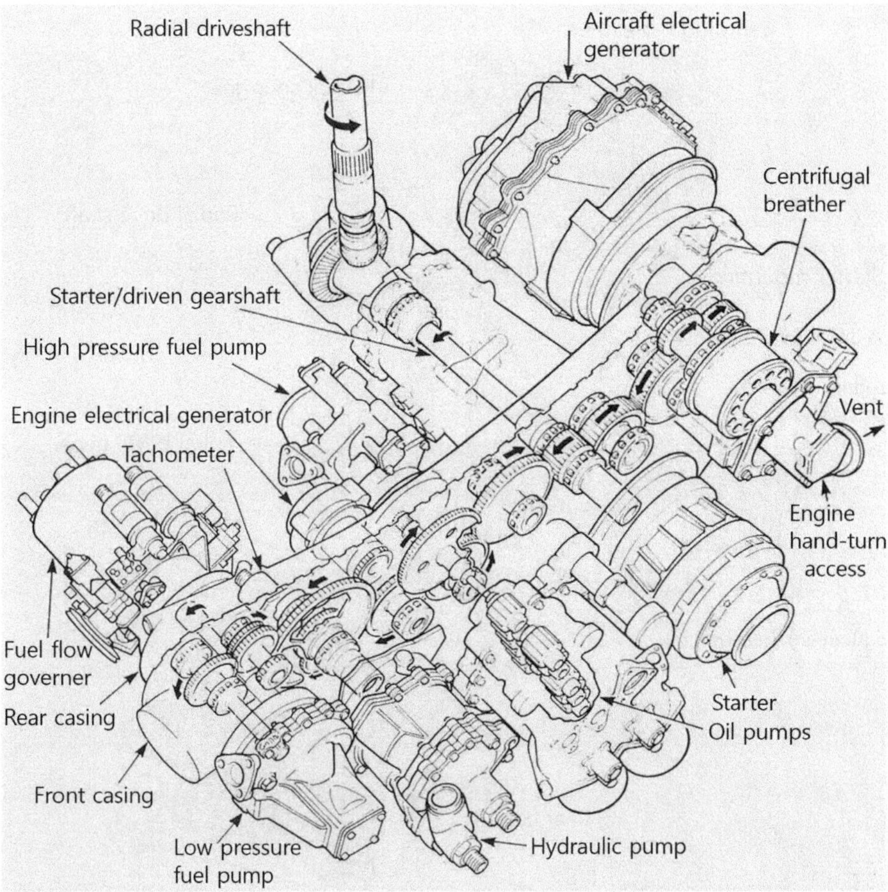

【그림7-6】 터빈엔진이 정상 작동을 위해서는 수많은 부품이 동시에 정상 작동되어야 한다. 예를 들어 터빈엔진에서 필요로 하는 전기는 자체 발전기에서 생산하여 공급하여야 한다. 이외에도 외부 기어박스는 연료펌프(저압과 고압), 유압펌프, 시동기, 오일펌프, 연료 흐름 거버너, 태코미터 등에 적정 동력을 전달할 수 있도록 방향 전환 및 회전수를 조절하여 공급한다. 이들 부품은 기어 트레인의 어느 지점에서 필요한 동력을 전달할 수 있도록 설계되어 있다. [Rolls & Royce]

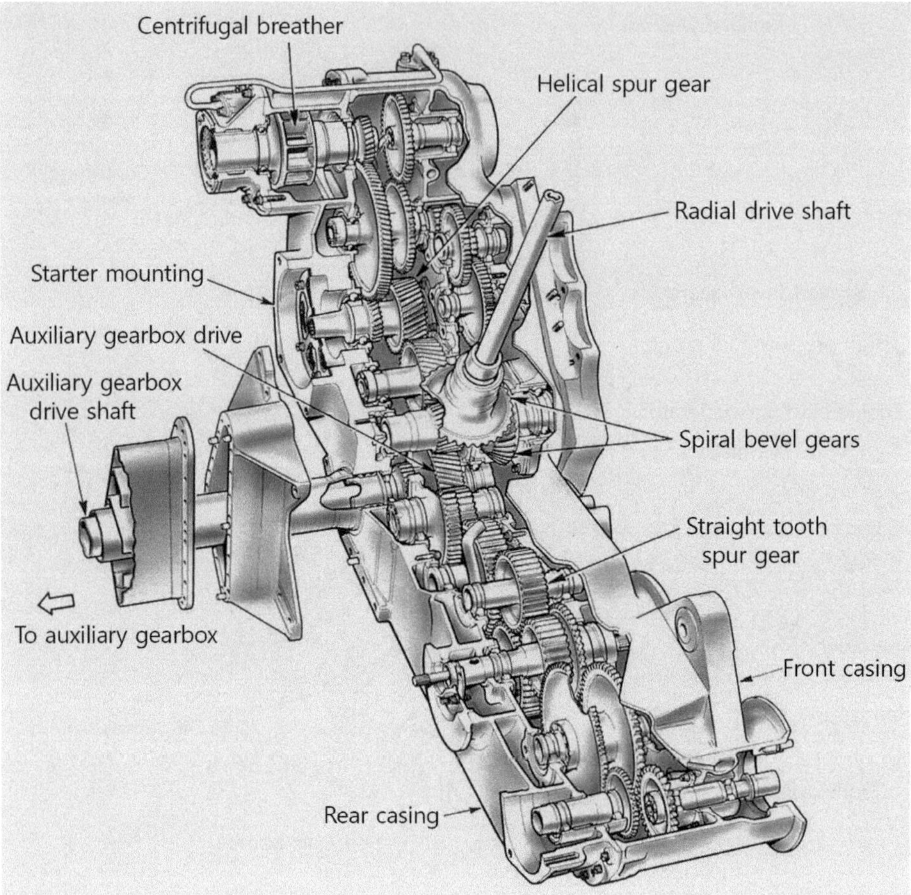

【그림7-7】 외부 기어박스의 구조이다. 내부에는 평면 스퍼기어, 스파이럴 베벨기어 그리고 헬리컬 스퍼기어들을 사용하여 회전수와 구동 방향을 전환하고 있다. 이외에도 보조기어박스를 구동시키기 위한 축이 연결되어 있다. [Rolls & Royce]

❖ 축하중과 레디얼 하중(axial or radial load)

축 또는 추력 하중은 세로축에 평행하게 작용하는 하중이다. 레디얼 하중은 세로축에 수직으로 작용하는 하중이다.

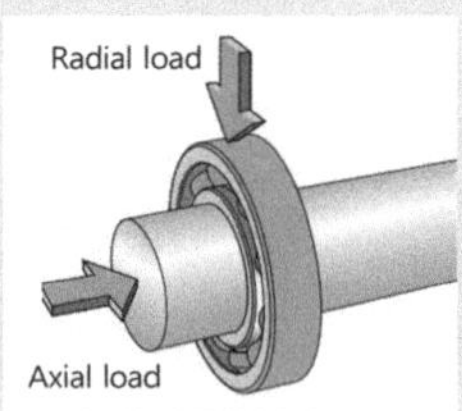

7.2.2 동력전달장치 설계요건

(1) 기어박스 밀봉

기어박스 속에는 많은 기어가 서로 맞물려(meshing) 다양한 속도로 회전하기 때문에 기어 마모(wear)를 방지하기 위한 윤활유(lubricating oil)는 절대적이다. 보기류 구동장치의 밀봉(sealing)은 오일 손실(oil loss)을 방지하기 위한 것이다. 내부 기어박스는 엔진 케이스와 압축기 축(compressor shaft)이 만나는 부분에 라비린스 시일(labyrinth seal) 방식으로 오일의 누출을 방지한다. 외부 기어박스가 장착된 일부 보기류 장치에서는 송풍 가압 라비린스 시일(air brown pressurized labyrinth seal)을 사용하여 오일이 보기류 장치로 유입되는 것을 방지한다. 또한, 보기류의 고장이 발생했을 때 이물질이 기어박스에 유입되어 기어박스가 오염되는 것을 방지한다. 송풍 가압 라비린스 시일을 사용할 때는 기어박스의 압력이 대기압보다 약 3psi 정도 높아야 한다. [그림7-29]

(2) 감속기어

엔진 회전축의 속도와 각종 보조 장치들을 작동시키는데 필요한 회전속도가 각각 다를 수 있고 이들 장치를 작동하는 데 필요한 동력원이 다를 수 있다. 일부 장치들은 엔진 구동축으로부터 직접 회전력을 공급받아 작동하지만, 다른 일부 장치들은 전기로 작동되기도 한다. 엔진회전수(rpm; revolutions per minute)를 그대로 보조 장치에 적용할 수 없으므로 회전수를 감속하기 위한 감속기어(reduction gears)가 필요하다. 기어장치에 사용되는 구동축(drive shaft)과 기어 트레인에서 발생한 응력들은 안전마진(safety margin)을 고려하여 정확하게 산출되어야 한다. 보조 장치들은 기어박스 하우징(gear box housing)에 패드(pad)를 덧대 장착되고 화재로부터 보호하기 위해서 저온부(cold section) 주변에 배치된다.

(3) 정속구동장치

엔진의 회전축은 스로틀 세팅(throttle setting)에 따라 언제든지 변할 수 있다. 그러나 어느 특정 보기류에는 엔진 회전속도의 변화와 관계없이 일정한 회전속도를 유지할 수 있어야 한다. 이를 위한 장치가 다발엔진에

❖ 시어넥(shear neck)
엔진과 구성품 사이의 결함이 발생하여 더 큰 파손을 방지하기 위해서 축이 절단되도록 제조된 부분이다.

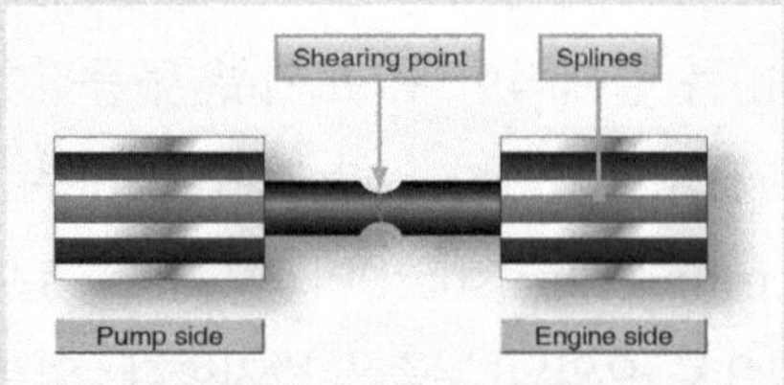

(AC)는 여러 장점이 있음에도 불구하고 항공기에 사용되지 않는 이유는 교류발전기는 공통 버스바(common bus bar)에 공급되는 병렬회로에 위상(phase)의 동기화가 실질적으로 어렵기 때문이다.

대부분 전기장치는 특정 전압과 주파수에서 작동되어야 한다. 그러나 엔진회전수는 아이들(idle)에서부터 최대 RPM까지 범위가 넓다. 비록 엔진 회전수의 변화에도 불구하고 엔진에 장착된 교류발전기는 일정한 회전수를 제공할 수 있어야 지정 전압과 주파수를 생산할 수 있다. 이를 위한 장치가 정속구동장치(constant - speed drive; CSD)이다.

CSD는 엔진과 교류발전기 사이에 장착되어 전기 혹은 기계적으로 회전속도를 제어하는 일종의 유압 트랜스미션(hydraulic transmission)이다. 예를 들어 엔진회전수는 2,800~9,000 RPM 사이이고, 교류발전기는 6,000 RPM으로 세팅되었다고 가정하자. 만약 엔진이 6,000 RPM 이하가 되었다면 교류발전기가 6,000 RPM을 유지하기 위해서 CSD의 출력을 높이고, 반대로 엔진이 6,000 RPM 이상이 되었다면 교류발전기의 RPM을 유지하기 위해서 CSD는 출력을 낮추어 준다.

여러 개의 교류발전기(alternator)는 정확한 동기화(synchronization; 주파수나 위상을 비교 신호의 그것과 일치시키는 것)를 통해서 하나의 공통 버스

(common bus)를 구성한다. CSD는 유압을 작동시키기 위한 독립 오일량(amount of oil)에 달려 있고 오일량을 모니터하기 위한 전기회로(electrical circuit)가 구성되어 있다. 만약 오일량이 규정치 이하로 떨어지면 조종실에 경고등이 점등되고 CSD 구동은 연결이 끊어져야 한다.

❖ 마력(horsepower)
동력이나 일률을 측정하는 단위. 일의 양을 시간으로 나눈 값으로, 1초간에 75kg·m의 일을 할 때 이것을 1마력이라 하고 1HP로 표기한다.

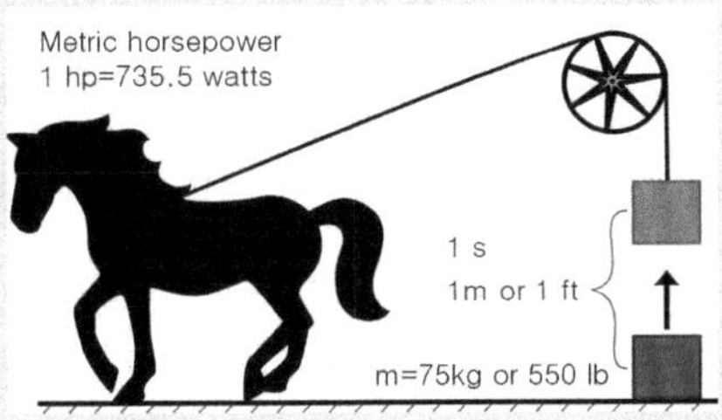

❖ 토크(torque)
토크는 힘의 크기(F)와 회전축으로부터 수직으로 힘 작용선 거리(D)의 산물이다. 이것은 물체를 회전시키는 데 드는 힘이 얼마인지를 측정하는 것 또는 비틀림 힘(twisting force)이다.

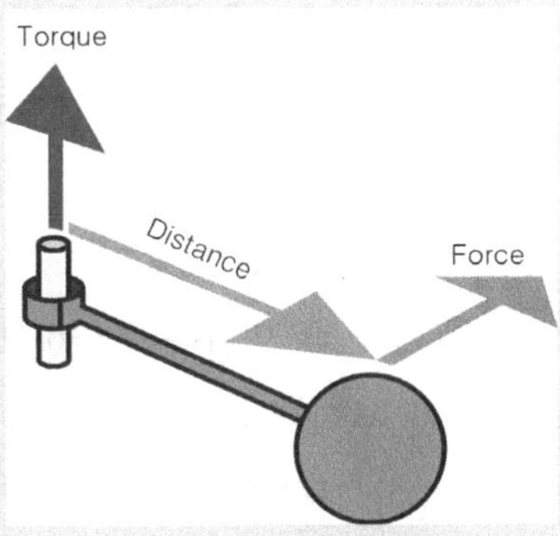

❖ 기어비(gear ratio)
기어비는 구동 기어와 피구동 기어의 비율이다.

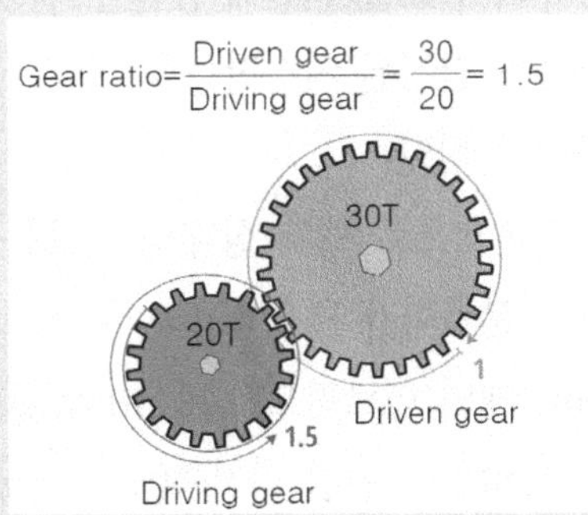

7.3 연료계통

7.3.1 개 요

터빈엔진은 기본적으로 연료의 연소에 따른 화학에너지를 기계에너지로 전환하는 장치이다. 연료계통은 단순히 연소기(combustor)에 연료를 공급하는 기능만을 수행하는 것이 아니라 최소한의 연료를 공급하여 최대의 열효율(thermal efficiency)을 얻을 수 있어야 한다. 물론 연소기의 효율 성과도 직결되는 문제이기는 하지만 근본적으로 연소기에 공급할 수 있는 청정연료(clean fuel)와 고효율의 연료장치(fuel system)를 개발하는 것이다. 여기서는 터빈엔진에 사용되는 연료 그리고 정상적인 작동을 위한 연료계통 그리고 관련 장치에 관해서 다룬다.

7.3.2 연료계통의 주기능

현대의 상업용 민간항공 터빈엔진은 수십 톤의 추력을 생산하는 데 비해서 연소기 부피는 매우 작다. 이 같은 조건에서 최대 열효율을 달성하기 위한 기술이 핵심이다. 연료계통은 전체 엔진작동 조건에서 연소에 적합한 종류의 연료를 엔진에 공급할 수 있어야 한다. 아울러 엔진 시동의 용이성, 가속과 안정된 지속작동을 위해서 필요한 양의 연료 흐름(fuel flow)을 제공해야 한다.

기본적으로 액체 상태의 연료는 연소 효율을 달성할 수 없어 미세한 입자로 분무화가 필수이고 이를 연료 노즐(fuel nozzles)까지 공급할 수 있는 여러 개의 연료펌프(fuel pumps)가 필요하다. 연료장치를 작동시킬 수 있는 동력원은 엔진 회전축(rotating shaft)이다. 엔진 동력은 다양한 작동조건에 맞게 변화될 수 있어 압력비(pressure ratio) 등이 변화될 수 있다.

엔진을 통과하는 공기량(amount of air)에 따라 연료 흐름이 달라져야 하고 제어장치는 스로틀 또는 동력 레버(throttle or power lever)를 수동으로 조작하여 동력을 조정하는 경우를 제외하고 완전 자동이어야 한다. 일부 연료장치에서 2개의 수동 조정장치가 단일-레버 장치와 통합되어 있을지라도 하나의 연료차단밸브(fuel shut - off valve)로 엔진을 정지시키는데 사용되어야 한다. 이외에도 연료계통은 배기가스온도(EGT), 압축기 공급온도 그리고 회전축 속도 등이 각 구성품의 최대한계를 초과하는 것을 방지하기 위한 자동안전제어장치(automatic safety controls)를 갖추어야 한다.

터보프롭 엔진에서는 프로펠러 속도와 피치의 변화가 엔진의 동력 출력(power output)에 영향을 줄 수 있으므로 이들 조건을 반드시 반영해야 한다. 따라서 스로틀과 프로펠러 조종기(propeller control)가 상호연결(interconnect)되어 있어 전체 엔진 회전속도에서 연료 흐름과 공기흐름 사이에 정확한 관계를 유지할 수 있다. 따라서 조종사는 단일-레버로 엔진 조정이 가능하다. 일반적으로 프로펠러 조정기가 엔진의 최대속도를 결정하지만, 최종적으로 연료계통에 있는 거버너(governor; 엔진의 회전속도를 일정한 값으로 유지하기 위해 사용되는 제어장치다. 조속기라고도 한다.)가 엔진 과속(overspeeding)을 방지한다.

(1) 수동과 자동 조정장치

터빈엔진의 추력은 스로틀 조정(throttle setting)으로 연소기에 분사되는 연료 흐름의 양(quantity of fuel)을 조절함으로써 이루어진다. 예를 들어 이륙과 같은 높은 추력이 요구될 때 스로틀을 최대로 개방하여 더 많은 연료가 흐를 수 있도록 연료 스프레이 노즐(fuel spray nozzle)의 압력을 증가시킨다. 이로써 연소기 온도가 증가하고 크게 팽창된 가스가 터빈을 통과하는 가스 흐름을 더욱 가속함으로써 더 높은 추력이 생산된다. 항공

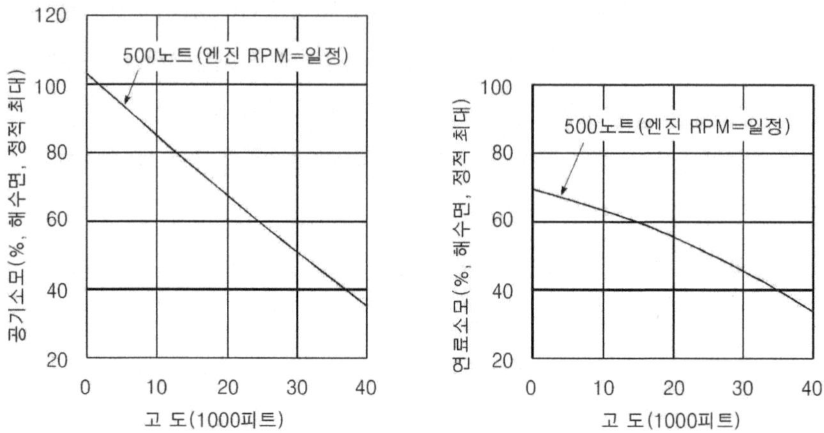

【그림7-8】 터빈엔진의 고도 변화에 따른 공기흐름과 연료 흐름의 비율

기는 다양한 고도, 기온 그리고 속도 영역에서 운용되기 때문에 공기밀도에 따른 공기질량(mass of air)의 변화를 항상 고려해야 한다. [그림7 - 8]은 고도 증가에 따른 공기흐름의 양과 연료 소모의 양의 관계를 보여주고 있다. 이 그래프에 따르면 공기흐름의 양과 연료 소모의 양의 변화가 유사하게 나타나고 있다. 이들의 관계가 조화되지 못했을 때 즉각적으로 엔진 속도의 변화가 발생하게 될 것이다. 연료계통에서 연료를 제어하는데 사용되는 주요 장치들은 다음과 같다.

① 압력제어장치; 유압-기계식 제어장치

② 연료 흐름제어장치; 유압-기계식 제어장치

③ 가속제어장치; 기계식 제어장치

④ 속도제어장치; 기계식 제어장치

⑤ 압력비제어장치; 기계식 제어장치

압력비제어장치만 기어펌프(gear pump)를 사용하고 나머지 제어장치들은 연료 스프레이 노즐에 연료를 공급하기 위해서 가변 스트로크

(variable stroke), 멀티 프런저(multi - plunger type) 연료펌프를 사용한다. 일부 엔진에서는 자동으로 연료펌프의 출력(output)을 조절하기 위해서 엔진 상태의 변화를 측정하고 전달하기 위한 전자회로(electronic circuits)가 내장된 전자제어장치가 장착되어 있다.

7.3.3 전자제어장치

최근 민간 운송용 터빈엔진에는 엔진 성능과 지정된 한계 내에서 운용되는지를 모니터하고 특정 엔진 변수들을 유지하는데 필요한 제어 명령을 입력할 수 있는 전자제어장치(electronic control system; ECS)가 사용된다. ECS는 엔진작동 중 엔진 축 속도(shaft speed)와 배기가스온도(exhaust gas temperature; EGT)를 지속적인 모니터한다. 일부 전자제어장치(ECS)들은 제한기(limiter) 역할만 한다. 예를 들어 엔진 축 속도 또는 EGT가 안전 제한 값에 접근함에 따라 제한기는 연료 흐름레귤레이터(fuel flow regulator; FFR)에 제어 입력(input)을 제공하여 연료 흐름을 감소시킴으로써 축 속도 또는 EGT의 안전한계 내에서 작동을 보장한다.

감시제어장치(supervisory control system)에 제한기 기능이 포함될 수 있지만, 기본적으로 항공기의 운용 중 수집된 데이터를 활용함으로써 조종사가 선택한 스로틀 세팅에 신속 정확하게 반응할 수 있다. 또한, 이 장치는 대기 조건의 변화와 관계없이 조종사가 미리 조정(preset)한 값에 일치하는 엔진 추력을 유지할 수 있도록 미세조정(small control)을 수행한다.

통합디지털엔진제어장치(full authority digital engine control; FADEC)는 실질적으로 모든 지속상태(steady state)와 임시 제어 정보(control intelligences)들을 수용할 수 있으며 연료장치의 유압-기계장치와 공압 장치들 대부분을 대신할 수 있으므로 그만큼 펌프와 제어 밸브의 수를 줄일 수 있다. 그러나 전자장치의 고장(failures)을 대비해서 별도의 차단 밸브와 최소한의 부가 장치들만으로 엔진을 안전하게 작동시킬 수 있어야 한다. 통합연료제어장치(full authority fuel control; FAFC)는 FADEC와 동일한 방식으로 엔진 연료계통의 완전한 전자제어를 제공하지만 압축기 공기흐름 장치를 제어하는데 사용되는 임시 제어 정보 능력을 갖추고 있지 않다.

(1) 엔진 속도와 온도 제어 증폭기

터빈엔진 속도와 온도 제어 증폭기는 EGT를 측정하는 열전대와 LP 축 속도를 감지하는 속도 탐침(speed probe)으로부터 신호를 받는다. 증폭기(amplifier)는 감지된 신호를 모니터하는 속도와 온도 채널로 구성된다. 만약 N_1, N_2 또는 EGT 중 어느 하나가 규정치를 초과했다면 증폭기 출력 단(output stage)이 솔레노이드(solenoid) 밸브 또는 가변 제한기(variable restrictor)에 전기가 공급될 수 있도록 작동됨으로써 이들 장치가 FFR을 월권하여(override) 연료 흐름을 감소시킨다. 만약 고도, 속도, 주변 기온 그리고 스로틀 레버의 위치 등의 입력 조건(input conditions)들이 변경되었다면 가변 제한기는 FFR에 대한 제어를 해제하게 될 것이다. 가변 제한기는 정상 작동과 기본 연료장치의 고장 조건에서 규정치를 초과하는 변수들을 보호할 수 있도록 설계되어야 한다.

(2) 엔진감시제어장치

엔진감시제어장치(engine supervisory control; ESC)는 주어진 스로틀 각도에서 산출(calculated) 엔진 동력과 실제(actual) 엔진 동력이 일치할 수 있도록 한다. 이 장치는 연료 흐름을 연료 흐름 거버너(fuel flow governor; FFG)에서 트리밍(trimming)을 감시하는 기능을 수행한다.

ESC는 FFG에 있는 토크모터(torque motor)에 단일 제어 출력 신호를 보내 감시와 제한 기능(supervisory and limiting function)을 제공한다.

ESC의 감시기능을 수행하기 위해서 ESC는 스로틀 각도의 입력(스로틀 위치), 엔진 블리드 상태, 엔진압력비(EPR) 그리고 공기데이터 정보(고도, 마하수와 기온) 등을 모니터한다. 감시 채널(supervisory channel)은 이들 데이터로부터 조종사가 선택한 스로틀 각도에서 EPR(산출 명령)을 얻는데 필요한 N_1 값을 예측해 낸다. 동시에 명령(command) EPR과 실제 EPR 값을 비교하여 차이 값을 프로그램화된 기준값과 비교한다.

엔진 가속 중 비교측정기(comparitor)는 명령과 실제 EPR 사이의 차이가 약 0.03 EPR이 될 때까지 N_1 예측값(predicted value)을 리미터 채널(limiter channel)에 연결한다. 이 시점에서 예측 LP 축 속도는 분리되고 EPR 차등 신호(difference signal)는 리미터 채널에 연결된다.

감시 채널로부터 최종 출력은 오류 신호(error signal)의 형식에서 리미터 출력으로부터 오류 신호를 따라서 최저이득(lowest wins) 회로까지 공급한다. 3개의 오류 신호들이 양성(N_1, EGT는 기준값 이하 그리고 실제 EPR이 명령 EPR 이하)을 유지하는 동안에는 토크모터에 출력 신호가 발생하지 않는다. 그러나 오류 신호들이 음성(N_1, EGT는 기준값 이상 그리

❖ 터빈엔진에서 N1, N2는 무엇인가?

N1과 N2는 각각 LP 압축기와 터빈, HP 압축기와 터빈의 터보팬 엔진 속도이다. 대부분 터보팬과 터보제트는 압축기와 터빈이 일치하는 쌍으로 구성된다.

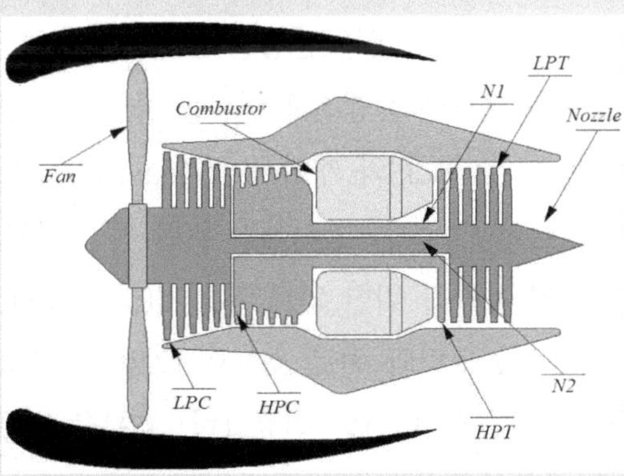

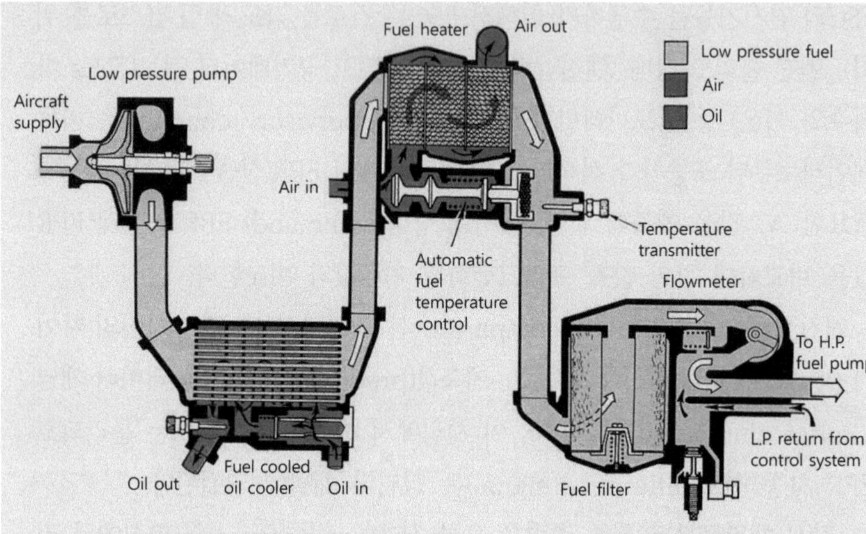

【그림7-9】 전형적인 저압연료장치의 계통도이다. 연료 흐름은 연료통 → 저압펌프 → 연료 냉각기 → 연료 온열기 → 연료필터를 거쳐 최종적으로 고압 연료펌프로 공급된다. [Rolls & Royce]

고 실제 EPR이 명령 EPR 이상)이 예측될 때 ESC 출력 단(output stage)은 토크모터에 신호가 전달되어 연료 흐름을 조절한다.

7.3.4 저압연료장치

저압연료장치(low pressure fuel system)는 안정된 엔진작동을 보장할 수 있도록 적정 압력, 연료 흐름과 온도에서 엔진에 연료를 공급해야 한다. 이 장치는 연료의 베이퍼 로크(vapor lock)와 캐비테이션(cavitation; 오일펌프 또는 추진기 따위의 뒤쪽에 생기는 진공 부분)을 방지하기 위한 저압 펌프 그리고 연료의 결빙(freezing)을 방지하기 위한 연료 온열기(fuel heater)가 포함되어야 한다. 이외에도 연료필터와 연료 흐름이 오일 냉각기(oil cooler)를 통과하도록 설계된다. 트랜스미터는 연료압력, 흐름율(유동률)과 온도 신호를 전달하는 데 사용된다.

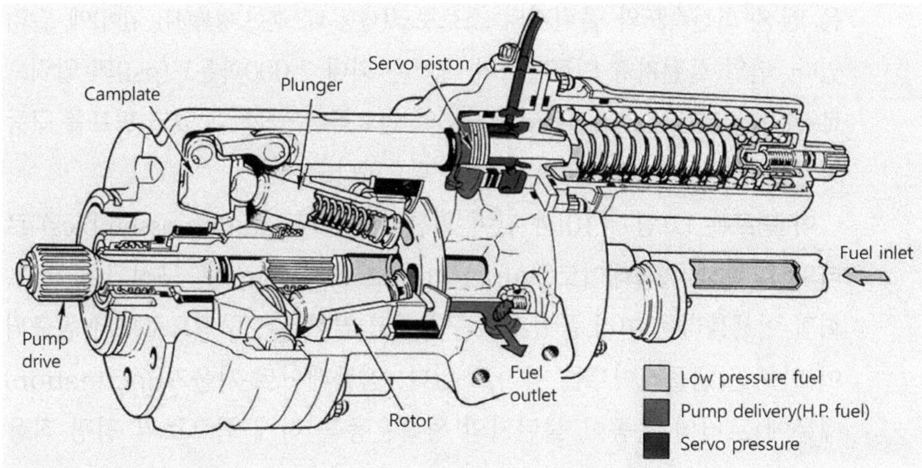

【그림7-10】 플런저형 연료펌프의 계통도 [Rolls & Royce]

7.3.5 연료펌프

연료펌프(fuel pump)는 플런저형(plunger - type)과 정량토출 기어형(constant - delivery gear - type; 1회전당 토출량은 일정하고 회전수를 바꾸지 않으면 토출량이 변하지 않는 펌프) 펌프가 있고 이들 모두 양변위펌프(positive displacement pumps; 케이싱과 그에 내접하는 가동 부재와의 사이에 형성되는 밀폐 공간의 이동 또는 변화로 연료나 오일을 흡입 측으로부터 송출 측으로 밀어내는 펌프) 이다. 연료 스프레이 노즐에서는 저압이 필요하므로 경량의 기어펌프가 더 선호된다.

(1) 플런저형 연료펌프

[그림7 - 10]은 단일 가변 스트로크(variable - stroke; 플런저의 행정이 변화하면서 토출량이 변화되는 형식) 플런저형 펌프 장치이다. 엔진 연료 흐름의 수요에 따라 유사한 펌프를 이중 장치(double units)로 사용될 수 있다. 연료펌프는 보기류의 기어 트레인을 통해서 구동되기 때문에 출력(output)

은 엔진 회전속도와 플런저의 스트로크(행정-피스톤이 왕복하는 길이)에 달려 있다. 단일 플런저형 연료펌프의 출력은 최대 2,000파운드(psi)의 압력으로 시간당 100~2,000갤런(gallons)의 연료를 공급할 수 있고 펌프를 구동시키는데 약 60마력(hp)의 동력이 필요하다.

이 펌프는 [그림7 - 10]과 같이 회전 어셈블리(rotating assembles) 로터와 비회전 캠플레이트(non - rotating camplate)로 구성되어 있다. 회전 어셈블리는 여러 플런저로 구성되고 끝부분은 구경으로부터 돌출되어 비회전 캠플레이트를 향하고 있다. 캠플레이트 기울기(inclination) 때문에 로터의 운동이 플런저의 왕복운동을 하게 함으로써 펌핑 작용(pumping action)을 일으킨다.

플런저의 스트로크(stroke)는 캠플레이트의 경사각에 따라 달라진다. 경사각은 캠플레이트에 기계적으로 연결된 서보 피스톤의 운동에 따라 변할 수 있고, 플런저의 최대 스트로크 위치는 스프링으로 조절된다. 피스톤은 스프링으로부터 서보 압력을 받고 반대쪽에서는 펌프 공급압력이 작용하기 때문에 서보 피스톤에서의 압력 차에서 변화가 발생할 수 있으며 이것은 캠플레이트(camplate)의 경사각 변화가 펌프 스트로크에서 상응하는 변화를 일으킨다.

❖ 피스톤 펌프(piston pump)와 플런저 펌프(plunger pump)

피스톤 펌프는 고압 시일이 피스톤과 함께 상호작용을 하는 양변위 펌프이다. 플런저 펌프는 고압 시일이 고정되어 있고 원통형 플런저가 시일을 통해 미끄러지는 양변위 펌프이다. 이것이 피스톤 펌프와 다른 점이고 더 높은 압력에서 작동할 수 있다.

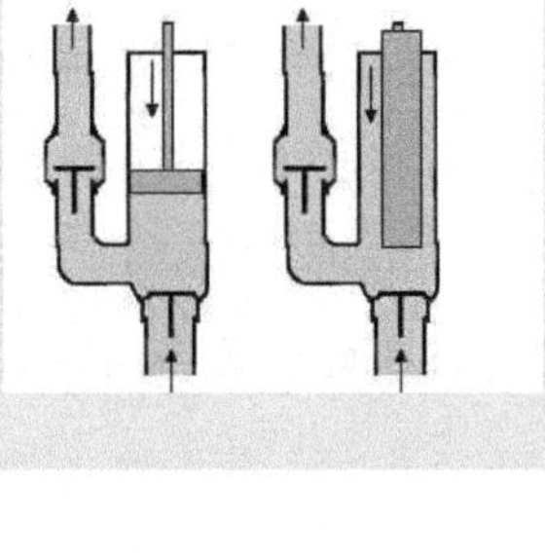

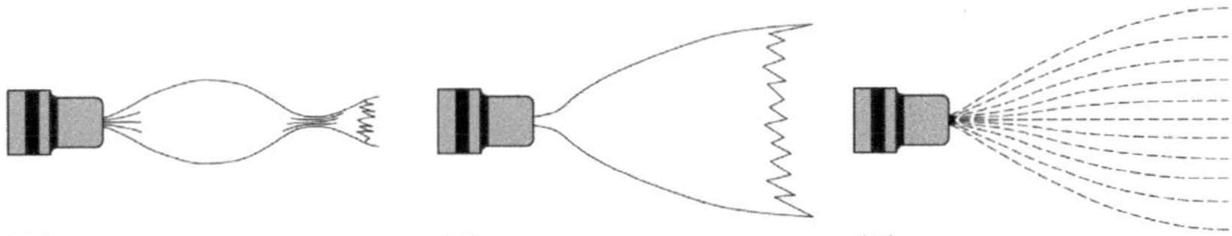

(A)
낮은 연압으로 인한
풍선모양의 연료거품

(B)
중간 연압으로 인하여
끝단에서 튜립모양 형성

(C)
높은 연압으로 인하여
튜립모양의 연료 스프레이

【그림7-11】 연료 분사 노즐에서는 연료압력이 부적절할 때 비정상적인 분포로 인하여 연소 효율이 떨어질 수 있다. (A), (B)는 비정상적 형태이고, (C)와 같이 튤립 모양으로 분사되었을 때 주변의 공기흐름이 합류하여 완전 분무화된 연료가 제공될 수 있다.

(2) 기어형 연료펌프

엔진구동 기어펌프는 [그림7 - 16]과 유사한 구조이다. 출력은 엔진 속도에 비례한다. 스프레이 노즐에 공급되는 연료 흐름은 재순환 초과연료(recirculating excess fuel)를 다시 입구로 보내는 방식으로 조절한다. 제어장치에서 압력강하를 감지하는 스필 밸브(spill valve)는 유출(spill)의 증감 필요에 따라 개방되거나 닫힌다.

7.3.6 스프레이 노즐

스프레이 노즐(spray nozzles)은 연료장치의 최종 구성품이다. 연료는 연소의 효율을 높이기 위해서 연료의 분무화(atomizing)는 필수이다. 터빈엔진의 짧은 연소계통을 고려했을 때 압축공기의 속도와 완전연소(complete combustion)가 이루어져야 하므로 쉽지 않은 문제이다. 초기의 연료 분무화는 연료를 스웰 체임버(swirl chamber)를 통과시켜 압력에너지를 운동에너지로 전환하는 방식을 사용했다. 이 장치는 연료 흐름에 소용돌이를 일으키도록 고안된 구멍 또는 슬롯(slot)이다.

연료가 방출 오리피스(discharge orifice; 작은 구멍)를 통과하면서 스웰 운동(swirl motion)이 제거되고 연료는 [그림7 - 11]과 같이 원뿔 모양

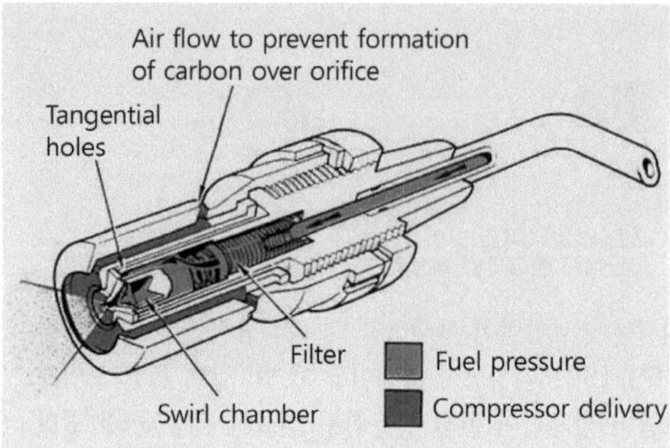

【그림7-12】 심플렉스 스프레이 노즐

의 스프레이로 변하면서 분무화된다. 이것을 압력제트분무(pressure jet atomization)라 한다. 스프레이 노즐에서 연료의 스웰 비율과 압력은 분무화를 위한 중요한 요소들이다.

스프레이 모양(shape of the spray)은 [그림7 - 11]과 같이 분무화의 정도에 따라 달라질 수 있다. 이후에 개발된 연료 스프레이 노즐(spray nozzles)은 분무화를 위해서 높은 속도의 연료 대신에 높은 공기속도를 활용하는 에어 스프레이(air spray) 원리를 활용하였다. 이 방식은 낮은 연료 흐름율(low fuel flow rates)에서도 양호한 분무화가 가능하므로 압력제트 분무 방식과 비교하면 상대적으로 경량이라는 장점이 있다.

(1) 심플렉스 스프레이 노즐

이 노즐은 [그림7 - 12]와 같이 초기 제트엔진에 사용되었다. 이 노즐은 소용돌이를 일으키는 스웰 체임버와 고정면적 분무화 오리피스(fixed area atomizing orifice)로 구성된다. 이 노즐은 상대적으로 높은 연료 흐름(높은 연료압력)에서 양호한 분무화 성능을 제공하지만 낮은 엔진 속도(rpm)와 고고도의 낮은 대기압에서는 성능이 아주 불량하다. 따라서 심플렉스 스프레이 노즐(Simplex spray nozzle)은 압력강하의 제곱근에 비례하는 "제곱 법칙(square law)"에 따라 설계되어야 한다. 예를 들어 최저 분무화 압력이 30파운드(psi)라면 최대 연료 흐름을 위한 압력은 약 3,000파운드(psi)가 되어야 한다는 것을 의미한다. 그러나 그 당시의 기술로는 이 같은 높은 압력을 감당할 수 있는 연료펌프가 가용하지 않았기 때문에 새로 개발된 노즐이 가변포트 스프레이 노즐(variable port spray nozzle)이다.

(2) 가변포트 또는 Lubbock 연료 스프레이 노즐

이 노즐 역시 현재는 사용되지 않지만, 스웰 체임버(swirl chamber)에 유입되는 입구 포트(inlet ports)들의 면적을 스프링 힘을 받는 피스톤으로 조절할 수 있도록 설계되어 있다. 이 연료 노즐은 낮은 연료 흐름에서 포트들은 피스톤의 힘을 받아 부분적으로 닫히지만 높은 연료 흐름에서는 완전히 개방된다. 이 방식은 심플렉스 스프레이 노즐의 제곱 법칙을 적용해야 하는 압력 관계를 해결할 수 있다는 점에서 더 넓은 범위의 연료 흐름에서 양호한 분무화를 제공한다. 그러나 스프레이 노즐 세트의 매칭과 슬라이딩 피스톤(sliding piston)에 이물질이 끼었을 때 고착(fixed)되는 현상은 해결하기 어려운 과제로 제기되면서 Duplex or Duple 연료 스프레이 노즐이 개발되었다.

(3) Duplex 또는 Duple 연료 스프레이 노즐

듀플렉스 노즐은 2개의 독립 오리피스(independent orifices)로 되어 있다. 이 노즐은 [그림7 - 13]과 같이 연료를 공급하는 1차 그리고 메인 연료 매니폴드(primary and main fuel manifold)로 구성된다. 한 오리피스의 면적은 다른 것에 비해서 상당히 작게 설계되어야 하고 작은 오리피스는 낮은 연료 흐름을 처리하고 큰 오리피스는 압력이 증가함에 따라 높은 연료 흐름을 처리한다. 이 장치에서는 매니폴드에 연료를 배분하기 위

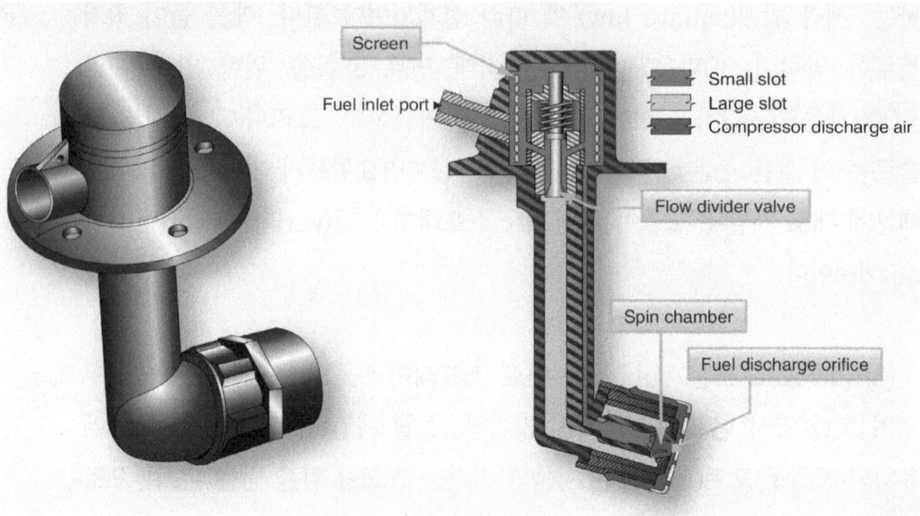

【그림7-13】 듀플렉스 스프레이 노즐

해서 가압밸브(pressurizing valve)가 사용될 수 있다.

연료 흐름과 압력이 증가함에 따라 가압밸브는 연료를 메인 매니폴드와 메인 오리피스로 흐를 수 있도록 점진적으로 이동하게 함으로써 두 매니폴드 모두에서 합류 흐름(combined flow)을 제공한다. 이 방식은 최대 연료 압력에서 심플렉스 스프레이 노즐과 비교했을 때 더 넓은 연료 흐름 범위에서 양호한 분무화를 제공할 뿐만 아니라 고고도에서 요구될 수 있는 낮은 연료 흐름에서 양호한 분무화가 가능하다. 합류 가속과 속도 제어장치에서 스프레이 노즐에 대한 연료 흐름은 FFR(fuel flow regulator)이 배분한다.

(4) 스필형 연료 스프레이 노즐

이 연료 노즐은 심플렉스 스프레이 노즐과 유사하지만, 연료를 유출(spilling)할 수 있도록 스웰 체임버로부터 통로(passage)가 형성되어 있는 점이 다르다. 이 노즐은 전 시간 높은 압력에서 스웰 체임버에 연료공급이 가능하다. 고고도 또는 엔진 회전속도의 감소로 연료 수요가 감소함에 따라 스웰 체임버로부터 더 많은 연료를 유출함으로써 분무화 노즐에는 감소한 연료 흐름이 흐르도록 설계되어 있다. 이 장치는 상대적으로 일정한 고압(high pressure)을 사용할 수 있으므로 고고도에서 발생하는 극히 낮은 연료 흐름에서 적절한 스웰이 필요한 조건에서도 일정한 연료 흐름과 양호한 분무화를 제공할 수 있다. 그러나 이 노즐은 위에서 소개한 스프레이 노즐에서 사용되었던 것과 다른 연료공급과 제어장치(controlling devices)가 필요하다. 유출 연료(spilling fuel)를 제어하는 장치와 아울러 다양한 엔진 작동조건에서 유출 흐름(spill flow)의 양을 조절하기 위한 장치가 있어야 한다. 이 장치의 단점은 많은 양의 연료가 입구로 재순환되는 과정에서 과도한 열(excess heat)이 발생할 수 있고 이 열은 결국 연료의 품질을 떨어뜨리는 원인이 된다.

(5) 에어 스프레이 노즐

에어 스프레이 노즐(air spray nozzle)은 [그림7 - 14]와 같은 구조로 되어 있고 1차 연소 공기의 몫으로 분사 연료만 운반한다. 다른 노즐들과 달리 공기를 불어 넣는 에어 스프레이 작용으로 국지 농후 혼합(local fuel - rich concentrations) 현상을 제거함으로써 카본 형성(carbon formation)과 매연 모두를 감소시킨다. 에어 스프레이의 부가적인 장점은 저압에서 연료 분무화에 필요한 상대적으로 경량의 기어펌프를 사용할 수 있는 점이다. 이외에도 흐름 분배기는 낮은 연료압력에서 매니폴드 선상에서 발생할 수 있는 중력 수두(중력장에서 위치에 의하여 결정되는 헤드; gravity head-여기서 헤드는 주어진 압력을 지지할 수 있는 높이를 의미한다. 예, 베르누이 정리)를 보상하여 모든 스프레이 노즐들이 균등한 양의 연료가 흐를 수 있도록 보장한다.

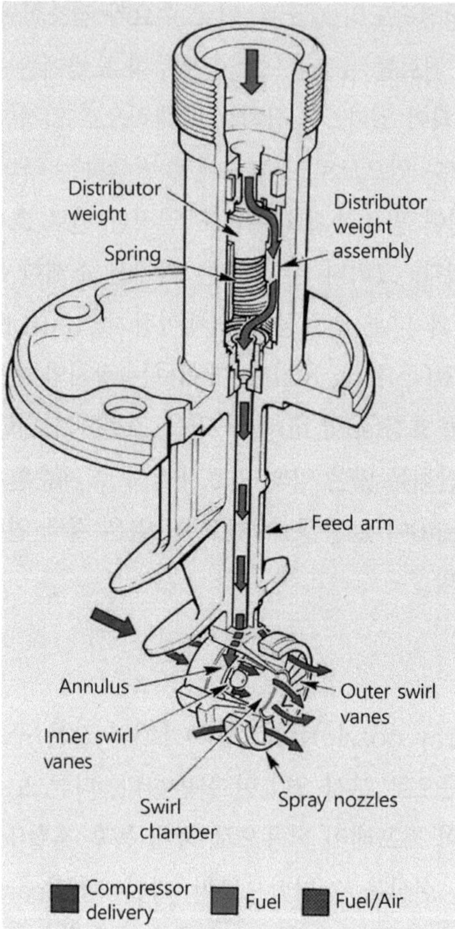

【그림7-14】
에어 스프레이 노즐

7.3.7 연료 온열기

대부분 엔진은 저압 연료펌프와 필터의 입구 사이에 연료 냉각기를 설치하여 오일의 높은 열을 연료 온도를 보존하는 데 사용함으로써 연료필터 구성요소(elements)가 얼음 입자들로 막히는 것을 방지한다. 이 방식에 의한 열 교환이 불충분하다면 압축기에서 추출된 공기흐름으로부터 발열된 보조 열교환기를 통과시켜 온도를 보존해야 한다.

7.3.8 연료 교환

연료 등급(fuel grade)이 바뀌었을 때 비중(specific gravity; 물질의 고유 특성으로서 기준이 되는 물질의 밀도에 대한 상대적인 비를 나타낸다.)과 갤런 당 얻을 수 있는 열 단위 지수(number of heat unit; 열량의 단위로서 우리나라에서는 kcal로 표시한다. kcal는 1kg의 순수한 물을 15℃에서 1℃ 가열하는 데 필요한 열량이다.)의 변화가 발생한다.

터빈엔진을 위해서 승인된 모든 연료의 파운드 당 열 단위 지수는 실질적으로 같지만, 갤런 당 열량(heat values)의 비교는 비중을 비교하여 얻을 수 있다. 특히 비중의 변화는 원심압력형 엔진 속도 거버너(engine speed governor)에서 뚜렷하게 나타난다. 연료의 비중이 증가하면 거버너 다이어프램에 작용하는 원심압력(centrifugal pressure)이 커진다. 이로 인해서 거버너 조정기 속도가 감소하기 때문에 결국 거버너를 재조정(reset)해야 한다. 반대로 비중이 감소했다면 다이어프램에 작용하는 원심압력이 낮아지고 거버너 제어속도가 증가한다. 이 경우 조종사는 엔진 과속을 방지하기 위해서 거버너를 재조정할 때까지 스로틀을 수동으로 조작하여 최대 RPM을 제어해야 한다.

유압-기계식 거버너(hydro - mechanical governor)는 원심 거버너와 비교하면 비중의 변화에 덜 민감하여 대부분 터빈엔진 연료장치에서 선호된다. 통합 가속과 속도 제어장치에서 사용되고 있는 압력강하 거버너는 거버너 무게를 위한 부력(buoyancy) 재료를 사용함으로써 밀도를 보상하는 장치이기 때문에 연료는 부피 흐름(volume flow)보다는 유동률(mass flow)로 계량된다고 할 수 있다.

규정 등급의 연료보다 낮은 등급의 연료로 교환하는 것은 카본 형성을 증가시키고 더 큰 화염 발광(flame luminosity)과 높은 온도를 유발할 수 있다. 이것은 연소기 금속 온도를 증가시켜 연소기와 터빈의 수명이 단축되는 한 원인이 될 수 있다.

7.3.9 제트엔진 연료

제트엔진 연료는 최적의 엔진 성능과 경제성(economic) 그리고 안전성과 오버홀 수명(overhaul life)을 제공할 수 있도록 엄격한 필수요건을 갖추어야 한다. 터빈엔진 연료는 케로신 계열 연료(kerosine - type fuel)와 와이드컷 가솔린계 연료(wide - cut gasoline - type fuel)가 있다.

(1) 제트연료 필수요건

연료의 펌핑 품질(pumping qualities)은 연료 온도와 관계있는 점성(viscosity)에 달려 있다. 터빈엔진 항공기의 고고도 운항이 일반화되었기 때문에 연료는 섭씨 -50℃에서도 양호한 펌핑 품질을 발휘할 수 있어야 한다. 터빈엔진에 사용되는 연료는 다음과 같은 품질(quality) 필수요건들을 갖추어야 한다.

① 모든 작동조건에서 양호한 펌프성과 유연한 흐름
② 모든 지상 운용조건에서 양호한 엔진 시동과 공중 재시동 특성
③ 모든 운용조건에서 양호한 연소 특성
④ 연소를 위한 가능한 한 높은 열량
⑤ 연소장치 또는 터빈 블레이드에 최저의 유해성
⑥ 연료장치 부품들에 최저의 부식성
⑦ 연료장치의 작동부에 적절한 윤활작용
⑧ 최소의 화재 위험성

연료 온도(fuel temperature)가 떨어지면서 연료장치에 있는 필터 혹은 노즐 오리피스(nozzle orifices) 등을 막을 수 있는 얼음 결정체(ice crystals)가 형성될 수 있다. 이를 방지하기 위해서 연료 온열기 또는 방빙 첨가제(anti - icing additives)를 사용한다. 터빈엔진 연료의 시동 능력은 연료 스프레이 노즐의 분무화된 연료를 점화시키는 능력에 달려 있다. 양

호한 점화 성능은 다음과 같은 연료의 품질에 따라 달라질 수 있다.

첫째, 휘발성은 특히 낮은 온도에서 분무화가 잘되어야 한다.
둘째, 분무화는 점성, 가압 수준, 분무 장치의 설계에 따라 달라질 수 있다.

제트엔진 연료 열량(calorific value)은 연소 중에 방출되는 파운드 또는 갤런 당 열 또는 에너지의 양을 나타낸다. 일반적으로 열량의 단위는 BTU (British thermal unit; 1파운드의 물을 1°F 올리는 데 필요한 열량)로 표기하고 항공기의 항속거리와 다음과 같은 관계를 고려해야 한다.

첫째, 항공기 연료탱크의 용량(capacity)이 제한요소(limiting factors)라면 단위 부피당 열량이 가능한 한 높이야 더 많은 에너지를 얻을 수 있다. 따라서 주어진 부피의 연료(volume of fuel)로부터 더 긴 항속거리를 얻을 수 있다.
둘째, 유용 유상하중(useful payload)이 제한요소라면 단위 무게 당 열량이 가능한 한 높아야 한다. 최저의 연료 무게에서 더 많은 에너지를 얻을 수 있기 때문이다.

단위 부피와 무게 당 열량을 고려하는 것 외에도 항공기의 유형, 항속시간, 연료 무게와 유상하중(payload) 사이에 절충되어야 한다.

제트엔진 연료 속에 함유된 물과 황(water and sulphur) 성분은 연료장치와 연소장치 구성품들을 부식시키는 원인 물질들이다. 황이 공기 속에서 연소하면서 이산화황(sulphur dioxide)이 되고 이것이 물과 혼합되어 아황산가스(sulphur acid)를 생성한다. 아황산가스는 특히 구리와 납 성분(lead component)에 치명적 부식(corrosion)을 일으킨다. 연료에서 황 성분(sulphur content)을 완전히 제거할 수 없으므로 최소화해야 한다.

연료에서 수분을 완전히 제거하였다 하여도 연료 통기구(fuel vents)를 통해서 또는 연료통에 저장될 때 대기로부터 흡수되어 수분이 녹아 있는 용해 수분(dissolved water)은 제거하기가 쉽지 않다. 모든 터빈엔진의 연료는 잠재적 위험성이 있어 엄격한 취급과 저장 절차를 준수해야 한다.

(2) 증기폐쇄와 끓음

케로신(등유) 연료와 와이드컷 가솔린(gasoline) 연료의 주요 물리적 차이점(physical difference)은 휘발성이다. 와이드컷 연료가 케로신 연료보다 더 높은 휘발성(volatility)을 갖기 때문에 증기폐쇄(vapour lock)와 끓음(boiling) 현상에 더 취약하다. 케로신 연료에서 휘발성은 증류와 발화점(distillation and flash point)으로 조절하지만, 와이드컷 연료는 증류와 RVP(Reid Vapor Pressure; 연료가 증발하기 쉬운 정도나 안전성에 기준이 되는 연료 증기압을 측정하는 방법)로 조절된다.

이 실험은 특수 장비(special apparatus)를 이용하여 연료 온도 37.8℃(100℉)에서 연료의 절대압력(absolute pressure)이 기록된다. 케로신은 낮은 증기 압력(low vapour pressure)을 갖고 극히 높은 고도 또는 온도에서만 끓음(boiling) 현상이 발생하지만, 와이드컷 연료는 상당히 낮은 고도에서 연료의 끓음이 발생할 수 있다.

비행 중 연료 온도는 고도, 상승률, 순항고도, 체공 시간 그리고 전진속도로 인한 운동 열(kinetic heating) 등에 따라 달라질 수 있다. 연료 끓음이 발생했을 때 증기손실(vapour loss)은 특히 와이드컷 연료에서 매우 크게 발생한다. 결국, 이 같은 현상은 증기폐쇄의 원인이 되어 엔진 연료장치와 연료계량장치(fuel metering equipment)의 기능고장을 일으킬 수 있다. 연료 끓음(fuel boiling)으로 인한 위험을 줄이기 위해 연료탱크에 압력을 가하는 방법을 사용할 수 있다. 연료탱크의 가압은 어느 특정 온도에서 발생할 수 있는 증기압(vapour pressure)을 억제할 수 있는 높은 절대

압력을 유지할 수 있도록 한다. 이를 위해서 비활성 가스(inert gas)를 사용하거나 아니면 제어된 환기장치(venting system)와 함께 연료 증기압(fuel vapour pressure)을 사용하여 달성할 수 있다. 초음속 항공기의 연료는 저등급 휘발성 연료라 할지라도 운동 열 효과(kinetic heating effect)를 감소시킬 수 있도록 특수한 연료탱크 절연재를 사용해야 한다.

(3) 연료 오염방지

제트연료는 오염원을 차단하여 항상 최상의 상태를 유지할 수 있도록 저장되고 주기적인 연료탱크 배유 검사(drain checks)를 해야 한다. 연료계통에 적합한 필터, 연료와 물 분리기 그리고 적절한 첨가제(suitable additives)는 연료의 오염수준(contamination level)을 크게 낮출 수 있다. 예를 들어 공기와의 접촉(contact)을 최소화하고 이물질의 유입(먼지 등과 같은 미세한)을 차단하는 것만으로도 청정 상태로 연료를 보존할 수 있다. 또한, 연료 속에 용해되지 않은 물(undissolved water)을 제거함으로써 얼음 결정체의 형성을 방지하고 부식(corrosion)과 미생물의 배양(microbiological growth)을 억제할 수 있다. 고체 이물질(solid matter)의 제거는 연료펌프의 마모를 방지하고 연료계통 내에서 부식방지와 막힘(blockage) 현상을 감소시킨다.

【그림7-15】 터빈엔진 연료에 존재하는 미생물은 짙은 갈색, 회색, 빨간색 또는 검은색의 눈에 보이는 슬라임을 형성한다. 미생물 성장은 빠르게 증가할 수 있으며 필터 구성요소 및 연료량 표시기의 적절한 기능에 간섭을 일으킬 수 있다.

7.4 오일(윤활)계통

✈ 제트엔진을 포함한 모든 엔진은 내부의 수많은 운동 부품들이 원활하게 작동될 수 있도록 충분한 윤활(lubrication)을 제공하여야 한다. 특히 터빈엔진은 고속으로 회전하는 구성품(rotating components)들로 이루어져 있어 오일계통(oil system)의 고장은 즉각 엔진을 정지시켜야 할 정도로 매우 중요하다. 오일은 엔진의 작동 부품과 회전부의 윤활작용으로 과도한 열을 식혀주고 마모를 방지하면서 부식될 수 있는 금속 표면에 보호 피막(protection film)을 형성하거나 기어박스(gear box)와 베어링 하우징(bearing housing) 내부의 오일 속에 섞여 있는 이물질들을 탱크 섬프(tank sump; 오일이나 연료탱크의 가장 낮은 부분)로 모아주는 역할을 한다. 오일의 주요 역할은 다음과 같다.

① 윤활(lubrication)
② 냉각(cooling)
③ 이물질 여과
④ 금속의 부식방지

제트엔진의 기본 오일계통은 오일 탱크(oil tank)-오일펌프(oil pump)-오일 필터(oil filter)-오일 분사기(oil jet)로 구성되어 있다. 대부분 오일계통(oil system)은 오일이 계통 내에서 순환하도록 설계된 순환 오일계통(self - contained circulatory oil system)을 갖추고 있다. 그러나 일부 엔진에서는 오일을 한번 사용한 후에 재순환 없이 외부로 배출하는 소모성 오일계통(total loss or expendable oil system)이 사용되기도 한다. 터보프롭 그리고 터보축 엔진의 오일계통은 일반 터빈엔진의 오일계통과

약간 다르다. 이들 엔진에서 오일은 상대적으로 큰 하중을 받는 감속기어(reduction gears)들의 윤활작용을 해야 하므로 점성(viscosity)이 더 높은 오일이 필요하다. 터보프롭 엔진의 오일은 거버너 펌프(governor pump)에서 압력을 높인 후 프로펠러 피치조종 기계장치(pitch control mechanism)를 작동시키는 데 사용된다.

❖ 거버너/조속기(governor)

거버너는 엔진과 같은 기계의 속도를 측정하고 조절하는 데 사용되는 장치로 조속기라고 한다. 전형적인 원심 거버너는 연료나 작동 유체의 흐름을 조절하여 엔진 속도를 조절하여 일정한 속도를 유지하도록 하는 피드백 시스템이다. 이 장치는 비례 제어의 원칙을 적용한다.

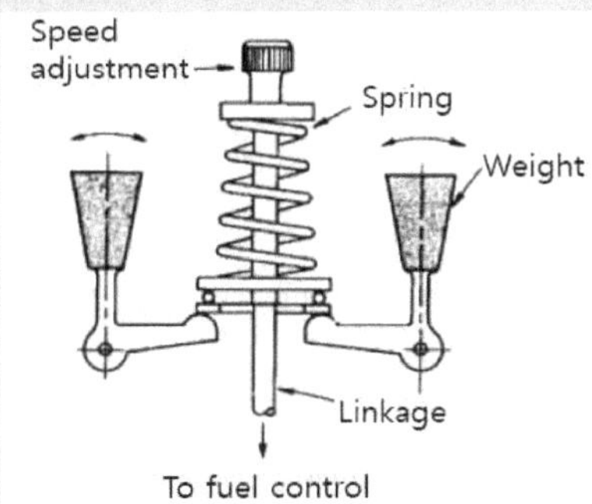

7.4.1 순환 오일계통

제트엔진의 순환 오일계통에는 압력 릴리프 밸브 장치(pressure relief valve system)와 전흐름 장치(full flow system)가 있다. 이들 두 장치의 주요 차이점은 베어링(bearing)까지 오일 흐름(oil flow)을 제어하는 방법에 있다. 오일 압력(oil pressure)과 오일 온도(oil temperature)는 엔진을 안전하게 다루는 데 있어서 매우 중요한 요소들이기 때문에 조종실에는 오일 압력 지시계(oil pressure indicator)와 오일 온도 지시계(oil temperature indicator)를 갖추어야 하고 이들 두 변수의 제한 값 이상의 변화를 비행 승무원에게 즉각 경고를 제공해야 한다.

(1) 압력 릴리프 밸브 장치(pressure relief valve system; PRV)

이 장치는 베어링에 공급되는 오일 급송선(feed line)의 압력을 제어하는 방식이다. 오일 급송선에 스프링 힘(spring - loaded)으로 작동하는 압력 릴리프 밸브를 설치하여 지정된 값을 초과했을 때 오일 흐름을 오일펌프에서 오일 탱크 또는 오일펌프 입구로 되돌아가도록 설계되어 있다. 이 장치의 단점은 엔진회전수(RPM)가 증가함에 따라 베어링 체임버(bearing chamber)의 압력이 급상승하지만, 베어링 체임버와 오일 분사기(oil jet) 사이의 압력차가 오히려 감소하는 결과가 초래된다. 결국 엔진회전수(RPM)가 증가함에 따라 최종 베어링에서 오일 흐름율(flow rate)이 감소하는 결과가 나타난다.

이를 해결하기 위해서 엔진회전수의 증가에 따라 베어링 체임버 압력을 더 높게 세팅함과 동시에 릴리프 밸브 스프링 하중(spring load)의 세팅 값이 달라지도록 개량하였다. 따라서 엔진회전수(RPM)가 증가함에 따라 베어링 체임버 압력이 높아졌기 때문에 압력 릴리프 밸브의 개방은 더 높은 압력에 도달할 때까지 지연되어 베어링에 일정한 오일 흐름율(flow rate)을 제공할 수 있다.

(2) 전흐름 장치(full flow system)

이 장치는 상대적으로 저압과 충분한 용량(capacity)의 스캐빈저 펌프(scavenger pump; 크랭크케이스, 기어박스 또는 베어링 체임버에서 오일 탱크로 돌려보내는 오일펌프)를 사용함으로써 최대 엔진회전수(RPM)에서 적절한 오일을 공급한다. 압력 릴리프 밸브 장치는 베어링 체임버 압력이 비교적 낮은 엔진에는 적합하지만, 베어링 체임버 압력이 높은 엔진에서는 높은 압력차에 대응하기에는 부적절하다. 예를 들어 최대 베어링 체임버 압력이 90파운드(psi) 그리고 압력 릴리프 밸브의 압력이 130파운드(psi)에 세팅되어 있다고 했을 때 오일급송 분사기에서는 40파운드(psi)의 압력을 강하시킬 수 있어야 한다. 이를 위해서는 상당히 큰 압력펌프가 필요하고 낮은 엔진 회전수에서 필요한 오일 흐름율에 매칭시키기가 어렵다.

이와 달리 풀 플로우 시스템(full flow system)은 펌프공급압력(pump delivery pressure)으로 오일 분사기에 직접 오일을 공급하는 방식이다. 압력펌프의 크기는 최대 엔진회전수에서 필요한 오일 흐름율에 따라 결정된다. 압력 릴리프 밸브 장치(pressure relief valve system; PRV)는 최대 엔진회전수에서 상당한 압력이 형성되기 때문에 릴리프 밸브를 통해서 상당량의 오일이 빠져나가는 장치의 복잡성이 있지만, 이 장치는 직접 공급 방식이기 때문에 크기가 상대적으로 작고 단순한 장점이 있어 대부분의 터보팬 엔진에서 사용된다.

연료 급송 계통의 필터 또는 냉각기의 고장으로 오일 압력의 급상승을 방지하기 위해서 압력제한밸브(pressure limiting valve)를 장착하여 막힘(blockage)이 발생했을 때 오일이 이들 장치를 우회(bypass)하도록 설계되어 있다. 조종실에 있는 필터 막힘(filter blockage) 경고장치는 일종의 압력차 스위치(differential pressure switch) 기능으로 작동한다. 만약 필터의 입구와 출구 사이의 압력차가 비정상적으로 증가하는 것이 감지되었을 때 즉각 경고장치를 작동시킨다.

7.4.2 소모성 오일장치

일부 터보엔진에서는 소모성 오일계통(expendable oil system)이 사용되기도 한다. 이 장치는 오일이 필요한 부품에 간헐적으로 오일을 분사하고 윤활작용을 마친 오일은 외부로 배출되기 때문에 부가적인 승압 장치 등이 필요하지 않다. 특히 소모성 오일계통은 수직양력엔진(vertical lift engine)과 같이 짧은 시간 동안에만 운용되는 엔진으로 한정된다.

소모성 오일장치의 장점은 냉각기, 스캐빈지 펌프 또는 필터와 같은 부품들이 없어 무게가 가볍고 시스템의 구성이 전반적으로 간단하다. 오일을 공급하는 방법은 압축기 축으로부터 간접 구동되는 플런저형 펌프(plunger type pump)와 연료압력으로 작동되는 피스톤형 펌프(piston type pump)를 이용하여 베어링에 지속해서 오일을 공급한다.

피스톤형 펌프는 엔진 시동 중 시동 레버(starter lever)를 "open" 위치에 놓거나 연료차단밸브(shut - off valve)에 의해 자동으로 선택되어 피스톤 펌프로부터 오일을 전후방 베어링에 단발(single shot) 분사한다. 연료장치와 전방 베어링에 윤활을 마친 후 오일은 집유통(oil collector tray)으로 배유되어 이젝터 노즐(ejector nozzle)을 통해서 배기가스 흐름에 분사하여 폐기된다. 후방 베어링에서 배유된 오일은 저장기(reservoir)에 모인 후 원심력으로 저장된다. 폐오일은 엔진 정지 후 배기장치 이너 콘(inner cone) 중심으로 연결된 배유관을 통해서 빼낸다.

7.4.3 오일계통의 주요 구성품

오일계통은 오일 탱크에서부터 엔진 내부를 순환한 후 이를 다시 여과하여 탱크로 돌려보내거나 곧바로 폐기된다. 이 같은 작동원리에 따라 오일계통은 순환 오일계통과 소모성 오일계통으로 구분되고 아래에 열거되는 구성품들은 대부분 순환 오일계통에 사용되는 구성품들이다.

(1) 오일 탱크

일반적으로 오일 탱크(oil tank)는 엔진과 별도의 구성품이지만 외부 기어박스(external gear box)와 통합될 수 있다. 오일 탱크에는 오일 보충과 배유구(drain hole), 유량 지시창(sight glass) 또는 계심봉(dip stick), 필터(filters), 그리고 공기분리기(deaerator) 등이 포함된다. 유량 지시창 또는 계심봉은 오일 탱크 속에 들어 있는 오일의 양(quantity)을 육안으로 확인하거나 측정하는 것으로 정상 작동수위(normal operating level)까지 보충하는데 필요한 양을 확인한다. 오일 주입구(oil filler)는 중력식(gravity filling)과 압력식(pressure filling)이 있다. 곡예비행 항공기 혹은 전투기와 같은 항공기는 배면비행(inverted flight)을 할 때 오일이 정상적으로 공급될 수 있어야 한다. 베어링 체임버(bearing chamber)에서 공기가 섞일 수 있으므로 순환된 오일로부터 공기를 분리하기 위한 공기분리기(deaerator)를 갖추어야 한다.

(2) 오일펌프

오일펌프(oil pump)는 일정한 압력(pressure)으로 탱크에서 엔진까지 급송(feeding)시키는 기능을 수행하기 때문에 오일펌프가 고장 났다면 즉각 엔진 정지(shutdown)시켜야 할 정도로 중요하다. 이 같은 이유로 오일펌프의 구동축은 시어넥(shear neck; 일정 전단 하중을 받으면 절단되도록 한 부분)" 구조가 적용되지 않고 고장과 관계없이 가능한 한 오랫동안 오일을 공급할 수 있어야 한다.

오일은 윤활과정에서 상당량의 밀봉 공기(sealing air)와 혼합되어 거품(air bubbles)이 발생할 수 있다. 이는 부피를 증가시키는 원인이 되고 베어링 체임버는 규정치와 다른 압력 조건에서 작동될 수 있다. 이것은 오일이 넘쳐흐를(overflow) 수 있어 각 체임버에 스캐빈지 펌프가 필요한 이유이다. 오일펌프는 기어형(gear - type), 베인형(vane - type) 그리고 게로터형(gerotor - type) 펌프가 있지만 주로 기어형 펌프가 많이 사용된다.

① 기어펌프

기어펌프(gear pump)는 [그림7 - 16]과 같이 한 쌍의 기어와 알루미늄 케이싱으로 구성된다. 케이스와 기어의 간격이 매우 좁고 정밀하게 설계되

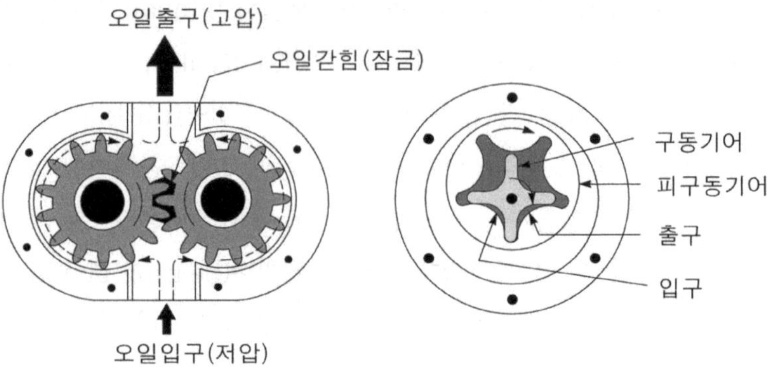

【그림7-16】 기어펌프는 한 쌍의 기어가 서로 맞물려 고속으로 회전하면서 높은 압력으로 필요한 부품에 오일을 공급한다. 오일은 비압축성이기 때문에 고속 작동 중에 오일이 톱니 사이의 틈에 갇혔을 때는 기어장치에 큰 하중이 가해질 수 있고, 이를 적절하게 처리하지 않으면 펌프가 파손될 수 있다. 따라서 순간적으로 갇힌 오일이 빠져나갈 수 있는 통로의 설계는 필수이다.

어야 펌핑 효율을 달성할 수 있다. 펌프 내부에서 기어가 맞물려 회전하면서 오일을 입구로 끌어들여 톱니와 케이스 사이의 주변으로 오일이 통과하면서 가압 오일을 출구를 통해 배출한다. 이 과정에서 소량의 비압축성 오일이 기어 물림(gear mess) 사이에 갇히면서 유압 잠금(hydraulic lock)을 일으켜 펌프를 파손시킬 수 있다. 이를 방지하기 위해서 케이스 끝 면(case end face) 속에 갇힌 오일이 빠져나갈 수 있는 배출구(relief slot)가 필요하다. 기어펌프는 압력 펌프(급송)와 스캐빈지 펌프(순환) 모두에 사용될 수 있고 공통 케이스 내에 함께 장착될 수 있다.

② 단발 펌프

단발 펌프(single - shot pump)는 기본적으로 단순성(simplicity)이 최대의 장점이기 때문에 단시간(short period) 사용과 소모성 오일장치에 적합하다. 단발 펌프는 실린더 내에 일정량의 오일이 채워지고 피스톤이 위로 올라가면서 실린더 내부의 오일 힘으로 출구 밸브(outlet valve)가 개방되어 윤활에 필요한 부품에 오일이 분사된다. 피스톤이 상부에 도달했을 때 오일 압력의 감소로 인해서 출구 밸브는 닫힌다. 피스톤이 스프링 힘(spring forcing)으로 다시 아래로 내려오면서 실린더와 오일 탱크 사이의 압력을 감소시켜 오일 보충 밸브(oil replenishing valve)가 열리고 실린더 내부에 오일이 다시 채워진다.

(3) 오일 분배장치 계량

오일 분배장치(oil distribution device)는 윤활이 필요한 부품에 계량된 양의 오일(metered amount of oil)을 직접 분사하는 단순한 오리피스(simple orifice)로 구성되어 있다. 오일 분사 오리피스들은 부품에 가능한 한 가깝게 위치시켜야 부분적으로 발생할 수 있는 와류로 인하여 다른 곳으로 흩어지는 것을 방지할 수 있다. 오일 흐름은 오리피스의 지름에 따라 결정되고 최소 지름을 갖는 0.04인치 오리피스가 약 40파운드(psi)의 압력에서 시간당 약 12갤런(gallon per hour; GPH)의 오일을 공급할 수 있다. 오일 흐름율(flow rate)을 제어할 수 있도록 상류에 제한기(restrictors)를 설치하여 필요한 양을 조절한다.

(4) 오일 냉각기

기어박스 또는 베어링 체임버 내에서 각종 기어는 고속으로 회전하면서 마찰(friction)로 인하여 상당한 열(heat)이 발생하고 열은 오일로 전이된다. 따라서 순환 오일계통에서는 반드시 오일 냉각기(oil cooler)를 갖추어야 한다. 냉매제(coolant)는 연료 또는 공기가 사용된다. 연료냉각(fuel - cooled)과 공기냉각(air - cooled)을 모두 사용할 때는 전자 모니터링 장치를 장착하여 필요에 따라 공기냉각만을 사용함으로써 양호한 오일 온도를 유지할 수 있어 전반적인 열효율(thermal efficiency)을 높일 수 있다.

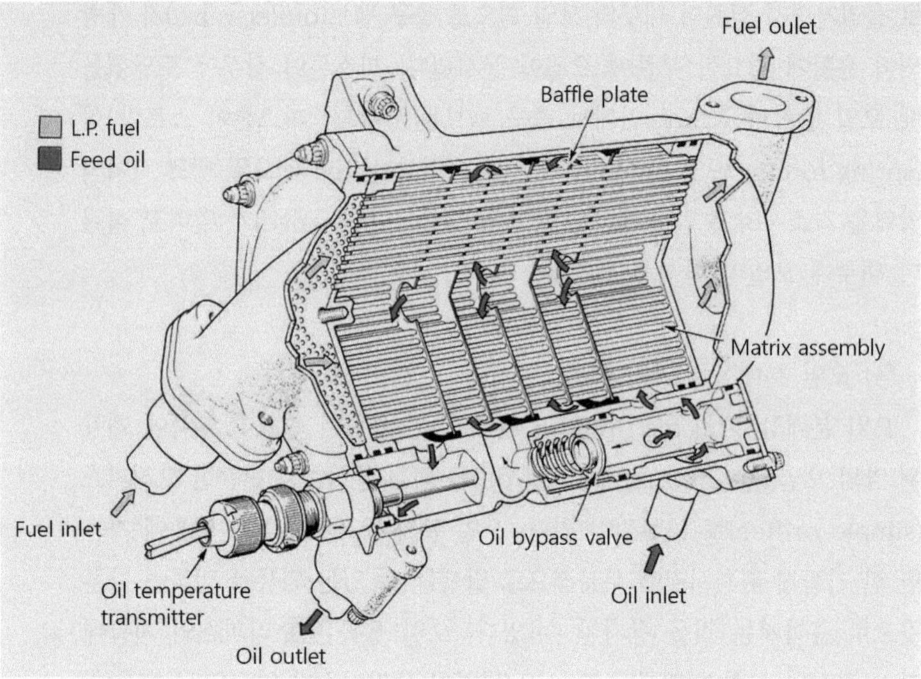

【그림7-17】 이 형태의 오일 냉각기는 연료의 온열과 오일의 냉각 효과를 동시에 달성한다. 냉각기에서 오일 압력이 연료압력보다 높게 유지되어야 연료 또는 오일의 통로에서 누출되었을 때 오일이 연료 속으로 섞이는 것을 허용되지만 연료가 오일 속으로 섞이는 것은 반드시 방지되어야 한다. [Rolls & Royce]

대부분 제트엔진에서는 연료냉각 오일 냉각기(fuel - cooled oil cooler)가 사용된다. 이 냉각기의 내부는 [그림7 - 17]과 같이 여러 개의 배플 플레이트(baffle plates; 일종의 칸막이)들로 분리되어 있고 여러 개의 튜브가 관통하는 매트릭스 어셈블리(matrix assembly)로 구성되어 있다.

연료는 매트릭스 어셈블리를 구성하고 있는 튜브들을 통해서 흐르고 오일은 배플 플레이트의 방향을 따라서 연료 튜브들 사이를 통해서 흐른다. 이 과정에서 오일의 열은 연료로 전이(transfer)되어 오일 온도를 낮추면서 동시에 연료의 온열 효과를 얻는다. 냉각기 입구와 출구 사이에 압력 저단

바이패스 밸브(bypass valve)가 장착되어 있다. 만약 냉각기 오일 급송선에서 막힘(blockage)이 발생했을 때 입구와 출구 사이의 압력이 지정된 값 이상을 초과하게 되고 바이패스 밸브를 통해서 공급되기 때문에 오일 고갈(oil starvation)을 방지한다. 이외에도 오일 급송라인(feed line)에 오일 압력 유지밸브(oil pressure maintaining valve)를 장착하여 오일압(oil pressure)이 항상 연료압(fuel pressure)보다 높게 유지되도록 한다. 이것은 냉각기의 결함이 발생했을 때 오일이 연료 흐름 속으로 새어나가도록 설계되어야 한다. 그러나 연료가 오일 속으로 스며들었을 때는 잠재적 위험에 직면할 수 있다.

(5) 철분 탐지기

철분 탐지기(chip detector)는 기어박스 또는 베어링 체임버 내에서 기

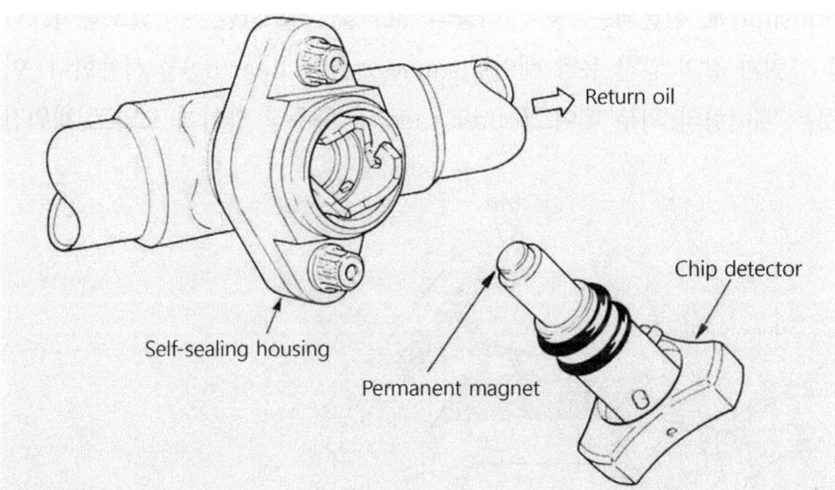

【그림7-18】 회전 부품들은 대부분 금속으로 이루어져 있고 이들이 접촉되는 부분에서는 항상 마찰과 마모가 발생할 수 있다. 이들 부품에 윤활이 필수적이지만 마모가 발생했을 때 철분을 탐지할 수 있는 장치들은 고장탐구에 매우 중요하다. 철분 탐지기는 오일 리턴 라인 선상에 장착해야 효과적이다. 하단 그림에서 탐지기 끝부분에 영구자석이 부착되어 있어 철분이 들러붙는다. [Rolls & Royce]

어의 맞물림으로 인한 마찰로 인해서 마모된 미세한 철분(ferric debris)을 탐지하기 위한 장치이다. [그림7 - 18]과 같이 마치 플러그 모양으로 되어 있고 끝단에 영구자석이 있어 철분을 끌어모은다. 이 장치는 스캐빈지 펌프 쪽에 장착되어야 철분을 효과적으로 탐지할 수 있다. 철분 탐지기는 자체 밀봉 밸브 하우징(self - sealing valve housing) 속에 정확하게 장착되어야 하고 풀림을 방지하기 위한 안전철선(safety wires)으로 고정된다. 정비 또는 모니터링 목적으로 부품에서 떼어낼 때 오일이 새지 않아야 하고 비행 중 승무원에게 적절한 경고를 제공할 수 있도록 조종실 경고장치(warning system)를 갖추어야 한다.

(6) 압착 유막 베어링

일부 제트엔진에서는 회전 어셈블리들로부터 베어링 하우징(bearing housing)에 전달되는 동적 하중의 효과를 최소화할 수 있도록 [그림 7 - 19]와 같이 압착 유막 베어링(squeeze film bearing)을 사용한다. 이것은 베어링의 외부 레이스(outer race)와 하우징 사이에 오일로 채워진

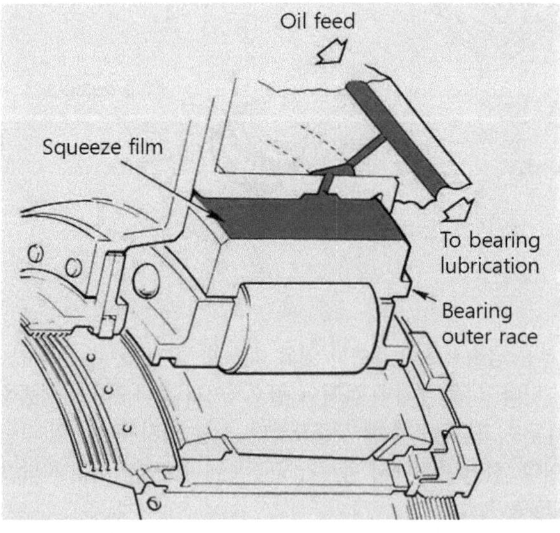

【그림7-19】 비압축성 오일의 특성을 이용하여 동적 하중을 지지하는 데 중요한 역할을 한다. [Rolls & Royce]]

얇은 공간(clearance)이 형성된다. 비압축성 유막은 회전 어셈블리의 레디얼 운동(radial motion)과 베어링 하우징에 전달되는 동적 하중을 감쇠(dampens)시켜 진동과 피로 파손(fatigue damage) 가능성을 감소시킨다.

(7) 원심 브리더

윤활계통의 한 부품으로 오일 탱크, 기어박스 그리고 베어링 체임버에서 과도한 공기압이 형성되었을 때 이를 외부로 빼낼 수 있는 환기장치(air vent system)를 갖추고 있다. 계통에 있는 과도한 공기를 외부로 배출하기 전에 공기 속에 섞여 있는 오일을 먼저 분리할 필요가 있다. 원심 브리더(centrifugal breather; 통기공)는 분무 오일(air/oil mist) 속에 섞여 있는 공기와 오일을 분리하는 장치다. 이 장치는 [그림7 - 20]과 같이 오일이 섞인 공기를 흡입하는 입구와 수많은 구멍이 뚫려 있는 공기분리기 세그먼트(deaerator segments)로 구성된다. 구동축이 고속으로 회전함에 따라 다공 공기분리기에 흡입된 분무 오일은 공기와 오일이 분리되어 공기는 외

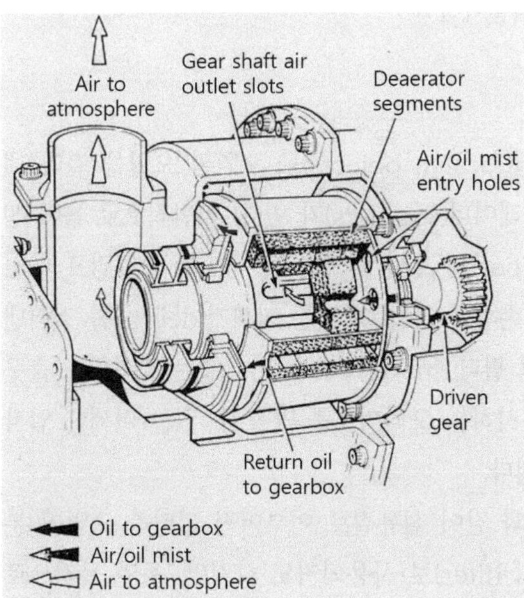

【그림7-20】 원심 브리더는 공기와 오일이 섞여 있는 분무 오일로부터 공기와 오일을 분리하여 과도한 오일이 외부로 배출되는 것을 방지한다.
[Rolls & Royce]

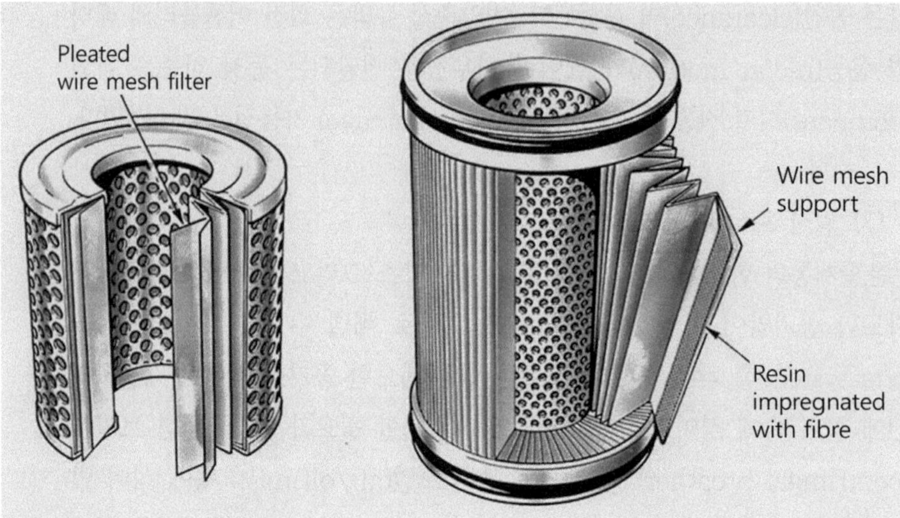

【그림7-21】 엔진에 청정오일을 공급하기 위해서 오일 필터는 중요한 역할을 한다. 입자의 크기가 비교적 큰 입자들을 걸러내는데 철망 형태의 필터가 사용되기도 하지만 좀 더 미세한 입자들을 걸러내기 위해서는 수지 등을 먹인 섬유 필터를 사용한다. [Rolls & Royce]

부로 오일은 오일 탱크로 되돌아간다.

(8) 오일 필터

순환 오일계통에서 이물질(foreign objects)로 오염된 오일을 걸러 낼 수 있는 필터(filters)와 스트레이너(strainers)가 있다. 일반적으로 올이 성긴 스트레이너(coarse strainer)는 오일 탱크의 출구 또는 오일펌프의 입구 앞에서 장착되어 펌프의 손상을 입힐 수 있는 찌꺼기(debris)를 걸러낸다. 반면에 올이 미세한 압력 필터(fine pressure filters)는 압력펌프 출구에 장착되어 오일을 직접 분사하는 오리피스를 막을 수 있는 미세한 입자(fine particles)들을 걸러낸다.

일부 필터는 [그림7 - 21]과 같이 섬유질로 이루어진 필터를 오일이 분사되기 직전 최종 필터(final filter)로 사용되기도 하지만, 동일 목적으로 섬유 대신에 다공판(perforated plates) 또는 거즈 필터(gauze filter)가 사용되기도 한다. 스캐빈지 필터(scavenge filters)는 각 오일 회수라인(return line)에 장착되어 윤활작용 후 오일 속에 섞여 있는 이물질을 걸러 낸다. [그림7 - 21]은 압력 필터와 스캐빈지 필터이다. 이 필터들은 주름 철망(pleated wire mesh)이나 수지 섬유(resin impregnated with fiber)로 보강된 원통형으로 제작된다. 필터의 막힘(blockage)을 시각적으로 경고해 줄 수 있는 팝업 지시기(pup - up indicator)가 필터 하우징에 장착된다.

7.4.4 오일 종류

초창기 제트엔진에는 광물성 원유(mineral crude oil)에서 생산된 오일을 사용하였다. 그러나 터빈엔진은 왕복엔진과 같이 큰 하중(loads)을 발생시키는 부품들이 없어 점도(viscosity)가 비교적 낮은 오일이 사용되었다. 특히 고속 고온에서 작동하는 터빈엔진의 특성상 구성품들이 쉽게 산화되고 여기서 발생한 찌꺼기에 의한 오일 급송라인(oil feed line)의 막힘을 일으키는 단점이 있다. 이 같은 점을 고려하여 터빈엔진에서는 낮은 점도의 합성 윤활유(synthetic lubricating oil)가 개발되어 대부분 문제를 해결하였다. 터빈엔진 오일은 매우 낮은 기온 조건에서 엔진 시동이 원활해야 하므로 점도가 높아야 하지만 대부분의 정상 작동영역은 매우 높은 온도에서 작동되기 때문에 점도는 가능한 한 낮은 오일이 적합하다. 최근의 합성 오일은 오일 첨가제(oil additives)를 개발하여 두 조건을 모두 충족하였고 실제 영하 40℃와 같이 낮은 기온에서도 오일을 예열(preheat)하지 않고 시동할 수 있다. 제트엔진 오일은 동급의 왕복엔진 오일과 비교했을 때 오일 소모량이 적다.

7.5 엔진 시동과 점화계통

✈ 제트엔진은 자립 회전 엔진이다. 이것은 엔진 시동이 걸린 후에는 점화장치가 필요하지 않다는 것을 의미한다. 그러나 다양한 조건에서 언제든지 플레임아웃(flame - out; 연소꺼짐)이 발생할 수 있으므로 점화장치는 언제든지 작동할 수 있어야 한다. 터빈엔진의 시동을 위해서 아래와 같은 2개의 독립 장치가 필요하다.

① 시동기와 연결된 HP 터빈과 압축기 스풀
② 점화계통

정지상태의 터빈엔진을 회전시키는데 다양한 종류의 시동기(starter)가 사용될 수 있으나 기본적으로 시동기의 기능은 가스터빈엔진의 고압 터빈(HP turbine)을 회전시킴으로써 축(shaft)에 연결된 압축기를 회전시키는 것이다. HP 압축기의 회전은 공기를 빨아들여 일정한 압력까지 상승시켜 연소기로 보낸다. HP 압축기는 엔진이 자력으로 작동하는데 필요한 충분한 양의 공기를 통과시키기 위한 RPM에 도달할 때까지 회전해야 한다. 연소기로 보내진 압축공기와 연료가 혼합되어 정상 연소(normal combustion)가 이루어지기 시작한다면 이후의 사이클은 추가 점화(ignition)를 제공하지 않아도 지속작동이 가능하다. 정상적인 시동을 위해서 이 장치들이 잘 조화되어야 하고 전기회로는 정확하게 제어되어야 한다.

엔진 시동을 위해서는 시동기와 점화장치가 필수이지만 때로는 이 장치들을 독립적으로 작동시켜야 할 필요가 있다. 다시 말해서 시동기만을 사용할 수 있거나 아니면 시동기를 사용하지 않고 점화장치만을 사용할 수 있도록 설계되어 있다. 예를 들어 엔진 정비 후 엔진 내부에 남아 있는 기름 성분 또는 수분 등을 제거하기 위해서 엔진을 회전시켜야 하는 경우이다. 때로는 정상적인 엔진 정지(shutdown) 후에도 연료의 일부 또는 유증기가 엔진 내부에 남아 있을 것으로 예상할 때 이를 완전히 제거하기 위한 환기작동(ventilating operation) 절차가 필요하다. 이를 "송풍작동(blowout)"이라 한다. 이 절차는 다음 시동할 때 고온시동(hot start)의 발생 가능성을 예방하는 것이다. 송풍작동은 엔진에 연료가 공급되어 점화를 방지하기 위해서 시동 레버를 차단 위치에 놓은 상태에서 시동기만 작동시켜 엔진을 회전시킴으로써 내부에 남아 있는 잔류 연료를 불어내 버리는 것이다. 이와 반대로 공중에서 엔진이 정지되어 재시동(relight)을 해야 할 필요가 있을 때는 압축기를 회전시킬 필요가 없으므로 점화장치만 작동시켜 엔진 시동을 시도하고 시동기의 작동은 필요하지 않다.

7.5.1 시동기

모든 터빈엔진의 기본적인 시동절차(starting procedures)는 거의 유사하다. 다만 항공기의 유형에 따라 사용되는 동력원(source of power)이 다를 뿐이다. 시동기(starter)는 전기, 유압, 공기 그리고 카트리지(cartridge) 등을 사용한 동력원으로 엔진이 자력으로 회전력을 얻을 때까지 필요한 동력을 제공하는 일종의 소형 엔진(small engine)이다. 전투 항공기들은 적의 공격으로부터 피해를 최소화하기 위해서 넓게 소산 배치되어 있으면서 신속하게 출격해야 하기 때문에 완전히 독립된 시동장치를 필요로 한다. 그러나 민간 항공기는 무게감소와 승객 불편을 최소화할 수 있는 시동장치가 선호된다.

시동기 모터(starter motors)는 높은 토크(high torque)를 생산할 수 있어야 한다. 또한, 정지에서부터 시동에 필요한 회전속도에 도달할 때까지 동력을 유연하게 가속(smooth acceleration)할 수 있어야 한다. 시동기는 오직 엔진 시동에만 사용되고 일단 엔진이 작동된 후부터는 거의 사

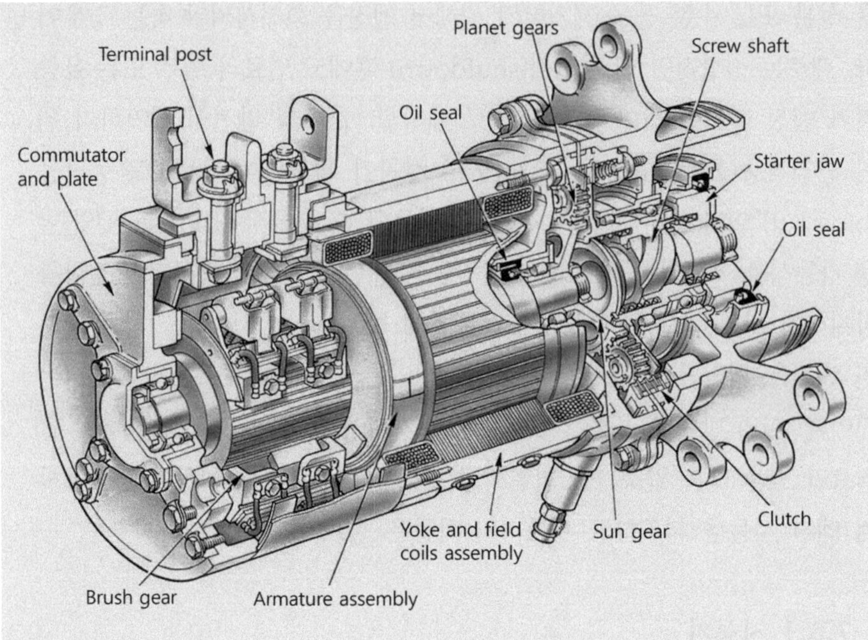

【그림7-22】 시동장치는 엔진 시동만을 위한 장치이므로 엔진에 통합되어야 한다면 크기와 무게는 최소화되어야 한다. 전기 시동기는 일반 자동차의 시동 모터와 유사하다. 여기서 생산된 회진력으로 엔진 압축기를 회전시켜 엔진작동에 필요한 초기 동력을 제공한다. [Rolls & Royce]

용되지 않는다. 이러한 점을 고려하여 최대한 단순하고 경량이어야 한다. 이 같은 이유로 완전히 독립된 외부 동력공급장치가 사용되기도 한다.

(1) 전기 시동기

전기 시동기(electrical starter) 모터에 사용되는 전원은 통상 배터리에서 공급되는 직류(direct current)이다. 시동 모터는 감속기어와 래칫 장치(ratchet mechanism) 또는 클러치(clutch)를 통해서 엔진에 연결되어 있다. 이 시동기는 [그림7 - 22]와 같이 일반 자동차 엔진에 사용되는 전기 시동기 모터와 유사하다. 배터리는 시동기 모터를 작동시키는데 충분한 전

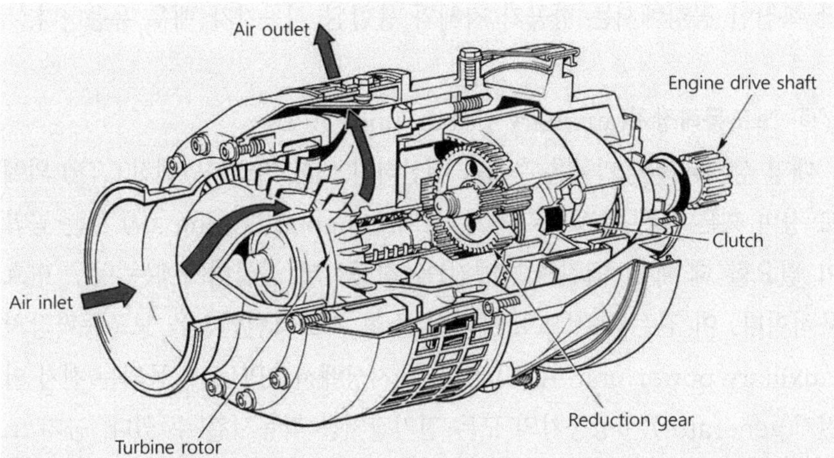

【그림7-23】 공기시동기는 터빈부와 감속기어 장치로 이루어져 있다. 시동 동력은 초기 공기압을 공급할 수 있는 장치가 필요하다. 일부 장치에서는 연소장치를 갖추어 터빈엔진의 배기가스와 같은 방식으로 시동 동력을 얻는다. [Rolls & Royce]

원을 공급할 수 있어야 하고 일단 시동절차가 종료된 후부터 배터리는 발전기(generator)에서 소모된 전원을 보충할 수 있도록 충전된다.

(2) 공기시동기

공기시동기(air starter)는 [그림7 - 23]과 같이 가볍고 경제적이면서 작동이 단순하여 일부 군용 항공기와 대부분의 상업용 항공기에서 사용된다. 공기시동기(air starter)를 사용하는 일부 엔진들은 각 엔진에 적합한 보조 소형 연소기(small combustor)가 장착되어 있다. 엔진 시동을 위해서 공기압이 충분하지 않을 때 이 연소기는 엔진으로부터 연료를 공급받고 압축공기는 내장 공기통(air bottle)으로부터 공급받아 연소기를 점화시킨다.

보조 소형 연소기에서 생산된 고온가스 흐름은 시동기 터빈을 돌릴 수 있도록 직접 연결되어 있다. 시동절차가 종료되자마자 전기회로는 이 연소기에 공급되는 연료와 공기를 차단한다. 다양한 방식의 시동장치들이 있지만 복잡한 공항에서는 항공기 자체와 통합된 시동기가 매우 유용하다.

ⓐ 보조동력장치(auxiliary power unit; APU)

대형 상업용 항공기들은 추력을 생산하기 위한 가스터빈엔진(GTE) 외에도 정비 혹은 다른 목적으로 전기, 공기조화(conditioning air) 또는 공압이 필요할 때 메인 엔진(터빈엔진)을 작동시켜 공급하기에는 너무 비효율적이다. 이 같은 목적으로 제작된 소형 가스터빈엔진을 보조동력장치(auxiliary power unit; APU)라 한다. 지상에서 APU로 작동되는 전기 발전기(generator)는 항공기의 모든 전기장치를 작동시킬 수 있다. 공기 조화장치는 주변 기온에 따라 기내의 난방이나 냉방에 사용된다. 이외에도 전기구동 유압펌프는 엔진 시동 전에 유압계통에 필요한 유압을 제공한다. 예를 들어 시동 전에 파킹 브레이크(parking brake)를 작동시키고자 할 때 필요한 동력을 공급한다. 항공기에 장착된 대부분 장비와 같이 APU 역시 경량이면서 높은 성능을 낼 수 있도록 성능이 개량되고 있다.

ⓑ 크로스-블리딩(cross - bleeding)

이 방식은 주로 다발엔진(multiengine)에서 사용된다. 최초 한 엔진의 시동은 가용한 시동기를 이용하여 정상적인 시동절차를 통해서 작동시킨다. 일단 한 엔진이 작동되기 시작하면 이 엔진으로부터 나머지 다른 엔진의 시동에 필요한 공기압을 공급받는 방식이다. 이 장치는 공기압을 상호 교환하기 위한 장치가 필요하다.

ⓒ 지상동력공급장치

이 장치는 엔진 시동에 필요한 공기압을 별도의 외부 장치로부터 공급받는 방식이다. 지상동력공급장치(ground power supply unit; GPU)는 시동기 외건(starter wagon) 또는 시동기 보틀(starter bottle) 유형이 있다.

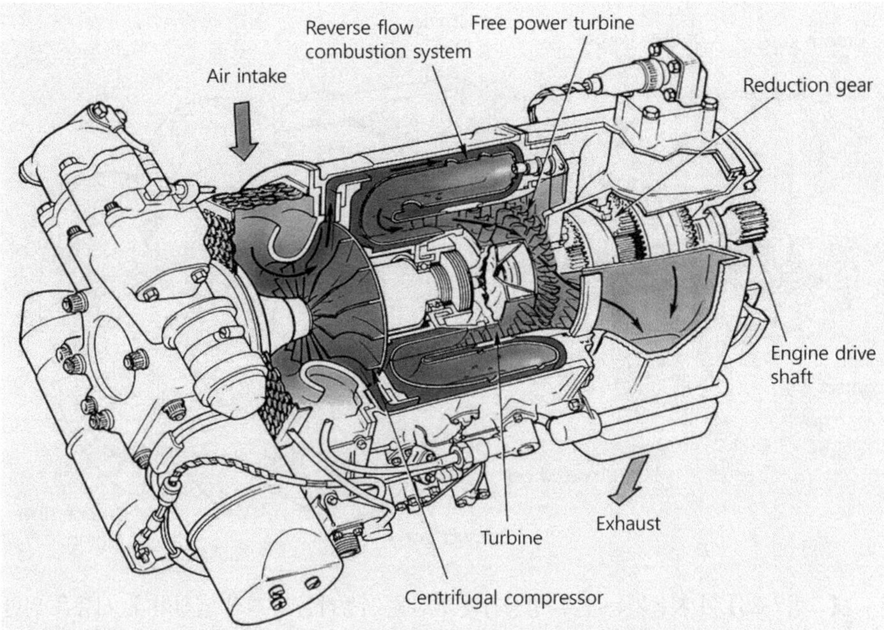

【그림7-24】 이 시동기는 일종의 소형 가스터빈엔진이다. 작동원리와 구조는 원심압축기의 터보축 엔진과 유사하다. 터빈은 고속으로 회전하기 때문에 감속기어 장치가 필요하고 여기서 생산된 축동력으로 엔진을 직접 구동시킨다. [Rolls & Royce]

일반적으로 시동기-외건(카트)은 모든 엔진을 시동할 수 있는 충분한 능력을 갖추고 있으나 보틀(bottle)을 사용할 때 비록 보틀 자체의 압력이 아주 높다 해도 전체 엔진을 시동하기에는 동력이 부족하다. 이 경우 시동기 보틀을 이용해서 한 엔진만 시동을 걸고 정상 작동되는 엔진으로부터 크로스-블리딩(cross - bleeding) 방식으로 다른 엔진들의 시동을 보조한다.

(3) 가스터빈 시동기

가스터빈 시동기(gas turbine starter)는 [그림7 - 24]와 같이 일종의 소형 가스터빈엔진으로 볼 수 있으며 자체 오일, 연료, 점화, 그리고 시동장치 등을 갖추고 있다. 이 장치는 원심압축기를 구동시킬 수 있는 터빈에

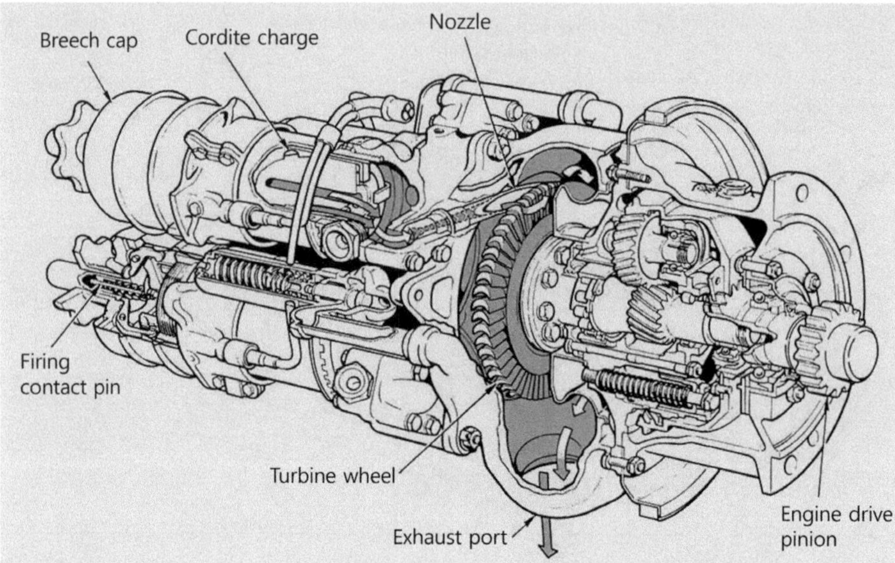

【그림7-25】 이 시동기는 전투 항공기의 엔진을 시동하는데 최적 엔진이다. 시동을 위한 동력은 카트리지에 들어 있는 화약이 폭발하면서 발생하는 강력한 배기가스가 터빈을 회전시켜 시동 동력을 얻는 방식이다. [Rolls & Royce]

공급되는 역류 압축기(reverse flow compressor)로 설계된다. 자유터빈(free turbine), 감속기어, 클러치 그리고 축 장치를 통해서 항공기의 엔진을 시동시킬 수 있다. 또 다른 유형은 일명 모노(mono) 연료에 의한 시동이다. 모노 연료는 연소를 위해서 자체 산소(own oxygen)를 갖는 연료이고 "이소프로필 질산염(iso - propyle - nitrate)"으로 구성되어 있어 취급에 상당한 위험이 따른다. 이 연료는 신속한 엔진 시동을 위해서 높은 양의 에너지를 제공할 수 있어 일부 군용 항공기에만 제한적으로 사용된다.

(4) 카트리지 시동기

카트리지 시동기(cartridge starter)는 [그림7 - 25]와 같이 주로 군용 항공기에 사용되는 시동장치이다. 군용 항공기는 비행장 폭격으로 인한 항공기의 피해를 줄이기 위해서 항공기를 광범위하게 소산 배치한다. 이 같은 상황에서 엔진 시동은 지상 시동 보조장비의 도움 없이 시동할 수 있는 완전 독립 시동장치가 필요하다. 카트리지는 크기가 큰 엽총 탄과 같은 모양이고 전기로 점화되는 점이 다르다. 이들 카트리지는 마치 리볼버 권총과 같은 방법으로 여러 개의 카트리지가 회전 블록(rotation block) 속에 장전되어 있다. 최초의 카트리지가 점화 브릿치(firing breech; 포미) 위치에 놓였을 때 전기 점화장치가 이를 점화(ignition)시키고 회전 블록이 연속 회전하면서 2차, 3차...카트리지가 점화된다. 카트리지 폭약이 폭발하면서 내뿜는 고온가스들이 충격터빈에 분사되어 터빈을 회전시키고 감속기어(reduction gears)와 클러치(clutch)를 통해서 엔진을 회전시키는 힘을 얻는다.

(5) 유압 시동기

유압 시동기(hydraulic starter)는 일부 소형 가스터빈엔진의 시동에 사용된다. 정상 작동하는 엔진에서 펌프 역할을 하는 유압장치의 출구점(usual outlet point)에서 역류하는 오일의 힘을 이용하여 축 장치와 기어를 통해서 엔진을 회전시키는 모터를 작동시킬 수 있다. 일단 시동이 걸린 후 시동 사이클은 전기적으로 제어된다. 유압장치는 시동절차(순서)가 종료되는 시점에서 다시 유압펌프 기능으로 전환된다.

❖ 보조동력장치(auxiliary power unit; APU)

7.5.2 불안전 시동

제트엔진에서 높은 열이 발생할수록 열효율(thermal efficiency)은 높아진다. 그러나 높은 열은 터빈엔진의 각종 구성품에 심각한 영향을 미치는 요소이다. 특히 엔진 시동 중에는 냉각 공기가 충분하게 제공되지 못하는 조건이기 때문에 시동 중에 발생하는 고열은 연소기를 포함한 터빈 구성품들을 순간적으로 파손시키기에 충분하다. 순간의 불안전 시동은 엔진 전체를 교환해야 하는 중대한 문제가 될 수 있다. 따라서 조종사와 정비사는 해당 터빈엔진의 시동절차에 완전히 익숙해 있어야 하고 EGT 및 관련된 계통의 한계를 정확하게 숙지하고 절차를 준수해야 한다. 이 때문에 시뮬레이터 혹은 항공기를 이용해서 여러 차례 시동절차훈련을 통해서 엔진에 연료를 공급하는 시기와 EGT 그리고 EGT 지시침의 증가율을 눈에 익혀야 한다.

(1) 핫 스타트

엔진 시동 중 극도로 높은 온도에 비록 짧은 순간 노출되었다 할지라도 상대적으로 충분한 냉각(cooling) 기능이 발휘하지 못하기 때문에 연소기 재료에 미치는 영향은 치명적이다. 시동 중 조종사가 주의를 기울여야 하는 요소 중 하나가 배기가스온도(exhaust gas temperature; EGT)다. 물론 EGT 자체도 중요하지만, 연료를 공급하여 연소 순간부터 온도의 증가율도 주의 깊게 관찰해야 한다. 만약 EGT가 비정상적으로 빠르게 증가하는 것을 관찰했다면 즉시 엔진에 공급되는 연료를 차단(cut-off)해야 한다. 고온시동(hot start) 중에 조종실에 있는 EGT 계기는 실제 터빈인렛온도(turbine entry temperature; TIT)보다 약간 늦게 지시한다. 만약 조종사가 연료를 차단하기 전에 EGT 지시가 최대에 도달할 때까지 기다린다면 터빈은 이미 과열(overheating)이 발생했다고 보아야 한다. 이 상태의 엔진은 사용할 수 없고 교환해야 한다.

(2) 헝 스타트

핫 스타트 외에 또 다른 불안정 시동은 헝 스타트(hung start) 또는 허위 시동(false start)이라고도 한다. 용어가 의미하는 것과 같이 시동절차에 따라 시동기를 작동시키고 정상적인 절차에 따라 스로틀을 개방하여 연료를 공급하였으나 RPM이 아이들 속도에 도달하지 못하고 계속 그 상태로 작동되는 현상이다. 헝 스타트가 발생할 수 있는 원인은 시동기 동력이 부족하거나 혹은 연료계통의 결함(malfunction)이다. 이외에도 조종사가 부주의로 블리드 밸브 등과 같이 동력을 소모하는 장치들을 적절하게 조치하지 못했을 때 동력 부족으로 불안전 시동이 될 수 있다. 문제는 시동 중 헝 스타트가 발생했을 때 RPM을 증가시키기 위해서 스로틀을 더 개방했을 때이다. RPM을 증가시키기 위해서 엔진에 더 많은 연료가 공급되더라도 RPM은 증가하지 못한다. 엔진에 연료가 많이 공급된 상태에서 공기흐름이 부족한 상태이기 때문에 한계온도를 쉽게 초과할 수 있다. 이것은 핫 스타트(hot start)가 발생할 수 있다는 것을 의미한다. 정상 시동절차를 준수하여 작동했는데도 불구하고 예상된 시간에 아이들 RPM까지 증속하지 못한다면 헝 스타트를 의심하고 즉시 시동절차를 중지한 후 원인을 분석해야 한다.

7.5.3 공중 재시동

제트엔진 자체는 다른 동력장치에 비해서 신뢰성이 매우 높지만, 외부 요인으로 인해서 언제든지 엔진 고장(engine failure) 가능성은 존재한다. 비행 중 공중에서 엔진 재시동(relight)을 위해서 엔진(압축기)은 반드시 풍차 회전(windmilling) 상태에 있어야 하므로 시동기 모터를 작동시킬 필요는 없다. 엔진이 정지되었더라도 항공기는 활공(gliding) 또는 비행 타성으로 공기흡입구로 유입되는 공기흐름은 비록 저속이라도 엔진 시동에 충분한 압축기 회전력을 제공할 수 있고 이 상태에서 시동기 모터를 작동시키

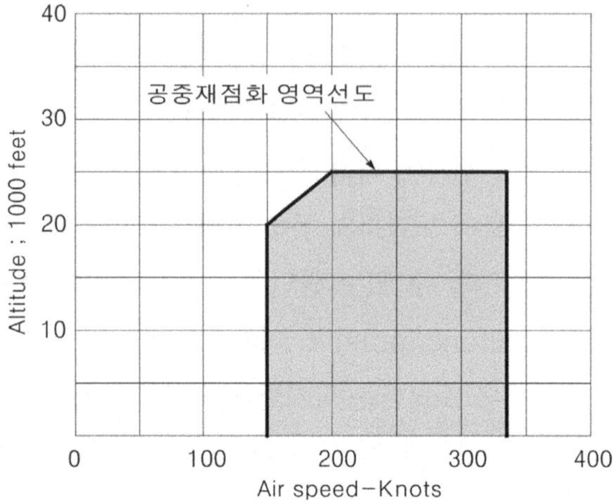

【그림7-26】공중 재시동 영역선도

는 것은 시동기 기계장치의 파손을 초래할 수 있다.

모든 터빈엔진 항공기 조종실에는 [그림7 - 26]과 같은 공중 재시동 영역선도(relight envelope)가 비치되어 있다. 일부 영역선도는 고도 대비 N_2 RPM으로 그려지지만 다른 영역선도는 고도 대비 IAS의 비율로 그려져 있다. 어느 경우든 적용하는 방법은 간단하다. 항공기가 이 영역선도 내에 있도록 하고 재시동을 시도한다면 엔진에 다른 결함이 없는 한 공중 재시동에는 문제가 없다. 따라서 공중 재시동 절차에서 점화(ignition)는 필수이지만 시동기 모터(stater motor)는 필요하지 않다는 점에 유의해야 한다. 공중 재시동 중에 점화기를 작동시키는 시기는 엔진 종류에 따라 다르다. 일부 엔진은 크랭킹(cranking)의 시작부터 점화가 "ON"이 되지만 다른 엔진은 시동 레버를 앞으로 밀었을 때 점화가 시작된다. 이들 중 선택할 수 있는 시간이 허용된다면 점화기를 먼저 작동시킨 후 최종적으로 연료를 공급하는 방법이 권장된다.

7.5.4 점화장치

터빈엔진은 고전압 점화장치가 필요하다. 또한, 확실한 점화를 보장하기 위해서 복식장치(dual system)로 구성된다. 저전압 전류는 각 고전압 점화 장치에 공급된다. 이것은 고전압, 고암페어(high ampere)의 에너지가 점화기 플러그(ignitor plug)의 포인트로 흐를 때까지 변환되고 저장된다. 이러한 측면에서 이그나이터 플러그(ignitor plug)는 왕복엔진의 스파크 플러그(spark plug)와 유사하다.

이그나이터 플러그의 정격은 줄(joules)로 나타낸다. 1줄(joule)은 1와트.초(watt.second)이고 출력(output)은 작동 필수요건에 따라 다를 수 있다. 정상 정격의 플러그 방전(plug discharge)은 분당 60~100회의 점화 불꽃을 발생시킨다. 이그나이터 방전 포인트(discharge points)의 어느 한 전극에 반복적으로 전호(arcing)를 받았을 때 전극에 홈이 발생할 수 있고 다른 전극(electrode)에서는 퇴적물이 쌓이는 문제점이 있다. 만약 전호 포인트(arcing point)에서 방전되는 에너지를 조절할 수 있다면 이그나이터의 작동수명(working life)을 연장할 수 있다.

예를 들어 매우 추운 날 또는 고고도에서 재시동과 같은 비정상적인 시동조건에서 이그나이터는 12줄(joules) 이상의 고에너지가 필요하다. 그러나 많은 눈과 비 또는 난기류와 같은 악조건에서 부주의한 플레임아웃(flameout)을 방지하기 위해서 점화기는 약 3~6줄(joules) 정도의 저에너지로 지속 작동시킬 필요가 있다. 시동 중에는 이들 점화기 모두를 작동시키고 그 외의 상황에서 지속 점화(continuous ignition)가 요구될 때는 저출력 점화기만을 작동시킨다. 일부 엔진에서는 이들 두 점화기가 고출력과 저출력 모두를 생산할 수 있다. 점화기에는 AC가 공급될 수 있고 변압기로 작동되거나 바이브레이터 장치(vibrator unit) 또는 트랜지스터화된 초퍼(chopper; 단속기) 장치를 사용하는 DC를 이용한다.

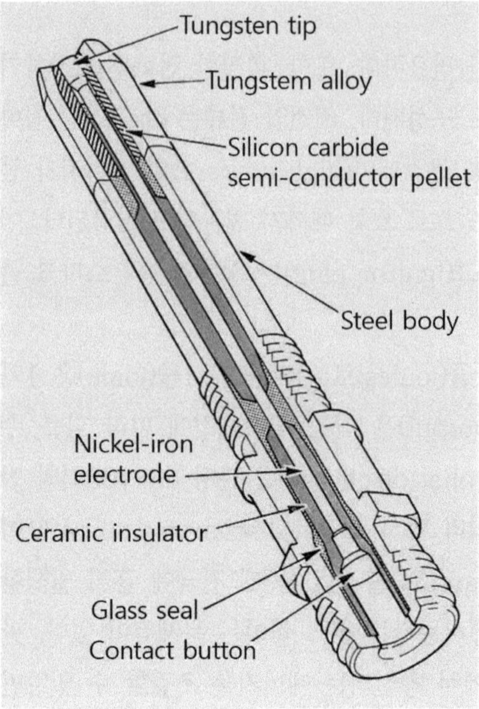

【그림7-27】 고전압 이그나이터 구조 [Rolls & Royce]

① 고전압 점화기(high tension ignitor)

왕복엔진에서 사용되는 스파크 플러그와 유사하지만, 갭(gap)이 더 넓다. [그림7 - 27]과 같이 넓은 갭을 점프하기 위한 점화 불꽃(ignition spark)을 생산할 수 있는 이온화(ionization)를 제공하기 위해서는 약 25,000볼트의 고전압이 필요하다.

② 저전압 점화기(low tension ignitor)

축전기/콘덴서(condenser)에 에너지를 저장하기 위해서 저저항 경로(low resistance path)를 제공하고 약 2,000볼트의 전압으로 작동된다.

7.6 결빙 제어 시스템

✈ 터빈엔진 항공기의 고고도 순항비행에서 착빙(icing) 가능성이 비교적 낮다고 할지라도 [그림7 - 28]과 같이 엔진 주변의 장치들과 공기 흡입구의 테두리(inlet lip) 부근에서 결빙이 발생할 수 있다. 공기흡입구 또는 공기 흐름 덕트 벽에서 형성되는 결빙은 공기흐름을 흐트러트려 엔진 성능을 떨어뜨릴 수 있고 결함의 원인이 될 수 있다. 특히 축류 흐름 엔진에서 실질적인 위협(real threat)은 부품에서 떨어져 나온 얼음 조각들이 흡입구를 통해 빨려 들어가 팬 블레이드와 방음 라이너(acoustic lining)를 손상시킬 수 있다.

(1) 결빙방지 장치

결빙 경고장치(ice warning system)는 단순하고 매우 효과적이지만 모든 항공기가 이 같은 장치가 필요한 것은 아니다. 방빙(anti - icing)에 사용되는 전기 또는 뜨거운 공기는 결국 엔진에서 생산된 압축공기 일부를 사용하는 것으로 이는 약간의 추력이 감소할 수 있다는 것을 의미한다. 따라서 이륙과 같은 높은 동력이 필요한 비행조건에서 방빙 장치의 사용을 최소화하여야 한다. 터빈엔진의 주요 성능 변수 중 하나는 엔진압력비(engine pressure ratio; EPR)이다. 만약 흡입구 압력(p_1)에서 결빙이 형성되었다면 공기흐름의 간섭은 EPR 지시의 변화를 일으키는 원인이 된다. p_1 흡입 구멍이 결빙으로 막혀 압력이 우수관(rainwater drain)을 통해서 유출될 때 조종실의 EPR 지시가 증가하는 원인이 될 수 있다. 반면에 우수관의 결빙은 p_1의 증가를 초래하여 EPR 지시를 낮게 하는 원인이 된다.

【그림7-28】 터보팬의 스피너에 축적된 얼음 형상이다. 얼음 조각들은 공기흐름을 흩뜨려 난기류 흐름이 유입될 수 있다. 이보다 직접적이고 심각한 문제는 이 얼음 조각들이 떨어져 나가면서 고속으로 회전하고 있는 팬 블레이드에 부딪혔을 때 블레이드를 파손시킬 수 있다. 팬 스피너의 표면에 전기 열선을 장치하거나 압축기의 뜨거운 공기를 이용하여 방빙 혹은 제빙할 수 있는 장치를 갖추어야 한다.

원심압축기는 축류압축기와 달리 엔진 속으로 작은 얼음 조각들이 통과한 후 추력이 약간 증가할 수가 있다. 이것은 연소기에 물을 분사하는 것과 유사한 효과가 나타날 수 있기 때문이다. 또 다른 문제점은 먼지와 같은 미세한 이물질들이 작동 중인 엔진 속으로 빨려 들어갔을 때 임펠러 표면을 깎아 먹으면서(마모율 증가) 효율도 점차 떨어진다.

터빈엔진에 사용되는 방빙 장치는 항공기의 운용 영역선도 내의 가능한 모든 결빙조건에 효과적으로 작동되어야 한다. 이 장치들은 엔진 성능의 감소를 최소화하여야 하고 관리가 쉽고 가벼워야 한다. 터빈엔진 항공기는 비록 순항속도라 할지라도 1시간 또는 그 이상 비행했을 때 결빙에 대해

상당히 주의해야 한다. 터빈엔진에서 사용되는 방빙과 제빙(anti - icing and de - icing; 착빙의 형성을 미리 방지하기 위한 시스템은 방빙이고, 이미 형성된 얼음을 제거하는 시스템은 제빙이다.) 장치의 공급원은 다음 중 어느 하나 또는 둘 다 사용될 수 있다.

① 터보제트와 터보팬 엔진은 압축기에서 추출된 뜨거운 공기
② 터보프롭과 터보축 엔진에서는 전열 장치와 뜨거운 공기의 혼합

(2) 고고도 결빙

항공기 착빙은 권운(cirrus)과 같은 고층 기온 조건에서는 잘 발생하지 않지만, 외부기온(outside air temperature; OAT)이 섭씨 0℃ 전후에서는 기체와 엔진 부품들에 많은 착빙이 형성될 수 있다. 특히 이륙을 준비하는 동안 OAT가 +8℃ 이하일 때 그리고 비, 눈, 진눈깨비, 이슬, 또는 안개와 같은 가시적 습기(visible moisture)로 인하여 시정이 1마일 이하일 때 언제든지 방빙을 위한 결빙방지 장치를 사용할 것을 권장한다.

(3) 열적 방빙 장치

터빈엔진의 모든 구성품이 방빙 장치가 필요한 것은 아니지만 결빙으로부터 보호되어야 할 필수 구성품들에만 제공되어야 한다. 축류압축기는 원심력 때문에 방빙 장치가 필요하지 않다. 회전 블레이드에서 결빙 성장은 큰 위험으로 고려되지 않는다. 압축기의 회전 블레이드의 첫 단(first stage) 앞에 있는 고정 베인(stator vanes)들은 가열이 필요할 수 있다. 회전 노스 콘(rotating nose cone)은 가열(heating)이 요구되지 않을 수 있지만, 방빙 예방조치가 필요할 때 뜨거운 공기가 제공된다.

고압 압축기의 조절형 에어 블리드 밸브(adjustable air bleed valve)에서 방빙에 필요한 뜨거운 공기(hot air)를 뽑아내 압력조절밸브(pressure regulating valves)에 의해서 방빙 덕트를 통해서 필요한 엔진 부품들로

보내진다.

방빙에 사용된 공기는 엔진 노스 카울(nose cowl)에서 압축기 흡입구 속으로 유입되거나 외부로 배출된다. 압력조절밸브는 조종실에서 수동으로 작동시키거나 아니면 항공기 결빙 탐지기(ice detector)의 자동선택(automatic selection)에 반응하여 전기적으로 작동한다. 또한, 이 밸브는 시스템에 존재할 수 있는 과도한 압력을 방지한다. 이 밸브들은 이륙과 같은 높은 동력 세팅(power setting)에서 엔진으로부터 추출되는 공기의 양을 제한하는 역할을 한다.

다발엔진에서 방빙 장치(밸브)의 결함을 인지했을 때 이륙하기 전에 밸브를 개방하거나 닫힌 상태로 잠금(locking) 조치를 할 수 있다. 이 같은 조치는 최저장비품목(minimum equipment list; MEL)에 규정된 조건들을 엄격히 준수하여야 한다. 만약 성능 면에서 무게 페널티가 에어 블리드 밸브(air bleed valves)를 "open" 상태에서 비행해야 한다면 성능에 미칠 수 있는 영향에 특별한 관심이 요구된다.

(4) 전기 제빙과 방빙

터보프롭은 프로펠러 블레이드 방빙의 전기 작동이 요구되기 때문에 흡입구 카울(cowl)에 전기장치가 적용되는 것이 보통이다. 일부의 경우는 오일-냉각 공기흡입구까지 전기장치가 사용된다. 전열선 도체(electrical heating strip conductor)는 파이버글라스 또는 네오프렌(fiber glass or neoprene) 사이에 끼워지고 카울 앞전에 접착된다. 표면에 폴리우레탄(polyurethane) 페인트는 도체를 비와 먼지로부터 보호한다. 전기적 가열은 일부 구역에 연속 가열이 필요하지만, 다른 구역에서는 필요에 따라 가열할 수 있다. 전기를 생산하는 발전기는 엔진과 프로펠러 사이에 적절한 제빙 부하(de - ice load)가 주기적으로 제공할 수 있는 적정 규격이어야 한다.

7.7 블리드 에어

✈ 제트엔진의 흡입구로 유입된 공기 중 압축기를 통과하지만, 추력 생산에 사용되지 않는 공기를 "내부 공기(internal air)"라 한다. 내부 공기는 엔진에 따라 총공기량의 약 20% 정도이고 추력 외의 목적으로 사용될 수 있다. 압축기에 있는 블리드 밸브(bleed valves)로부터 필요한 양의 공기를 추출하여 항공기의 다양한 서비스를 제공할 수 있는 에너지원(source of energy)으로 사용된다. 이들 추출 공기는 주로 다음과 같은 목적으로 활용된다.

- 기내여압 및 공기조화(냉방 및 난방)
- 기체 열적 방빙
- 엔진 열적 방빙
- 열교환기의 예냉(pre - cooling)
- 교류발전기 냉각
- 정속구동장치(constant speed drive; CSD) 오일냉각
- 연료 온열
- 유압 저장기 여압
- 조종실 윈드실드의 제우(rain removal)

이외에도 이들 추출 공기(bleed air)는 엔진부의 냉각과 밀봉(cooling and sealing)에 사용될 수 있다. 이들 공기는 가능한 한 압축기 전방 단들에서 추출되었을 때 성능 손실(performance loss)을 최소화할 수 있다. 엔진에서 뽑아내는 추출 공기는 추력 출력(thrust output)을 낮출 수 있다. 따라서 이륙과 같은 최대 동력이 요구되는 비행조건에서는 최소한의 장치에

만 사용되어야 한다. 이 같은 이유로 이륙 중 한 엔진 고장과 같은 비상상황에서 블리드 밸브(bleed valves)들은 자동으로 닫히도록 설계되어 있다.

❖ 블리드 에어(bleed air)
블리드 에어는 터빈엔진 압축기의 단에서 추출한 고온 압축공기다. 압축공기 일부를 빼내는 것은 엔진 성능에 영향을 줄 수 있다.

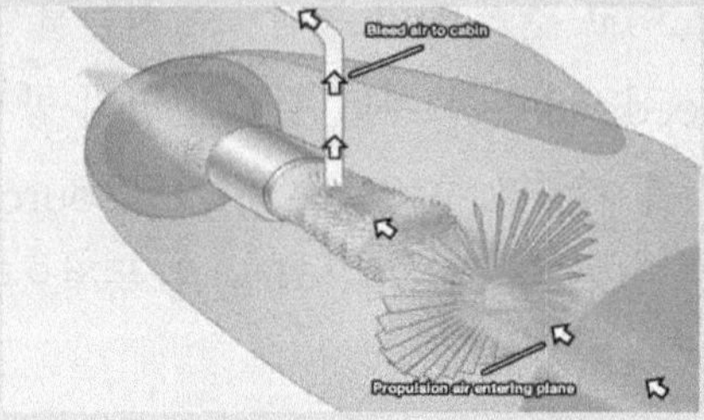

7.7.1 냉각

터빈엔진 구성품들이 높은 열에 노출되었을 때 치명적 손상을 입을 수 있다는 것은 여러 차례 강조되었다. 비록 내열성이 강한 재료들을 사용한다 할지라도 그간의 수많은 경험과 실험을 통해서 고효율의 냉각장치는 엔진효율을 높이는데 상당한 효과를 얻을 수 있음이 입증되었다. 엔진의 냉각은 설계 초기 단계에 정밀하게 고려되어야 한다.

터빈과 압축기에서 가장 많은 냉각 공기가 필요하다는 것은 주지의 사실이다. 엔진 온도가 상승함에 따라 모든 금속은 팽창한다. 이 같은 열팽창(heat expansion)으로 인한 블레이드 팁과 케이스 사이에 최저 간격(minimum clearance)에 영향을 주지 않도록 정밀하게 계산되어야 한다. 특히 고열에서 작동하고 있는 터빈 블레이드와 노즐가이드베인(nozzle guide vanes)과 같은 금속재료의 한계를 초과하지 않도록 주의 깊게 관찰하여야 한다.

단과 단 사이의 밀봉(interstage seals)은 터빈 단들 사이의 냉각 공기흐름을 제어한다. 엔진 내부에서 냉각작용에 사용된 공기들은 배기가스로 내보낸다. 대부분의 회전부 베어링 소실(chamber)은 엔진 윤활유로 적정 온도가 유지되고 있다. 또한, 축 베어링(shaft bearing)이 냉각구역을 통과할 수 있도록 설계하는 것도 과도한 열로부터 보호하려는 예방조치이다. 만약 베어링에 더 많은 냉각 공기가 필요하다면 이중 표면(double surfaces)으로 설계하여 그 사이로 공기를 흐르게 하여 냉각 효과 높인다.

비행 중에 공랭식(air cooling type)으로 냉각되는 터보제트 구성품들은 공기흐름이 없는 지상에서 운용 중에는 별도로 냉각 공기를 유도할 수 있는 장치를 갖추어야 한다. 예를 들어 압축기 하류의 냉각 출구(cooling exit)를 개방하여 압축공기를 내뿜어 주변 공기가 구성품들 위로 흐르게 하여 냉각 효과를 얻는 방식이다. 이들 장치는 항공기가 착륙했을 때 착륙장치 스위치(undercarriage leg SW)가 자동으로 연결됨으로써 작동된다. 이외에도 [그림3 - 15, 16]과 같이 터보프롭 엔진에서는 프로펠러 후류(propeller slipstream) 하류에 놓여 있는 에어 스쿠프(air - scoop)를 통해서 냉각 공기를 공급한다.

7.7.2 밀봉

터빈엔진에서는 다양한 종류의 시일(seals) 방법들이 사용된다. 어느 것이 가장 적합한지를 결정하는 것은 무게, 내마모성(wear resistance), 밀봉 발열(seal heat generation) 그리고 공간의 크기가 주로 고려되고 이외에도 제조와 설치 및 제거의 용이성 등이 고려된다. 터빈엔진의 밀봉(sealing)은 다음과 같은 목적으로 사용된다.

- 베어링 체임버로부터 오일누출 방지
- 냉각 공기흐름 제어
- 연소 가스가 터빈 디스크 구멍으로 흐르는 것을 방지하는 방벽 역할

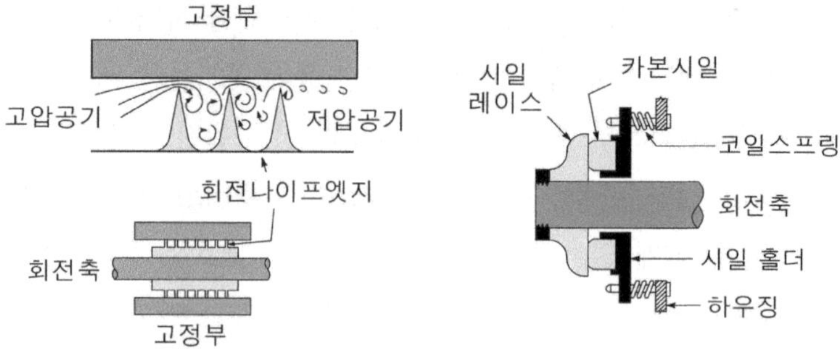

【그림7-29】 압축공기는 압축기에서 수행한 일에 의해서 생산된다. 따라서 공기의 누출은 압축기 성능에 직접 영향을 줄 수 있으므로 불필요한 공기의 누출을 막는 것이 압축기 성능을 보전하는 것이다. 왼쪽의 라비린스 시일 방식은 회전부와 고정부에서 최소의 공기 유출로 압축공기를 보호하는 방식이고 오른쪽은 카본 시일이다.

(1) 라비린스 시일

터빈엔진에서 라비린스 시일(Labyrinth seals)이 가장 많이 사용된다. 이 방식은 [그림7 - 29, 30]과 같이 내부 공기(internal air)의 흐름을 제어하거나 계측(metering)할 수 있도록 하고 베어링 소실(bearing chamber)에서 윤활유(lubricating oil)를 공급받는다. 이 방식은 일련의 회전하는 원형 블레이드 또는 핀(rotating circular blades or fins)이 관 내벽의 마모성 라이닝(abradable lining)이 지지할 수 있도록 장착된다. 블레이드 또는 핀이 연한 마모재(abrasive materials)를 깎아내면서 파고 들어가 고정부와 회전부 사이에 최저 간격(minimum clearance)을 제공한다.

이 구성품의 각 블레이드 또는 핀에서 압력강하(pressure drop)가 크지 않기 때문에 오직 제한된 양의 밀봉 공기흐름만 발생할 수 있다. 외부로부터 베어링 소실 안쪽으로 공기가 흐르면서 소실 바깥쪽으로 오일이 새는 것을 방지한다. 비행 중 엔진결함(engine failure)은 오일압이 떨어지는 원인이 된다. 엔진 오일압이 지정된 값 이하로 떨어졌을 때 반드시 엔진을 정지해야 한다. 오일압이 크게 낮아지면서 베어링 소실의 오일이 빠져나가 완전히 마른 상태의 베어링(dry bearing)이 될 수 있고 금속 간의 마찰은 과도한 열로 인한 파손을 피할 수 없다. 만약 축의 유연성(shaft flexing)이 과도한 마모의 원인이 되는 열을 발생한다면 오일환(oil annular)에는 마모재(abrasive materials)를 끼워 사용해야 한다.

(2) 링 시일

링 시일(ring seal)은 [그림7 - 30]과 같이 고정 하우징의 홈(groove) 속에 꼭 맞는(close - fitting) 금속 링을 끼워 밀봉 효과를 제공한다. 이 링은 빠르게 회전하는 축과 접촉되었을 때 같이 회전하지 않는다. 링 시일은 고온 윤활유가 하우징에 있는 링을 들러붙게 하는 고온 구역을 제외하고 베어링 소실에 주로 사용된다.

(3) 유압 시일

유압 시일(hydraulic oil seal)은 [그림7 - 30]과 같이 오일환(oil annular)의 표면을 관통하는 핀 팁(fin tip)의 원심력으로 형성된다. 라비린스 시일 그리고 링 시일 방식과 달리 유압 시일은 제어된 공기흐름이 허용되지 않는다. 베어링 소실 내외부의 공기압 차이의 보상은 핀의 양쪽 측면에서 오일 수위(oil level)의 차이를 초래할 수 있다.

(4) 브러시 시일

브러시 시일(brush seal)은 [그림7 - 30]과 같이 회전축에는 단단한 세라믹 재료(ceramic material)의 칼라가 달려 있다. 고정 하우징에 부착된 미세한 철선 강모(wire brittle)의 링은 이 칼라(collar; 배관 같은 것을 연결하기 위해서 연장된 부분)를 지지하고 있다. 브러시 시일은 유연성 축(flexing shaft)에서 발생하는 마찰에 잘 대응할 수 있는 비누출(non - leaking) 구성품이 된다. 이 밀봉 방식은 구형 엔진에서 주로 사용되었다.

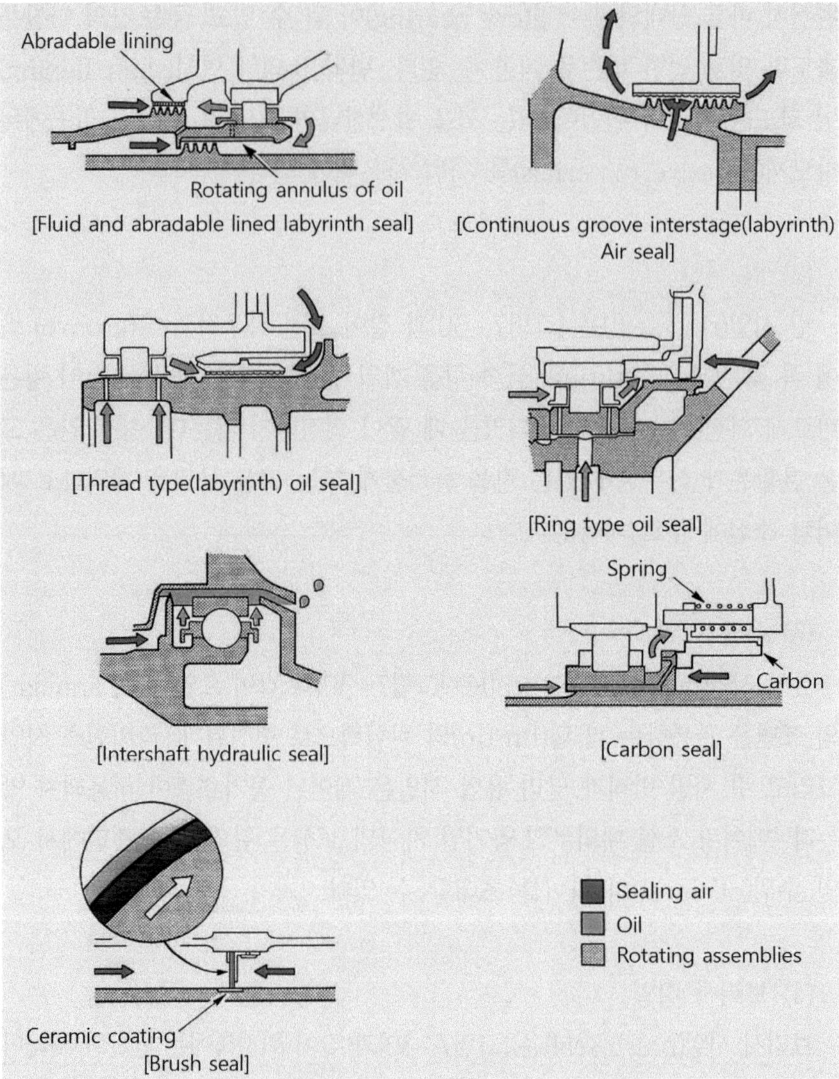

【그림7-30】 터빈엔진의 작동에서 압축공기의 손실은 성능의 손실을 의미한다. 그림은 다양한 방식으로 공기의 누출을 방지하기 위한 밀봉 방식들이다. 제트엔진에서 가장 잘 알려진 것이 라비린스 시일 방식이지만 이외에도 링 시일, 브러시 시일, 카본 시일, 유압 시일 등이 활용되고 있다.

(5) 카본 시일

카본 시일(carbon seal)은 [그림7 - 29, 30]과 같이 스프링 힘으로 지지하고 있는 카본 선분(carbon segments)의 고정 링(static ring)은 회전축 칼라(collar)에 대해서 접촉(contact)되어 있다. 이들이 강하게 접촉되어 있을수록 오일과 공기의 손실이 적고 엔진의 순환 오일(circulating oil)은 마찰열을 제거한다.

❖ 주조/캐스팅(casting)

액체 상태의 재료를 형틀에 부어 넣어 굳혀 모양을 만드는 방법. 각종의 로(furnace) 안에서 고철, 선철, 합금철 또는 비철금속 원료를 가열해서 용해하고 적정 성분으로 조정된 쇳물을 모래 또는 금속재의 거푸집(mold) 속에 부어 넣은 후 냉각 응고시켜 만드는 것.

❖ 서미스터(thermistor)

여러 가지 금속 산화물을 녹여 만든 반도체. 일반적인 금속과는 달리 온도가 올라갈수록 저항이 감소하는 전기적 성질을 나타낸다. 열적 신호를 전기적 신호로 바꾸어 주는 여러 가지 센서의 역할을 한다. 온도 측정 장치 · 자동 온도 조절 장치 등에 이용된다.

❖ 배기가스온도(exhaust gas temperature; EGT)

터빈엔진에서 EGT는 터빈 출구 온도(TOT)라고도 한다. 가스 온도는 배기 스트림에 장착된 여러 열전대에 의해 측정된다. 피스톤 엔진에서 EGT는 배기 매니폴드의 배기가스 온도를 측정하는 것이다. 배기가스의 온도는 실린더로 유입되는 연료 대 공기의 비율에 따라 달라지므로 엔진으로 유입되는 연료/공기 혼합물의 조절 기준으로 사용할 수 있다.

7.8 화재 예방 및 진화

✈ 터빈엔진은 화재를 예방하기 위해서 내화재료를 사용해야 하고 화재가 발생했을 때 이를 신속하게 감지하기 위한 감지장치와 경고장치(detection and warning devices) 그리고 화재가 발생했을 때 효과적으로 진화할 수 있는 소화 장비(fire extinguishing equipments)들을 갖추어야 한다. 터빈엔진에서 주요 화재 발생원인은 역시 엔진 과열(engine overheating)이다. 터빈의 경우 짧은 시간에 발생한 과열은 심각하고 즉각적인 화재위험이라고 할 수 없으나 과열이 지속된다면 터빈 손상과 함께 화재가 발생할 수 있다. 어느 경우라도 터빈의 손상을 방지하고 엔진 과열의 조기 감지가 필수다. 과열을 감지하는 경고장치는 화재감지 장치와 유사하다. 이들 장치는 냉각 공기 출구(cooling air outlet)에 감지기를 장착함으로써 엔진 과열을 효과적으로 감지할 수 있다.

7.8.1 화재 예방

터빈엔진은 설계 단계에서부터 화재 발생 요인을 철저히 분석하여 구성품들을 배치해야 한다. 고온부(hot section) 근처에 장착되는 부품이라면 내열성이 강한 재료를 사용하거나 이중 열 절연(heat insulation) 방식으로 보호되어야 한다. 화재에 취약한 연료와 오일 구성품들은 압축기 근처의 저온지대(cool zone)에 배치한다. 강철 또는 티타늄의 방화 벌크헤드(fireproof bulkhead)는 저온지대와 연소실, 터빈과 제트파이프의 고온지대 사이에 배치하여 열전이를 차단한다. 엔진의 고온부는 물론이지만 다른 부분에서도 가연성 증기(flammable vapors)가 모이는 것을 방지하기 위해서 약하게 환기(ventilation)되어야 한다. 또한, 가연성 증기가 응축되어

【그림7-31】 이륙은 그 어느 단계보다 높은 동력이 필요하다. 그만큼 엔진 화재의 가능성도 크다. 엔진 화재에 대비해서 소화장치를 갖추고 있지만, 매우 제한적이다. 초기 진화에 실패한다면 엔진의 특성상 화재는 빠르게 확산할 수 있다.

모인 것이 고온부에 스며들지(siphoning) 못하도록 적절한 밀봉과 함께 외부로 배출(drain)할 수 있는 배유구(drain hole)를 갖춤으로써 더욱 확실하게 보호될 수 있다. 또한, 연료, 윤활유, 그리고 유압 오일 등의 배관(piping)은 방화 또는 내화성(fireproof or fire resistance) 재료로 제작되어야 한다. 가연성 물질들이 고온지대를 통과해서 운반되어야 한다면 이중벽 배관(double - walled tubing)을 사용한다. 만약 내부 관이 손상되더라도 외부 관으로 유체의 누출(leakage)을 방지하고 완전한 흐름을 보장할 수 있다.

엔진 포드(engine pod)와 일부 나셀(nacelle) 구역은 공기를 엔진 주변으로 통과시켜 냉각시킨 후 다시 대기로 배출시킨다. 이 과정에서 엔진 주변으로 흐르는 공기는 가연성 증기의 축적(inflammable vapor accumulation)을 완전히 제거하기에 충분해야 하지만 너무 빠르면 불필요한 항력(drag)을 유발하고 화재가 발생했을 때 과도한 양의 소화액(fire agent)이 소모될 수 있다. 또한, 엔진 주위를 흐르는 공기를 제한함으로써 화재의 강도(fire's intensity)를 낮추는 효과를 얻을 수 있다.

엔진 카울 내에 축적된 공기압은 지정된 압력에 도달했을 때 프리셋 릴리프 밸브(preset relief valve)를 통해서 배출되어 압력은 낮아지고 밸브는 다시 닫힌다. 고온지대와 저온지대 사이의 압력차는 화재의 확산 가능성을 감소시킨다. 높은 마하수로 비행하는 항공기는 자연발화(spontaneous

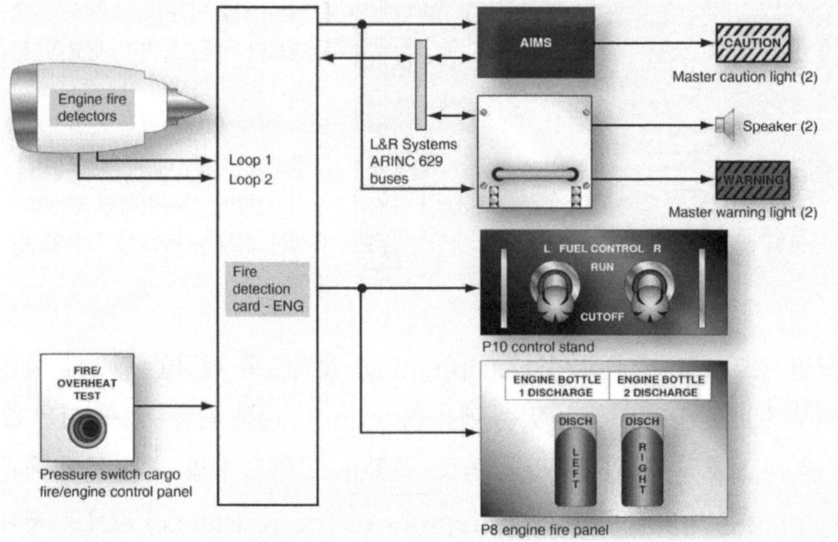

【그림7-32】 엔진 화재 감시 시스템의 한 종류

combustion) 가능성을 방지하기 위해서 엔진 주변에 냉각 공기를 송풍시킨다. 만약 엔진에 화재가 발생했을 때 소화액이 효과적으로 집중될 수 있도록 냉각 공기의 송풍은 중지되도록 설계되어야 한다.

7.8.2 화재감지 시스템

항공기와 같은 독립체이면서 매우 제한된 공간에서 화재는 치명적이기 때문에 신속하게 감지할 수 있는 장치들이 필수이다. 아울러 어떠한 허위 경고(false alarm)가 발생해서는 안 된다. 항공기에는 각종 시스템의 정상 작동을 모니터하기 위한 다양한 종류의 경고장치들이 작동되고 있다. 이들 중 어느 시스템의 경고장치든 오류경고(화재 경고, 지상 근접 경고, 도어 경고등, 계기 고장경고 등...)는 조종사와 승무원을 크게 당황하게 하고 이로 인한 2차 실수를 범할 수 있다. 일반적으로 화재 경고 또는 화재감지 장치의 고장 원인은 주로 접촉부 마모(chafing), 습기, 또는 가스압력 변동 등으로 인해서 발생할 수 있다. 화재 감지장치는 적절한 장소에 놓여 있는 일련의 개별 감지기들로 구성되어 있거나 연속 성분(continuous elements; 전류 또는 가스)의 변화를 감지하는 형태로 구성되어 있다. 초기 화재 경고를 제공하기 위해서 화재감지기(fire detector)는 환기구 출구(ventilation outlet) 선상에 위치하는 것이 효과적이다.

(1) 전기 화재감지기

전기 화재감지기(electrical fire detector)는 온도의 변화에 반응하는 전기적 특성을 이용한 것으로 다음과 같은 종류들이 있다.

① 서미스터(thermistor)
② 서모커플(thermocouple)
③ 연속성분감지기(continuous element detector)

이 장치들은 온도가 상승하면 전기 신호를 발생시킨다. 이를 증폭하여 감지기 경고 지시기(alarm indicator)를 작동시킨다. 서미스터는 온도가 상승함에 따라 저항이 급격히 떨어지는 반도체 기기(semi - conductor device)이다. 서모커플은 화재가 발생한 구역에서 온도 상승에 노출되었을 때 기전력(electro motive force; EMF)을 발생시켜 경고장치를 작동시킨다.

(2) 연속성분 감지기

연속성분 감지기는 용량성(capacitance) 형태의 감지기이다. 이 감지기는 튜브 내부에 유전체 물질(dielectric materials)들로 채워지고 튜브 중심에 전도성 전선(conducting wire)이 들어 있다. 튜브 내부에 코어 전선(core wire)과 벽 사이에 전압차가 적용된다. 화재 발생으로 온도가 상승함에 따라 유전체 물질의 성질(property)은 용량성 단위에서 등가(equivalent)의 변화가 발생한다. 용량(capacitance)의 변화는 화재 경고 신호를 작동시킨다. 예를 들어 가스 충전식 감지기(gas - filled type of detector)는 내부에 가스를 급속히 흡수할 수 있는 물질이 들어 있는 스테인리스강 튜브이다. 튜브의 수감부 온도가 상승함에 따라 내부 물질에서 가스를 방출하고 튜브 내의 압력이 높아진다. 급격한 온도의 상승이 감지되면서 경고장치가 작동된다. 튜브에서 가스가 빠져나가는 감지기 루프(detector loop)에서의 결함은 조종실 경고장치에 나타난다.

(3) 화재 경고 수단

조종실 화재 경고 수단은 시각, 청각 또는 촉각(tactile) 등 가용한 방법들이 사용되고 때로는 2개 혹은 3개 모두를 통합하여 사용하기도 한다. 화재 경고는 항상 크고 명확한 벨(bell) 소리여야 한다. 화재 경고 벨 소리는 결코 다른 경고음과 함께 사용되어서는 안 된다. 이외에도 한 개 또는 그 이상의 적색 경고등(red warning light)이 화재 위치를 지시하는데 사용될 수 있다. 엔진 화재는 항공기의 다른 부분으로 확산할 수 있지만, 엔진의 일부 결함으로 인한 화재는 가능한 한 엔진의 내부로만 한정될 수 있도록 설계되어야 한다. 알루미늄 카울 자체는 방화 재질이 아니지만, 비행 중 공기흐름은 화재의 확산을 방지하는 역할을 한다. 이외에도 화염(flame)에 노출될 수 있는 구역에 방화벽(firewall) 그리고 강철과 티타늄 재질의 구조물을 사용함으로써 화재의 확산을 방지한다.

7.8.3 소화기

화재가 발생한 엔진은 소화기(fire extinguishers)를 분사하기 전에 반드시 엔진을 먼저 정지(shutdown)시켜야 한다. 시동 레버 연결장치, 윤활유와 유압 차단 밸브, 발전기 냉각 송풍(cooling blast) 차단 밸브와 같은 부품들은 화재 손상으로 인한 기능 고장을 방지하기 위해서 고온지대 외부에 위치하도록 설계되어야 한다. 소화액으로는 할론 화합물(Halon

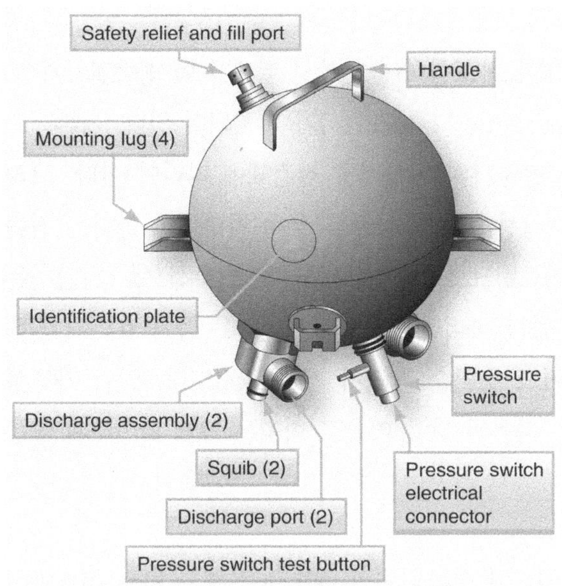

【그림7-33】 터빈엔진에 탑재된 원통형 소화기

compounds)이 사용되고 일부 구형 항공기에서는 아직도 CO_2가 사용된다. 소화액(extinguishing agents)은 금속 용기 속에 일정 압력으로 충전되어 있고 화재 발생 구역으로부터 안전한 구역에 놓여 있다.

전기회로의 수동 작동은 용기의 방출 헤드(release head)에 있는 작은 카트리지를 점화시킨다. 소화액은 공급 호스를 통해서 흐르고 노즐이 지향하고 있는 구역 또는 다공 스프레이 파이프를 통해서 방출된다. 소화액은 엔진 수가 아닌 항공기 당 최소한 2회의 분사가 가능하도록 공급된다. 방출된 소화액은 약 0.5~2초 동안 집중 분사가 유지되어야 한다. 극도로 위험한 상황으로 전개되지 않는 한 화재로 인하여 정지된 엔진은 재시동(restart)을 시도해서는 안 된다. 만약 화재로 인하여 정지된 엔진을 재시동했을 때 시동 순간에 다시 화재가 발생할 가능성이 크고 항공기에는 더 이상 가용한 소화액이 남아 있지 않을 수 있기 때문이다.

7.8.4 화재진화 절차

모든 항공기에는 엔진 화재를 포함하여 비상시 취해야 할 행동절차가 수록된 비상절차 점검표(emergency checklist)가 비치되어 있다. 기본적으로 모든 행동절차는 해당 항공기의 비상절차 점검표에 따라야 한다. 그러나 불을 끄기 위해서는 가연성 물질의 공급을 우선 차단해야 한다는 점을 기억해야 한다. 이것은 연료탱크로부터 연료공급을 최우선으로 차단하는 것이다. 비록 연료공급이 없다 하더라도 비행 중 엔진은 풍차 효과에 의해서 계속 회전하게 될 것이고 오일순환 역시 계속될 것이다. 일단 가연성 물질이 차단된 상태에서는 다음과 같은 이유로 화재는 크게 확산하지 않을 수 있다.

첫째, 연료탱크로부터 연료가 차단되었기 때문에 화재는 잔류 연료만이 짧은 시간 동안 연소하고 이후 엔진은 연소가 발생할 수 있는 온도 이하로 급격히 냉각될 것이다.
둘째, 오일의 순환은 내부로만 한정된다.
셋째, 오일펌프는 회전하지만, 압력은 낮다.
넷째, 오일의 양이 상대적으로 낮다.

휴대용 소화기(fire - fighting bottles)의 분사는 조종사의 결심에 따라 사용한다. 대부분 항공기에는 소화액(fire extinguishing agent)이 충전된 휴대용 소화기를 갖추고 있다. 소화기의 사용이 필요한 상황이라면 점검표에 따라 즉시 소화기를 분사하고, 두 번째 소화기의 사용 여부를 판단하기 위해서 최소한 30초 정도를 대기한다. 만약 지상 운용 중이거나 비행 전 화재가 발생했다면 전적으로 지상 화재진압 장비로 진화해야 한다.

Chapter 8

소음과 배출가스

The new ammonia propulsion system uses heat exchanger technology originally developed for Reaction Engines' Skylon space plane (Picture-Reaction Engines)

런던 히드로 공항 근처 하늘을 뒤덮은 비행운(2015)

• 소음과 배출가스 •

8.1 개요

✈ 세계 경제는 산업화 과정을 거치면서 경이적인 성장을 이룩해 왔지만, 그 과정에서 지구환경을 위협하는 각종 오염물질도 여과 없이 배출되었다. 대기오염이 인류의 생존을 위협할 정도가 되면서 전 세계가 함께 풀어야 할 당면 과제가 되었다. 항공우주산업은 경제 및 문화 등 여러 방면에서 글로벌 교류를 선도하면서 더 높은 수준의 항공기가 필요하지만 동시에 쾌적하고 안락한 생활환경을 추구하는 현대인의 욕구도 함께 풀어야 할 과제이다.

지구환경을 보존하기 위한 항공업계의 3대 과제는 과도한 연료 소모(fuel consumption), 배출가스(gas emission) 그리고 소음(noise)이다. 지구환경을 보존하기 위해서 이산화탄소 배출량을 감축시키기 위한 국제적 합의에 따라 항공업계도 배출가스를 줄이기 위한 엔진과 연료의 개발에 많은 연구와 투자가 진행되고 있다.

초창기 제트엔진은 환경오염과 소음에 대한 규제가 없었기 때문에 이륙 중 공항 주변을 뒤덮을 정도의 검은 매연(smoke)을 내뿜으면서 이륙하였

【그림8-1】 Boeing 787 Dreamliner는 2005년 1월부터 개발하기 시작하여 2009년 11월 첫 비행에 성공하였다. 2011년 10월 일본항공에 처음 인도되었다. A380의 경쟁 기종으로 개발된 장거리 광폭동체 쌍발 제트엔진 항공기이다. 탑승 인원은 개량 기종에 따라 210~290명을 탑승시킬 수 있다. 그림과 같이 Boeing 787은 여러 면에서 기존의 항공기와는 약간 다르게 설계되었다. 공기역학적 설계로 항력을 최소화하였고 이외에도 대부분 구조에 복합재료를 사용하였으며 새로운 엔진을 탑재하여 동급 B-767 항공기보다 연료를 약 20% 정도 절약할 수 있는 것으로 알려졌다. 이 항공기는 기존의 항공기보다 더 소용한 항공기를 제작하기 위한 새로운 기술들이 적용되었다. 엔진은 General Electric GEnx와 Rolls-Royce Trent 1000 엔진을 탑재하였다. 쌍발 제트엔진의 한 엔진 고장이 발생했을 때 안전을 위한 330분 ETOPS 인증을 받았다.

다. 그 당시에는 환경에 대한 인식보다는 고성능 엔진의 개발 그 자체에 더 큰 관심이 집중되었기 때문이지만 현대는 이 같은 많은 매연을 배출하는 항공기는 사실상 운항할 수 없다. 배출가스에 대한 규제가 점차 강화되면서 현대 민간 운송용 엔진에서 매연은 거의 발생하지 않지만, 탄화수소 연료의 연소로 인한 이산화탄소와 수증기의 배출을 완전히 제거하기는 사실상 어렵다. 현 단계에서 배출가스를 감축하기 위한 현실적 대안으로는 완전연소를 달성하기 위한 고효율의 연소기와 청정연료의 개발 그리고 항공기의 항력을 최소화하기 위한 설계이다.

인류는 몇 차례 에너지 위기를 겪으면서 고갈되어 가는 탄화수소 연료(hydrocarbon fuel; 탄소와 수소로 구성된 복합 유기물. 추진제로 사용될 경우에는 보통 산화제인 액체 산소와 함께 사용되며, 등유가 대표적이다.)를 대신할 수 있는 대체 에너지 개발에 많은 투자와 연구가 진행되고 있다. 여기서는 제트엔진의 부가적인 문제점으로 알려진 소음과 배출가스에 관한 개괄적인 내용을 소개한다. 항공기 소음과 배출가스를 감소시키기 위한 엔진 성능의 개량이 어떻게 진행됐는지에 대한 기본적인 내용을 소개함으로써 미래 제트엔진 개발자 혹은 운용자로서 갖추어야 할 소양을 제공하는 데 있다. 최근에 취항한 B-787 Dreamliner는 동급 항공기와 비교하면 약 20% 정도의 연료를 절약하는 것으로 알려졌다. 이것은 엔진의 성능개량과 초경량 복합재료 그리고 기체의 공기역학적 설계로 항력을 최소화함으로써 가능하였다.

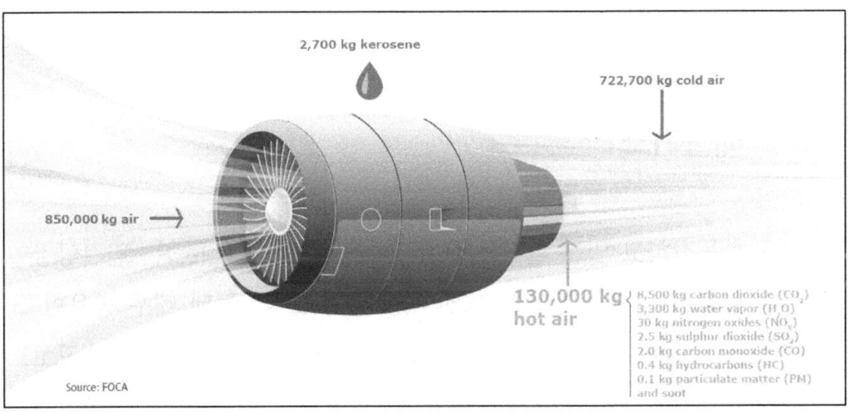

【그림8-2】 배출가스 분석 사례

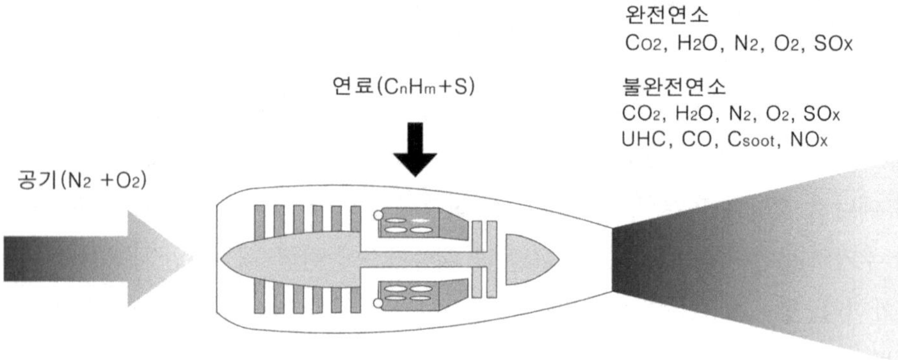

【그림8-3】 제트엔진에 유입되는 공기의 화학성분은 대부분 질소와 산소 성분으로 구성되어 있고 나머지는 미량의 성분들로 구성되어 있어 질소와 산소로만 가정한다. 이들 공기가 연소과정에서 연료와 혼합되어 연소하면서 가스의 성분들이 변질된다. 만약 완전연소가 이루어졌다면 그림과 같이 이산화탄소, 수증기, 질소, 산소 그리고 미량의 황산화물이 포함된 가스로 변질된다. 그러나 불완전연소가 되었을 때는 불연소 탄화수소, 일산화탄소, 검댕이 그리고 가장 개선하기 어려운 유해물질인 질소산화물이 포함되어 배출된다.

8.2 배출가스

✈ 최근에 등장하고 있는 환경문제(environmental issues)는 민간항공이나 전투 항공기 엔진 모두에서 엔진 사이클을 결정하는데 매우 중요한 요소이다. 1999년에 발간된 항공기의 영향에 관한 IPCC 보고서에는 고고도 배출가스에 관한 규제가 추가되었다. 이 보고서에 따르면 CO_2 온실가스(greenhouse gas)뿐만 아니라 질소산화물(NO_X) 역시 동등한 비중으로 다루고 있다. [그림8-2, 3]과 같이 엔진 배기가스에 함유된 수증기로 인해 생성되는 비행운(contrails)의 영향이 잠재적 중요 오염원으로 지목되었다. 대류권계면 근처에서 연소 산물(combustion products)을 배출하는 것이

【그림8-4】 제트엔진에서 뿜어내고 있는 매연

해수면에서 유사한 연료량을 연소할 때보다 몇 배 더 심각한 문제를 일으킬 수 있다.

질소산화물(NO_X)은 연소 온도가 높아짐에 따라 더욱 증가하는 경향이 있어 배출가스에서 질소산화물이 증가하는 것은 압축기 공급온도가 그만큼 높다는 것을 의미한다. 따라서 배출가스를 줄이기 위해서 궁극적으로 압축기 공급온도를 제한하는 것이고 이는 곧 엔진 사이클 개선에 관한 문제이다. 이 같은 이유로 고고도에서 기준치 이상의 배출가스를 발생시키는 신형 민간 항공기는 환경보호 차원에서 운항이 승인되지 않을 수도 있다. 또한, 항공기 제작자들의 당면 과제는 신형 초음속 운송용(supersonic transport) 항공기 또는 슈퍼크루저(super cruiser; 재연소기 없이 초음속 비행을 할 수 있는 항공기, ex, F-22) 항공기들이 현재 운항 중인 대형 항공기 엔진에 비해서 유해 배출가스(harmful emissions)를 적게 배출한다는 것을 입증해야 할 것이다.

(1) 환경규제 절차

미국 환경보호단체가 공항 주변 환경에 대해서 처음으로 설정한 목표는 3,000피트 이하의 고도에서 지역사회에 직접적 피해를 주는 매연(smoke) 감소이다. [그림8-4]와 같이 저바이패스비 터보팬 엔진을 탑재한 항공기가 이륙하는 과정에서 검은 매연(smoke)을 내뿜고 있다. 만약 다수의 항공기가 연이어 이륙한다고 가정했을 때 공항 주변은 완전히 검은 연기로 뒤덮일 수 있을 정도로 심각하다.

1981년부터 항공기 매연은 새로 제작된 엔진에 적용하기 위해서 준비되었지만, ICAO 규정이 발효되기 전까지 이미 상당히 감소하였다. 그러나 일산화탄소, 불연소탄화수소 그리고 질소산화물 등은 ICAO 법규가 제정되기 이전에서는 거의 다루어지지 않았다. 현실적으로 완전한 준비가 되지 않은 항공업계의 반발 때문에 상당한 논의 과정을 거쳐 일부 예외 규정과 함께 시행되었다.

초기에는 ICAO에서 지정된 법규가 즉시 ICAO 법규로 지정되었으나 이후에 발효된 법규들은 ICAO의 항공환경보호위원회(Committee for Aviation Environment Protection; CAEP)에서 관련 법규의 제안과 공표 등을 담당하였다. 제안서(proposals)는 먼저 CAEP에서 합의한 후 ICAO의 동의를 받아 회원국 정부의 비준(ratified)을 받는 절차로 처리된다.

CAEP2는 1993년 공표되어 1996년부터 새로 제작되는 항공기 엔진에 적용되기 시작했고, CAEP4는 1998년 공표되어 2004년부터 적용되기 시작했다. ICAO 법규에는 CO, UHC, NO_X 그리고 검댕이(soot)에 관한 실제 수준과 절차들이 함께 제정되었다. 엔진작동 과정에서 배출되고 있는 각 오염물질의 질량(mass)은 표준 착륙과 이륙(standard landing and take-off; LOT) 사이클을 모두 합한 값이다. 다시 말해서 100% 추력에서 42초, 최대 추력의 85%(예, 고도 3000피트까지 상승)에서는 2.2분, 30% 추력에서는 4분(접근 과정) 그리고 지상활주와 아이들과 같이 추력의 7%

【그림8-5】 파란 하늘을 가로지르면서 남기고 가는 하얀 줄기가 때로는 경이롭게 보이기도 하지만 얼마 지나지 않아 흰 자국이 넓게 퍼지면서 인위적 구름으로 변질된다. 그림과 같이 주요 공항을 중심으로 항공기들이 남기고 간 비행운들이다. 글로벌 경제와 함께 항공기 수의 절대적 증가는 때로는 맑은 하늘을 볼 수 없을 정도가 되었다. 국제적으로 유명한 관광명소에서 비행운으로 인하여 맑은 하늘을 볼 수 없게 된 일부 국가에서 이를 보장하기 위한 국제 문제로 비화하기도 했을 정도로 심각하다.

조건에서는 20분이 허용된다. 이 질량을 표준 해수면 조건에서 추력(kN)으로 나눈다.

(2) 연소과정의 분석

제트엔진에서 배출되는 오염물질은 연소과정의 화학반응(chemical reaction)으로 발생한다. 연소기의 효율을 높이기 위한 설계와 필수요건에 대해서는 충분히 다루었다. 엔진에 유입된 전체 공기량 중 약 20% 정도만이 연소에 합류하고 나머지 대부분 공기는 연소기의 벽을 통해서 유입되어 냉각 공기로 사용된 후 최종적으로 모든 공기가 다시 혼합되어 최종 추진 노즐을 통해서 배출된다. 실제 연소기에서 진행되는 연소과정을 물리적으로 명확하게 분리할 수 없고 연소기 전체 길이에서 화학작용은 연속적으로

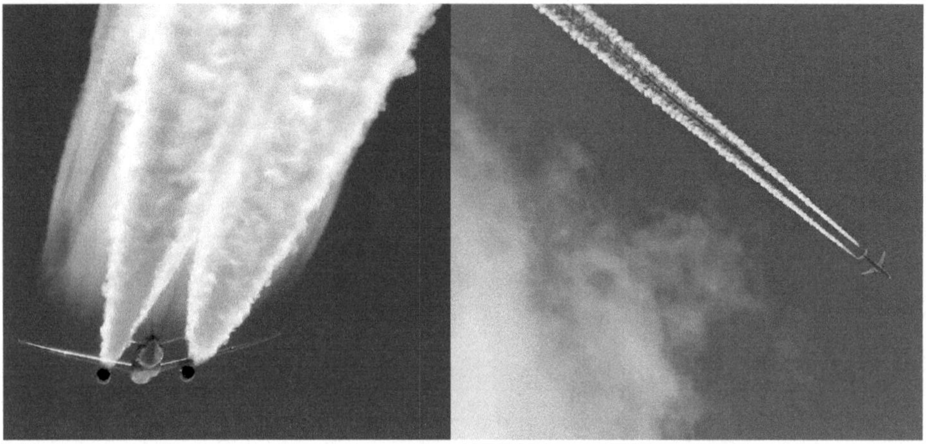

【그림8-6】 제트엔진 항공기가 고고도에서 순항비행 중 엔진에서 발생하고 있는 배기가스와 대기의 공기가 혼합하여 형성되는 비행운이다. 고고도 비행운은 상층 대기의 주요 오염원으로 지목되어 이를 감축하기 위한 연소기 성능개량과 청정연료의 개발이 시급한 과제이다. 지상에서 관찰하는 것보다 근접해서 관찰했을 때 그 양이 엄청나다는 것을 알 수 있다.

진행된다. 연소기에서 흐름은 각 구역에서 큰 변화가 발생한다. 1차 구역에서 흐름은 완전연소를 위한 순환 흐름이 지배적이고 후속 구역에서 흐름은 점차 축 방향과 정렬되면서 가스 온도는 희석공기(dilution air)와 혼합되어 최종적으로 균질화(homogenized)되어야 한다.

주연소 구역(primary combustion zone)에서 효율적 연소를 위한 소용돌이 흐름은 높은 온도와 함께 가스의 잔류시간(resident times)에 상당한 변화를 일으킬 수 있고 연소기 중앙의 연소 산물의 성질을 결정한다. 배기가스 화합물에 영향을 주는 또 다른 요소는 연소기에서 배기가스 온도의 급격한 변화이다. 주연소 구역에서 배기가스 온도는 약 2,200K(1,926℃)까지 급상승하지만 이후 냉각 및 희석공기와 혼합되면서 배출 구역에서는 1,200K(926℃)까지 거의 1,000K(726℃) 가까이 떨어질 수 있다. 실제 실험에 의하면 연소기의 후방부에서 가스의 잔류시간이 길수록 일산화탄소로

【그림8-7】 화석연료의 연소는 필연적으로 유해 배출가스를 발생시킨다. 화석연료의 대안으로 개발되고 있는 것이 수소연료와 태양열 에너지이다. 실제 왼쪽 항공기는 수소연료를 사용하여 동력을 얻어 비행하고 있고, 오른쪽 항공기는 태양열 에너지를 이용하여 동력을 얻는 항공기이다.

의 변화를 촉진시킨다. 또한, 주연소 구역에서 배출가스의 최대 온도를 1,800K(1,526℃) 이하로 유지할 수 있다면 질소산화물의 형성을 최소화할 수 있다. 이것은 엔진 추력 세팅에 따라 적절한 양의 1차 공기(primary air)를 조절함으로써 달성할 수 있다. 이처럼 엔진의 환경 필수요건은 최적의 연소기를 개발함으로써 달성할 수 있음을 알 수 있다. 국제적으로 환경에 대한 규제가 높아지면서 연소기뿐만 아니라 근본적으로 오염물질을 배출하지 않는 청정연료(clean fuel)의 개발에 주목하고 있다.

(3) 배출지수

오염 배출의 양은 연료 1kg의 연소 당 배출되는 오염의 그램(g) 단위로 나타낸다. 이를 배출지수(emissions index; EI)라 한다. 탄화수소 연료의 연소과정에서 이산화탄소(CO_2)와 물(H_2O)의 발생은 피할 수 없지만 연소효율(efficiency)을 높이고 항공기 항력을 감소시켜 줄이는 것이 유일한 방법이다. 아황산가스(oxides of sulphur)는 연소과정보다는 전적으로 정제 후 연료 속에 함유된 황(sulphur)의 양에 달려있다. 연료 속에 황은 극미량이 함유되어 있다. 질소산화물(NO_X), 불연소탄화수소(UHC), 일산화탄소

(CO)와 검댕이(soot)와 같은 입자들은 연소기의 성능에 달려있다. 아래 [표-5]는 순항비행 중에 현대 제트엔진에서 배출되고 있는 각종 유해물질의 배출수준을 보여주고 있다.

종류	CO_2	H_2O	NO_X	SO_X	CO	UHC	미립자
EI	3200	1300	9-15	0.3-0.8	0.2-0.6	0-0.1	0.01-0.05

【표-5】 현대 제트엔진의 유해물질 배출수준의 사례

상층 대기권(upper atmosphere)에서는 CO_2와 H_2O 그리고 NO_X의 배출가스에 관한 관심이 높아지고 있고 인간이 배출한 CO_2의 약 2~3%가 항공기에서 배출된 것으로 추산하고 있다. 성층권에서 H_2O가 미칠 수 있는 영향에 관해서도 연구되고 있다. 질소산화물(NO_X)은 오존과 온실효과(greenhouse effect)에 영향을 미친다.

(4) 배출가스 감축 기술

일반적으로 질소산화물(NO_X)이 요건을 충족시키는데 가장 어려운 오염물질이다. 질소산화물은 압력비에 비례하여 증가하기 때문에 연소기 출구온도가 증가할수록 이 오염물질을 감소시키는데 더 어렵다. ICAO 배출가스를 산출하는 공식은 "$40+2\,p_3/p_2$"이기 때문에 압력비의 영향은 매우 중요하다. 배출가스 지수(EI)는 엔진 크기를 위한 기초 자료로도 사용된다. 환경규제는 점차 강화되고 있고 이와 함께 고고도 순항에서 배기가스 배출에 대한 규제도 포함될 것이다.

질소산화물과 검댕 물질(soot; 그을음이나 연기가 엉겨서 생기는, 검은 색깔의 물질)은 높은 추력 조건(연소기에 높은 연료 흐름과 높은 온도 조건에서) 주요 문제가 되지만 CO와 UHC의 배출은 지상활주와 아이들 조건에서 가장 많이 배출된다. CO와 UHC 그리고 검댕을 감소시키는 방법은 비교적 간단하다. 산소가 풍부한 조건에서 높은 온도로 가능한 한 오랫동안(긴 잔류시간) 연소

【그림8-8】 자동차, 선박, 항공기 등 모든 수송수단은 고속으로 이동할수록 높은 공기 저항을 받는다. 공기의 저항을 최소화하기 위한 전면면적의 최소화 그리고 유선형 설계는 연료효율을 크게 개선할 수 있는 요소이다. NASA에서도 2050년 상용화될 것으로 예상하는 항공기의 외형이다. 현대의 상업용 항공기와 많은 면에서 다르다.

상태를 유지하는 것이다. 이 같은 절차가 고고도 재점화(re-light) 능력에 필수적인 도움이 되지는 않을지라도 연소 효율을 높이는 효과를 얻을 수 있다.

배출가스에서 질소산화물을 감축시키는 것은 좀 더 어렵다. 질소산화물은 CO_X와 H_2O가 형성되는 화학 과정(chemical process)보다 상당히 느리게 진행된다. 그러나 질소산화물(NO_X)이 형성되는 비율은 온도와 함께 급격히 증가한다. 질소산화물이 형성되는 과정이 느리므로 생성되는 양은 온도와 그 온도에서 잔류시간(residence time) 모두에 달려있다. 여기서 문제를 더 복잡하게 하는 것은 CO, UHC 그리고 검댕을 감소시키기 위한 긴 잔류시간은 질소산화물(NO_X)이 형성되는 좋은 조건이 된다.

현대에 제작되는 연소기의 구조와 공연비(air/fuel ratio)에서 질소산화물과 검댕의 생성과 소멸(production and consumption)의 관계 추세를 보면 검댕은 농후 혼합비(rich mixture)에서 많이 생성되고 있지만, 산소가 부족한 상태에서 질소산화물은 거의 발생하고 있지 않다. 매연(검댕)을 줄이기 위해서 더 많은 공기가 추가되면서 질소산화물의 형성은 급격히 증가한다.

연소과정의 하류에서는 검댕을 연소시키기에 충분한 공기와 함께 높은 온도를 유지하면서 동시에 질소산화물의 생성을 최소화하기에 충분한 가스의 냉각이 진행되기 때문에 오염물질은 크게 낮아지고 있다. 결론적으로 질소산화물의 형성을 방지하기 위한 기본은 가능한 한 높은 온도에서 잔류시간(residence time)을 최소화하는 것이다. 이 과정은 검댕, *UHC*와 *CO*를 동시에 감소시킬 수 있으며, 고고도 그리고 낮은 연료 유동률에서 양호한 연소 효율(fuel efficiency)을 유지할 수 있다.

주연소 지대(primary combustion zone)에서는 국지적으로 화학량론 연소가 발생하여 가스 온도는 극도로 높아질 수 있다. 하류에서 냉각 공기와 혼합되면서 급격히 냉각될 수 있고, 이 과정에서 질소산화물 형성이 증가할(산소량 증가) 수 있는 온도로 떨어질 수 있다. 질소산화물의 형성을 감소시키기 위한 잔류시간을 최소화하는 방법으로 제시된 것이 공기와 연료 유동률의 관계에서 연소기 크기를 가능한 한 작게 하는 것이다.

질소화합물을 포함한 오염물질들을 최소화하는 것이 높은 온도와 연관이 있다. 따라서 연소기에 유입되는 공기 온도와 연소기에서 배출되는 가스 온도가 크게 높아지는 경향이 있다. 근본적으로 높은 추력(높은 온도에서 잔류시간을 최저로 단축)에서 낮은 질소산화물의 발생요건과 낮은 추력(긴 잔류시간)에서 낮은 *CO*, *UHC*를 유지하기 위한 필수요건과 상충한다.

이처럼 상반된 필수요건을 해결하기 위한 기술이 다단 연소기(staged combustion)이다. 다단 연소기는 낮은 추력에서는 파일럿 스테이지(pilot stage)가 그리고 높은 추력에서는 메인 스테이지(main stage)가 작동된다. 이 같은 2단 연소기는 Boeing 777 항공기에 탑재된 GE90 엔진에서 적용되었다. CFM-56 엔진은 약간 변형된 2단 연소기 형태로 개량되었다. 그러나 다단 연소기는 구조적으로 복잡하고 제작비가 비싼 단점이 있다.

GE/SNECMA 엔진에서 질소산화물의 개선 과정과 함께 3종류의 연소기(캔-애뉼러, 애뉼러 그리고 다단 애뉼러)에서 질소산화물(NO_X)의 발생이 현저히 감소하고 있다는 연구 결과가 보고되었다. 이외에도 연도별 연소기의 개량에 따라 질소산화물 발생이 크게 개선되고 있고 연소기 개량 효과는 배출가스 감축에 크게 기여한다.

(5) 프리믹스 연소기

질소산화물의 발생을 상당 수준 낮추었지만 고고도 배출가스의 기준이 강화됨에 따라 이에 대처하기 위한 새로운 기술이 요구된다. 최근 지상에서 운용되는 대형 가스터빈엔진에서 많이 사용되고 있는 프리믹스 연소기(premixed combustor)이다. 항공기 엔진에 적용하기에는 아직 해결해야 할 문제점들이 많지만 질소산화물(NO_X)을 상당 수준까지 낮출 수 있는 것으로 알려져 있다. 프리믹스 연소기는 연료와 공기를 연소지대에 유입되기 전에 혼합시켜 부분적으로 기화(vaporized)시키는 방식이다. 이 연소기의 장점은 현대 대부분 연소기에서 국지적으로 화학량론 연소가 발생하여 극도로 높은 온도 구역이 발생하는 것을 방지할 수 있다.

❖ 질소산화물(NOx)

질소와 산소의 화합물로, 연소과정에서 공기 중의 질소가 고온에서 산화돼 발생한다. 산성비의 원인이 될 뿐 아니라 식물을 고사시키는 등 주요 대기오염물질로 규제되고 있다. 질소산화물(NOx)은 질소와 산소의 화합물로, 연소과정에서 공기 중의 질소가 고온에서 산화되면서 발생한다. 대표적으로 자동차, 항공기, 선박, 산업용 보일러, 소각로, 전기로 등이 질소산화물의 배출원으로 꼽힌다. 질소산화물은 7종류가 알려져 있는데 공해 문제에서 중요한 것은 일산화질소(NO), 이산화질소(NO2)이다.

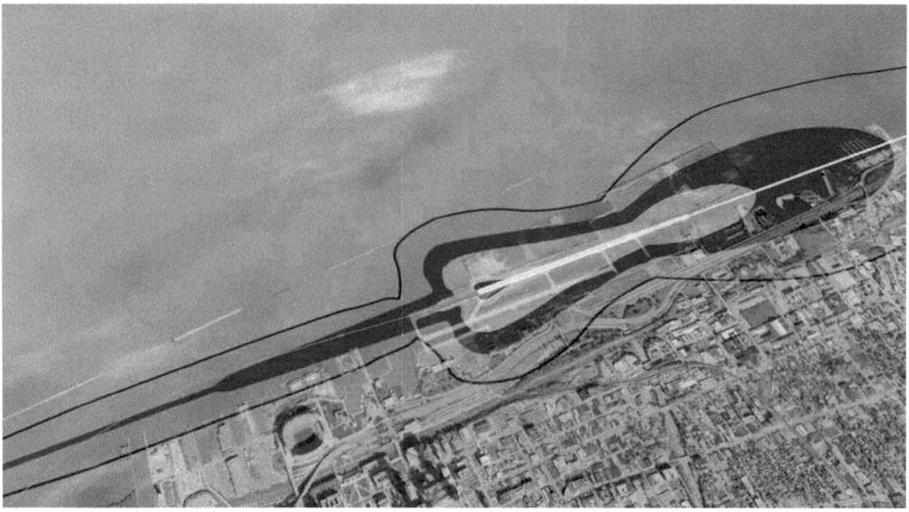

【그림8-9】 NASA의 항공기 소음에 관한 연구에서 상업용 항공기의 접근과 착륙 그리고 이륙하는 과정에서 소음의 확장 범위를 관찰할 수 있다. 접근 과정에서는 최저의 동력을 적용하기 때문에 항공기의 공기역학적 소음이 지배적이다. 그러나 착지 단계에서 역추력장치를 작동시키면서 소음이 증가하고 있다. 착륙 활주하는 동안 소음이 지속 감소하지만, 이륙 과정에서 최대동력을 적용하고 있어 소음도 최대가 된다.

8.3 항공기 소음

8.3.1 개요

항공기 소음(noise)은 배출가스와 함께 다루어야 할 주요 환경문제이다. 이에 따라 항공법과 항공기 인증 필수요건(aircraft certification requirement)은 모든 항공기의 최대 소음 수준을 규제하고 있다. 항공기 소음의 범주에서 민간항공 제트엔진과 전투 항공기 엔진은 명백한 차이가 있다. 주지하는 바와 같이 추력의 생산 방식에 차이가 있기 때문이다.

현대의 운송용 항공기의 고바이패스비(high bypass ratio) 엔진은 소음의 감소에도 크게 기여하였다. 엔진 유형에 따른 소음의 크기를 비교했을

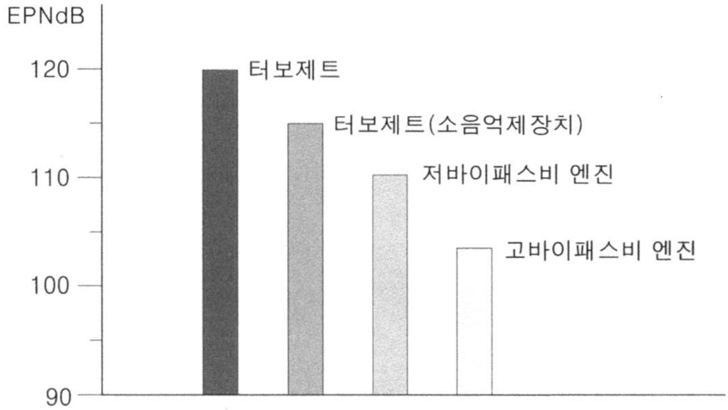

【그림8-10】 일반적인 엔진 유형에 따른 소음 수준을 비교한 그래프이다. 전체적으로 소음 수준은 꾸준히 감소하는 추세이다. 소음억제장치를 갖추지 않은 터보제트 엔진과 고바이패스비 터보팬 엔진의 소음과는 상당한 차이가 있음을 알 수 있다.

때 [그림8-10]의 그래프와 같이 뚜렷한 차이가 있음을 알 수 있다. 소음억제장치(noise suppressor)를 갖추지 않은 순수 제트엔진과 고바이패스비 터보팬 엔진과는 큰 차이가 있다. 그러나 지속적인 소음억제장치의 개발과 흡음재의 사용으로 전체 소음 수준은 꾸준히 감소하고 있다. 그러나 아직도 전투 항공기 엔진의 소음은 크게 개선되지 못하고 있다.

주요 공항에서는 취항하는 항공기별로 최대 소음의 수준을 제한하고 있다. 일부 공항에서는 항공기 소음에 따른 할당제를 도입하여 도착 및 출발 시간대별로 항공기의 수를 규제하기도 한다. 항공기 소음을 감소시키기 위해서는 소음원을 정확하게 이해할 수 있어야 하고 주요 소음원은 기체의 공기역학적 모양(aerodynamic shape)에 따라 크게 달라질 수 있지만, 주요 소음원은 엔진이다.

【그림8-11】 미래 저소음 항공기(silent aircraft)의 개념도이다. 군사용으로도 스텔스 기능과 함께 소음을 감소시키기 위한 연구가 진행 중이다.

8.3.2 소리의 일반적인 개념

(1) 소리의 개념

음향 파장은 마치 도미노와 같이 공기 분자들을 통해서 확산한다. 표준 조건에서 소리의 속도는 340m/s이다. 그러나 물속에서 약 1,500m/s이고 강철의 경우는 약 5,000m/s이다. 정적 공기압은 약 105Pa이다. 가청 소리압력은 약 $20\mu Pa$에서부터 $100Pa$까지 이다. $20\mu Pa$는 정상인이 들을 수 있는 가장 낮은 소리(threshold of hearing)이다. 대략 $100Pa$의 소리 압력(sound pressure)은 소리로 인한 고통이 유발되기 시작하는 소리이고 이를 고통시점(threshold of pain)이라 한다. 따라서 최저 소리압력과 최대 소리압력 사이의 차이는 대략 백만 분의 일이다. 실제 이 단위의 수치는 너무 크기 때문에 실무에서는 사용되지 않고 대신 참고 값에 대해서 측정된 대수학 비율을 청각 변수로 사용한다. 이것을 데시벨(decibel; dB)이라 한다. [그림8-12]는 이들 두 값을 비교한 것으로 청각시점(threshold of hearing) $20\mu Pa$은 0dB 그리고 고통시점(threshold of pain)은 130dB이다.

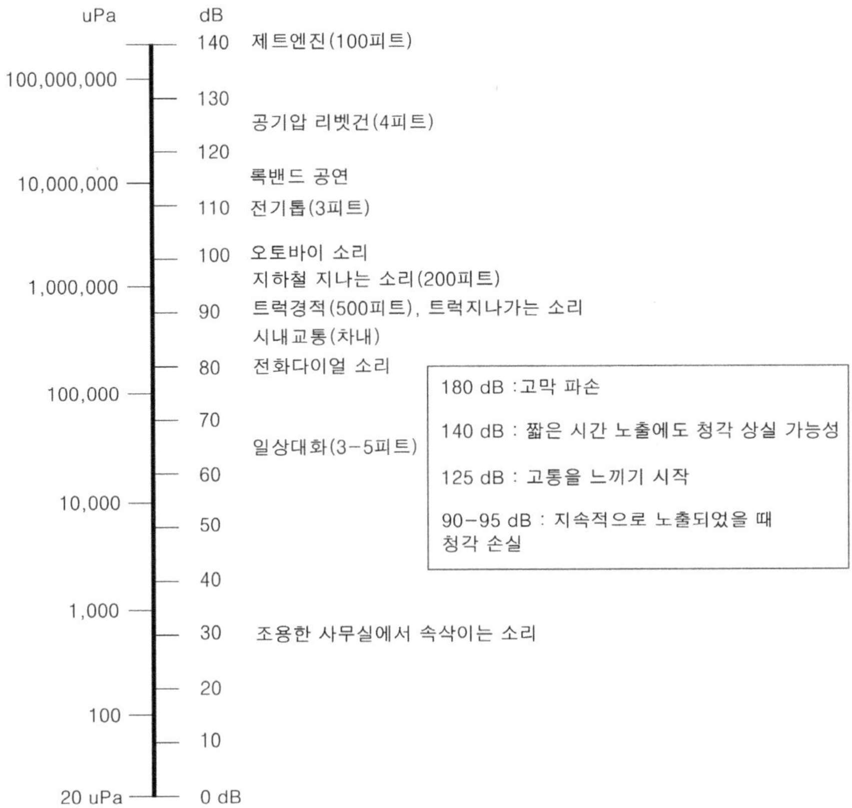

【그림8-12】 소리압력과 일반적으로 많이 사용하고 있는 데시벨의 등가를 비교한 것이다. “0” 데시벨 또는 $20\mu Pa$가 가장 낮은 소리이다. 주변에서는 수많은 소음원이 존재하지만 가까운 사람들과 대화하는 수준은 대략 60~70데시벨 정도이다. 실제 소음으로 인한 고통을 느끼기 시작하는 수준은 약 125데시벨부터이고 140데시벨부터는 순간적으로 노출된 소음이라 할지라도 청각 손상이 발생할 수 있다. 이 정도의 소음은 터보제트 엔진에서 발생하는 소음으로 지상요원은 반드시 이어플러그와 같은 청각 보호기를 착용하여야 한다.

(2) 소리에 영향을 미치는 요소

일반적으로 풍속은 고도 증가와 함께 증가하는 경향이 있기 때문에 하류 측면에서 소리의 경로가 굽어지는 경향이 있고 상류 측면에서 소리의 전파는 다소 약해지는 경향이 있다. 약 50m 정도의 단거리에서 바람의 영향은 소리 수준에 크게 영향을 주지 못하지만, 그 이상의 거리에서는 바람 방향에 따라 확실한 차이가 있다. 예를 들어 풍속에 따라 다르겠지만 뒷바람 측면에서는 소리 수준(데시벨)이 약간 증가하고 맞바람 혹은 옆바람 측면에서는 약 20dB 정도까지 감소할 수 있어 소리의 크기를 측정할 때는 일반적으로 뒷바람 조건에서 측정한다.

기온의 변화 역시 바람과 유사한 영향을 받지만 전 방향에서 일정하다는 점이 다르다. 바람이 없고 맑은 날 기온은 고도가 높아지면서 감소하는 경향이 있으므로 소리를 차단하는 효과가 있다. 맑은 날 야간에 기온은 고도와 함께 증가하는 경향이 있고 지표면에서 소리의 강도는 집중되는 경향이 있다. 소리는 지표면의 상태에 따라서도 크게 달라질 수 있다. 예를 들어 콘크리트 또는 수면과 같은 음향적으로 단단한 표면에서는 반향효과(echo effect)가 매우 크지만, 숲이나 잔디와 같은 표면에서는 소리를 흡수하는 성향이 강하다.

8.3.3 엔진 소음원

제트엔진은 구조적 특성상 주요 구성품(팬, 압축기 연소기, 터빈, 배기부)들은 고유의 소음을 일으키는 소음 스펙트럼(noise spectrum)을 갖는다. 이들 소음원으로부터 발생하는 소음 크기는 엔진에 따라 다르고 또한 작동 조건에 따라서도 다르다. 초창기 터보제트 엔진은 단면적이 비교적 작게 설계되었기 때문에 이를 처리해야 하는 공기 유동률은 낮지만, 제트속도(jet velocity)는 초속 600m를 초과할 정도로 매우 높다.

제트엔진에서 주요 소음을 일으키는 3대 구성품은 팬 또는 압축기, 터빈 그리고 배기 제트이다. 터보제트 엔진 그리고 저바이패스비 터보팬 엔진에서는 배기 제트가 가장 큰 소음원으로 인식됐다. 60년대 저바이패스비(5.0 이하) 터보팬이 개발되면서 공기흡입구에서 공기 유동률은 증가하지만, 제

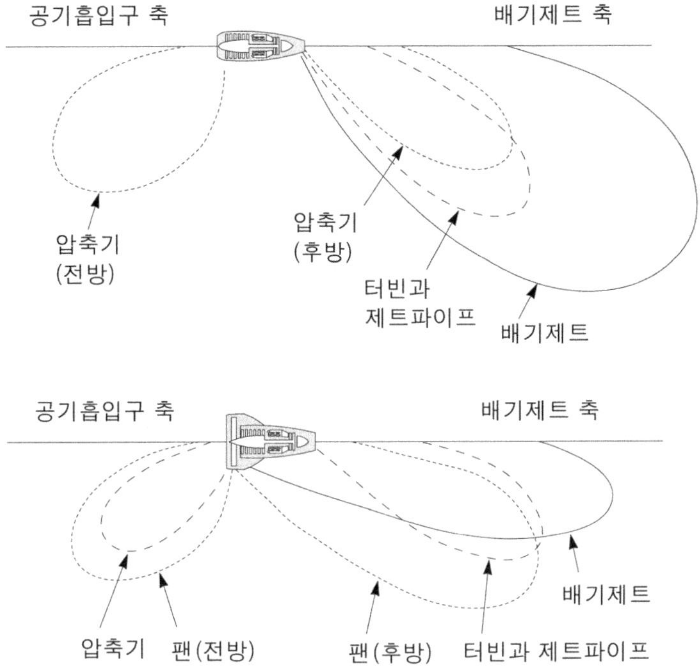

【그림8-13】 제트엔진은 주요 구성품들이 고유의 소음 스펙트럼을 갖는다. 전체 소음에서 특별히 큰 소음원이 존재하지 않는다면 각각의 고유 소음들이 혼합되어 특정 소음원을 구분하기가 쉽지 않다. 그림은 저바이패스비와 고바이패스비 엔진의 소음원과 확장 범위를 비교한 것이다. 저바이패스비 엔진에서는 배기 제트 소음에 의해서 다른 소음들은 묻혀버리는 경향이 있지만 고바이패스비 엔진에서는 대부분 소음원이 고유의 소음 스펙트럼이 혼합된 형태로 나타나기 때문에 어느 단일 소음원을 판단하기가 어렵다.

트분출속도는 낮아졌다. 비록 소음 수준을 다소 낮추는데 기여하였으나 터보기계장치(turbomachinery) 소음이 증가하였다. 이 유형의 엔진을 탑재한 항공기는 B-707, DC-9, DC-8 등이다. 고바이패스비 터보팬 엔진(5.0 이상)에서는 흡입 공기의 대부분이 팬(fan)에서 처리되고 소량만이 코어엔진을 통과한다. 팬 흐름의 속도는 대략 초속 300m 그리고 코어엔진의 배기속도는 초속 약 400m로 정도로 크게 낮아져 기존의 제트속도 소음보다

【그림8-14】 P&W JT3D는 1958년도에 개발된 저바이패스비 터보팬 엔진이다. 이 엔진의 1/3 지점이 "blow-in door"이다. 고추력 조건에서 이 도어가 열리면서 공기흡입구에서 더 많은 공기를 받아들일 수 있고 아울러 이 도어를 통해서 소음을 방출하는 효과도 얻을 수 있는 설계이다.

팬 터보기계장치 소음이 더 커지는 결과가 되었다.

가스터빈엔진의 소음은 내부소음(internally generated noise)과 외부소음(externally generated noise)으로 분류한다. 내부소음은 주로 회전기계장치(팬, 압축기 그리고 터빈)와 관련되어 있고 외부소음은 배기가스 속도가 주 소음원이다. [그림8-13]과 같이 고바이패스비 터보팬 엔진에서 주요 소음원은 팬(fan)이다. 팬에서 발생한 소음은 공기흡입구와 팬 방출 덕트를 통해서 확산한다. 압축기 소음도 공기흡입구 쪽으로 확산하는 경향이 있다. 그러나 터빈에서 발생하는 소음은 코어엔진의 배기노즐을 통해서 확산한다.

(1) 공기흡입구

공기흡입구(air inlet)의 공기역학적 설계는 잠재적 소음감소 효과가 매우 크다. 아음속 공기흡입구는 둥그런 피토트형이 가장 효율적이기 때문에

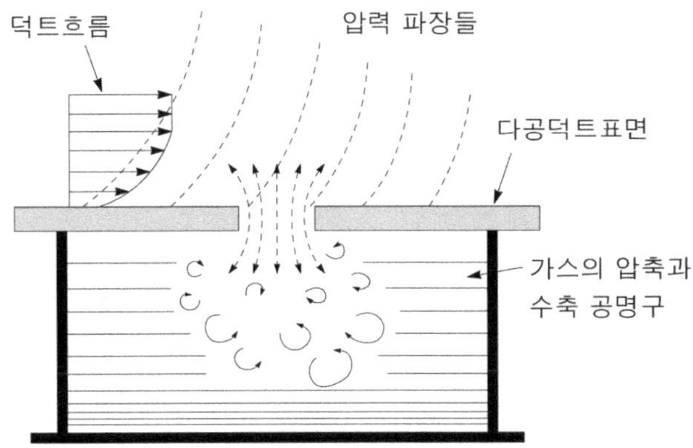

【그림8-15】 최신 엔진의 흡입구 표면에서 공기의 출입을 유도 할 수 있는 압축과 수축 공명구로 설계되어 있다.

실제 대부분의 높은 아음속 상업용 항공기에 사용된다. 초기 엔진에서는 [그림8-15]와 같이 "blow-in door"가 사용되었으나 현대의 고바이패스비 엔진에서는 더 이상 사용되고 있지 않다. 스로틀의 고추력 세팅(high thrust setting)에서 "blow-in door"는 팬에 부가적인 공기흐름을 제공할 수 있도록 자동으로 열리면서 높은 소음 일부가 도어를 통해 빠져나가면서 확산하는 효과를 얻을 수 있다.

공기흡입구의 내부 표면은 소음을 흡수할 수 있는 흡음재(sound-absorbing material)를 부착하는 것도 상당한 소음감소 효과를 얻을 수 있다. 흡음재는 [그림8-15, 16]과 같이 표면에 수많은 작은 구멍들이 나 있고 이들 구멍을 통해서 지속적인 공기의 유입과 배출을 통해서 소음을 감소시키는 역할을 한다. 이 같은 다공성 표면에 의한 방식은 소리 에너지가 불규칙한 분자운동을 일으켜 결국 열로 전환된다.

(2) 팬 또는 압축기 소음

압축기와 터빈 소음은 압력장(pressure field)의 상호작용과 흐름이 회

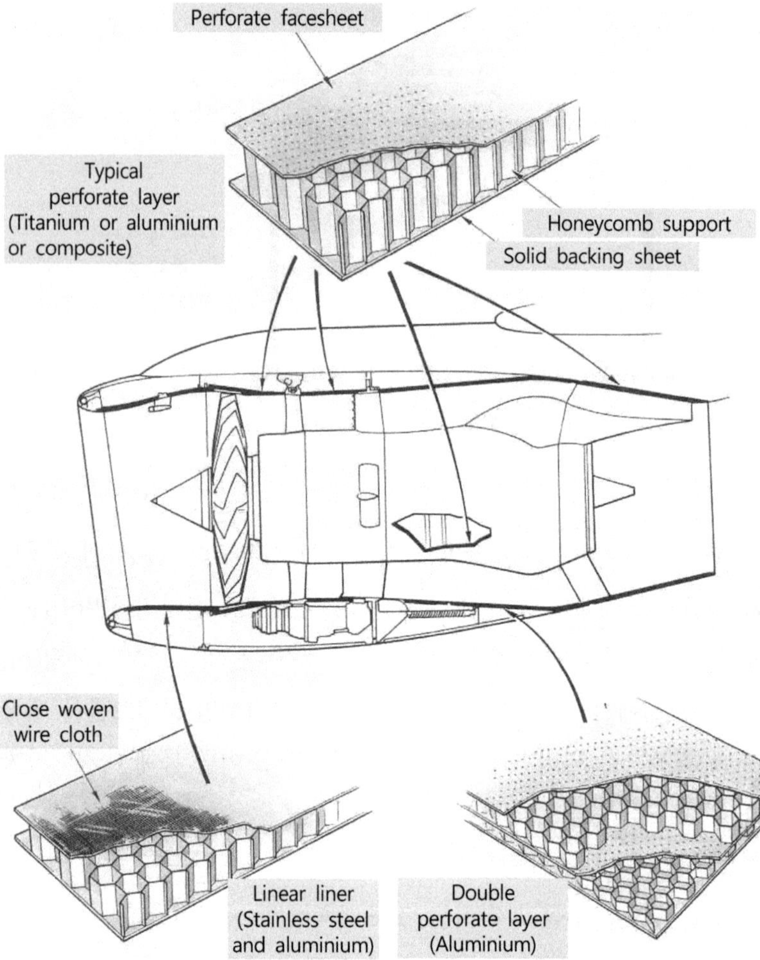

【그림8-16】 최신 고바이패스비 엔진의 공기흡입구 내벽의 설계와 팬의 내벽 표면은 수많은 미세한 구멍들이 뚫어져 있다. 흡음재 자체가 엔진 성능을 감소시키는 요인으로 작용하지만, 소음 감소에 크게 기여한다. 이외에도 팬 블레이드 자체가 고효율 공기역학적으로 설계되어 유연한 공기흐름과 함께 소음을 감소시키는 효과도 얻을 수 있다. 팬 블레이드는 터보프롭 엔진의 프로펠러보다 상당히 많은 수를 장착함으로써 공기하중을 분담할 수 있고 블레이드 끝단이 슈라우드로 보강되어 공기의 누출을 방지하도록 설계되어 있다.

전 블레이드와 고정 베인을 교대로 통과하면서 발생할 수 있는 난기류 후류(turbulent wake)로 인해서 발생한다. 이 과정에서 발생하는 소음 중 하나는 뚜렷한 단일 톤을 가진 주파수 소음(single frequency noise)이고 다른 하나는 광대역(broadband) 주파수 소음이다. 팬과 압축기 소음은 터보기계장치와 관련된 내부소음(internal noise)이다. 단일 톤의 소음은 각 단에서 일련의 톤과 화음(tone and harmonic)을 일으키면서 단 하류의 규칙적인 블레이드 후류의 흐름에 의해서 발생한다. 이 과정에서 발생하는 후류의 강도는 블레이드와 베인의 열(row)과 열 사이의 거리에 따라 크게 달라질 수 있다. 만약 거리가 짧다면 압력장의 상호작용 강도가 증가하여 강한 톤의 소음이 발생한다.

단일 팬(single fan)에서는 전체 흐름의 난기류와 상호작용의 수준을 감소시키기 때문에 압축기 소음을 크게 감소시키는 역할을 한다. 광대역 소음은 공기흐름이 유연하게 흐를지라도 블레이드 표면을 통과하는 공기에 대한 각 블레이드의 상호작용으로 발생한다. 블레이드 위에 통과하는 공기흐름이 난기류 특성이 강하다면 광대역 소음의 강도를 증가시키고 아울러 여러 종류의 톤으로 혼합된 소음이 발생할 것이다.

바이패스비가 증가함에 따라 제트소음(jet noise)보다는 해결하기 더 어려운 팬 소음(fan noise)이 크게 증가하였다. 팬 블레이드가 회전하면서 블레이드 뒷전에서 광대역(broadband) 소음 스펙트럼을 일으키는 소용돌이 흐름이 발생한다. 또한, 블레이드로부터 흐름 변위(displacement)로 인하여 블레이드 팁 속도에 따라 발생하는 불연속 톤(discrete tone)의 소음이 발생한다.

또 다른 소음원은 선행하는 블레이드에서 발생한 경계층 후류(wake)에 후속하는 블레이드가 충돌하면서 발생하는 소음과 불균형 블레이드의 공기역학적 특성으로 인한 소음이다. 팬 소음의 특성은 공기역학적 설계와 관련된 다음 변수들로 결정된다.

① 로터와 스테터 사이의 간격
② 로터와 스테터 블레이드의 수
③ 로터 블레이드 팁 속도

로터 블레이드와 스테터 베인 사이의 간격을 넓히면 소음 수준을 약 6~8 PNdB 정도를 감소시킬 수 있다. 그러나 간격을 넓힘으로써 엔진 길이와 무게가 증가할 수 있다. 소음감소를 위해서는 넓은 간격이 필수이지만 팬 효율은 1% 정도 감소할 수 있다. 블레이드의 수 역시 소음감소에 영향을 주는 요소이다. 양호한 팬 효율은 상대적으로 많은 수의 블레이드가 필요하고 아울러 소음을 감소시키는 효과를 얻을 수 있는 장점이 있다. 블레이드 수가 많을수록 공기역학적 하중(aerodynamic load)을 분담할 수 있고 공기역학적 하중이 클수록 소음은 커진다. 블레이드 수가 많을수록 팬 어셈블리의 평균 무게가 작아지고 구성품의 구조적 길이가 감소한다. 반면 블레이드 수가 작으면 팬 블레이드 팁 속도가 변하지 않는 한 압축기 서지 특성이 향상되고 제작비용이 절약된다. 결론적으로 블레이드 수는 여러 가지 요소들과 절충되어 결정되어야 한다.

팬 팁 속도 역시 팬 소음에 영향을 주는 요소이다. 팁 속도가 아음속일 때 소음 수준이 가장 낮다. 그러나 필수 단 압력비 1.5는 1단 팬으로만 달성할 수 없다. 최저 경제적 팁 속도는 초당 300m/s(1000ft/s) 영역으로 고려할 수 있으므로 팁 속도를 낮추어 소음을 감소시키는 것은 실질적으로 불가능하다.

(3) 제트 배기 소음

제트 배기 소음(jet exhaust noise)은 배기노즐에서 고속의 배기가스 줄기가 배출되면서 주변의 공기와 혼합되어 형성되는 격렬한 난기류 흐름이 원인이다. 이것은 배기 제트와 주변 공기 사이의 상대속도 차이로 인한 전

【그림8-17】 제트엔진의 특징은 상대적으로 많은 양의 공기를 처리해야 한다. 특히 순수 터보제트 엔진은 질량 유동량보다는 제트속도가 매우 빠르다. 비록 제트 에너지에 의해서 발생한 음파(sound waves)는 공기 분자의 진동(oscillation)으로 흡수되기는 하지만 어떠한 장애물 없이 확산하면서 약간의 감쇠가 발생할 뿐이다. Pratt & Whitney J58 엔진의 재연소기 배기노즐의 화염 형태를 관찰할 수 있다. 중심부에 일정 형태의 충격파가 형성되고 있다. 이때 발생하는 소음은 귀마개 등을 착용하지 않으면 청각 손상을 입을 정도의 굉음이 발생한다.

단작용(shearing action)의 영향을 받는다. 최종노즐에서 배출되고 있는 배기가스 줄기를 분석했을 때 [그림8-17, 18]과 같이 노즐 가까이에서는 작은 소용돌이(small eddies)들이 발생하고 있다. 이것은 고주파 소음을 일으킨다. 배기가스 줄기 후방에서는 좀 더 큰 소용돌이들이 형성되고 이는 저주파 소음의 원인이다. 이외에도 배기 제트 속도가 음속을 초과할 때 배기가스 줄기의 중심부는 마치 산소 용접봉에서 뿜어져 나오는 화염과 같이 일정 형태의 충격파(regular shock pattern)가 형성된다. 이것은 단일 주파수 톤(frequency tone)과 선택적 증폭을 갖는다. 실제로 높은 제트속도(약 400~500m/s)에서 방사되는 소음 강도는 배기속도의 8배(c^8)로 증가하지만, 제트속도가 약 200m/s로 감소했을 때 방사 소음 강도(radiated noise intensity)는 2배수(c^2) 정도로 크게 낮아진다. 따라서 제트소음의 감소는 낮은 배기속도와 함께 고바이패스비 엔진이 더 효과적이라는 것을 알 수 있다.

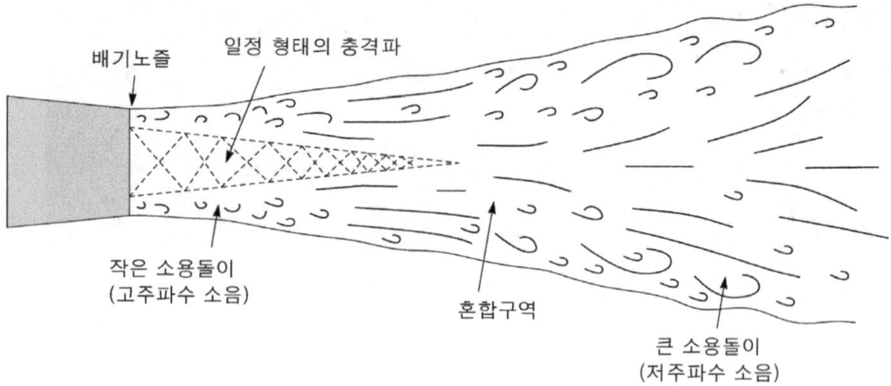

【그림8-18】 재연소기를 작동시켰을 때 제트속도는 급증한다. 추력 증가와 함께 소음 역시 크게 증가한다. 배기노즐에서 화염이 배출될 때 화염 중심부에서는 일정 패턴의 충격파가 형성된다. 이 소음은 일정한 톤을 갖는다. 그러나 배기노즐 근처에서는 대기 공기와 합류하면서 작은 소용돌이들이 형성되고 하류 중간의 혼합구역을 통과하면서부터 제법 큰 소용돌이들이 형성된다. 저주파수(8 to 100Hz) 소음은 억제하기가 쉽지 않고 전 방향으로 빠르게 확산하는 특징을 갖는다. 이 소음은 수 마일에서 청취할 수 있다.

초기 저바이패스비 엔진에서 제트소음의 감소 효과는 그리 크지 않았지만 바이패스비가 10:1 이상의 엔진이 개발되면서 엔진 소음은 약 50%(-10 PNdB)까지 감소시킬 수 있었다. 현대의 고바이패스비 엔진이 개발되기 전 1960년대 초에는 [그림8-19]와 같이 로브형 노즐(lobe-type nozzle)을 장착하여 배기가스를 여러 개의 작은 배기가스 흐름으로 분산시키는 기술이 적용되었다. 이 같은 방식에 의한 소음억제는 주변 공기와 배기가스를 더욱 양호한 혼합 효과를 얻을 수 있도록 설계된 것이다. 배기가스가 주변 공기와 혼합될 수 있는 면적을 크게 함으로써 배기속도를 크게 감소시킬 수 있다. 로브형 노즐은 70년대 B-707 항공기에서 주로 사용하였다. 또 다른 방식은 외부 주름 노즐을 사용하여 주변 공기가 배기가스 속으로 흐르게 하여 더욱 효과적으로 혼합시키는 방식이다. 혼합 과정에서 제트속도

【그림8-19】 배기가스의 소음을 줄이기 위해서 내부 주름관 혹은 로브형 노즐을 사용하였다. 이 방식으로 배기가스가 외부 공기와 효과적으로 혼합되어 소음을 감소시키는 역할을 한다. 그러나 배기가스 흐름의 손실과 함께 무게가 증가하는 것이 단점이다.

가 감소하여 결과적으로 소음을 감소시킨다. 당시의 기준으로 상당한 소음감소 효과를 거두기는 했지만, 현대의 소음표준 인증기준에는 크게 미치지 못할 뿐만 아니라 1 PNdB 소음억제 효과는 추력을 약 1% 정도 감소시킨다.

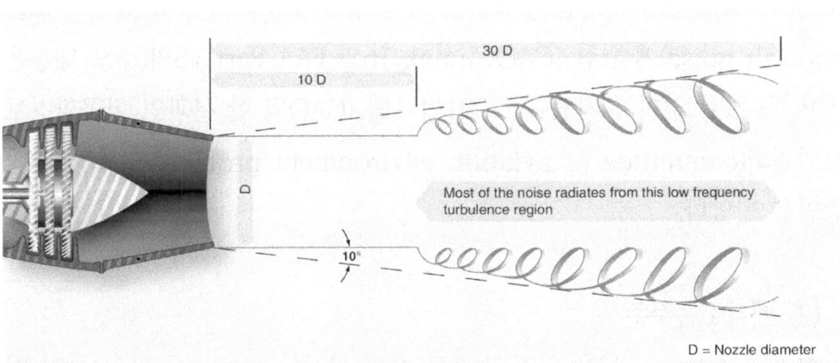

【그림8-20】 터보팬 엔진 후방 소음 확산 범위

8.3.4 소음 측정

(1) 역사적 배경

1960년대부터 본격적인 제트 항공운송(jet air transport)의 시작과 함께 대형 항공기들이 취항하는 주요 공항들 주변에 거주하는 사람들의 항공기 소음 고통(aircraft noise annoyance)도 점차 증가하기 시작했다. 국제민간항공기구(ICAO)에서 국제항공운송에 영향을 미치는 법규를 다루고 있지만, 소음을 규제하기 위한 법규의 제정이 늦어지면서 미국 FAA에서는 1969년 독자적으로 최대허용소음수준을 제출하였다. 이 문제에 대해서 많은 논의 끝에 1971년 FAR Part 36으로 승인되었고 1969년부터 소급하여 적용하였으나 신형 항공기에만 적용하였다.

이후 ICAO에서 유사한 권장 사항을 발간(issued)하였다. 이것이 ICAO 항공소음을 국제법으로 규제하고 있는 Annex 16이다. 1944년 민간항공 시카고 회의에서 공식 부속서로 승인되었다. 각 회원국의 국내 항공법에서 Annex 16의 권장 사항을 수용하여 관련 법규에 수록되었다. 항공기 소음(aircraft noise)에 관한 ICAO Annex 16과 FAA Part 36의 주요 내용은 이후 큰 차이 없이 유지됐다. 2001년 1월 ICAO의 한 분과인 항공환경보호위원회(committee of aviation environment protection; CAEP)의 승인을 받았다.

(2) 지각소음수준

항공기 소음(noise)은 공기 속으로 음향 파장(acoustic waves)들이 퍼져나가는 압력 파동(fluctuations)에 의한 괴로운 소리(annoying noise)이다. 이것은 인간의 귀가 가장 민감한 주파수에서 감지할 수 있는 압력 진폭(pressure amplitude)의 수준과 관계있다. 이를 소리압력수준(sound pressure level; SPL)이라 하고 dBA로 표기한다. 소리의 특성을 구분하는 변수는 주파수(frequency)와 강도(intensity)이다. 주파수는 단위 시간당 진동수이고 헤르츠(Hertz; 1Hz=1/s)로 표기하고 소음 강도는 소음원으로부터 방출된 음파의 힘(acoustic power)을 측정한 것으로 제곱미터(m^2)당 와트(W/m^2)의 단위로 표기하기도 한다.

소음의 크기를 측정하는 것이 주관적일 수 있으므로 모든 사람과 주변 조건을 동일하게 적용하기는 어렵다. 그러나 청각기관에서 서로 다른 주관적 반응(subjective reaction)을 일으키는 주파수 대역(frequency band)의 수로 구성된 소음의 크기는 누구나 공통으로 구분할 수 있다. 소음 수준이 약 3㏈ 정도는 쉽게 감지할 수 있으나 1㏈ 정도의 변화는 감지하기가 쉽지 않다. 따라서 실제 물리적 데이터를 도출하기 위해서 광대역 소음(broadband noise)은 소리의 세기에 대한 특별한 방법으로 지정되는 임계 밴드(critical band)로 분류한다. 인간의 귀는 중간 범위(약 3kHz에서 최고조에 달한다.)에 있는 주파수에 가장 민감하게 반응하고 고통지수(measure of annoyance)를 얻기 위해서는 소리압력수준(*SPL*)의 수정이 불가피하다. 이를 위한 가장 간단한 방법이 귀의 민감도(sensitivity)와 동시에 수준을 조절하는 것이다.

소음 측정계의 다이얼이 지시하는 값을 쉽게 판독할 수 있다. 그러나 단순히 주파수만을 고려하기보다는 컴퓨터 처리를 통해서 소음의 진폭(amplitude)까지 고려한 측정 방식을 지각소음수준(Perceived Noise Level; PNL)이라 하고 단위는 PNdB을 사용한다. PNL은 항공기 소음인증 측정의 기초 자료로 사용되지만, 인간은 광대역 자연의 소음보다 소음의 음색 내용(tonal content)에 의해서 더 고통을 느낀다는 것이 밝혀졌다. 이를 수정하여 측정된 소음이 PNLT이다.

【그림8-21】 B-787 항공기 엔진은 배기노즐이 마치 톱니바퀴 모양으로 설계되어 있다. 이것은 팬 흐름과 외부 공기가 효과적으로 혼합될 수 있도록 함으로써 최종 배기가스 줄기의 속도를 감소시켜 소음 감소의 중요한 역할을 한다. 이외에도 엔진의 내부 벽을 셰브런 방식으로 설계함으로써 소음을 더욱 낮출 수 있는 효과를 얻었다.

(3) 유효지각소음수준

소음으로 인한 고통을 판단하는 기준이 주관적이기 때문에 소음 강도, 지속시간 그리고 지정시간 이상 발생한 소음의 수준 등을 위한 주파수 밴드가 가중된 더욱 복잡한 변수가 필요하다.

지각소음수준(PNdB)은 항공기 소음 고통(aircraft noise annoyance)을 참고하기 위해서 지정되었다. 소음 스펙트럼은 소음의 스케일, 스피치 간섭과 지각소음수준(PNL)이 포함된 객관적 효과(objective effective)에 관해서 가중된 독립 주파수 밴드로 분류한다. 최종적으로 소음 고통(noise of annoyance)은 소음의 지속시간에 의해서 영향을 받기 때문에 이를 반영하여야 한다. 소음압력수준(SPL)의 순간 측정을 단일 숫자로 전환하기 위해서 일정 절차에 따라 세트를 도출할 수 있고 이것이 유효지각소음수준

(Effective Perceived Noise Level; EPNL)이다. 단위는 EPNdB를 사용한다. 이 단위는 항공기 인증(aircraft certificate)에 사용된다. ICAO, FAA 그리고 대부분 공항에서 EPNdB의 용어를 사용하고 있다. 국제표준기구(ISO)에서 지상에 있는 항공기에서 발생하는 소음에 대해서 권장하고 있는 단위 역시 유효지각소음수준(EPNL)이다. 그러나 아직도 dBA 용어를 많이 사용하기도 하고 이것은 주야 수준(day-night level; LDN)의 기초이다. 야간에는 항공기에서 발생하는 소음이 더 크게 발생하기 때문에 주간 소음에 10dB을 더한다.

(4) 항공기 소음인증

국제민간항공기구(ICAO)의 소음에 관한 규정은 "Annex 16"이고 유사한 법규가 FAA FAR 36에서 규정하고 있다. 일반적으로 항공기 소음인증(noise certificate)은 FAR 규정을 따르고 있다. 항공기 소음수준인증(noise level certification)을 위한 측정은 [그림8-22]와 같이 이륙조건에서는 측방지점(lateral position)과 직상공 지점(flyover position)의 두 지점에서 측정하고 착륙조건에서는 접근지점(approach point)에서만 측정한다.

첫째, 접근 중 활주로 시단으로부터 1NM(1.85 km) 지점, 접근경로 중앙선 그리고 높이 113m(370피트)

둘째, 이륙 중인 항공기는 브레이크를 놓은 지점부터 고도와 관계없이 6.5km(3.5NM)에 있는 항공기

셋째, 엔진 수와 관계없이 활주로 중앙선의 측면 위치

- 쌍발 및 3발 엔진 항공기: 460m(0.25NM), A330, B-777, MD-11
- 4발 엔진 항공기: 650m(0.35NM), B-747, A340

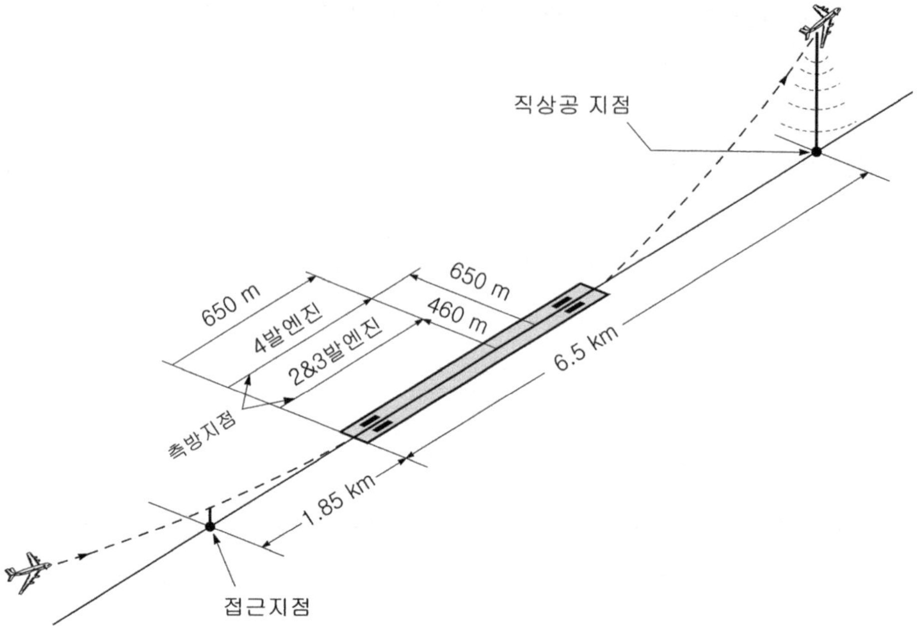

【그림8-22】 항공기 소음의 측정은 이륙 경로 선상에서 상승 중인 항공기가 대략 스로틀을 약간 줄이는 시기의 직상공 지점에 있을 때 측정한다. 측방으로는 활주로 중앙선으로부터 650m(4발 엔진) 그리고 460m(쌍발 및 3발 엔진)에서 측정한다. 접근하는 항공기는 활주로 시단으로부터 1NM(1.85km) 위치에서 측정한다.

측방지점(lateral position)은 항공기가 최대출력(full power)으로 이륙할 때 활주로와 평행한 선상을 따라서 발생하는 가장 높은 소음을 측정하는 것으로 통상 항공기가 약 1,000피트까지 상승했을 때 최대가 된다. 직상공 지점(flyover position)은 항공기가 이륙 경로 직상공에서 안전 상승률(safe rate of climb)을 유지하면서 소음을 감소시키기 위해서 추력 컷-백(thrust cut-back)을 수행할 수 있는 고도에서 측정한다. 접근지점은 착륙 비행경로 아래에서 활공경사(glide slope)를 따라서 접근하는 항공기의 소음을 측정한다.

소음을 측정하는 기준은 표준 일 기온(standard day temperature) 조건에서 수행되어야 하지만 표준대기조건이 흔하지 않기 때문에 반드시 적절한 수정이 필요하다. 모든 소음 측정이 지정된 조건에 따라 운용될 수 없지만, 최소한 비교 대상이 되는 항공기의 표준 방식(standard way)을 제공해야 한다.

8.3.5 추력 컷백 절차

전 세계 공항 주변의 고밀도 인구와 함께 항공기 소음은 최근 몇 년 동안 점점 더 중요해지는 문제가 되었다. 지역 공항 당국이 부과한 소음 완화 요건과 절차는 항공사 운영에 많은 영향을 미쳐 제한된 운항 시간, 주량 제한, 벌금 및 부가금을 초래했다. 항공기와 엔진 제작업체는 더 조용한 비행기를 생산하는 데 성공했지만, 더 엄격한 소음 완화 요구 조건과 높은 엔진 개조 비용이 산업계에 의해 지역사회에서 항공기 소음을 줄일 수 있는 추가 방법을 고려하게 되었다. 한 가지 대안은 비행 승무원이 최대 이륙 동력으로 이륙하여 빠르게 상승한 후 지정된 컷백 고도에서 수동으로 추력을 미리 정해진 값으로 낮추는 기동이다. 비행기는 훨씬 느린 속도이긴 하지만, 지역사회에서 소리가 나지 않을 만큼 충분히 높을 때까지 계속 상승한다. 이 기동의 잠재적인 문제 중 하나는 조종사가 정확한 고도에서 엔진 추력을 수동으로 줄이고 다시 회복해야 한다는 것이다. 이 기동의 잠재적인 문제 중 하나는 조종사가 정확한 고도에서 엔진 추력을 수동으로 줄이고 복원해야 한다는 것이다.

(1) 최소 추력 컷백

최소 추력 컷백(minimum thrust cutback)은 엔진이 고장 났을 때 충분한 상승 경도를 보장하는 최소 추력 수준을 나타낸다. 이 추력 값은 비행기의 엔진 수에 따라 결정된다. 쌍발 엔진 비행기의 경우 최소 추력 컷백은

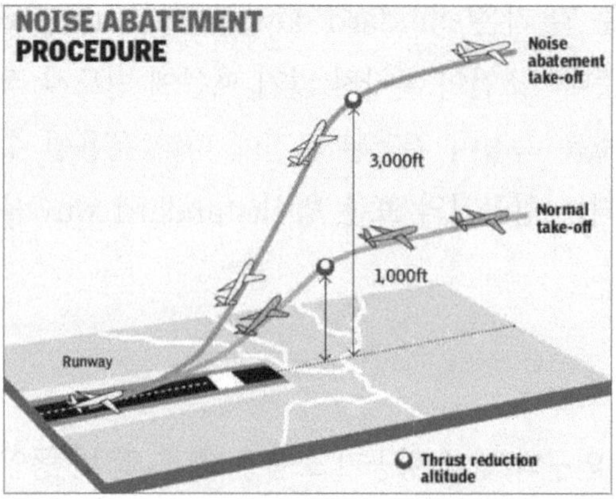

【그림8-23】 추력 컷백 절차 이륙

엔진이 작동하지 않는 상승 경도의 1.2% 보장한다. 컷백 후 엔진 하나가 고장 났다면 작동 엔진으로부터의 추력은 적어도 1.2%의 상승 경도를 유지해야 한다. 3발 엔진 비행기와 4발 엔진 비행기에서 최소 추력 컷백은 각각 1.5%, 1.7%의 엔진이 작동하지 않는 상승 경도이다.

(2) 0% 상승 컷백

특정 조건에서 권장 회보는 엔진작동 불능 상승 경도를 0%로 유지하는 추력 컷백도 허용한다. 이러한 유형의 컷백은 엔진 고장을 감지하고 나머지 엔진에 대한 추력을 최소 상승 경도를 유지하는 값으로 자동으로 증가시킬 수 있는 항전 시스템을 갖춘 비행기에 허용된다. 이러한 최소 상승 경도는 쌍발엔진 비행기에서 1.2%, 3발 엔진 비행기에서 1.5%, 4발 엔진 비행기에서 1.7%이다.

(3) 컷백 고도

컷백 또는 추력을 줄일 수 있는 최저 고도는 지표면으로부터(AGL) 800피트로 명시하고 있다.

【참고서적】

1. Aircraft Engines and Gas Turbines, Kerrebrock J L, 1992, MIT Press
2. Aircraft maintenance & repair, 1998, Kroes, Watkins, Mc Graw Hill
3. Aircraft system for pilot, Dale De Remer, 2003, JEPPESEN
4. Encyclopedia of jet Aircraft Engines, Otis/Vosburt, 1997, JEPPESEN
5. Fighter Combat, Shaw R L, 1988, United States Naval Institute
6. Gas Turbine engine, Cohen H, Rogers G F C, 2001, Longman
7. Gas Turbine engines, R.E Birch, 2001, Jeppesen
8. Introduction to Flight, Anderson J D, 1989, McGraw-Hill Co
9. Jet Engines, Klaus Hunecke, 1997, Airlife
10. Jet Propulsion, Nicholas Cumpsty, 2009, Cambridge University Press
11. The Jet Engine, 1986, Rolls Royce
12. Aviation Maintenance Technical Handbook-Powerplant
13. Web Site:
    - Wikipedia, the free encyclopedia
    - Aircraft Engine Historical Society
    - F22 Rator.com
    - Flugmotore und Turbinentriebwerke für Flugzeuge
    - The Powerful Aircraft of Encyclopedia
    - F-15, 16.net
    - The Boeing Company
    - Fighter Jet